W0190815

Peter Moore

Das Wetter-Experiment

Peter Moore

Das Wetter-Experiment

Von den Pionieren der Meteorologie

Aus dem Englischen
von Michael Hein

MALIK NATIONAL GEOGRAPHIC

Mehr über unsere Autoren und Bücher:
www.malik.de

Erstmals im Taschenbuch
ISBN   978-3-492-40486-0
Februar 2018
© Piper Verlag GmbH, München 2018
© der deutschen Ausgabe: mareverlag, Hamburg 2016
© Peter Moore 2015
Titel der englischen Originalausgabe: »The Weather Experiment: The Pioneers
Who Sought to See the Future«, Chatto & Windus, an imprint of Vintage/Penguin,
Random House UK, 2015
Lektorat: Claudia Jürgens
Umschlaggestaltung: Dorkenwald Grafik-Design, München
Umschlagmotiv: Fotolia
Autorenfoto: Urszula Sołtys
Satz: Farnschläder & Mahlstedt, Hamburg
Druck und Bindung: CPI books GmbH, Leck
Printed in Germany

Für meine Mutter

»Ein Narr, wissen Sie, ist ein Mann, der noch nie
in seinem Leben ein Experiment gewagt hat.«

Erasmus Darwin an
Richard Lovell Edgeworth

»Wir sehen nichts wahrhaftig, ehe wir es verstehen.«

John Constable

»Nach einem Leben der Praxis und des Studiums
weiß der Wetterbeamte selbst die ›Prognosen‹
mehr und mehr zu schätzen als eine wissenschaftliche
Grundlage, um die Tonne zu hissen.«

Admiral Robert FitzRoy

Inhalt

Vorbemerkung des Verfassers

In Großbritannien wird die Temperatur in Fahrenheit gemessen. Eis schmilzt bei 32 °F, Wasser kocht bei 212 °F, und die Körpertemperatur des Menschen beträgt 98 °F (37 °C). Im 19. Jahrhundert maßen Barometer den Luftdruck in Zoll. Die Länge einer Quecksilbersäule auf Höhe des Meeresspiegels betrug knapp unter 30 Zoll (1013 Millibar). Stand das Quecksilber bei 30,5 Zoll, galt das als typischer Hochdruck, 29,5 Zoll galten als typischer Tiefdruck.

Ich habe überall die Originalgewichte und Maße verwendet. Die meisten werden den Lesern vertraut sein, vielleicht mit Ausnahme des Fadens, der ungefähr 6 Fuß oder 1,83 Meter lang ist, und der Irischen Meile, die dem 1,27-Fachen der britischen Meile entspricht (2,048 Kilometer).

Für gleichzeitige Beobachtung magnetischer Phänomene wurde in den 1830er-Jahren die Göttinger Zeit benutzt, und das galt im folgenden Jahrzehnt auch noch für bestimmte meteorologische Beobachtungen, ehe sie von der Greenwich Mean Time abgelöst wurde.

Das Wetter-Experiment

Wettervorhersagen sind heutzutage allgegenwärtig. Ein durchschnittlicher Brite begegnet an einem durchschnittlichen Tag fünf bis sechs von ihnen, gesendet, gedruckt, getwittert oder vom Hörensagen weitergegeben. Sie können sich am Morgen von der guten Laune des Frühstücks-Wettermoderators wecken und nachts auf *BBC Radio 4* von den mantrahaften Rhythmen des Seewetterberichts und seiner Erkennungsmelodie *Sailing By* in den Schlaf wiegen lassen.

Wie sie auch vermittelt wird, die Wettervorhersage ist ein fester Bestandteil des modernen Lebens. In der Regel sind Meteorologen adrett gekleidete, stets aufgeweckte Menschen voller Einfühlungsvermögen und von sorgenvoller Miene, wann immer sich etwas zusammenbraut. Der freundliche Ton ihrer Moderation, ihre schicken Anzüge und guten Manieren, schließlich die stets seriös vorgetragenen meteorologischen Warnungen lassen sie uns als Inbegriff des Konservativen erscheinen. In Wirklichkeit verhält es sich ganz anders. Diese Meteorologen sind das Produkt eines der berüchtigtsten und gewagtesten wissenschaftlichen Experimente des 19. Jahrhunderts.

Ein merkwürdiger Gedanke. So allgegenwärtig sind die Wettervorhersagen heute, dass man sich eine Zeit, in der es sie noch nicht gab, kaum vorstellen kann. Den heiteren, etwas windigen Nachmittag des 24. November 1703 zum Beispiel, als der »Große Sturm« – der stärkste Sturm, der je über England hinwegfegte – auf die Westküste zuraste. Kaum jemand hätte damals vorhersehen können, was sich kurz darauf ereignen sollte. Böen rissen Bleiverkleidungen von Kirchendächern, Windmühlen drehten sich mit solcher Geschwindigkeit, dass sie Feuer fingen und wie riesige Flammenräder rotierten. Rinder und Schafe wurden über Hecken geschleudert und Schiffe von Harwich quer über die Nordsee bis nach Schweden getrieben. Andere liefen auf den Goodwin-Sandbänken am Eingang zum Ärmelkanal auf Grund, wo schätzungsweise zweitausend Schiffe in den Fluten untergingen. Eine abschließende Zählung gab es zwar nicht, aber man nimmt an, dass zehntausend Menschen innerhalb weniger Stunden ihr Leben ließen. Für Daniel Defoe war es eine Katastrophe von schlimmerem Ausmaß als der Große Brand Londons im Jahr 1666.

Denn soviel Defoe wusste, konnte es jederzeit einen neuen Sturm geben. Es dauerte noch weitere anderthalb Jahrhunderte, ehe um 1860 die ersten Sturmwarnungen und Wettervorhersagen veröffentlicht wurden. Die Tatsache, dass es damit so lange dauerte, spiegelt die Komplexität des Problems wider: die gewaltige Aufgabe, die Atmosphäre zu entschlüsseln und Gegenmaßnahmen zu ergreifen. Dass dieses Ziel überhaupt erreicht wurde, zeugt vom Fleiß und Intellekt einer bemerkenswerten Gruppe von Menschen, die zwischen den Jahren 1800 und 1870 lebten. Sie stammten aus den unterschiedlichsten Milieus: Seeleute und Künstler waren darunter, Chemiker, Erfinder, Astronomen, Hydrografen, Geschäftsleute, Mathematiker und Abenteurer. Sie stellten radikale Theorien auf, erfanden Messgeräte, knüpften Netzwerke und überzeugten Regierungen, dass es ihre moralische Pflicht sei, ihre Staatsbürger zu schützen. Über sieben Jahrzehnte hinweg erzählt dieses Buch ihre Geschichte. Es handelt davon, wie sie die Grundlagen für die meteorologische Wissenschaft von heute legten und uns zugleich in die Lage versetzt haben, einen Blick in die Zukunft zu werfen.

Im Jahr 1800 war das Wetter ein Rätsel. Als Horatio Nelson vor Trafalgar auf dem Achterdeck der *Victory* stand, verfügte er über keine wissenschaftliche Methode, um die Windstärke zu messen. Und wenn der tollkühne Luftfahrer Vincenzo Lunardi in seinem Wasserstoffballon in die Lüfte stieg, hätte er nicht zu erklären vermocht, weshalb der Himmel blau erschien. Der junge J. M. W. Turner, der sich damals einen Namen als Landschaftsmaler zu machen begann, hatte keine Worte, um die Wolken zu beschreiben, die er malte, noch hätte er erklären können, weshalb sie in der Luft schweben konnten. Wenn Thomas Jefferson, einer der Gründerväter der Vereinigten Staaten und später ihr Präsident, eifrig Tagebuch über das Wetter führte, hatte er keine Ahnung, wie weit die Atmosphäre über seinem Landsitz Monticello in den Hügeln von Virginia in die Höhe reichte. Und obgleich Mary Shelley den Sturm in der Hochzeitsnacht von Viktor Frankenstein aufs Eindrücklichste beschrieb, wusste sie nicht, was ein Sturm wissenschaftlich betrachtet eigentlich war, wie er funktionierte oder wie er entstand.

Die verschiedensten Theorien versuchten, diese Wissenslücken zu füllen. Manche glaubten, das Wetter sei zyklisch, sodass sich die Temperaturen eines Jahres irgendwann im Lauf der Zeit in einem anderen Jahr wiederholten. Andere meinten, das Wetter werde durch die Umlaufbahn des Mondes oder die der Planeten bestimmt, durch das Pulsieren der Sonne, durch den Erdboden oder durch die Elektrizität des Himmels. »Die Urteilskraft wird in dem undurchdringlichen Labyrinth der Ursachen und Wirkungen in die Irre geführt«, stellte ein Theoretiker 1823 frustriert fest.[1] Für die meisten war das Wetter eine göttliche Gewalt, von Gott dirigierte Stimmungsmusik, mit der er einen Umschwung des Schicksals ankündigte oder Sünden bestrafte. Wie es in Psalm 19 heißt: »Die Himmel rühmen die Herrlichkeit Gottes, vom Werk seiner Hände kündet das Firmament.«[2] Den Naturgewalten ohnmächtig ausgeliefert, läuteten gläubige Christen die Kirchenglocken, wenn ein Sturm aufzog, in der Hoffnung, das Unwetter damit vertreiben zu können. Auf den Glocken lag der Segen der Geistlichen. François Arago, der Leiter des Pariser Observatoriums, hielt den Wortlaut einer typischen Segnung fest: »Möge sie, wann immer sie erklinge, vertreiben den üblen Einfluss der bösen Geister, Wirbelwinde, Donnerschläge und all der Verwüstungen, die sie bewirken, das Elend der Orkane und Stürme.«[3]

Das war nur zu berechtigt. Der Himmel war Gottes Wildnis, ein Ort für sich, eine undurchdringliche Schranke zwischen dem himmlischen Reich Gottes und der schlechten Welt hienieden. Viele nannten diese Sphäre damals noch »die Himmel«, ein allumfassender Ausdruck für Wolken, Regenbögen, Meteoriten und Sterne. Der Begriff war vage und ehrerbietig genug für einen derart ungewissen, unberechenbaren Raum: einen Ort, der zugleich unglaublich nah und doch unfassbar fern war.

Wetterbeobachter verfügten über kein Vokabular, um wissenschaftlich zu erklären, was sie sahen. »Unsere Sprache ist überaus dürftig & bar brauchbarer Worte, um die mannigfaltigen Vorstellungen auszudrücken, die ich vom Wetter habe, & ich mühe mich ab, passende Begriffe & Bilder zutage zu fördern, um meine Gedanken zu veranschaulichen«, hielt 1703 ein Tagebuchautor aus Worcestershire fest. Bestrebt zu beschreiben, was dort oben geschah, notierte er über die Himmel:

> aufgebläht & zum Bersten volle, träge schwellende Basrelief-
> wolken, die aufgedunsen herabhängen. Ich nenne sie *ubera cœli*
> *fecundi*: Himmelszitzen oder Wolkeneuter; sie umschlossen &
> erfüllten die ganze sichtbare Hemisphäre mit einer Farbe von
> Bleidämpfen oder wie bei einem hohen Fresco-Gewölbe oder
> einer geäderten Grotte.[4]

In seinem Versuch, Ordnung in die Natur zu bringen, deutete sich bereits an, was folgen sollte. Das auslösende Moment war die Veröffentlichung von *Systema Naturae* durch Carl von Linné im Jahr 1735. Dieses Buch gab den »beobachtenden Gentlemen«, wie Gilbert White sie später nannte, eine einfache Methode an die Hand, die ganze Vielfalt der Natur säuberlich nach Gruppen zu ordnen. Es dauerte nicht lange, und Linnés Ehrgeiz wurde zum Ideal der Aufklärung. Alles – Pflanzen, Tiere, Steine, Krankheiten – sollte studiert, sortiert, mit logischen lateinischen Namen versehen und damit verständlich gemacht werden.

Der Himmel jedoch entzog sich dem. Hundert Jahre nachdem der Tagebuchschreiber aus Worcestershire sich von der dürftigen meteorologischen Sprache im Stich gelassen gefühlt hatte, gab es noch immer kein verbindliches Vokabular, um die Vorgänge in der Atmosphäre zu beschreiben. Der Himmel war der letzte Teil der Natur, der zu klassifizieren übrig blieb: ein Relikt jener obskuren, chaotischen Welt, wie sie vor Newton und der wissenschaftlichen Revolution bestanden hatte. Und den wenigen Einzelkämpfern, die wie Jefferson in Monticello oder Gilbert White in Selborne tatsächlich über Temperatur und Luftdruck Buch führten, fehlte es nicht nur an einer verbindlichen Sprache, sondern sie verfügten auch über keine Wege und Foren, um ihre Forschungsergebnisse anderen mitzuteilen. An ihren Wohnort gebunden, von wo aus sie vielleicht zwanzig oder dreißig Kilometer bis zum Horizont zu sehen vermochten, war ihnen wohl das eigene Wetter vertraut, aber sie hatten keinen Begriff davon, was jenseits der Grenzen ihrer eigenen wissenschaftlichen Domäne vorging. Und von Fronten, Zyklonen, Cumuluswolken, Temperaturgefälle oder Strahlungsströmen wussten sie nichts.

Es dauerte bis 1800, ehe sich das änderte. Unter Intellektuellen kam zunehmend das Wort »Atmosphäre« in Gebrauch, ein zusammengesetzter Begriff aus dem Griechischen mit der Bedeutung »Lufthülle«. Der Wandel im Sprachgebrauch spiegelte eine veränderte intellektuelle Einstellung zum Gegenstand wider. Anders als die Himmel war die Atmosphäre einer vernunftmäßigen Analyse ebenso würdig wie etwa das menschliche Herz, eine Blütenkrone oder ein Sandsteinfelsen. Die Entdeckung der wichtigsten Gase Wasserstoff, Sauerstoff und Stickstoff durch Cavendish, Priestley und Rutherford hatte der Luft, die den Menschen um die Köpfe wehte, einen neuen Charakter verliehen. Dichter und Gelehrte fingen an, sich Gase als Flüsse vorzustellen, die durch den Himmel strömten: Ströme von Wind, Wolkenlawinen, Sturzbäche von Feuchtigkeit. Hier war eine ganz neue Welt zu erforschen, die der aufgeklärten Fantasie so real erschien wie die Wüsten Afrikas oder die Gebirge Asiens.

Luke Howard, der zu Beginn des 19. Jahrhunderts mit seiner Arbeit über Wolken internationale Berühmtheit erlangte, verlieh dem Zeitgeist in einer eindrucksvollen Passage Ausdruck:

> Auch der *Himmel* gehört zur Landschaft: Das Meer aus Luft, in dem wir leben und uns bewegen, mit seinen Kontinenten und Inseln von Wolken, seinen Gezeiten und Strömungen beständiger und wechselnder Winde, ist ein Bestandteil des großen Globus, und jene Regionen, in denen die Blitze des Himmels geschmiedet werden und der fruchtbringende Regen kondensiert, wo in der Sommerwolke der eisige Hagel sich härtet und von wo zuzeiten große Massen von Stein und Metall auf die Erde niedergegangen sind, können dem eifrigen Naturforscher niemals ein Gegenstand von zahmer, unempfindlicher Betrachtung sein.[5]

Die Menschen blickten mit anderen Augen zum Himmel hinauf. Im Jahr 1803 veröffentlichte Howard seinen *Essay on the Modification of Clouds* (Versuch über die Veränderlichkeit von Wolken), in dem er den Wolken zum ersten Mal wissenschaftliche Namen gab. Ein paar Jahre danach umriss Francis Beaufort seine Idee einer quantitativen Windskala. Und 1823 dann erschienen die *Meteorological Essays* (Meteorologische Versuche) von John Frederic Daniell, ein Werk, das das Interesse an dem Thema neu entfachte. Im folgenden Jahrzehnt füllten meteorologische Artikel und Berichte die Seiten wissenschaftlicher Zeitschriften, wurden meteorologische Gesellschaften gegründet und Netzwerke von Wetterbeobachtern aufgebaut. Davon angeregt, beobachteten viele Menschen die Atmosphäre wie nie zuvor. Zu Hause, auf See, auf Berggipfeln und in Ballons – überall nahmen sie Messungen vor. John Ruskin, damals ein aufgeweckter Student am Christ Church College in Oxford, betrachtete die Meteorologie nicht länger als Stiefkind, sondern als »jungen Herkules« mit einer »Seele voll des Schönen«.[6]

Weitere wissenschaftliche Leistungen standen bevor: die ersten synoptischen Karten, die frühesten Wetterberichte, ein besseres Verständnis des Taus, der Schneekristalle, des Hagels und der Stürme. So stellte sich mehr und mehr die Frage, was man mit all diesem Wissen anfangen sollte. War es die Aufgabe der Meteorologen, so lange weiterzuforschen, bis sie die Gesetze der Atmosphäre herausgefunden hatten – jene Gesetze, die das Wetter bestimmten –, wie Newton einst die Gesetze entdeckt hatte, welche die Gezeiten bestimmten? Oder sollten sie das, was sie wussten, lieber einem praktischen Nutzen zuführen? In seinem Aufsatz *Remarks on the present state of meteorological science* (Bemerkungen zum gegenwärtigen Stand der meteorologischen Wissenschaft) formulierte John Ruskin ein Manifest:

[Dem Meteorologen] obliegt es, den Weg des Sturmes rund um den Globus nachzuverfolgen, zu zeigen, an welchem Ort er entstanden ist, die Zeit vorherzusagen, zu der er schwächer werden wird, den Stunden um die Erde zu folgen, wenn sie »sich dreht unter ihren Pyramiden der Nacht«, den Puls des Meeres zu fühlen, den Lauf seiner Strömungen und Änderungen zu verfolgen, die Kraft, die Richtung und die Dauer rätselhafter und unsichtbarer Einflüsse zu messen sowie beständige und regelmäßige Perioden zu bestimmen von Aussaat und Ernte, Kälte und Hitze, Sommer und Winter, Tag und Nacht, die – wie wir ja wissen – nicht aufhören sollen, solange das Universum besteht.[7]

Hier bahnte sich ein philosophischer Konflikt an. Denn wenn das Wetter wirklich ein launenhaftes Wunder der Natur war, so war die Aufgabe, es zu Land und zu Wasser zu verfolgen und seine Bewegungen präzise aufzuzeichnen, schwierig genug. Aber vorherzusagen, was es tun werde, ging einen Schritt zu weit. Als 1854 ein Abgeordneter im Unterhaus die Ansicht vertrat, schon bald könnte es möglich sein, einen ganzen Tag im Voraus zu wissen, wie das Wetter in London werde, brachen die Parlamentarier in schallendes Gelächter aus.

Es waren weitere sieben Jahre nötig sowie das Anhäufen vieler Bücher voller Daten und die Verwendung eines neuen Begriffs, »forecast« (Prognose), ehe 1861 die ersten amtlichen Wettervorhersagen für das ganze Land herausgegeben wurden. Zwei Jahre waren damals erst vergangen, seit Charles Darwin die Amtskirche mit der Veröffentlichung von *Die Entstehung der Arten* in eine Existenzkrise gestürzt hatte. Nun drohte die Wissenschaft, mit ihren Prognosen die Zukunft gerade so zu erklären, wie die Theorie der Evolution die Vergangenheit erklärt hatte.

Es war einer Laune der Natur zu verdanken, dass der Mann hinter diesen Prognosen, Robert FitzRoy, Darwins Kapitän auf der berühmten Reise der *Beagle* dreißig Jahre zuvor gewesen war. Darwins Lebensgeschichte vom angehenden Landpfarrer zum revolutionären Evolutionstheoretiker ist heute hinlänglich bekannt.

Die Geschichte FitzRoys kennen wir weniger gut. Ursprünglich ein schneidiger Hoffnungsträger der Royal Navy, ein blaublütiges Mitglied des britischen Establishments und ein Verfechter humanitärer Ideen, nahm FitzRoys Karriere mit Beginn seiner Arbeit über das Wetter Mitte des 19. Jahrhunderts eine unerwartete Wendung.

FitzRoy, eine vielseitige und widersprüchliche Persönlichkeit von kämpferischer und feuriger Natur, ist heute fälschlicherweise meist nur als Darwins Kapitän in Erinnerung. Tatsächlich war er weit mehr als das. Seit seiner abenteuerlichen ersten Reise nach Feuerland bis hin zu seiner späteren, ebenso schillernden Karriere bei der Admiralität in Whitehall strebte er danach, das Wetter zu verstehen. Unter seinen Zeitgenossen ragt FitzRoy heraus. Hochgesinnt und angetrieben von einem moralischen Impuls, wollte er seine wissenschaftlichen Kenntnisse unbedingt für das übergeordnete Wohl einsetzen. Diese Einstellung machte ihn in der Öffentlichkeit beliebt, brachte ihm aber auch viele Feinde ein und setzte ihn Vorwürfen aus, leichtfertig, größenwahnsinnig und eitel zu sein.

Dabei war FitzRoy überzeugt, lediglich mit der Zeit zu gehen. Ab Mitte des Jahrhunderts waren Meteorologen nicht länger isoliert arbeitende Forscher, sondern zunehmend durch Netzwerke verbunden, in denen sie ihre Messdaten mittels einer erstaunlichen neuen Technik einander mitteilten: der Telegrafie. Ursprünglich als Spielerei entstanden, war der Telegraf im Laufe eines Jahrhunderts bis 1850 von einem ursprünglich optischen Apparat zu einer voll elektrifizierten Einrichtung weiterentwickelt worden. Mit dieser Maschine wurde die Wetterprognose erst möglich.

Die Erfindung des Telegrafen, die Entwicklung der meteorologischen Theorie und die Beiträge, die von den Männern geleistet wurden, die hinter diesem Fortschritt standen – Beaufort, Constable, Redfield, Espy, Reid, Glaisher, Loomis –, stehen zusammengenommen für etwas Größeres. Sie verbinden sich zu etwas, das ich als ein Experiment über mehrere Generationen hinweg verstehe: die Suche nach dem Beweis, dass die Atmosphäre der Erde nicht ein der Erkenntnis entzogenes Chaos war, sondern dass sie sich studieren, verstehen und letztlich auch in ihrer Entwicklung vorhersagen ließ. Wie ein wissenschaftliches Experiment setzt sich diese Geschichte aus verschiedenen Bestandteilen zusammen: sehen, anzweifeln, experimentieren und, von allem am wichtigsten, davon überzeugt sein.

Die Handlung ist wie eine frische Frühlingsbrise. Sie springt von den irischen Midlands hinüber zu den Tälern von Suffolk und von New York City nach Feuerland an der Südspitze Südamerikas. Ob in der klirrenden Schönheit eines frostigen Wintermorgens, auf tauigen Wiesen, in den verblassenden Regenbogenfarben eines Sommerabends oder angesichts der Verwüstungen nach einem Orkan über dem Atlantik – sie alle, die sich auf der Suche nach der Wahrheit befanden, waren erfüllt von der wachsenden Zuversicht, dass sie die Fähigkeit besaßen, sie auch zu finden.

Tagesanbruch

Es ist kurz vor Tagesanbruch an einem Sommermorgen. Die Atmosphäre ist kühl, klar und unbewegt. Der Himmel ist von Sternen übersät.

Seit Stunden schon kühlt das Gras auf der Wiese immer weiter ab. Die Erde gibt infrarote Strahlung an die Luft ab. Und weil sie keine neue Sonnenenergie aufnimmt, um diesen Wärmeverlust auszugleichen, fällt die Temperatur stetig: 21 °C, 18 °C, 16 °C. Jeder einzelne Grashalm verliert die in ihm gespeicherte Energie, wenn der Boden sich abkühlt. Je nach Art – Weißklee, Gemeines Ruchgras, Lanzett-Kratzdistel, Wiesen-Fuchsschwanzgras, Löwenzahn – wird sie mehr oder weniger schnell abgestrahlt, denn das ist abhängig von der Größe der Pflanze, der Größe ihrer Oberfläche und der ihr je eigenen Strahlkraft.

Die Luft über der Wiese ist feucht: In den vergangenen Tagen hat es ein paar kräftige Schauer gegeben. Die Luft enthält diesen Dunst, und wenn sie sich abkühlt, nimmt die relative Luftfeuchtigkeit zu. Rasch ist die Luft mit Wasserdampf gesättigt. Die Temperatur hat den Kipppunkt erreicht: den Taupunkt. Von da an kondensiert der Dampf. Sinkt die Temperatur weit genug, wird sich Morgendunst oder Nebel bilden. Heute jedoch ist es dafür nicht kühl genug, und es geht auch keine Brise, die die Moleküle vermischen könnte. Stattdessen bilden sich an den Grashalmen ganz langsam und unmerklich Wassertröpfchen. Bald darauf hängen sie als gut sichtbare Tropfen an den Spitzen und Stängeln jedes Halmes.

Wenn die Sonne über den Horizont heraufsteigt, wird die Wiese von den ersten Strahlen des Umgebungslichts des neuen Tages getroffen. Von ferne betrachtet, hat man den Eindruck, die Wiese sei von einem milchigen Schleier überzogen. Doch was in unseren Augen zu einem optischen Eindruck verschmilzt, ist in Wirklichkeit das frühe Sonnenlicht, das von den Millionen und Abermillionen von Wassertröpfchen zurückgeworfen wird, die sich an diesem Tag als Tau niedergeschlagen haben.

Der Tau befeuchtet die Grashalme nicht auf die gleiche Weise wie etwa Regentropfen. Vielmehr wird er auf mikroskopisch kleinen Härchen balanciert, durch eine dünne Membran vom Stängel getrennt. So hängen die Tautropfen funkelnd und glitzernd wie Juwelen an einer Halskette, denn jeder Tropfen bildet eine Linse für das morgendliche Sonnenlicht. Wenn Sie einen Tautropfen nur mit einem Auge betrachten und dabei allmählich den Einstrahlwinkel des Sonnenlichts verändern, können Sie den Tautropfen schillern sehen: Er irisiert von Blau nach Grün, Gelb und Orange bis hin zu Rot. Ein Regenbogen in Miniatur.

Wenn Sie am Morgen über eine Wiese voller Tau gehen, bemerken Sie vielleicht noch einen anderen Effekt. Ihr Schatten ist in der Morgensonne mehrere Meter lang, und um Ihren Kopf leuchtet ein blendend weißes Licht, wie ein Heiligenschein. Dieser Lichthof wird vom Tau hervorgerufen. Jeder der winzig kleinen Tautropfen konzentriert das Sonnenlicht auf die Pflanze hinter ihm, genau wie das menschliche Auge das eintretende Licht gebündelt auf die Netzhaut wirft.

Das so verstärkte Licht wird sogleich wieder durch die Wasserkugel zurückgeworfen und trifft auf Ihr Auge. Dabei müssten wir eigentlich ein grünliches Licht sehen, doch das überfordert die Farbrezeptoren in unseren Augen. Stattdessen nehmen wir den weißen Lichtkranz um unseren Kopf wahr, wie er im goldenen Sonnenlicht bei Anbruch eines Sommertages aufleuchtet.

Teil 1

SEHEN

Kapitel 1

In der Luft schreiben

U m Viertel vor acht an einem windigen Frühlingsmorgen
im Jahr 1804 lief Francis Beaufort den weiten Hang des
Croghan Hill hinauf, dicht gefolgt von seinen Milizsoldaten des Irish Telegraph Corps. Oben angekommen, machte er
sich sogleich an die Arbeit. Er stopfte »mindestens neun Unzen«
Tabakblätter in ein Bleirohr, riss ein Streichholz an, hielt es dicht
an den Tabak und ließ die Fackel Feuer fangen. Als sie brannte,
kräuselte sich eine Rauchfahne in der Morgenluft. In Sekundenschnelle umfing Beaufort und seine Männer das schwere, erdige
Aroma des Tabaks. In einem Brief, den Beaufort zwei Tage später
an seine Schwester Fanny schrieb, erklärte er stolz, seine Fackel
»ließ die Mulde zwischen dem Graben und dem Gipfel des Hügels
aussehen wie den Krater des Vesuv bei einem Ausbruch«.[1]

Beaufort war ein kleiner Mann, kaum mehr als einen Meter
fünfzig groß. An Morgen wie diesem konnten seine Männer die
Narben von Säbelhieben auf seinen Armen erkennen, die an seine
Tage bei der Kriegsmarine erinnerten. Als sie nun zusahen, wie der
Rauch vom Gipfel des Croghan Hill – der sich wie ein Walrücken
über das Allen-Moor in den irischen Midlands erhob – aufstieg,
gönnten sie sich eine Pause. Die ganze Aktion war Teil eines aus-
geklügelten Plans. Auf diese Weise meldete Beaufort ihren Standort an den Chief Telegrapher Richard Lovell Edgeworth, der in
dem fünfzehn Kilometer entfernten Weiler Kilrainey logierte.

Beaufort war an diesem Morgen spät aufgewacht und hatte
sich sogleich auf die Socken gemacht, um die fünfzehn Minuten

zum Hügel hinaufzulaufen, weil er befürchtete, Edgeworth andernfalls zu verpassen. In dem Brief an seine Schwester bemerkte er, dass er sich auf dem Weg beinahe den Hals gebrochen hätte. Fanny kannte das. Ein jungenhafter Überschuss an Energie kennzeichnete alles, was er tat. Selbst seine Briefe nach Hause hallten wider von Ausrufungszeichen oder sprangen atemlos von einem halben Satz zum nächsten.

Aber das war nur eine Seite von Beauforts Persönlichkeit, eine Leidenschaftlichkeit, die er nur wenige sehen ließ. Nach außen hin war er ein praktischer Mensch. Er hatte einen klaren, gewissenhaften Verstand, der ihm in den zehn Jahren seines Dienstes bei der Royal Navy gut zustattengekommen war. Nun machte er sich die dort erworbene Erfahrung dabei zunutze, den Bau der ersten optischen Telegrafenleitung Irlands zu leiten. Die Verbindung war das geistige Kind seines Schwagers Richard Lovell Edgeworth. Sie bestand aus einer Kette von Stationen, die auf den Gipfeln von Hügeln errichtet wurden, jede von ihnen ausgerüstet mit einem Mast, der fünf Meter hoch in die Luft ragte. An der Spitze des Mastes war ein großes, gleichschenkliges Dreieck befestigt, das sich wie der Zeiger einer Uhr im Kreis drehen ließ, um eine von acht verschiedenen Stellungen einzunehmen. Das Herumdrehen des Dreiecks erfolgte entsprechend einem Vokabular, das Edgeworth sich ausgedacht hatte, um Wörter und Sätze übermitteln zu können, indem eine Station die Bewegungen des Dreiecks der anderen nachahmte.

Die Idee, Dublin an der Ostküste durch eine Reihe von Stationen mit dem an der Westküste gelegenen Galway zu verbinden, war ein aufsehenerregender Plan. Wenn die Apparate funktionierten, und dessen war sich Edgeworth sicher, wäre es möglich, Botschaften zwischen den beiden Städten innerhalb von Minuten zu übermitteln – ein faszinierender Gedanke. Seit sechs Monaten nun war es Beauforts Aufgabe, seine Miliztruppe von einem Ort zum nächsten zu führen, um Baumaterial aufzutreiben, die Stationen samt Wachhäuschen zu errichten und den Männern gleichzeitig den Telegrafiecode beizubringen. Schritt für Schritt kamen sie voran, und so tauchten im Winter und Frühling des Jahres 1804 immer weitere Stationen in der Landschaft auf, die uneingeweihten Beobachtern wie kleine Windmühlen vorkamen.

Die Arbeit war anstrengend, aber Beaufort liebte es, an der frischen Luft zu sein. Als an diesem Morgen auf dem Croghan Hill seine Fackel abgebrannt war und seine Milizsoldaten »müde und durchgefroren« herumstanden, beschloss er, die Aussicht zu genießen. Also gab er den Leuten frei und blieb allein auf dem Gipfel zurück. Beaufort hatte sich angewöhnt, die Atmosphäre und ihre unmerklichen Veränderungen genau zu studieren. Nun ließ er seinen Blick weithin über das beeindruckende Panorama schweifen. Viele zog es auf die Spitze des Croghan Hill, um den Rundumblick zu genießen, der sich von dort bot, und an diesem Frühlingsmorgen lag ihm sein Heimatland wie eine Spielzeuglandschaft zu Füßen. Am Horizont ganz im Osten erhoben sich die Berge von Wicklow, und davor erstreckte sich das Tiefland in den dunklen Brauntönen der Moore, eine weite, baumlose Einöde voller Gefahren für den Wanderer, doch nun erstrahlte auch sie im hellen Licht des Morgens. Im Norden spiegelten sich die rasch wechselnden Wolkengebilde am Himmel in den flachen Wassern des Lough Ennell, dessen Anblick, glaubt man der Überlieferung, ein Jahrhundert zuvor Jonathan Swift zur Erfindung des Königreichs Liliput inspiriert hatte.

In dem Brief an seine Schwester Fanny schrieb Beaufort:

Es war ein großartiges, erhabenes Bild … die Klarheit meiner Lage – die Unruhe, in welche die Höhe mich versetzte – und die erschreckende Großartigkeit der ganz ruhig und still daliegenden, halb nur sichtbaren Welt, über die ich weit hinaus erhoben schien – der Glanz des Mondes und die Schnelligkeit, mit der die Wolken über mir (der ich mich fast in ihnen befand) dahinflogen – hielten meine Gedanken auf angenehme Weise beschäftigt.[2]

Aus Beauforts Brief spricht das Empfinden seiner Zeit. Er beschreibt den Anblick eher wie ein romantischer Dichter denn wie ein Soldat. Seine Augen nehmen den »Glanz« und die paradoxe »erschreckende Großartigkeit« der Welt wahr, die ihn umgibt. Die rasch bewegte, pulsierende Atmosphäre verursacht ihm ein Gefühl des Schwindels, eine Anspannung jeder Faser, die er seiner Schwester unbedingt vermitteln möchte. Diese Reaktion war typisch. Beaufort badet auf dem Hügel in der Sonne und ist überwältigt von der Atmosphäre, die sich jedem Verständnis zu entziehen scheint. Wie viele seiner Zeitgenossen – Southey, Coleridge und Wordsworth zum Beispiel gehörten zu seiner Generation – steht er noch ganz im Bann der Philosophie des Erhabenen, die Edmund Burke ein halbes Jahrhundert zuvor entwickelt hatte: Das Sublime wurde in seiner Wirkung auf die Seele als »lustvoller Schrecken« empfunden.

Edgeworths optischer Telegraf war in Auftrag gegeben worden als Teil der irischen Reaktion darauf, dass Napoleon seit Monaten an der französischen Kanalküste Truppen zusammenzog. Ein Prototyp war dem britischen Lord Lieutenant in Dublin, Lord Hardwicke, vorgeführt worden und erregte seitdem großes Aufsehen. Sollten die Franzosen angreifen, was Anfang 1804 als wahrscheinlich galt, hatte die Regierung mit dem Telegrafen ein Kommunikationsmittel zur Verfügung, um diese Nachricht sogleich ans andere Ende des Landes zu übermitteln und womöglich sogar als Reaktion darauf die Miliz zu mobilisieren.

Bislang hatten Regierungen, welche die Nachricht einer Invasion verbreiten wollten, zu diesem Zweck auf Leuchtfeuer oder Fackeln vertrauen müssen, die auf den Gipfeln von Bergen oder Hügeln entzündet wurden, wie Beaufort es auf Croghan Hill getan hatte. Auch andere Methoden wie das Läuten der Kirchenglocken, Trompeten, Kanonenschüsse, Brieftauben, Trommeln und Lichtsignale waren, mit wechselndem Erfolg, eingesetzt worden, um die simple Botschaft von Leben oder Tod, Krieg oder Frieden zu übermitteln. Doch jede dieser Methoden wurde in ihrer Wirksamkeit durch ihre jeweils eigenen Probleme behindert, und so blieb bis weit ins 18. Jahrhundert hinein der Brief der zuverlässigste Weg, um komplexe Nachrichten über große Distanzen zu übermitteln. Aber selbst in dringenden Fällen war ein Brief nicht schneller als ein galoppierendes Pferd. Und in den meisten Fällen wurden sie im Schneckentempo aus der Großstadt in die Kleinstädte und von dort weiter in die Dörfer getragen, um Kunde von Ereignissen zu bringen, die längst vorüber waren.

Ja, der Informationsfluss war ein solches Rinnsal, dass die Menschen im Allgemeinen keinerlei Ahnung hatten von allem, was sich außerhalb ihres persönlichen Lebensbereichs ereignete. So brauchten die Berichte von der Ermordung Kapitän Cooks auf Hawaii im Jahr 1779 zum Beispiel elf Monate, um England zu erreichen. Ein Jahrzehnt später dauerte es zehn Tage, ehe der Pastor Woodforde in Norfolk die Nachricht vom Sturm auf die Bastille im Juli 1789 in Paris hörte. Im Lauf des 18. Jahrhunderts hatte sich die Lage durch den Ausbau eines Netzes von Überlandstraßen etwas verbessert. Auf ihrem gleichmäßigen, ebenen Pflaster konnten die rot, braun und schwarz lackierten Postkutschen mit dem atemberaubenden Tempo von zehn bis elf Stundenkilometern (an einem guten Tag) entlangrollen. Aber in Irland mit seinen gefährlich tief ausgefahrenen Straßen, zugewucherten Treidelpfaden und unwegsamen Feldwegen brauchte ein Brief, der in

Dublin aufgegeben wurde, in der Regel eine ganze Woche, um bei seinem Adressaten in Galway anzukommen.

Die Erfindung des optischen Telegrafen in Frankreich versprach auch auf diesem Gebiet eine Revolution. Die Nachricht davon hatte sich im August 1794 unter der Bevölkerung ganz Britanniens verbreitet, nachdem in Deutschland ein Entwurf des Apparats in der Tasche eines Gefangenen gefunden worden war. Die Zeitungen griffen den Bericht auf und verbreiteten die ebenso aufregende wie alarmierende Nachricht, dass der revolutionäre Feind eine Maschine erfunden hatte, die es ihm ermöglichte, blitzschnell über Entfernungen von mehreren Hundert Meilen zu kommunizieren. Der *télégraphe* war von Claude Chappe erfunden worden, einem ebenso intelligenten wie zielstrebigen Ingenieur, der, ursprünglich Priester, seit 1792 Mitglied der Société philomatique von Paris war. Als er infolge der Revolution seine Pfründe verlor, hatte er sich aufs Erfinden verlegt und mit der Hilfe seiner Brüder den Plan für einen Apparat entwickelt, der imstande sein sollte, Botschaften schnell, deutlich und vertraulich zu übermitteln. Nach Erprobung verschiedener Prototypen entschied er sich schließlich für einen Entwurf, der, wie ein Artikel im *Annual Register* bemerkte, der Gestalt des menschlichen Körpers nachempfunden war. Sein *télégraphe* hatte eine Höhe von fünf Metern und wies zwei bewegliche Arme auf, die an einem gerade aufragenden Mast befestigt waren. »Wollten zwei Männer einander über eine Entfernung hinweg Zeichen geben«, erklärte der Verfasser des Artikels im *Register*, »die zu groß wäre, um gewöhnliche Bewegungen zu erkennen, wie stumme Menschen sie machen, so würden sie ihre Arme auf die gleiche Weise bewegen, wie Monsieur Chappe seinen Telegrafen bewegt.«[3]

Um Botschaften mit hoher Geschwindigkeit übermitteln zu können, wurden die Apparate an Stationen im Abstand von dreißig Kilometern aufgestellt. Der Erfolg des Telegrafen war durchschlagend. Findige Geschäftsleute organisierten telegrafische Vorführungen in Londoner Theatern, um das Potenzial des Telegrafen zu demonstrieren. Charles Dibdin, ein britischer Schauspieler und Schriftsteller, ergriff die Gelegenheit und dichtete eine schwungvolle Ballade auf ihn:

> If you'll only just promise you'll none of you laugh
> I'll be after explaining the French Telegraph!
> A machine that's endow'd with such wonderful pow'r
> It writes, reads, and sends news fifty miles in an hour
> (Wenn ihr mir nur versprecht, dass von euch keiner lacht
> Erklär ich euch den französischen Telegrafen
> Eine Maschine, so die wunderbare Kunde
> die Botschaften schreibt, liest und verschickt
> mit fünfzig Meilen die Stunde)[4]

Das plötzliche Erscheinen dieses Apparats erschütterte die bestehenden Vorstellungen von Geschwindigkeit. Schon der Name *télégraphe* – eine Kombination der griechischen Begriffe *tele* und *graphein*, die wörtlich »Fern-schreiber« bedeutet – wurde zu einem Modewort, das für Schnelligkeit, Effizienz und Vertraulichkeit stand. Dass ein Gentleman dadurch einem anderen an einem weit entfernten Ort private Mitteilungen machen konnte, ohne sich bloßzustellen, war faszinierend. Und dass William Pitt der Jüngere in der Downing Street in die Lage versetzt wurde, bei einer abendlichen Flasche Wein mit dem Lord Lieutenant in Dublin zu plaudern, zu nörgeln, zu drängeln oder zu intrigieren oder vom stillen Kämmerlein aus Schlachten an den entlegensten Orten zu lenken, war eine atemberaubende Vorstellung.

Ein Jahrzehnt war vergangen, seit Chappe in Nordfrankreich seine erste Telegrafenleitung errichtet hatte, und in der Zwischenzeit waren überall in Europa viele, ganz unterschiedliche Apparate dieser Art entwickelt und erprobt worden. So gab es Telegrafen mit Verschlussklappen, die blinkten, während andere sich drehten und Winkzeichen gaben. Und falls Edgeworths Gerät funktionierte, wären die Iren wie die Franzosen theoretisch in der Lage, verschlüsselte Nachrichten mit Lichtgeschwindigkeit zu übermitteln. Die Verbindung wäre wie ein optischer Nervenstrang, der von einem Ende des Landes bis zum anderen reichte.

Als Leiter der Umsetzung seiner Pläne hatte Edgeworth einen Bekannten auserkoren: Francis Beaufort. Mit seinen dreißig Jahren hatte Beaufort bereits ein bewegtes Leben hinter sich. Er hatte die Welt in alle Richtungen bereist, Schiffbrüche überlebt, seinem König George in einem Dutzend Schlachten gedient und bei alldem die Faszination des Entdeckens kennengelernt, die fortan sein Leben bestimmen sollte. Nach Irland, dem Land seiner Geburt, zurückgekehrt, hatte er nichts zu tun, und Edgeworths Telegrafenprojekt gab ihm Gelegenheit, seine Talente für einen wissenschaftlichen und zugleich patriotischen Zweck einzusetzen. Beide glaubten sie fest daran, dass der irische Telegraf alles verändern würde. Sie waren das perfekte Gespann.

Beauforts Begabung war schon in seiner Jugend erkannt worden. Von Natur aus neugierig und schnell von Begriff, füllte er in den 1780er-Jahren Notizbuch um Notizbuch in gestochener Handschrift mit Formeln und Lehrsätzen. Eine dieser Notizen, die sein Vater aufgehoben hatte, liefert uns ein aufschlussreiches Bild des jungen Francis im Alter von vierzehn. Geschrieben wurde sie in einer Winternacht in Dublin, in seinem Elternhaus in der Mecklenburg Street, als Francis lange nach Einbruch der Dunkelheit in seinem Zimmer wach lag und in den Nachthimmel starrte. Ein seltsamer Ring um den Mond, der mit einem merkwürdigen Glanz leuchtete, hatte seine Aufmerksamkeit erregt. Auf einem

Pergamentschnipsel notierte er unter der Überschrift »Beobachtung von Francis Beaufort«, was er sah:

> Am 12. Dez. 1788 kurz nach 11 Uhr sah ich einen Kreis um den Mond in einer Entfernung von 8 oder 9 Fuß die Breite betrug einen Halb[messer] des Mondes er bestand aus drei Tönen, wovon der nächst zum ☾ von leuchtend violetter Farbe war, der nächste von hellem Rot und der nächste von grünlichem Gelb.[5]

Beaufort ist von dem Lichthof des Mondes beeindruckt, denn eine solche Erscheinung hat er vermutlich nie zuvor gesehen. Statt aber diesen Moment einfach vorübergehen zu lassen, zeichnet er ihn zur späteren Verwendung auf, wie ein Botaniker ein nicht identifiziertes Präparat in einem verschlossenen Behälter aufbewahrt. Er notiert die Uhrzeit der Beobachtung und fügt quantitative Angaben hinzu, um so ein genaues Bild des Beobachteten festzuhalten. Das war typisch für Beaufort. Es zeigt sein natürliches Bestreben, Dinge zu bewahren und zu protokollieren, Ausdruck seiner Neigung zur empirischen Forschung: jeden Gegenstand zu beobachten und zu analysieren, um ihn in eine nachvollziehbare Form zu bringen.

Es ist ein frühes Zeugnis für Beauforts ordnenden Verstand, ebenso wie der Verschlüsselungscode, den er für sich und seinen älteren Bruder William erfand – eine Kombination aus griechischen Buchstaben, astronomischen Symbolen und Schlangenlinien –, um sich heimlich über gewagte oder verbotene Themen wie Sex und Religion verständigen zu können. Und da ihm klar war, dass sein Vater den Code bemerken würde, bat er ihn einmal: »Ihr dürft mir nicht übel nehmen, wenn ich William Dinge in geheimer Schrift oder auf verschleierte Weise mitteile, denn ich versichere Euch, dass es bloß kleine Späße oder Nichtigkeiten unter uns sind.«[6]

Francis' Vater wird darüber kaum verstimmt gewesen sein, denn derartigen Neigungen frönte er selbst nur allzu gern. Reverend Daniel Augustus Beaufort war das Vorbild des jungen Francis. Daniel, den seine Freunde liebevoll »DAB« nannten, war kein gewöhnlicher Mensch. Zu seinen vielen und vielfältigen Leistungen zählte eine Landkarte Irlands von wunderbarer Genauigkeit. Sicherlich war sie sein Meisterwerk, aber auch sonst tat er sich als Altphilologe, Gutsbesitzer, Architekt, Hobbyphilosoph und vielseitiger Mann von Welt hervor, der unter anderem an der Gründung der Royal Irish Academy beteiligt war. Bei allem Talent jedoch hatte Daniel Beaufort auch die Neigung, fröhlich Schulden zu machen. Und so brachte es der stets prekäre Zustand der Familienfinanzen mit sich, dass die Beauforts nie ein so komfortables Leben führen konnten wie sonst die meisten Pfarrersfamilien. In ständiger Furcht vor dem Gerichtsvollzieher führten sie vielmehr eine Art Katz-und-Maus-Existenz, die sie ruhelos von Ort zu Ort ziehen ließ. So hatten die Beauforts, als Francis sechzehn war, bereits fünf Mal ihren Wohnort gewechselt: von Navan, Francis' Geburtsort in der Grafschaft Meath, nach Chepstow in England und von dort nach Cheltenham, dann nach Dublin und nach London und schließlich 1789 wieder zurück nach Irland, wo sie sich in Collon in der Grafschaft Louth niederließen.

Die Schulbildung des jungen Francis litt darunter. Außer einem kurzen Aufenthalt auf der Marineakademie in Dublin in den 1780er-Jahren erhielt er Unterricht nur zu Hause. Im Jahr 1788 allerdings kamen ihm die Beziehungen seines Vaters zustatten, denn für einige Zeit erhielt er nun Privatstunden bei Dr. Henry Usher, seines Zeichens Professor für Astronomie am Trinity College in Dublin. Diese Stunden kamen für Francis' intellektuelle Entwicklung genau zum richtigen Zeitpunkt. Fortan machte er sich in der Abenddämmerung auf den Weg von seinem Elternhaus in der Mecklenburg Street zum Observatorium Dunsink. Sein Weg führte ihn zunächst an den Kammergerichten in der Marlborough Street vorbei, durch das laute Treiben auf Bachelors Walk und weiter den Ormond Quay am Nordufer der Liffey entlang. Er passierte das Krankenhaus am Royal Square, ging an den Gärten vorbei quer durch den bereits ländlich anmutenden Phoenix Park und folgte schließlich der sich nach Castleknock hinaufschlängelnden Straße, die ihn aus dem Staub und Dunst und Lampenschein der Großstadt hinausführte in die klare Luft unter dem freien Himmel über dem neu gegründeten Observatorium.

Dunsink, rund sechs Kilometer außerhalb der Stadtgrenze von Dublin in einer Höhe von 85 Metern über dem Meeresspiegel gelegen, war damals der beste Ort für Himmelsbeobachtungen in Irland. Die Pracht des Beobachtungsgebäudes mit seiner hohen Kuppel zeugte von der Wertschätzung, welche die Astronomie in einer Zeit genoss, als durch Astronomen wie Wilhelm Herschel, der die Wissenschaftswelt mit seiner Entdeckung des Planeten Uranus erst unlängst in Entzücken versetzt hatte, die Grenzen des Universums neu gezogen wurden. Francis erhielt im Observatorium Dunsink theoretischen Unterricht und wurde im Gebrauch leistungsfähiger Teleskope sowie von Himmelskarten und Sextanten unterwiesen. Er lernte, das Firmament nach Sternen wie Sirius oder Polaris und nach Kometen abzusuchen und mittels Himmelsbeobachtung Längen- und Breitengradberechnungen anzustellen.

Die Stunden bei Dr. Usher fielen für Francis mit dem Erwachsenwerden zusammen und sollten ihm für die angestrebte Laufbahn bei der Marine unschätzbare Dienste leisten. Später erklärte er, bereits mit fünf beschlossen zu haben, Seemann werden zu wollen, und nach weiteren zehn Jahren des Wartens verließ er schließlich 1789 in Begleitung seines Vaters Dublin, um in London »den väterlichen Fittichen entrissen und geradewegs dem stürmischen Ozean ausgeliefert zu werden«. Durch die Verbindungen seines Vaters hatte Francis sich eine Koje an Bord eines Ostindienseglers zu sichern vermocht. Es war der Anfang einer Seefahrerkarriere im goldenen Zeitalter der Großsegler.

Obgleich Francis der »Grünschnabel« der Mannschaft war, wurde ihm bereits nach drei Wochen die Aufgabe übertragen, die jeweils am Mittag erfolgende Berechnung des Längengrads vorzunehmen. Und wann immer er keinen Dienst auf Deck hatte, fand man ihn im Krähennest, von wo aus er beobachtete, wie sich die Welt um ihn drehte. Eine Welt voll neuer Wörter – Strömung, Faden, Glasen, Klüsen, Persenning, Reffen – und Vorstellungen. Die Seeleute jener Zeit glaubten noch an Davy Jones, den Käpt'n der Klabautermänner. Als Talisman trugen sie die Glückshaube eines Neugeborenen oder eine Feder von einem Zaunkönig bei sich. Sie erzählten Geschichten von Sirenen – Meernymphen, die Seefahrer mit ihren betörenden Stimmen verzauberten – und von Äolus, der die Winde in einem Berg verschlossen hielt und sie »nach Gutdünken losließ, um dem Schiffer rasche Überfahrt zu gewähren oder aber ihn im Sturm zu vernichten«.[7]

Nachdem Francis sich von seiner anfänglichen Seekrankheit erholt und an das Leben auf See gewöhnt hatte, ging es ihm prächtig. Als sein Schiff, die *Vansittart*, schließlich Batavia auf der Insel Java, die damals zum niederländischen Ostindien gehörte, erreicht hatte, war er in seinen Beobachtungen so sicher geworden, dass er mithilfe eines geliehenen Sextanten imstande war, die fälschliche Berechnung des Breitengrads der Hafenstadt um drei Seemeilen zu korrigieren. »Ich bin so vermessen, anzunehmen, dass meine Lat[itude] viel näher am Ziel ist, denn ich habe eine solche Vielzahl [von Beobachtungen], und keine weicht von den übrigen um mehr als 20° ab«, notierte er.

In der Ungestörtheit des Observatoriums von Batavia hatte der junge Francis nicht die geringste Ahnung, welche Wendung seine Marinelaufbahn kurz darauf nehmen sollte. Nur wenige Tage nachdem sie in Batavia die Anker gelichtet hatte, lief die *Vansittart* in der Gaspar-Straße auf eine Sandbank auf und sank, und mit ihr versanken Reichtümer im Wert von mehr als 90 000 Pfund Sterling – mehr als das Dreifache der Summe, die George III. neunundzwanzig Jahre zuvor für Buckingham House (den späteren Buckingham Palace) aufgewendet hatte. Francis überlebte den Schiffbruch und entging auf wundersame Weise auch all den übrigen Gefahren, die einen Schiffbrüchigen in jenem Teil der Südsee bedrohten, wo es von malaiischen Piraten wimmelte. Das war der Auftakt zur abenteuerlichen Phase in seinem Leben. Nachdem es ihm gelungen war, ein Schiff zu finden, das ihn nach England zurückbrachte, trat Francis dort sogleich in die Royal Navy ein, kurz bevor der Krieg des Vereinigten Königreichs mit dem revolutionären Frankreich begann. So nahm er nicht nur an der Seeschlacht vom »Glorreichen 1. Juni« zwischen der Königlichen Marine und der französischen Revolutionsflotte teil, sondern darüber hinaus auch an einer Handvoll weiterer Scharmützel mit spanischen und französischen Kaperfahrern im Mittelmeer und auf dem Atlantik.

Die ersten Wettertagebücher Beauforts stammen aus diesen Jahren. Ein Journal, das er 1791 im Dienst auf der *HMS Latona* führte, zeugt von seiner Neigung, die Veränderungen des Wetters in der üblichen Sprache seiner Zeit festzuhalten: als mäßige oder leichte Brise, klar oder bewölkt.[8] Als er im folgenden Jahr auf der *HMS Aquilon* Dienst tat, hatte er seine Aufzeichnungen bereits auf acht Spalten erweitert, in denen er Wochentag, Datum, Wind, Kurs, Entfernung, Breitengrad, Längengrad sowie den »Standort bei Peilung« festhielt. Beaufort verfügte über ein bemerkenswertes Geschick für diese Beobachtungen – die er selbst später als »Hobby oder Spinnerei« bezeichnete – und ein enorm breit gefächertes Wissen. Gern vertiefte er sich in Bücher, wobei er Fakten sammelte wie ein Eichhörnchen, und baute allmählich eine schwimmende Bibliothek von erstaunlichem Umfang auf, die unter anderem die Werke der Dichter Pope und Dryden, Edward Gibbons *Geschichte des Verfalls und Untergangs des Römischen Reiches*, Tobias Smolletts wundervolle Abenteuerromane *Roderick Random* und *Peregrine Pickle* sowie *Der Wohlstand der Nationen* von Adam Smith enthielt. Er las Englisch, Französisch und Latein und machte sich auch auf Griechisch und Italienisch Notizen.

Derweil kletterte er die militärische Karriereleiter Stufe um Stufe hinauf. Als Experte für Navigation und als Führungspersönlichkeit gleichermaßen geschätzt, hatte er es um die Jahrhundertwende bis zum Offizier gebracht. Als Erster Leutnant auf der schlachterprobten *HMS Phaeton* kreuzte Beaufort nun auf dem Mittelmeer auf der Jagd nach lohnenden Prisen. Dort jedoch kehrte sich, an einem warmen Nachmittag im Oktober 1800, sein Glück. Bei der Erstürmung einer spanischen Brigg vor der Hafenstadt Fuengirola verlor er beinahe sein Leben. Als er mit seinen Infanteristen das Achterdeck enterte, wurde er aus kürzester Distanz von einem Musketenschuss getroffen und von einem Mann mit dem Säbel attackiert. Der zweite Hieb, den Beaufort gegen den Kopf erhielt, hätte ihn wohl das Leben gekostet, so räsonierte er später, wenn nicht ein zusammengefaltetes seidenes Taschentuch, das er in seinem Hut trug, die Wucht gedämpft hätte.

Seine Verletzungen – neunzehn insgesamt, wie er mit typischer Genauigkeit vermerkte – setzten seiner vielversprechenden Karriere ein jähes Ende. Drei seiner Finger blieben taub, in seiner linken Lunge steckte eine Flintenkugel, und weitere Geschosssplitter hatten Löcher in einen seiner Arme gerissen, »in deren eines ich gerade eben ein Tintenfass stecken konnte«. Mit der Zeit verheilten diese Wunden, doch in dem Jahr, das er als Rekonvaleszent in Gibraltar und Lissabon verbrachte, kam der Revolutionskrieg zu seinem Ende. Als Beaufort sich schließlich 1802 bei der Admiralität in London wieder diensttauglich meldete, war man dort eifrig bestrebt, die Offiziere der nicht länger benötigten Schiffe mit Abfindungen loszuwerden. Da Beaufort ohne Einfluss war, riet ihm Earl St. Vincent, der Erste Lord der Admiralität, seine Beförderung zum *commander* inklusive der damit verbundenen Pension von 45 Pfund, 12 Shilling und 6 Pence, was einem halben Aktivengehalt entsprach, ohne Widerspruch zu akzeptieren und nach Hause zurückzukehren.

Jahre später, als er längst ein angesehener Wissenschaftler war, wusste Beaufort den Wert dieses Aufenthalts im heimatlichen Irland durchaus zu schätzen, damals jedoch war er ungehalten darüber. Ohne den seit Jahren gewohnten Dienst bei der Marine fühlte er sich seiner Orientierung beraubt. Mit bald dreißig stand er, nach den Maßstäben seiner Zeit, in der Mitte seines Lebens, hatte aber kaum Geld, keine Frau und kein Zuhause und war darum gezwungen, bei seinen Eltern in Collon unterzuschlüpfen, wo er vor sich hin dümpelte.

Beaufort neigte zu Depressionen – er nannte sie seine »blauen Teufel« – und verbrachte die nächsten Monate in dementsprechend bedrückter Stimmung, während er sich nach nichts mehr sehnte als einer abgeschiedenen Farm und dem erfolgreichen Abschluss seines seit Längerem schon andauernden Werbens um Charlotte, die bildschöne Tochter Edgeworths. Beides blieb ihm einstweilen versagt. In einer Reihe langer, grüblerischer Briefe an Charlotte klagte er: »Ich habe Brillen repariert, gefeilt, genietet, Flaschenzüge instand gesetzt und dabei den ganzen Tag vor mich hin geknurrt, und fast hätte ich mir geschworen, bei nächster Gelegenheit meinen Gaul zu satteln und abzuhauen, um mein Glück irgendwo zu versuchen, wo günstigeres Wetter meinen Zorn verrauchen ließe.« Er schloss mit der entmutigenden Feststellung: »Vermutlich besinne ich mich eines Besseren und vegetiere hier weiter vor mich hin.«[9]

Im Herbst 1803 erlöste ihn Edgeworth aus seiner Apathie und

seinem Elend, indem er ihm eine Stellung in seinem Telegrafie-Projekt anbot. Für Beaufort war es die ideale Aufgabe, denn damit fand er nicht nur eine geregelte Arbeit, sondern hatte überdies Gelegenheit, eng mit einem Mann zusammenzuarbeiten, der mit einigen der besten Geister seiner Zeit gelebt, studiert und Pläne geschmiedet hatte.

Im Jahr 1803 war Richard Lovell Edgeworth neunundfünfzig Jahre alt und bekannt als einer der aufgeklärtesten Männer Irlands. Er war in der Literatur und der Naturwissenschaft gleichermaßen bewandert, begabt mit einer beeindruckenden schöpferischen Intelligenz und von außerordentlicher Vielseitigkeit. Im Lauf seiner langen Karriere gewann er viele Freunde, darunter Sir Joseph Banks, Thomas Day, Erasmus Darwin, Matthew Boulton und Thomas Beddoes. Daniel Beaufort nannte Richard Lovell Edgeworth »meinen gelehrten und erfinderischen Freund«.[10] »Der Erfinderische Mr Edgeworth« wurde zu seinem Beinamen.

Während Francis die Weltmeere bereist hatte, waren die Familien Beaufort und Edgeworth einander nähergekommen. Aufgrund ihrer Bildung und ihrer allem Neuen gegenüber aufgeschlossenen Einstellung passten sie gut zueinander, und durch die Hochzeit von Edgeworth mit Francis' Schwester Fanny – sie wurde seine dritte Frau – wurde die Verbindung zwischen den beiden Familien noch enger. So schrieb Maria Edgeworth, Romanschriftstellerin und Richard Lovells Tochter: »Es kommt selten vor, dass zwei große Familien, die durch Heirat miteinander verbunden werden, in all ihren Zweigen zueinander passen … doch alle Mitglieder der beiden Familien, obgleich von unterschiedlichem Talent, Alter und Charakter, vereinigten sich von Anfang an aufs Glücklichste miteinander.«[11] Und die engste der Freundschaften, die sich auf diese Weise entwickelten, war die zwischen ihrem Vater und Francis.

Edgeworth war fast genau dreißig Jahre älter als Beaufort und nie um einen Rat verlegen. Er machte Francis mit den Methoden der Wissenschaft vertraut und vermittelte ihm die neugierige, forschende Grundeinstellung, mit der jedes Problem der Überlegung und Prüfung unterzogen wurde. In seiner Jugend hatte Edgeworth viele Jahre lang in England gelebt und sich dort, in der Gegend um Lichfield und Birmingham in den Midlands, einer philosophischen Tischgesellschaft angeschlossen, die von Joseph Priestley später als »The Lunar Society« (die Mond-Gesellschaft) bezeichnet wurde.

Zu ihren Mitgliedern zählten unter anderem der Ingenieur James Watt, der Töpfer Josiah Wedgwood, der Fabrikant Matthew Boulton und der Mediziner Erasmus Darwin. Diese Männer bildeten den Kern einer Gruppe von außergewöhnlich begabten Denkern, die ihre überragenden Verstandeskräfte den Problemen ihrer Zeit widmeten. Dabei kannten ihre Interessen keine Grenzen. So erörterte der Kreis die Pläne Watts für eine Dampfmaschine, Priestleys Theorie der Fotosynthese, Wedgwoods Erfindung einer besonderen Keramikart, die als Jasperware weltbekannt wurde, und Darwins Überlegungen zur Transmutation der Arten, eine Art Vorläufer der Evolutionstheorie seines berühmten Enkels. Laut Josiah Wedgwood »lebten sie in einem Zeitalter der Wunder, in dem alles erreicht werden konnte«.[12]

Für die Treffen der Lunar Society gab es keine festgelegten Regeln, und die Gesellschaft hatte auch kein Mitgliederverzeichnis. Vielmehr war sie eine Vereinigung von Freunden, die sich gern trafen und die einander durch ihre Gesellschaft anregten. Dabei waren sie keineswegs auf einen bestimmten Begriff von Naturwissenschaft im heutigen Sinne festgelegt. Damals hatte das Wort »science«, vom Lateinischen »scientia«, Wissen, abgeleitet, noch eine viel breiter gefächerte Bedeutung als heute. Man verstand darunter nämlich jegliches theoretische Wissen, über Dinge der

Natur ebenso wie über die Redekunst, die Religion oder die Sprache. Und den Begriff »scientist« beziehungsweise Wissenschaftler gab es noch gar nicht. Vielmehr sahen die Mitglieder der Mond-Gesellschaft einander als *Philosophen* an, Weltweise, die Spekulationen anstellten »über das Wesen der Dinge und die Wahrheit«. Und so nannten sie, womit sie sich beschäftigten, »philosophische Unternehmungen«, und da sie in den Midlands zu Hause waren, konnten sie der Ausbildung ihrer Persönlichkeiten dabei viel mehr freien Lauf lassen, als das im klosterhaft abgeschiedenen Umfeld der Akademien von London, Oxford oder Cambridge möglich gewesen wäre.

Die Mond-Gesellschaft traf sich ungefähr einmal im Monat, gewöhnlich in Boultons Haus in Birmingham und bei Vollmond, damit die Gäste auf ihrem Heimweg durch die dunklen Straßen besser sehen konnten. Diese Treffen waren fröhliche Anlässe: Gemeinsam wurde experimentiert, mal spielerisch, mal ganz ernsthaft. Gase wurden untersucht, Metalle, Steine und Tiere. Die Mitglieder erfanden Uhren, sprechende Apparate, Kutschen, Wetterfahnen und Barometer. Einmal dachte sich Erasmus Darwin, der Ehrgeizigste von allen, für Wedgwood eine Windmühle mit horizontaler Antriebsachse aus, von der er behauptete, sie erzeuge dreimal so viel Energie wie eine gewöhnliche Windmühle mit vertikaler Achse. Mitunter ließ Darwin seine Gedanken ins Kraut schießen und entwickelte noch grandiosere Pläne. Einer davon sah vor, die Marinen sämtlicher Länder zu vereinigen, um mit all ihren Schiffen Eisberge von den Polen zum Äquator zu schleppen, weil sich so, wie er hoffte, die Erdtemperatur ausgleichen ließe.

Edgeworth war Ende der 1760er-Jahre zum Kreis um Darwin und dessen »Lunarticks« gestoßen. Damals war er ein ruheloser junger Mann von dreiundzwanzig Jahren, der gerade sein Studium am Corpus Christi College in Oxford abgeschlossen hatte und aller erblichen Verpflichtungen in Bezug auf die Güter der Familie in Irland ledig war. Da er nichts zu tun hatte, genoss Edgeworth in England das süße Leben des Müßiggangs und pendelte dabei zwischen den mondänen Clubs im Londoner West End und seinem Landsitz im malerischen Hare Hatch, einem Dorf im ländlichen Berkshire. Dort hatte er begonnen, sich, um seine eigene, lakonische Beschreibung zu zitieren, »mit Mechanik zu vergnügen«. Unter seinen Erfindungen war ein sehr leistungsfähiger Rübenschneider, ein Einspänner mit nur einem Rad, eine fabelhaft präzise Uhr, ein Veloziped – eine Art Vorläufer des Fahrrads – und eine segelgetriebene Kutsche, die mit phänomenaler Geschwindigkeit fuhr, zum Entsetzen der Nachbarn.

In dieser unbeschwerten Phase seiner Laufbahn kam Edgeworth auch zum ersten Mal auf den Gedanken, Nachrichten über eine größere Distanz mittels einer Maschine zu übermitteln. Im Sommer 1767 verbrachte Edgeworth einen Abend mit Sir Francis Delaval und dessen Freunden vom Turf Club in den Ranelagh Gardens in Chelsea. Das Gespräch drehte sich um ein bevorstehendes Pferderennen in Newmarket, bei dem zwei der besten Rennpferde des Landes gegeneinander antreten sollten. Sie waren, wie Edgeworth bemerkte, »einander in jeder Hinsicht so gleichwertig wie möglich«. Weil er unbedingt von den enormen Wetteinsätzen profitieren wollte, die aus diesem Anlass gemacht wurden, hatte Lord March seinen Freunden vom Turf Club erklärt, er werde den Ausgang des Rennens im Turf Coffee House abwarten und »schnelle Pferde entlang der Straße postieren, um sogleich über den Verlauf des Rennens unterrichtet zu werden, und dann werde ich meine Wetten entsprechend platzieren«.[13]

Als Edgeworth das hörte, fragte er March, wann er damit rechne, den Gewinner zu erfahren, worauf March erwiderte, gegen neun Uhr abends. »Darauf versicherte ich«, erinnerte sich Edgeworth, dass ich das siegreiche Pferd bereits um vier Uhr nachmittags würde nennen können. Lord March nahm meine Versicherung derart ungläubig auf, dass er mich aufforderte, ihm dafür einzustehen, und so erbot ich mich schließlich, 500 Pfund darauf zu setzen, dass ich in London das siegreiche Pferd von Newmarket bis fünf Uhr am Abend des Tages, an dem das große Wettrennen stattfinden sollte, angeben würde.[14]

Angesichts des unerhörten Vorhabens griff das Wettfieber um sich. »Nachdem Sir Francis mich Unterstützung heischend angesehen hatte, erbot er sich, mit 500 Pfund auf meiner Seite einzustehen, Lord Eglintoun tat es ihm nach, Shaftoe und ein anderer hielten dagegen, und am folgenden Tag wollten wir uns im Turf Coffee House treffen, um unsere Einsätze schriftlich niederzulegen.«

Die Chancen bei dieser Wette, bei der es nunmehr um ein kleines Vermögen ging, schienen eindeutig gegen Edgeworth zu stehen. Die englischen Straßen waren im 18. Jahrhundert notorisch schlecht, an manchen Stellen waren sie in schlimmerem Zustand als beim Abzug der Römer 1300 Jahre zuvor, und so schien es praktisch ausgeschlossen, über die fragliche Strecke von gut hundert Kilometern eine Nachricht in weniger als fünf Stunden zu überbringen. Die Green Dragon Coach, die zweimal wöchentlich zwischen London und Newmarket verkehrte, brauchte dafür beinahe einen Tag. Doch Edgeworth hatte einen ganz anderen Plan. Lord Marchs Prahlerei hatte ihm zwei Abhandlungen in Erinnerung gerufen: Die eine stammte aus dem 17. Jahrhundert und war von dem Universalgelehrten Robert Hooke verfasst, die andere war ein Traktat aus der Feder von John Wilkins, ehemals Bischof von Chester, mit dem Titel *Mercury: or the Secret and Swift Messenger* (Merkur, oder der Geheime und Rasche Bote).

Beide Autoren vertraten die These, dass sich ein Gedanke über eine Entfernung mittels einer Reihe vorab festgelegter Signale übermitteln lasse – ein einfaches optisches System von Zeichen, auf das sich beide Seiten verständigten. Hooke, bekannt für seine einschlägigen und findigen Experimente, hatte dafür ein System erfunden, bei dem Dielenbretter in verschiedenen Formen – als Quadrate, Dreiecke, Achtecke – eingesetzt wurden, um die Buchstaben des Alphabets darzustellen. Sie wurden in einem großformatigen Rahmen gezeigt und konnten mit dem Fernrohr beobachtet werden. In einem Aufsatz, den er 1684 der Royal Society vortrug, machte er sich für seine Idee stark und beschrieb genau die Entfernung zwischen den einzelnen Meldeposten, wie das Teleskop zur Beobachtung der Signale zu verwenden war und wie bei Nacht die Dielenbretter durch Laternen ersetzt werden sollten. Er habe seine Idee, so gab er bekannt, bereits zwischen den Ufern der Themse erprobt und meinte, bei gutem Betrieb werde sich ein Buchstabe, bereits eine Minute nachdem er in London gezeigt wurde, in Paris erkennen lassen.

Achtzig Jahre später nun plante Edgeworth, ein ähnliches Verfahren anzuwenden, um das Ergebnis des Rennens in Newmarket zu übermitteln. Er umriss seinen Plan:

> Nachdem wir nach Hause zurückgekehrt waren, erklärte ich Sir Francis Delaval, welche Mittel ich einzusetzen gedachte. Der »Geheime und Rasche Bote« von Wilkins war mir schon früh vertraut geworden, und in den Werken von Hooke hatte ich auch etwas von einem Plan dieser Art gelesen, und so hatte ich beschlossen, einen Telegrafen einzusetzen, der ungefähr dem glich, den ich inzwischen publik gemacht habe. Die Ausrüstung dazu ließ sich, das wusste ich, in wenigen Tagen vorbereiten.
>
> Sir Francis sah auf der Stelle ein, dass mein Plan durchführbar war, ja sogar mit Gewissheit Erfolg haben musste. Wir hatten Sommer, und wenn wir eine hinreichende Zahl von Leuten einsetzten, konnten wir die Geräte so nah beieinander aufstellen,

dass wir dem Einfluss des Wetters nahezu gar nicht ausgeliefert waren.[15]

Einige Tage vor dem Rennen trafen sich die Beteiligten erneut im Turf Coffee House. Edgeworths Pläne hatten inzwischen Gestalt angenommen. »Ich bot an, meinen Einsatz zu verdoppeln, und Sir Francis tat das Gleiche«, schrieb Edgeworth später. »Die Gentlemen der Gegenseite wollten schon auf mein Angebot eingehen, doch bevor ich die Wette abschloss, schien es mir nur fair, Lord March gegenüber zu erklären, dass ich nicht von der Schnelligkeit oder Kraft von Pferden abhängig war, um die Nachricht zu befördern, sondern mich anderer Mittel zu bedienen gedachte.« Edgeworths Ehrlichkeit machte seine Aussichten zunichte, denn Lord March, nunmehr misstrauisch geworden, dankte ihm für seine Aufrichtigkeit und entschied, dass es wohl besser sei, von der ganzen Sache Abstand zu nehmen. »Meine Freunde machten mir schwere Vorwürfe, auf ein so einträgliches Wettgeschäft verzichtet zu haben«, räumte Edgeworth später ein.[16]

Doch obgleich Edgeworth damit die Chance auf ein hübsches Sümmchen vertan haben mochte, verließ er das Turf Coffee House immerhin mit einer Idee im Kopf, die sich weiterentwickeln ließ. Gemeinsam mit Delaval verwandte er die folgenden Wochen darauf, mit seinem Signalgerät zu experimentieren. Dazu installierte Edgeworth vier Prototypen des Apparats an verschiedenen Punkten in London: einen in Delavals Wohnsitz in der Downing Street, einen in der Great Russell Street in Bloomsbury, einen in Piccadilly und schließlich einen im weiter entfernt gelegenen Vorort Hampstead. Edgeworth verrät uns nicht, wie seine Erfindung genau funktionierte, doch eine spätere Quelle gibt an, dass Lampen dabei eine Rolle spielten. Vielmehr stellte er lediglich fest: »Der nächtliche Telegraf wurde den Erwartungen gerecht, war aber zu kostspielig für den allgemeinen Gebrauch.« Und doch hat allein die Vorstellung, wie Edgeworth und der spitzbübische Delaval bei Nacht im ahnungslosen London heimlich Botschaften übermittelten, ihren Reiz. Welchen Vorteil die beiden Freunde, wenn überhaupt, aus ihrer Erfindung zogen, ist nicht überliefert. Klar ist hingegen, dass Edgeworth einen Apparat baute, den es so noch nicht gegeben hatte.

Ungefähr um diese Zeit traf Edgeworth bei einem Besuch in Lichfield erstmals mit Erasmus Darwin zusammen. Darwin war sogleich eingenommen von Edgeworth und seiner meisterlichen Beherrschung der Mechanik, und dessen mit unverkennbarem schauspielerischen Talent vorgetragenen praktischen Demonstrationen faszinierten ihn. Seinem Freund Boulton schrieb er aufgeregt:

Lieber Boulton,
bei mir befindet sich ein Freund der Mechanik, Herr Edgeworth aus Oxfordshire – der größte Zauberkünstler, den ich je sah – G-tt gebe gutes Wetter, dass Ihr nur recht bald mir zur Seite treten möget …
    E Darwin

Er hat die Regeln der Natur in seiner Hand und formt sie,
wie es ihm gefällt
    kann einer Nadel Polarität geben oder nehmen, wenn er sie
nur dreimal auf dem Handteller reibt
        und kann ohne Brille durch zwei dicke Eichenbretter sehen,
wunderbar! erstaunlich!! diabolisch!!!
    Und bitte sagt auch Dr. Small, dass er kommen möge,
um diese Wunder zu schau'n[17]

Sie schlossen Freundschaft, die ihr Leben lang währen sollte. Als Edgeworth in den 1780er-Jahren wieder nach Irland ging, korrespondierten sie von da an regelmäßig über ihre neuesten Beschäftigungen und Vorhaben. Die Arbeit an seinem Telegrafen hatte Edgeworth inzwischen aufgegeben, weil es dafür offenbar keinen Markt gab. Stattdessen verlegte er sich auf die Entwicklung seiner Erziehungsphilosophie und ein verbessertes Verfahren der Landbewirtschaftung. Darwin blieb in seinen Interessen eklektisch wie stets und hatte sich unterdessen der Meteorologie zugewandt.

Diese neueste Leidenschaft war aus der damals geläufigen Ansicht erwachsen, dass das Klima einen tief greifenden Einfluss auf die menschliche Gesundheit habe. Als praktizierender Arzt nahm Darwin sich folglich vor, ein wachsames Auge auf das Wetter zu haben. In seinem Arbeitszimmer hatte er eine Anzeige installiert, die mit einer Wetterfahne auf dem Dach seines Hauses verbunden war, sodass er immer wusste, aus welcher Richtung der Wind wehte. Um die Windgeschwindigkeit zu messen, führte er ein Rohr durch den Schornstein, an dessen oberem Ende ein Windmühlenflügel befestigt war. Sobald der Wind wehte, drehte sich die Vorrichtung wie ein modernes Anemometer, und Darwin maß die Anzahl der Umdrehungen mithilfe eines Räderwerks.

Diese Instrumente verschafften Darwin einen ungewöhnlich guten Einblick in die Veränderungen des Wetters. Er stellte regelmäßige Beobachtungen an und nutzte sie als Grundlage für Theorien, die die globalen Windbewegungen erklären sollten. Selbst für jemanden wie Darwin war das ein ehrgeiziges Unterfangen. Seit Jahrhunderten war die Meteorologie geheimnisumwittert und von Aberglauben geprägt. Und während viele Naturwissenschaften, wie etwa die Geologie, die Botanik, die Physik oder die Chemie, durch die Einführung aufgeklärter Analyse einen Aufschwung erlebt hatten, blieb die Meteorologie mehr oder weniger auf dem Stand, den sie bereits bei ihrer Begründung im

Altertum als die Wissenschaft von den »Meteoren« gehabt hatte. Heute denken wir bei dem Wort »Meteor« an glühende Gesteinsbrocken aus dem Weltall. Aber in der klassischen Meteorologie verstand man unter einem »Meteor« jedwedes Vorkommnis, das sich in der sogenannten sublunaren Zone ereignete, also dem vagen Bereich zwischen der Erde und dem Mond. In seinem *Dictionary of the English Language* von 1755 definierte Samuel Johnson Meteore als »jegliche Körper in der Luft oder am Himmel, die von unsteter und vorübergehender Natur sind«.[18] Das war eine hinlänglich schwammige Definition für eine Vielzahl von Phänomenen, die von der Sternschnuppe bis zum Regenbogen, vom Anheben eines Sturms bis zum Lichtkranz um die Sonne, vom Blitz bis zur Windböe alles Mögliche einschloss.

Seit nahezu zwei Jahrtausenden gründete sich das Gedankengebäude der Meteorologie auf die Ideen, die Aristoteles in seiner Abhandlung *Meteorologica* im 4. Jahrhundert vor unserer Zeitrechnung niedergelegt hatte. Erasmus Darwin war wie seine Zeitgenossen im aristotelischen Geist unterrichtet worden. Nach Aristoteles war der meteorische Bereich grundsätzlich von zwei verschiedenen Wirkstoffen erfüllt, die er als Dünste oder Dämpfe bezeichnete. Sie waren die Ursache für jegliches meteorische Geschehen. Der eine war warm und trocken und wurde durch das von der Sonne auf die Erde fallende Licht erzeugt. Der andere war kühl und feucht und war das Ergebnis einer Vermischung des Sonnenlichts mit dem Wasser der Meere, Ströme und Seen. Die heißen, trockenen Dämpfe stiegen in die feurige Sphäre des Globus auf und brachten dort Sternschnuppen, Kometen und die Milchstraße hervor. Die kühleren, feuchten Dämpfe hingegen klebten am Boden: So entstanden Wolken, Tau, Regen und Schnee. Winde waren unverkennbar trockene und heiße Luftströme, schnell dahintreibende Dämpfe, während ein Donnerschlag entweder auf das plötzliche Entweichen einer heißen Ausdünstung aus der Kondensation einer Wolke, in der sie zuvor eingeschlossen war, zurückging oder auf die heftige Kollision eines Windes und einer Wolke, die Kraft des einschlagenden Blitzes.

Die *Meteorologica* des Aristoteles beruhte nicht auf Experimenten, sondern auf Beobachtung. Er machte sich dabei die Werke seiner Vorgänger Hippokrates, Demokrit und Empedokles zunutze, um Regenbögen, Lichthöfe, Wolken, Regen, Hagel, Schnee und Tau zu erklären. Damit begründete er den Gegenstandsbereich der Meteorologie beziehungsweise, wörtlich übersetzt, »das Studium der Dinge in der Höhe«. Aus heutiger Sicht ist Aristoteles' Abhandlung eine vergnügliche, exzentrische Lektüre. Monumental in der Form und inhaltlich anspruchsvoll, ist, was er schreibt, in nahezu jedem einzelnen Punkt unzutreffend. Und doch beherrschte die *Meteorologica* das intellektuelle Denken für Jahrhunderte. Als Konzept waren die Meteore und Dämpfe so verschiedenen Persönlichkeiten wie Galilei, Descartes, Cook, Newton, Kolumbus und Shakespeare vertraut. Noch im 17. Jahrhundert propagierte der Dichter John Dryden die Ideen des Aristoteles in diesen Versen: »Dann sah man flammend Meteore in den Lüften steh'n / Und durch den heit'ren Himmel rollt' der Donner jäh.«[19]

Zu Erasmus Darwins Zeiten zeigte das alte Lehrgebäude schon deutliche Risse. Instrumente wie das Barometer und das Thermometer waren seit einem Jahrhundert in Gebrauch und versetzten die Menschen in die Lage, das Wetter auf eine Weise zu studieren, wie sie Aristoteles nicht gekannt hatte. Auch Edgeworths Telegraf war als meteorologisches Instrument von potenziellem Nutzen, um damit vor aufziehenden Stürmen zu warnen. Diese Idee war 1793 bereits von Gilbert Romme, einem Abgeordneten der französischen Nationalversammlung, zur Diskussion gestellt worden, indem er auf »die Möglichkeit, Stürme vorherzusagen und Seeleute und Bauern davor zu warnen«, hinwies.[20] Erstaunlicherweise war dieser Gedanke Edgeworth nie gekommen. Als die Zeitungen von Chappes Telegraf berichteten, dachte er vielmehr als Erstes daran, seine alten Entwürfe aus der Schublade zu holen, um den Apparat zu einem Teil eines Abwehrschildes zu machen, mit dem die Iren vor einem vermuteten Angriff der Franzosen geschützt werden könnten. Darwin hielt das für eine gute Idee. So drängte er Edgeworth 1795, überall an der irischen Küste Telegrafen aufzustellen wie »Bruder Bacons Wall aus Messing rund um England«.[21] Die humorvolle Anspielung auf die populäre Komödie des elisabethanischen Theaterdichters Robert Greene war typisch für Darwin. Ein paar Jahre später, im April 1802, war er zur Hälfte mit einem weiteren Brief an Edgeworth fertig, in dem er ihn über seine jüngsten Pläne unterrichtete, als er einen Zusammenbruch erlitt. Mit seinem Tod endete ihre Freundschaft nach fünfunddreißig Jahren. Nur wenig später kehrte Beaufort nach Irland zurück, und damit begann eine neue Partnerschaft.

Edgeworth mochte Beauforts Lebendigkeit und Geschicklichkeit, während Beaufort vor allem von der in vielen Lebensjahren gewonnenen Erfahrung Edgeworths profitierte. Dessen Denkweise wurde ihm zum Vorbild, denn sie zeigte ihm, wie man einer wissenschaftlichen Frage zu Leibe rückte. Wissenschaft war das Instrument schlechthin, um die Dinge zu durchdringen, zu vereinfachen, sie zu verbessern und voranzuschreiten oder, wie Wedgwood einmal gesagt hatte, »um die Wunder auf die Welt loszulassen«. So trat der Jüngere an die Stelle des Älteren. Darwin, Edgeworth, Beaufort – das ist eine der bemerkenswerten Abstammungslinien innerhalb der britischen Naturwissenschaft.

Offiziell begannen Edgeworth und Beaufort am 4. November 1803 mit den Arbeiten zur Errichtung einer irischen Telegrafenverbindung, nachdem sie einen erfolgreichen Versuch in der Umgebung von Dublin durchgeführt hatten. »Gestern habe ich die Telegrafen in Castleknock im Beisein von Lord & Lady Hardwick,

Lady Hosgall, Herrn und Frau Wickham (die ich gern wiedersehen möchte) & einer Vielzahl weiterer Lords und Ladys erprobt – Alles einschließlich Wind & Wetter glückte und übertraf noch meine kühnsten Erwartungen«, schrieb Edgeworth anschließend nach Hause.[22]

Auf diesen Moment hatte Edgeworth seit Jahrzehnten gewartet. Als er 1794 erfuhr, dass Chappe in Frankreich seine alte Idee noch einmal erfunden und verbessert hatte, war er entsetzt gewesen. Kurz nachdem die Nachricht von Chappes Telegraf gemeldet worden war, wies ein anonym verfasster Leserbrief, den die Londoner *Morning Post* veröffentlichte, darauf hin, das Edgeworth den gleichen Apparat bereits vor Jahren entwickelt hatte. Und obgleich Edgeworth bestritt, den Brief geschrieben zu haben, hielt ihn das doch nicht davon ab, ihn bei jeder Gelegenheit zu zitieren. Das half ihm aber nichts. Ein volles Jahrzehnt musste er auf eine Chance warten, die Dinge geradezurücken. Erst 1803, als Napoleon seine Grande Armée auf der anderen Seite des Kanals zusammenzog, erhielt er sie schließlich.

Die ersten Jahre des 19. Jahrhunderts gehörten zu den steinigsten in der britischen Geschichte. Seit Langem grassierte die Furcht, dass das revolutionäre Frankreich die Küste der Graftschaften Wicklow und Cork für eine Invasion ins Visier genommen hatte, denn dort vermutete der französische Generalstab die Schwachstelle innerhalb der britischen Landesverteidigung. Nur eine Serie furchtbarer Winterstürme hatte im Dezember 1796 die Landung von 16 000 Mann in der Bucht von Bantry vereitelt, und seitdem wurde die Wahrscheinlichkeit eines erneuten Versuchs stetig größer.

Im Lauf des Jahres 1803 hatte Napoleon bei Boulogne eine Armee von 200 000 Mann versammelt, wo man auf eine Schönwetterperiode wartete, um die Überfahrt anzutreten. Die Vorbereitungen dazu wurden in aller Öffentlichkeit durchgeführt, und überall in Großbritannien wuchs die Furcht davor. Der Teppich von Bayeux war im Rahmen einer feierlichen Tournee an verschiedenen Orten entlang der französischen Küste ausgestellt worden, und in der Pariser Münze war bereits ein Stempel für eine Medaille gegossen worden, die die Aufschrift trug: »Geprägt in London 1804«. Die britische Presse war wie besessen von Napoleon und berichtete ihrer Leserschaft von jedem seiner Schritte. So informierte eine typische Meldung im Juli die Leser des *Thunderer*: »Der Erste Konsul hat Calais am Freitag um fünf Uhr nachmittags erreicht. Erwartungsgemäß vollzog sich sein Einzug in Form einer Parade im großen Stil. Er selbst ritt auf einem kleinen grauen Pferd von großer Schönheit ... der ganze Platz hallte wider von den Rufen *Vive Bonaparte!*«[23]

Weil die Zeit knapp war, übernahmen Edgeworth und Beaufort bei ihrem Vorhaben von Anfang an klar verteilte Rollen. Während Edgeworth in Dublin seinen Einfluss geltend machte, erhielt Beaufort die Verantwortung für die praktische Durchführung des Unternehmens: die Errichtung der Stationen – oft auf erhöht gelegenen Festungen, einzelnen Hügeln oder Kirchen –, die Beschaffung des Baumaterials für die Türme, Wachhäuser und Stationen, den militärischen Drill des Korps von »Telegrafen-Männern« und ihre Ausbildung im Telegrafievokabular, vor allem aber darin, die Signale mit größter Genauigkeit zu transkribieren, und ihr Verhalten im Falle eines Angriffs. Jede Station war bemannt mit einem Hauptmann und zwei bis drei Milizsoldaten, die jeweils dem Befehl von »Geheimoffizieren« in Dublin, Athlone und Galway unterstanden. Sich selbst hatte Edgeworth die Rolle des Gesamtleiters des Projekts zugewiesen, als »alles sehendes Auge«.[24]

Beaufort war ein Mann der Tat. Auf seinem kleinen grauen Colt war er unterwegs im ganzen Land, ritt die morastigen Feldwege der Tiefebene entlang und erklomm jeden Hügel, immer auf der Suche nach geeigneten Erhebungen: Plätzen, die gut zugänglich waren und zugleich eine ungehinderte Aussicht von mindestens dreißig Kilometern im Umkreis boten. Sein Aufenthaltsort wechselte ständig. Im November war er bei Edgeworth in Dublin, im Januar bereits in Galway. Zwei Monate später schlug er sein Lager in der Nähe von Athlone auf. Aus einem Rechnungsbuch, das Edgeworth führte, geht hervor, dass die meisten Stationen innerhalb von je vierzehn Tagen errichtet wurden, während die Verbindung immer weiter nach Westen vorangetrieben wurde. Der Fortschritt des Unternehmens gab Edgeworths Tochter Maria, stets eine aufmerksame Beobachterin, auch Gelegenheit, Beaufort aus der Nähe zu beobachten. Sie war beeindruckt. Im Dezember notierte sie, er habe ein lexikalisches System entwickelt, »ein System von Befehlsworten«, das es den Milizsoldaten erleichtere, die von ihnen erwarteten Verrichtungen besser einzuüben. Das System wies »eine gewisse Analogie zu ihrem militärischen Sprachgebrauch auf & ließ sich folglich leicht auswendig lernen & nicht so leicht vergessen«[25], schrieb sie – ein erstes Zeichen für das, was folgen sollte.

Fernab vom behaglichen Kaminfeuer in Edgeworthstown in der Grafschaft Longford war harte, anstrengende Arbeit gefordert, die sich über den ganzen irischen Winter erstreckte. Dabei sah sich Beaufort genötigt, seine Männer tief in ländliche Gegenden zu führen, in denen das aufrührerische Ressentiment gegen die britische Regierung seit Langem schwelte. Dort schlug ihnen mehr als nur politische Ablehnung entgegen. Ihre seltsame Ausrüstung rief bei den Bauern misstrauische Reaktionen hervor: »Natürlich wurden die Telegrafen zum Gesprächsthema«, schrieb er seiner Schwester Charlotte:

> Mit keiner noch so geistreichen Bemerkung konnte ich sie irgendjemandem verständlich machen. Wenn ich ihnen aber sagte, ich wolle nur den Berg hinauf, um mich mit einem

Mann in Kilrainey zu unterhalten und mit ein paar Damen in der Grafschaft Longford, die in 40 Kilometer Entfernung wohnten – da hätten sie fast aufgeschrien. Sie stiegen auf die Tische und riefen, das müsse schwarze Magie sein. Ich ließ eine Frau durch das erste Fernrohr sehen, das ihr je untergekommen war. Ich hielt es mit einer Hand vor sie, und sie konnte die Flamme der Kerze sehen. Dann drehte ich es herum und hielt es mit der anderen, und sie erschien ihr so weit weg wie Phillipstown ... Kurzum, die guten Leute waren so einfältig, so unwissend, so beschränkt und dabei so vergnügt, dass ich augenblicklich zum Helden ihrer Geschichten wurde.[26]

Bis April war eine Kette von Stationen über eine Distanz von sechzig Irischen Meilen (123 Kilometer) fertiggestellt, vom Royal Hospital in Dublin bis nach Athlone. Sie waren schnell vorangekommen, aber nicht ohne Schwierigkeiten. Vor allem das notorisch feuchte Klima in Irland bereitete Beaufort immer wieder Verdruss. Oft war das Wetter rau oder stürmisch, wenn vom Atlantik her Stürme übers Land fegten oder undurchdringliche Wolken tief über dem Land standen. Gegenstände verloren dann ihre Umrisse, Farben ließen sich kaum mehr ausmachen, und es war unmöglich, eine Station in zwanzig oder dreißig Kilometern Entfernung zu erkennen. Morgens sorgten Nebel, Dunst und der dunkel verhangene Himmel aufgrund der hohen Luftfeuchtigkeit für eine derart diesige Atmosphäre, dass die Sichtweite oft weniger als hundert Meter betrug. So schrieb Beaufort Edgeworth einmal: »Nur telegrafische Geister können die Freuden eines heiteren und klaren Tages empfinden, nach all den endlosen Stürmen, Nebeln und Wolkenbrüchen.«[27]

Bei solcher Witterung dauerte es nicht nur länger, geeignete Standorte für die Stationen auszuwählen, sondern die ganze Idee einer visuellen Kommunikation wurde dadurch infrage gestellt.

Obgleich Edgeworth unbeirrt behauptete, sein Telegraf würde an neunundneunzig von hundert Tagen funktionieren – eine Tatsache, die er anhand des von ihm geführten Wettertagebuchs erkannt haben wollte –, hegte Beaufort Zweifel.

Es gab noch weitere Probleme. Wo immer Beaufort das Gelände auf seine Tauglichkeit für die Stationen hin erkundete, stieß er auf Ablehnung nach dem Motto »Nicht vor meiner Tür«. Ein Anwohner erklärte Beaufort, nachdem er herausgefunden hatte, dass eine Station in der Nähe seines Gartens errichtet werden sollte, er werde das »sehr beklagenswert finden, was immer andere davon hielten – all die Männer, die fortan an seine Tür klopfen würden, um sich ein Streichholz fürs Feuer zu erbitten oder einen Schluck Buttermilch!«. »Das Volk der Leviten ist noch lange nicht ausgestorben«, schimpfte Beaufort.[28] Ein anderes Problem war die Einstellung und Tauglichkeit des Telegrafenkorps, dessen Mitglieder unter den Angehörigen örtlicher Milizen rekrutiert worden waren. Vor allem für Arbeiten, die ein hohes Maß an Genauigkeit erforderten, waren sie völlig ungeeignet. Viele der Telegrafisten waren Analphabeten, und wer schreiben und lesen konnte, verbrachte im Allgemeinen viel zu viel Zeit damit, Beschwerdeschreiben aufzusetzen.

Zum Ende des Frühlings 1804 beklagte sich Beaufort in einem Brief an seinen Vater über den »unvermittelt auftretenden Dunst in Dublin und den Sturm, der über die Spitze des Caston Tower hinwegfegt«.[29] Ließ sich an schönen Tagen eine Nachricht problemlos übermitteln, hielt man an anderen ein unverständliches Kauderwelsch in der Hand, das den Apparat von Edgeworth und Beaufort weniger als ein Wunder denn als das Gestammel eines Kleinkinds erscheinen ließ. Ganz offensichtlich würde einer Erfindung, die von einem strahlend blauen Himmel über Irland abhing, keine lange und gedeihliche Zukunft beschieden sein. In Edgeworthstown ging die Rede von »empörenden Enttäuschungen«, ungewöhnlich heftigen Stürmen und »erschöpften Männern, die ihre Posten aufgeben«.[30] Auch Beaufort begann allmählich die Fassung zu verlieren. Nach einem missglückten Übermittlungsversuch machte er seinem Missmut Luft: »Himmel, was hat das alles zu bedeuten? Wie kann es sein, dass nach acht Monaten Übung nicht ein einziges Wort richtig herauskommt? Es bringt mich bald um den Verstand.«[31]

Ende Juni war die gesamte Verbindung fertiggestellt, und für den 2. Juli 1804 lud man Lord Hardwicke und eine Gruppe einflussreicher Politiker zu einer Eröffnungsgala ein. Glaubt man einem Artikel, der in der folgenden Woche im *Freeman's Journal* erschien, war sie ein voller Erfolg. Edgeworth gelang es, Beaufort, der in 210 Kilometer Entfernung postiert war, in nur sieben Minuten eine vollständige Nachricht zu senden. Nach weiteren fünf Minuten erhielt er die Empfangsbestätigung von Beaufort. »Die Geschwindigkeit dieser Kommunikationsform ist verblüffend«, berichtete das *Freeman's Journal*. »Eine Nachricht, die beispielsweise um elf Uhr von der Sonnenuhr auf dem Royal Hospital in Dublin abgeschickt wird, kann um sieben Minuten nach elf Uhr am Uhrturm in Galway empfangen werden.«[32]

Doch trotz all ihrer zur Schau getragenen Zuversicht wurden die Politiker allmählich nervös. Der Telegraf kostete mehr als erwartet, die Milizsoldaten machten Ärger, und die Zahl der erfolgreich übermittelten Botschaften war beunruhigend gering. Nur eine Woche später erreichte die Nachricht Edgeworthstown, dass die Regierung das Vertrauen in Edgeworths Plan verloren habe. Er sei als Chef-Telegrafist mit sofortiger Wirkung seines Postens enthoben, die Verantwortung dafür übernehme künftig die Armee. Damit war Edgeworths optischer Telegraf, sein lange gehegter Traum, Geschichte.

Das Doppelspiel der Regierung erregte Beauforts Zorn, denn er sah darin einen weiteren Schicksalsschlag, den das Leben ihm versetzt hatte. Wütend schrieb er seinem Bruder William: »Gegenwärtig bin ich nichts, habe nichts, erwarte nichts, tue nichts und habe nichts Bestimmtes in Aussicht.«[33] In seinem Zorn allerdings übersah Beaufort, was er später schätzen sollte. Denn die Zeit seiner Zusammenarbeit mit Edgeworth war für ihn eine unbezahlbare Lehrzeit gewesen. Und auch in anderer Hinsicht hatte Edgeworth ihm geholfen, denn im Lauf der vergangenen beiden Jahre hatte er unablässig seinen Einfluss zugunsten von Beaufort geltend gemacht, und durch Edgeworths Vermittlung schließlich sollte es Beaufort auch gelingen, wieder in die Marine aufgenommen zu werden.

Im Juli 1805 tauschte Beaufort die Hügel der Grünen Insel für das chaotische Treiben in den Königlichen Docks von Deptford, dem britischen Marinestützpunkt bei London. Hier war ihm sein erstes Kommando übertragen worden. Sein Schiff war die *Woolwich*, ein Kriegsschiff der fünften Klasse mit vierundvierzig Geschützen, ursprünglich eine schneidige, schnelle Kampfmaschine, inzwischen jedoch in ein Lagerschiff umgewandelt. Für Beaufort war das ein bittersüßer Moment, denn die Freude über seine Beförderung erhielt durch die Schmach des unattraktiven Postens einen empfindlichen Dämpfer.

Die Schande machte ihm zu schaffen. In seinen Augen hatte die Admiralität einem Ertrinkenden als Rettungsring einen Amboss zugeworfen. In seinem Tagebuch notierte er seine Verzweiflung:

> Auf ein Lagerschiff! Um Himmels willen! Für den Befehl über
> ein Lagerschiff habe ich mein Blut vergossen, die Blüte meiner
> Jugend geopfert, mich den Strapazen der Haushaltung in frem-
> den Breiten unterzogen, meine besten Stunden auf fachliche

Studien verschwendet … für ein Lagerschiff, für die Ehre, neue Anker hinauszuschiffen und alte nach Hause! Für ein Schiff, das überladener ist als ein Postschiff in Dover und schwächer bemannt als ein Yankee-Frachter – vier Viertel ihrer Bewaffnung und Munition an Land, drei Fuß tiefer im Wasser als ihre Trimm und ausgerüstet mit Notmasten und Notsegeln! – Sodass sie weder kämpfen noch fliehen kann, kurzum, für ein Schiff, auf dem sich weder Ehre noch Beförderung oder Reichtum … erwerben lässt![34]

Was die Sache noch verschlimmerte, war der Umstand, dass der Krieg gegen Napoleon in eine kritische Phase eingetreten war. Die Grande Armée lagerte nicht weit entfernt auf der anderen Seite des Kanals, und so sah sich Beaufort zu seinem Leidwesen genötigt, in den Gazetten von den Heldentaten anderer zu lesen, so etwa von Nelsons Verfolgungsjagd auf Vizeadmiral Villeneuve quer über den Atlantik. Am 7. November 1805, als Beaufort gerade im Spithead der Meerenge Solent bei der Isle of Wight vor Anker lag, hörte er die Nachricht von Nelsons spektakulärem und zugleich tragischem Sieg über die vereinigte französische Flotte vor Trafalgar. Die Szenerie rings um ihn war heiter und ländlich, ein viel zu friedlicher Ort, um eine derart grandiose Nachricht zu erhalten. Geschichte wurde anderswo gemacht.

Aber wie es so oft geschieht, wenn ein aktiver Geist wie der Beauforts zur Untätigkeit gezwungen ist, beschäftigt er sich anderweitig. Hatte sich Beaufort im August 1805 noch damit befasst, wie er die Ladung in der *Woolwich* am besten verstauen lassen sollte, um durch eine geschickte Verteilung des Ballasts die Geschwindigkeit des Schiffs zu optimieren, bereitete ihm zur Jahreswende ein ganz anderes Problem Kopfzerbrechen. Inzwischen waren seine Wettertagebücher immer detaillierter geworden. Mitunter enthielten sie vier verschiedene Angaben zur Windrichtung innerhalb eines Tages, und stets begannen die Eintragungen mit einer Abschätzung der Windgeschwindigkeit: »frische Brise«, »mäßige Brise«, »stürmisch«, »leichter Zug«.

Beauforts Verwendung dieser Terminologie entsprach ganz einfach der damaligen Marinetradition. Im ganzen 18. Jahrhundert war es nicht gelungen, zu einer haltbaren wissenschaftlichen Erklärung des Phänomens Wind zu gelangen. Wind war ein rauschender Strom von Dampf: Jeder Wind unterschied sich vom folgenden. Das Beste, was man tun konnte, war, seine Merkmale in anschaulicher Prosa festzuhalten. Eine scharfe Brise vor Southampton, ein tosender Sturm nahe den Goodwin-Bänken, eine plötzliche Böe, ein Sturm von Shakespeare'schen Ausmaßen vor Plymouth. Jeder Wind bedeutete eine Herausforderung für die Fantasie.

Beaufort waren die Grenzen dieser Praxis bewusst. Beschreibende Aufzeichnungen mochten ein lebendiges Bild der Szene festhalten, aber solche Daten genügten wissenschaftlichen Ansprüchen nicht. Das Problem war bereits von Daniel Defoe in seiner panoramatischen Schilderung des Großen Sturms von November 1703 satirisch behandelt worden. In einem einleitenden Kapitel von *The Storm* hatte er beklagt, wie unterschiedlich die Wahrnehmung von Wind und Wetter bei englischen und ausländischen Seeleuten war.

> Solche Winde, die in jenen Tagen als Stürme durchgegangen wären, werden bloß *Sturmwind* oder *Steife Brise* genannt. Wenn es stark genug weht, um einem Seemann aus dem Süden Angst zu machen, lachen wir darüber: und wenn man die nackten Begriffe unserer Seeleute in einer Tabelle nach Graden auflistet, wird das erklären, was wir meinen.

Flaute.	*Ein Toppsegel-Wind.*
Ruhiges Wetter.	*Es bläst tüchtig.*
Wenig Wind.	*Ein steifer Wind.*
Eine schöne Brise.	*Ein wütender Wind.*
Ein leichter Wind.	*Ein Sturm.*
Ein frischer Wind.	*Ein Orkan.*[35]

Englische Schiffe, so argumentierte Defoe, seien so überlegen, dass dies den Eindruck verzerre, den die Seeleute vom Wind hätten. »Wenn die *Japaner*, die *Ost-Indier*, und dergleichen Navigatoren, mit ihren dünnen Muschelbarken und Kattunsegeln kämen; wenn *Kleopatras* Flotte oder *Cäsars* große Schiffe, mit denen er die Schlacht von Actium schlug, auf unsere Meere kämen, so gäbe es kaum einen März oder September in zwanzig Jahren, der sie nicht in Stücke zerfetzte, und der arme Überlebende, wenn er heimkehrte, würde sogleich von dem schrecklichen Land erzählen, wo es nichts gab als Stürme und Orkane.«[36]

Bei all seinem Stolz und Patriotismus enthält Defoes Darstellung doch einen wichtigen Hinweis auf den relativen Wert subjektiver und objektiver Aufzeichnungen von Beobachtungen. In hundert Jahren, die zwischen Defoes Buch und Beauforts Ernennung zum Kommandeur der *Woolwich* vergangen waren, hatte es verschiedentlich Versuche gegeben, eine klare, quantifizierte Windskala zu entwickeln. So hatten der Leuchtturm-Ingenieur John Smeaton, der Erste Hydrograf der Admiralität, Alexander Dalrymple, und der niederländische Vermessungsingenieur Jan Noppen jeweils entsprechende Skalen entwickelt, doch keine von ihnen hatte sich allgemein durchgesetzt.

Das war das Problem, mit dem sich Beaufort Anfang 1806 herumschlug. Jeder britische Schiffskommandant war verpflichtet, ein Logbuch zu führen. Warum also nicht aus der Not eine Tugend machen? Am 13. Januar 1806 ergriff er die Feder und schrieb

einen Eintrag, der seinem Namen Eingang in die Geschichtsbücher verschaffen würde.

Er lautete:

> Fortan werde ich die Stärke des Windes gemäß folgender
> Erklärung schätzen, denn nichts vermittelt eine unklarere Vor-
> stellung von Wind und Wetter als die alten Ausdrücke mäßig
> und bewölkt etc., etc.

0 Windstille

1 Kaum spürbare Brise, gerade eben keine Windstille

2 Leichter Zug

3 Leichte Brise

4 Schwache Brise

5 Mäßige Brise

6 Frische Brise

7 Starker Wind

8 Steifer Wind

9 Stürmischer Wind

10 Sturm

11 Schwerer Sturm

12 Schwerer Sturm mit Orkanböen

13 Orkan[37]

Beaufort beließ es aber nicht dabei. Nachdem er einmal die
Grundzüge seiner quantitativen Windskala niedergelegt hatte,
ging er einen Schritt weiter: Wenn die Windstärke mittels einer Abfolge von Zahlen gemessen werden sollte, so schien ihm,
dass sich die Buchstaben des Alphabets dazu verwenden ließen,
den Zustand der Atmosphäre zu beschreiben. Diese Ergänzung
war logisch. So fuhr er in demselben Journaleintrag fort, einen
Code von neunundzwanzig verschiedenen Symbolen – entweder

einzelne Buchstaben oder Kombinationen von zwei Buchstaben – aufzulisten, um die verschiedenen Wettertypen zu beschreiben: *blue skies* (b; blauer Himmel), *sultry* (s; schwül), *hazy* (h; diesig), *damp air* (dp; feucht), *foggy* (fg; neblig), *rain* (r; Regen), *squally* (sq; stürmisch), *thunder* (t; Donner) und so weiter. Diese acht und einundzwanzig weitere mögliche Zustände der Atmosphäre sollten in einer eigenen Spalte festgehalten werden, wobei mehrere verschiedene beobachtete Wettertypen jeweils durch ein Komma abgetrennt wurden. Damit war er in der Lage, nicht nur die Windrichtung, die Geschwindigkeit, den barometrischen Druck, die Temperatur und die Zeit festzuhalten, sondern mittels eines einfachen, flexiblen Systems ebenso die vielen Veränderungen der Atmosphäre, die ihn umgab.

Beaufort entschied sich, seine Methode einer Probe zu unterziehen. Man schrieb Montag, den 13. Januar 1806, vier Tage nach dem Staatsbegräbnis für Nelson in Westminster Abbey, zehn Tage bevor William Pitt der Jüngere sterben würde und drei Tage nach der Kapitulation der Niederländer vor den Briten in Kapstadt. In »Woolwich auf der Themse«, der königlichen Wasserstraße, wo Beaufort vor Anker lag, wehte der Wind aus Nord mit Stärken zwischen 4 (schwache Brise) und 10 (Sturm). Der Himmel über ihm war blau (b), die Atmosphäre stürmisch (sq).

Beauforts Grundidee war wunderbar einfach. Historiker erforschen seit Langem die Ursprünge eines Systems, das zu einem weltberühmten, entscheidenden Baustein der modernen Meteorologie werden sollte. Es ist wahr, dass es auf vorhergehenden Überlegungen basierte, dem Werk von Männern wie Dalrymple und Smeaton. Doch es zeigte auch die Einflüsse der Zeit, die Beaufort mit Edgeworth beim Aufbau des Telegrafen in Irland verbracht hatte. Dort hatte er sich mit der Kunst der Kommunikation herumgeschlagen. Bei seiner täglichen Arbeit mit dem Telegrafievokabular war er genötigt gewesen, sich sein eigenes Repertoire leicht verständlicher Signale zuzulegen. Beaufort verfügte über ein natürliches Talent für die wissenschaftliche Beobachtung, aber erst die Zeit mit Edgeworth gab dieser ungeschliffenen Begabung Gestalt und Ziel.

Beauforts Skala der Windstärken wird oft als die Lösung eines alten und frustrierenden Problems angesehen, doch in Wirklichkeit war sie eher ein Anfang. Verbittert und wütend hatte Beaufort, inmitten des Lärms und Trubels auf der *Woolwich* und in den Docks von Deptford und ohne dass ihm das selbst bewusst war, einen Prozess in Gang gesetzt, der sich im Lauf der Jahre fortsetzen würde. Ganz allein über sein Tagebuch gebeugt, mag er sich wie der machtloseste Mensch in ganz Britannien vorgekommen sein. Doch in der Art und Weise, wie er plante, beobachtete und seine Aufzeichnungen machte, hatte er ein Modell geliefert, an dem sich spätere Experimente und Anstrengungen orientierten. Er hatte einen Blick in die Zukunft erhascht. Der lange Prozess der Zivilisierung des Himmels hatte begonnen.

Kapitel 2

Studien nach der Natur

B eaufort musste vier weitere Jahre warten, ehe er seine
Chance erhielt. Als Kommandant der *HMS Woolwich*
wurde er damit beauftragt, amtliche Sendungen zu überbringen, Proviant zu liefern und Handelsschiffe auf den Handels-
routen rund um den Globus zu geleiten. Im Lauf der folgenden
Jahre legte er in Madeira, am Kap der Guten Hoffnung, auf Tris-
tan da Cunha, in Madras, auf St. Helena und in Montevideo an.
Endlich fand sein Talent auch Bewunderer; so beeindruckte er bei
einer Gelegenheit den altgedienten Hydrografen Alexander Dalrymple mit einer wunderschön ausgeführten Ansicht der Ufer-
promenade von Montevideo. Im Jahr 1809 bekam er ein besseres
Schiff, die Schaluppe *Blossom*, ein mit achtzehn Geschützen aus-
gestattetes Kriegsschiff, um damit einem Konvoi, der den Sankt-
Lorenz-Strom nach Québec hinaufsegelte, Geleitschutz zu geben. Ein Jahr später erhielt er die lang ersehnte Beförderung zum
Kapitän. Das war ein Anlass zum Feiern, und nirgendwo wurde
die Nachricht mit mehr Begeisterung aufgenommen als in Edgeworthstown. »Meine Freude und mein Jubel kennen keine Grenzen«, schrieb ihm Edgeworth. Er gab Beauforts altem Telegrafenkorps einen Tag Urlaub, um auf dessen Triumph anzustoßen, was
die Männer in gebührender Form taten.[1]

Seitdem Beaufort Irland verlassen hatte, stand er in einem regen Briefwechsel mit Edgeworth. So schrieb er ihm im Dezember 1809 von der *Blossom* von seiner Entdeckung eines faszinierenden Wasserfalls in Kanada. Das Wasser stürzte aus einer Höhe

von 65 Metern mit einer solchen Wucht nach unten, dass es im Gestein darunter eine Kuhle ausgewaschen hatte. Beaufort hatte den Wasserfall genau studiert, insbesondere die Gischt, die sich vom eigentlichen Wasserschleier löste. Sie war, wie er beobachtete, so fein, dass sie sich der Schwerkraft zu entziehen und in der Luft zu schweben schien. Darin erinnerte sie ihn an eine Sturmböe auf See, und er fragte sich, ob die Wucht des fallenden Wassers ausreichte, um eine Brise hervorzurufen. War das vielleicht Luft, die einströmte, um ein Vakuum zu füllen?[2]

Beaufort war damit auf eine, wie er Edgeworth schrieb, »wohlbekannte, aber höchst merkwürdige Tatsache« gestoßen. Winde waren besonders in einem Sturm sehr unbeständig, und zwar nicht nur, was ihre Stärke betraf, sondern auch ihre Richtung. Hier stand man vor einem Rätsel, das nicht so bald gelöst werden würde, wie Beaufort zugab. Wenn nur die Admiralität die in den Logbüchern ihrer Schiffe aufgezeichneten Daten nicht ungenutzt verstauben ließe. »Zurzeit befinden sich 1000 Schiffe des Königs im Einsatz, und jedes von ihnen sendet jedes Jahr zwei bis acht Logbücher zur Aufbewahrung an das Marineamt«, führte er an. »Diese Logbücher verzeichnen den Wind und das Wetter für jede Stunde, und dabei muss eine Vielzahl von ihnen gleichzeitig über eine große Fläche des Ozeans verteilt sein – könnte sich ein geduldiger meteorologischer Gelehrter besseres Datenmaterial wünschen?«[3]

Doch für den Augenblick war Beaufort anderweitig beschäftigt. Kurz nach seiner Beförderung zum Kapitän wurde unter sämtlichen Offizieren der britischen Flotte er ausgewählt, um eine hydrografische Vermessung der Südküste Kleinasiens durchzuführen. Für Beaufort war das genau die richtige Aufgabe. Achtzehn Monate lang trug er an Bord der *HMS Fredericksteen* auf Papier den Küstenverlauf der Mittelmeerregion ein, die heute zur Türkei und zu Syrien gehört. Was er selbst später mit wunderbarem

Understatement als »Erledigung einer Besorgung« bezeichnete, brachte ihn in unmittelbare Berührung mit einem Teil der verlorenen Welt der Antike, den viele schon in ihrer Fantasie heraufbeschworen, aber nur wenige tatsächlich gesehen hatten. Alles ging gut, bis es 1812 zu einem blutigen Gefecht mit einer Bande von Türken kam, bei dem Beaufort schwer verwundet wurde und sogar um sein Leben fürchtete. Zwar erholte er sich wieder, aber der Zwischenfall setzte seinem aktiven Dienst in der Marine ein Ende. Bald darauf kehrte er zur Rekonvaleszenz nach England zurück. Seine Heimkehr war der Anfang einer glücklichen Phase in seinem Leben. In London heiratete er und trat in seinen langen Ruhestand ein.

Im Dezember 1813 reiste Beaufort nach Edgeworthstown – dem »Sitz der Musen«, wie er es nannte –, um seinen inzwischen betagten Mentor wiederzutreffen. Seit ihrer gemeinsamen Arbeit am Telegrafen war ein Jahrzehnt vergangen, und Edgeworth freute sich über das Wiedersehen. Und stets darauf bedacht, für Beaufort die Fäden zu ziehen, hatte er auch Neuigkeiten für ihn. Anlässlich eines Briefwechsels mit dem Präsidenten der Royal Society, Sir Joseph Banks, hatte er die Gelegenheit genutzt, um anzufragen, ob Beaufort angesichts seiner Vermessungsarbeiten im Mittelmeer wohl für eine Wahl in die elitäre Wissenschaftsgesellschaft infrage komme. Und Banks hatte Edgeworth darauf begeistert geantwortet, allein die Empfehlung durch ihn sei alles, was ein Kandidat benötige. Mit dieser Nachricht nun überraschte Edgeworth Beaufort bei ihrem weihnachtlichen Wiedersehen. Beaufort war überglücklich. Nach all den Jahren der Nichtbeachtung, die in ihm die Überzeugung gefestigt hatten, seine Talente zu verschwenden, war dies ein Geschenk wie kein anderes. Mit neu gewonnenem Optimismus kehrte er nach England zurück. Er stand im Begriff, zu einer Persönlichkeit von Gewicht zu werden, der sich ganz neue Möglichkeiten eröffneten.[4]

Als Beaufort im Januar 1814 in London ankam, hielt extreme Witterung die Stadt fest im Griff. Nach einer Nebelperiode um Weihnachten hatte es heftigen Schneefall gegeben. Danach kletterten die Temperaturen wochenlang nicht über den Gefrierpunkt, sodass die Straßen unter Schnee begraben waren und die Parks winterlichen Wunderwelten glichen; der Serpentine-Teich im Hyde Park war zu einer Eisbahn gefroren. Auch die Themse zwischen Westminster und Blackfriars war zugefroren, »steinhart wie ein Felsen«, und die Londoner nutzten die Gelegenheit zu Spaß und Spiel. Schiffsschaukeln, Buchstände und Spielbuden waren auf dem Eis aufgestellt worden, und Tausende kamen, um das seltene Schauspiel zu genießen, wie Londoner auf dem Wasser wandelten. Zelte und Buden waren mit Girlanden, Wimpeln, Fähnchen und lustigen Schildern geschmückt – eines davon warb mit der Aufschrift »City of Moscow« –, und überall »gab es reichlich von jenen beliebtesten aller Genussmittel, *Gin, Bier und Pfefferkuchen*«.[5]

Dieser »Eis-Markt« im Februar 1814 war das letzte in einer Reihe ungewöhnlicher Wettervorkommnisse. Im Mai 1811 waren gewaltige Gewitterstürme über die Hauptstadt hinweggegangen, und das Frühjahr und der Sommer von 1812 waren jeweils die kältesten seit 1799 gewesen. Im Mai 1813 hatte sich über dem East End ein doppelter Regenbogen »mit prächtig leuchtendem Bogen«[6] gezeigt und war vierzig Minuten zu sehen gewesen, und seit drei Wintern waren die Straßen der Metropole immer wieder von lästigen Nebeln erfüllt. Wissenschaftler sahen sich außerstande, diese Ereignisse zu erklären, und mussten sich in der Zeitschrift *Nicholson's Journal* die Vorwürfe eines genervten Kommentators gefallen lassen, der konstatierte, nichts sei »ein schlagenderer Beweis für die geringen Fortschritte, die bislang in der Meteorologie gemacht wurden, als die Schwierigkeiten dabei, eine seriöse Erklärung zu liefern für eine so gewöhnliche und vertraute Erscheinung wie dichten Nebel im Winter«.[7]

Einer, der ein ungewöhnlich scharfes Auge auf das Wetter hatte, war der Landschaftsmaler John Constable. In seinem Haus in der Charlotte Street, nur anderthalb Kilometer nördlich der vereisten Themse, hatte er sich wie viele Londoner vor der Kälte an den Kamin geflüchtet. Das Vergnügen auf dem Eis würdigt er in seinen Briefen im Februar 1814 mit kaum einem Wort, mit Ausnahme der verdrießlichen Mitteilung an seine Verlobte Maria Bicknell, er habe »unbedachterweise eine Menge Kleider angezogen, die sehr feucht waren«, wodurch sich ein Husten in seiner Brust festgesetzt habe, »der gegenwärtig jedem Versuch spottet, ihn zu lösen«.[8]

Constable – mit dunklen Augen unter einem schon spärlicher werdenden Schopf kastanienbraunen Haars und mit einem buschigen Backenbart – war damals siebenunddreißig und damit nur zwei Jahre jünger als Beaufort. Mit fortgeschrittenem Alter war aus dem lebenssprühenden Romantiker, der einst auf den Wiesen und Wegen um sein Heimatdorf East Bergholt an der Grenze zwischen Suffolk und Essex umhergestreift war, ein ruhigerer, nachdenklicher Mann geworden. Obgleich er das englische Wetter schätzte, war ein Jahrmarkt auf dem Eis nichts, was ihn sonderlich interessiert hätte. Für Winterszenen war er nicht berühmt. Die bescheidene Reputation, die er innerhalb der Royal Academy genoss, beruhte vielmehr auf seiner gefühlvollen Wiedergabe hochsommerlicher Stille auf dem Land.

Wie Beaufort war Constable erst im Begriff, seinen Ruf aufzubauen. Zwar hatte er es weit genug gebracht, um Benjamin West und Sir Thomas Lawrence seine Freunde zu nennen und, noch viel wichtiger, beim Jahresdinner der Akademie im Vorjahr neben J. M. W. Turner zu sitzen, doch außerhalb der exklusiven Künstlergemeinde im Umfeld der Akademie hatte kaum jemand seinen Namen gehört. Als sich sein Glück schließlich ein Jahrzehnt später wendete, blickte er auf das Jahr 1814 als eine Phase der persönlichen Krise zurück: »Lange Zeit stand ich wankend auf der

Schwelle und wusste nicht ein noch aus«, erinnerte er sich wehmütig, »und kein junger Mann ist je näher daran gewesen, verloren zu sein, als ich.«[9]

Doch wer auf ihn aufmerksam geworden war, dem zeigte sich Constable als ein Künstler, der sich von anderen unterschied. Seit zehn Jahren hatte er still und leise sein Feld abgesteckt und seinen ganz persönlichen Stil der Landschaftsmalerei ausgebildet, der den Reiz des Ländlichen mit einem Realismus der Naturdarstellung vereinte. Seit Jahren verbrachte er seine liebste Zeit, Frühling und Sommer, daheim in Suffolk, um die vielfältigen Ansichten in den fruchtbaren Tälern von Dedham und Stour zu zeichnen. Das Rustikale, Alltägliche war es, was er darstellen wollte: die pittoreske Welt verschlafener Feldwege, mäandernder Flüsschen und windschiefer Bauernkaten. Und wie ein Bauer seine Erzeugnisse zum Markt brachte, kehrte er mit seinen Einfällen nach London zurück, um sie während der langen Wintermonate in akademietaugliche Gemälde zu verwandeln, die im Sommer ausgestellt werden konnten.

Was Constable wirklich auszeichnete, war sein Wille zur Genauigkeit. Sein Anspruch, das Landleben in seinen charakteristischen Einzelheiten festzuhalten, findet sich bereits am Anfang seiner Karriere im Jahr 1802. Als junger Künstler, der in London seinen Weg zu machen suchte, war er enttäuscht von der damaligen Mode, die nach epischen Historiengemälden verlangte und ganz besonders nach überladenen, idealisierten Landschaften oder »Fantasien«. Voller Verzweiflung hatte er an seinen Jugendfreund John Dunthorne in East Bergholt geschrieben und umrissen, was ihm vorschwebte. Constable räumte ein, er habe Jahre darauf verschwendet, zu versuchen, »dass meine Arbeiten aussehen sollten wie die anderer Leute«, und gelobte: »Ich werde nach Bergholt kommen und mich dort bemühen, eine lautere und ungekünstelte Manier zu erlangen, die Szenen darzustellen.« Ein solcher Stil werde ihn von allen anderen unterscheiden. »*Es ist also Raum genug vorhanden für einen Maler der Natur.* Die große Untugend des gegenwärtigen Tages ist *bravura*, ein Versuch, etwas über die Natur hinaus zu leisten. Die Mode hatte und wird stets ihren Tag haben; doch Wahrheit in allen Dingen wird allein dauern und kann allein gerechten Anspruch auf Nachruhm erheben.«[10]

Dieser Brief, der so klar und frisch seinen Vorsatz zum Ausdruck bringt, ist später als eigentliche Geburtsstunde seiner Karriere angesehen worden. Nach Constables Auffassung bedeutete, ein Maler der Natur zu sein, ihre getreue Wiedergabe anzustreben. Das konnte ihm nur gelingen, indem er jahrelang geduldig die Menschen, Tiere, Blumen und Bäume in der Wirklichkeit studierte. Seine Hingabe an das kleinste Detail war bereits zu seinem Markenzeichen geworden: die geweihförmige Krone einer Eiche, der Esel, der in einer Hecke äst, der Hund der Familie, der Wagen seines Vaters, das für Suffolk typische Vieh. Sie alle waren mit derartiger Akribie gemalt, dass sie, wie einer seiner Biografen schrieb, aussehen »wie Nebenfiguren in einem Roman«.[11]

Constables Faszination für die Natur erstreckte sich auch auf den Himmel und die Atmosphäre. Er hatte verstanden, dass sie das Prisma bildeten, durch das hindurch er alle seine Landschaften sah. Die Lücken zwischen den Wolken oder der Stand der Sonne erzeugten gerade jenes *chiaroscuro*, das er so schätzte – den scharfen Kontrast von Licht und Schatten, den er mit Gusto als »die Macht, die Räume schafft; Gegensatz, Einheit, Licht, Schatten, Reflexion und Refraktion« beschrieb. So nahm ein dunkler, von tief stehenden Wolken verhangener Himmel den Dingen ihre Klarheit und den Farben ihren Glanz, während ein heller Mittagshimmel Schatten und Struktur zunichtemachte. Um seine Landschaften mit *chiaroscuro* zu erfüllen, malte Constable gern, was man heute als Cumuluswolken bezeichnet, denn sie vor allem erlaubten es ihm, den Boden unter ihnen mit alternierenden Partien von Hell und Dunkel zu füllen. Die Suche nach dem Licht wurde zum Synonym für seinen Stil. Als er einmal hörte, wie eine Dame ein Bild als »hässlich« abtat, erwiderte er: »Madam, ich habe in meinem ganzen Leben noch kein hässliches Ding gesehen, denn Licht, Schatten oder die Perspektive haben es noch stets zu etwas Schönem gemacht.«[12]

In den frostigen Tagen des Januars und Februars 1814 war er mit der Arbeit an einer neuen Komposition beschäftigt, *Landscape Ploughing Scene in Suffolk (A Summerland)*, die auf einer Zeichnung beruhte, die er in seinem Skizzenbuch von 1813 gemacht hatte. Eine Sommerszene, wie sie zu den verstopften und vereisten Straßen seines Londoner Stadtteils Fitzrovia in keinem größeren Gegensatz hätte stehen können: Der Betrachter blickt von einem leicht erhöhten Standpunkt über ein Wäldchen und die sanft gewellten Felder vor East Bergholt bis hin zu zwei flachen Hügeln. In der Ferne sieht man zwei Kirchen und eine Windmühle, im Vordergrund zwei Pflüger, die jeder einen von zwei Pferden gezogenen Schwingpflug die Furche entlangführen. Der Himmel ist bedrohlich und wechselhaft. Die Komposition besteht aus einer Mischung von kälteren und wärmeren Tönen. Auf dem Acker ist es heiß genug, dass ein Hund, der wohl einem der Pflüger gehört, auf einer Decke in der Sonne badet.

Beim Malen dieses Himmels geriet Constable in Schwierigkeiten. Am 22. Februar brachte er seinen Missmut in einem Brief an Dunthorne zum Ausdruck: »Ich muss versuchen, dem Bild, wenn ich kann, ein bisschen mehr Wärme zu geben. Aber das wird schwer, denn jetzt ist es ganz aus einem Stück – es ist trüb und sieht aus, als gebe es gleich einen Hagelschauer, und das ist, wie du weißt, mit meinen Sachen gar zu oft der Fall.«[13] Ein bekanntes Problem: Landschaft und Atmosphäre in Einklang zu bringen, war eine der großen technischen Herausforderungen für Maler. Um dem auszuweichen, malten die meisten einfach nichtssagende, unauffällige Himmel, die den Vorzug hatten, nicht vom Geschehen darunter abzulenken.

Constable hielt so etwas für einen unlauteren Kunstgriff, aber seine Prinzipien schufen ihm Probleme. Der Himmel war ein heikler Gegenstand und Wolken das Schwierigste überhaupt. Von einem bestimmten Standpunkt am Boden aus betrachtet, war ihre Größe schwer einzuschätzen, und weil sie vom Wind rasch fortgetragen wurden, blieben sie selten lange genug an einem Fleck, um sie gründlich studieren zu können. Der Mathematiker George Harvey schrieb darüber:

> Dieselbe Wolke, die dem einen Betrachter von Licht erglänzend erscheint, ist für einen anderen von Schatten verhüllt. Was als ihr Gipfel erscheint, ist vielleicht bloß ein Teil ihres vorderen Randes, während das, was einem wie ihr unteres Bett vorkommt, in Wirklichkeit vielleicht nur ein Teil ihres hinteren Randes ist ... der unerfahrene Beobachter muss sich wirklich mit Ausdauer und Vorsicht ganz den Wolkenmassen widmen, die in den Luftregionen über ihm schweben.[14]

Die Schwierigkeiten mit seinem Bild beschäftigten Constable wochenlang. Doch als der Zeitpunkt für die Ausstellung im Mai gekommen war, wurde *Landscape Ploughing Scene in Suffolk* wie geplant eingereicht. Dort sah und bewunderte es der Kunstsammler John Allnutt, ein Weinhändler aus Clapham. Und zur Überraschung aller kaufte er das Bild – »ein außerordentliches Ereignis«, wie Constables guter Freund und späterer Biograf Charles Leslie schrieb.[15]

Das Außerordentliche daran war, dass Constable bis dahin keine einzige Landschaft an jemanden außerhalb seines persönlichen Umfelds verkauft hatte. So war er schockiert und hocherfreut. In späteren Jahren dankte er Allnutt und pries ihn als den Mann, der ihm das Vertrauen geschenkt hatte, weiterzumachen. Constables Freude wäre womöglich gedämpft worden, hätte er damals die Wahrheit gekannt. Denn als Allnutt die Landschaft zu Hause in Clapham in Empfang nahm, urteilte er: »Mir gefiel die Lichtwirkung des Himmels nicht recht.« Vielleicht war es die Kälte, der Hagelschauer oder der drohende Regen. Vielleicht lag es auch einfach daran, dass der Himmel in der Komposition so hervortrat. Allnutt ließ sich darüber nicht aus und sagte auch Constable nichts davon. Er entschied einfach, dessen Himmel »auszulöschen« und ihn von einem anderen Künstler durch einen neuen Himmel übermalen zu lassen.[16]

John Constable war 1814 nicht der einzige Londoner, der sich mit dem Himmel beschäftigte. Während John Allnutt in Clapham daranging, sein Landschaftsbild ummodeln zu lassen, war andernorts ein begabter Nachwuchsgelehrter namens Thomas Forster dabei, eine zweite Auflage seines überaus populären Werks *Researches About Atmospheric Phenomena* (dt. *Untersuchungen über die Wolken und andere Erscheinungen in der Atmosphäre*) vorzubereiten. Mit nur vierundzwanzig Jahren hatte Forster sich in der britischen Wissenschaftswelt bereits einen Namen gemacht. Durch seine Eltern, die Freidenker waren, im Geiste Rousseaus erzogen, hatte sich Forster seit seiner Kindheit zur Natur hingezogen gefühlt. Während andere in seinem Alter über die Stränge schlugen oder in den Krieg zogen, hatte Forster – Vegetarier, Tierfreund und Sternengucker – die *Conversaziones* und Vorträge von John Banks in der Linnean Society besucht und war 1811 Mitglied dieser Gesellschaft geworden. Im *Philosophical Magazine* und in *The Pamphleteer* hatte er mehrere Aufsätze veröffentlicht und zwei esoterische Monografien geschrieben: *The Action of Spirituous Liquors on the Human Stomach* (Die Wirkung spirituoser Flüssigkeiten auf den menschlichen Magen) und *Observations on the Brumal*

Retreat of the Swallow (Betrachtungen zum winterlichen Wegzug der Schwalbe), die unter dem kecken Pseudonym »Philochelidon« erschienen.

Diese Werke waren der Auftakt zu einer langen intellektuellen Karriere mit breit gefächerten Interessen, aber für den Augenblick hatte sich Forster mit ganzer Hingabe auf die Meteorologie verlegt. Sie war so etwas wie ein Hobby in der Familie. Sowohl sein Großvater als auch sein Vater hatten Wettertagebücher geführt, sodass Forster sich auf eine ununterbrochene Folge von Beobachtungen stützen konnte, die bis in den Januar 1767 zurückreichten. Zu einer Zeit, als es noch keine vereinheitlichten Wetteraufzeichnungen gab, war das ein unschätzbares Hilfsmittel, und im Lauf der Jahre hatten sich Forsters eigene meteorologische Aufzeichnungen kontinuierlich weiterentwickelt. Aufgewachsen mit der alten aristotelischen Vorstellung von den wettstreitenden Dämpfen, war Forster schon mit fünfzehn aufmerksam genug, um am 13. August 1805 »eine sehr ungewöhnliche Ausdünstung von einer Ulme in Clapton in der Pfarrgemeinde Hackney« zu bemerken.[17] Wie der junge Beaufort hatte Forster die Szene in einer Skizze festgehalten. Es war früh am Abend, zwischen sechs und sieben Uhr. Der Tag war warm, die Luft klar, und der Wind wehte von Südost. Forster hatte gesehen, wie »eine Säule dunklen Dampfes anscheinend aus dem Wipfel einer Ulme in einiger Entfernung aufstieg: Sie schien ungefähr zwei oder drei Fuß hoch zu sein.« Eine halbe Stunde lang beobachtete er die Erscheinung, wie sie auftrat und wieder verschwand, auftrat und wieder verschwand.

Forster blieb diese Szene noch Jahre später in Erinnerung, und er erwähnte sie auch in seinen *Researches About Atmospheric Phenomena*, die 1812 zum ersten Mal erschienen. Das Werk war eine engagierte Synthese aus anerkannter meteorologischer Lehrmeinung, Wetterweisheiten und Einträgen aus seinem Tagebuch. Sie verkaufte sich gut. Auch Jahre später zitierte Arago vom Pariser Observatorium sie noch. In seinem Vorwort schilderte Forster die Reize seines Gegenstands. Dort schrieb er: »Die Atmosphäre und ihre Phänomene sind überall, der Donner rollt, und der Regenbogen erstrahlt zu allen erdenklichen Gelegenheiten, und wir sehen sie, ob es gleich unser Los sein möge, in den gefrorenen Ländern des Polareises zu wohnen, im milden Klima der gemäßigten Zone oder in der ausgedörrten Region, die unmittelbar unter dem Lauf der Sonne liegt.«[18]

Das war der Weckruf für die Meteorologie, ein Moment, der als die Stunde ihrer Wiedergeburt als moderne Wissenschaft angesehen werden kann. Mit Beginn des 18. Jahrhunderts hatten die Ideen des Aristoteles gegenüber einer neuen Generation rationaler Denker an Boden verloren. Am weitesten verbreitet war die Überzeugung, der Mond oder die Planeten seien die treibende Kraft für das Wetter, aber es gab auch eine Vielzahl anderer Theorien. So hatten die einen vorgebracht, der schwefelhaltige Boden einer Gegend erzeuge in Wechselwirkung mit der Luft Stürme, andere meinten, das Wetter wiederhole sich in regelmäßigen Zyklen von mehreren Jahren. Alle diese Theorien erschienen jedenfalls plausibler als die von Ausdünstungen und Meteoren. Einen empfindlichen Schlag hatte dem aristotelischen Gebäude Mitte des 18. Jahrhunderts der Physiker und spätere Präsident der Royal Society, John Pringle, versetzt, als er zeigen konnte, dass Meteoriten nicht in der sublunaren Zone entstanden, sondern aus einem rätselhaften außerirdischen Raum kamen. Wenig später verbreitete sich in ganz Europa die Nachricht von Benjamin Franklins legendärem Drachenexperiment in Philadelphia, bei dem es ihm auf sensationelle Weise gelungen war, Funken aus einem Gewitterhimmel anzuziehen. Hatte Pringles Arbeit Aristoteles unterminiert, so brachte ihn Franklin vollends zu Fall, denn in einer einzigen stürmischen Nacht in Pennsylvania hatte er die uralte

Überzeugung zerstört, dass Blitze durch den Zusammenstoß von Winden erzeugt würden.

In der Folge war man geradezu besessen von der »elektrischen« Meteorologie. Der junge John Barrow, später der mächtige Zweite Sekretär der Admiralität, war von Franklins Experiment fasziniert. In seinem Elternhaus im Norden Englands baute er einen eigenen Drachen und ließ ihn in einem Gewitter aufsteigen. Alles ging glatt, bis eine alte Frau des Weges kam und wissen wollte, was er da treibe. »Die Gelegenheit war allzu verführerisch, ihr nicht einen Schlag zu versetzen«, erinnerte sich Barrow schadenfroh.[19] Genau wie Galvini später bewies, dass die Muskeln im menschlichen Körper durch elektrische Ströme bewegt wurden, begannen die Gelehrten, sich die Atmosphäre als wirkungsstarke Flüssigkeit vorzustellen, in der eine Reaktion die nächste auslöste, sodass sich die Luft in ständiger Bewegung befand. Mit einem Mal wurden Erklärungen völlig neu gefasst. So wurde das Nordlicht *(Aurora Borealis)* nun als Strom elektrischer Flüssigkeit zwischen positiv und negativ geladenen Wolken verstanden, und Sternschnuppen wurden als blitzhaftes Aufleuchten von weit entfernter Elektrizität erklärt.

Das waren die Entdeckungen, mit denen Thomas Forster um die Jahrhundertwende aufgewachsen war – eine aufregende Zeit, als die Atmosphäre endlich ihre uralten Geheimnisse preiszugeben bereit schien. In Großbritannien war bereits zu Beginn des 19. Jahrhunderts eine bahnbrechende Theorie aufgestellt worden. Sie kam aus einer ungewöhnlichen Ecke. Luke Howard, ein Quäker und Chemiker, der nie zuvor öffentlich in Erscheinung getreten war oder durch eine Publikation von sich reden gemacht hätte, hatte bei einer akademischen Versammlung in London im Dezember 1802 das Wort ergriffen und ein umfassendes System zur Klassifizierung von verschiedenen Wolkentypen vorgestellt.

Bis dahin waren Wolken wissenschaftlich noch unerforscht.

Die meisten Leute hielten sie für Ornamente des Himmels oder luftiges Nichts. Sie zu beschreiben war stets sehr schwierig gewesen. Unberechenbar und von ständig wechselnder Gestalt, flüchtig oder riesengroß, entzogen sie sich jeder Definition. Wer versuchte zu beschreiben, was er sah, war genötigt, sich auf seine literarischen Fähigkeiten zu verlassen. Wie für die Winde hing der Erfolg dabei von der Begabung des Autors ab. Ein bemerkenswerter Versuch, Wesen, Form und Beschaffenheit der Wolken darzustellen, wurde 1703 vom Verfasser eines Wettertagebuchs in Worcestershire unternommen. Dabei verglich er, sich zu poetischen Höhen aufschwingend, die Wolken mit Kämmen, Spinnweben, gesponnener Wolle, Palmwedeln, Fuchsschwänzen, Krepp oder roher Seide – neben Hunderten anderen Gegenständen des täglichen Lebens.[20]

Luke Howards *Essay on the Modification of Clouds*, den er 1802 in der Askesian Society vorstellte, setzte dem ein Ende. Heute gilt er zu Recht als einer der wichtigsten Beiträge zur Meteorologie im 19. Jahrhundert. »Wenn Wolken nur das Ergebnis der Kondensation von Dampf in den Massen der Atmosphäre wären, die sie einnehmen, und wenn ihre Veränderungen allein durch die Bewegung der Atmosphäre verursacht würden«, beginnt der Aufsatz, »dann ließe sich ihr Studium tatsächlich als nutzlose Jagd nach Schatten erachten, als Versuch, Formen zu definieren, die als Spielball der Winde sich ständig verändern müssen und daher sich nicht definieren lassen.«[21]

Doch das sei bei Wolken nicht der Fall, legte Howard dar. Beeinflusst von Carl von Linnés Klassifizierung der Pflanzen nach Arten und Familien, war er auf den Gedanken gekommen, für Wolken ein vergleichbares System zu entwickeln. Jahrelang hatte er deshalb den Himmel in der Umgebung seines Wohnorts in London beobachtet, und 1802 war es ihm schließlich gelungen, ihre tausenderlei Gestalten in einem einfachen System zu erfassen. Dafür hatte Howard sieben Varianten ausgemacht, denen er, an den Klassikern geschult, jeweils einen lateinischen Namen gab. Die drei Grundformen nannte er *Cirrus* (die in der oberen Atmosphäre auftretenden Schleierwolken), *Cumulus* (die über einer horizontalen Basis in wechselnder Gestalt aufgetürmten Haufenwolken in mittlerer Höhe) und *Stratus* (Schichtwolken): »eine weit ausgedehnte, durchgehende horizontale Schicht, die von unten nach oben zunimmt«. Hinzu kamen zwei »Zwischenformen«: *Cirrocumulus* und *Cirrostratus,* sowie zwei »zusammengesetzte Formen«, nämlich *Cumulostratus* und *Cumulo-cirro-stratus.* Die letztgenannte Form war allgemein besser unter dem Namen *Nimbus* oder Regenwolke bekannt.

Rasch verbreitete sich Howards Klassifizierungstheorie über ihre bescheidenen Anfänge als Gelegenheitsaufsatz für eine wenig bekannte philosophische Gesellschaft hinaus und begründete seinen Ruf als Pionier der Meteorologie. Nach der Veröffentlichung seines Aufsatzes im *Philosophical Magazine* machte man sich sein System bald überall in Europa zu eigen, und Howard empfing sogar die Glückwünsche von Goethe, der schrieb, sein Klassifizierungssystem sei wie ein Leuchtturm im Nebel aufgetaucht und habe dazu beigetragen, Ordnung in die chaotische Natur zu bringen. Innerhalb weniger Jahre wurde Howard berühmt. Ausschlaggebend für seinen Erfolg war die Verwendung des Lateinischen, nach wie vor die Lingua franca der Intellektuellen, denn damit vermochte er sich gegen das ungefähr zur gleichen Zeit von dem französischen Naturkundler Jean-Baptiste de Lamarck vorgestellte (und ganz ähnliche) System entscheidend durchzusetzen.

Forster gehörte zur Generation der Denker, die in der Ära von Howards Triumph aufgewachsen war, und so ist dessen Einfluss in den *Researches About Atmospheric Phenomena* deutlich spürbar. Dabei bemühte sich Forster charakteristischerweise darum, Howards Terminologie zu verbessern. Weil er Latein für schwer zugänglich und elitär hielt, machte er es sich zur Aufgabe, eine eigene Taxonomie zu entwickeln, deren Bezeichnungen eingängig waren, etwa *curlcloud* (Kräuselwolke) für Cirrus, *stackencloud* (Stapelwolke) für Cumulus und *fallcloud* (Fallwolke) für Stratus. So ist das erste Drittel von Forsters Buch im Grunde eine Meditation über Howard, »dessen Theorie über die Bildung und Auflösung von Wolken mir«, wie er ein wenig neidisch schreibt, »soweit ich das zu beurteilen imstande bin, in den meisten Einzelheiten äußerst zutreffend zu sein scheint«.

Wie Aristoteles viele Jahrhunderte vor ihm schuf Forster kleine Wettererzählungen. Bis ins Detail beschreibt er die Bildung einer Cumuluswolke von einem winzigen Flecken zum bauschigen Riesen. Den Cirrus bezeichnet er als unstete Erscheinung, weil die Wolke mit ihrem langen, strähnigen Körper und dem spitzen Schwanz sich am Himmel erstrecke wie ein Hund vor dem Kamin und mitunter tagelang sichtbar bleibe, dann aber wieder schon im nächsten Augenblick verschwunden sei. Von Stratuswolken schreibt er, sie seien wie feiner Dunst, »der an einem Sommerabend durch die Täler zieht«, von leuchtendem Weiß und, wenn man sie bei Mondschein aus der Ferne betrachte, »höchst wundersam in ihrer Erscheinung«. Hoch über den Stratuswolken stehen die Cirrostraten, die Forster mit einem Fischschwarm vergleicht. »Manchmal ist der ganze Himmel so von ihnen übersät, dass man meint, den Rücken einer Makrele zu sehen«, schreibt er dazu. Hingegen erinnert ihn der Cirrocumulus an eine Herde Schafe, während Cirrostraten, wenn sie »in der Mitte etwas aufgebauscht sind und von unten gegen eine dünnere und weiter ausgedehnte Wolkenschicht betrachtet werden, dem Bild des Rückens eines aus dem Meer springenden großen Delfins gleichen«.[22]

Forsters gesamte Vorstellung des Himmels beruhte auf seinem Glauben an die alles zusammenhaltende Kraft der Elektrizität.

Hoch über allen anderen waren die Cirruswolken, deren Enden durch einen elektrischen Strom in die Länge gezogen seien – nach seiner Auffassung die Leiter von allem. Unter ihnen tauschten die anderen Wolken in einer unaufhörlichen elektrischen Wechselwirkung ständig ihre positive beziehungsweise negative Ladung aus. Und gelegentlich verbanden sich die verschiedenen Formen, um einen dunklen, regenträchtigen Nimbus zu bilden.

Forster verband das zum eindrucksvollen Bild eines regelrechten elektrischen Himmelstheaters, bei dem die Wolken mal gegensinnig wirkten wie die Figuren in einer Farce, mal im Einklang wie die Musiker in einem Orchester. Um die zweite Auflage seines Werks noch lebendiger zu gestalten, fügte er ihr eine Reihe von Illustrationen bei, auf denen Wolken *in situ* über Landschaften zu sehen waren. Künstlerisch waren diese Abbildungen eher unbeholfen; ihnen lagen Forsters eigene Wetterskizzen zugrunde. So sehen die gekräuselten Enden zweier entfernter Cirren eher aus wie die Hörner eines Schlittens als wie irgendeine Wolke, und die stark übertriebene Form eines Cumulonimbus sieht für den heutigen Betrachter dem Pilz einer Atombombenexplosion beängstigend ähnlich. Aber so wenig kunstvoll sie auch sein mochten, hielt Forsters Verleger Robert Baldwin in der Paternoster Row sie durchaus für einen zusätzlichen Kaufanreiz. Zum Erscheinen der neuen Ausgabe schrieb er eine Pressemitteilung:

Diese Ausgabe wird eine Reihe von Tafeln enthalten, welche Herrn Howards Nomenklatur der Wolken und anderer Phänomene in der Atmosphäre zu veranschaulichen geeignet sind. Der Mangel einer solchen Nomenklatur hat bisher noch alle Beschreibungen atmosphärischer Erscheinungen unverständlich oder undeutlich werden lassen. Es steht daher zu hoffen, dass dieser Versuch, einige allgemeine Regeln für Beobachter festzulegen, dem Maler und Kupferstecher zum größten Vorteil gereicht.[23]

Die zweite Hälfte der georgianischen Epoche (1714–1830) war eine hellwache, aufmerksame Zeit. Die Menschen waren auf Augenblicke bedacht, die ihnen Gelegenheit zur Aufklärung ihres Verstandes oder zu einer unvermuteten Entdeckung boten. Für die vielen, denen die Natur nach der Bibel als Gottes zweites Buch galt, wurde das Streben danach, die Welt der Natur zu verstehen und einen Blick zu erhaschen in die Maschinerie des Himmels, zu einem spirituellen Erlebnis. Ein achtsames Auge und ein forschender Geist mochten ihnen womöglich ein göttliches Wunder erschließen und sie damit für einen Moment Gott näherbringen. Wie leicht solche Wunder zu entdecken waren, hatte Joseph Priestley bei einer denkwürdigen Gelegenheit im Jahr 1767 bewiesen. Als er durch die Straßen von Leeds spazierte, hatte er bemerkt, wie ein deutlich wahrnehmbares Gas aus einer Brauerei austrat. Er fing das Gas in einer Flasche auf, die er verschloss, trug sie nach Hause und ließ das Gas in einen Behälter mit Wasser entweichen. Das sprudelnde, gaumenkitzelnde Resultat war ihm ein Genuss. Er nannte es Sodawasser, und rasch wurde es zu einem beliebten Erfrischungsgetränk, das als Heiltrunk vermarktet wurde.

Die Idee, die Natur in einem Behälter einzufangen, fand auch auf andere Weise Ausdruck. Nur ein Jahr nach Priestleys Erfolg mit dem Sodawasser entdeckte der Geistliche William Gilpin seine Vorliebe für das Pittoreske. Für Gilpin war das Pittoreske ein ästhetisches Ideal, eine verfeinerte Form des Sublimen, das Edmund Burke ein Jahrzehnt zuvor so wirkungsvoll definiert hatte. Gilpins Vorstellung, was das Pittoreske sei, war eher vage – »solche Dinge, die sich als Gegenstand der Malerei eignen«[24] –, doch das tat dem Einfluss, den seine Schriften über das Thema ausübten, keinen Abbruch. Als Constable in den letzten Jahrzehnten des 18. Jahrhunderts seine Kindheit in Suffolk verlebte, hatte die Idee der pittoresken Wanderung Fuß gefasst. Im Jahr 1794 entwickelte Gilpin seine Philosophie noch weiter. Wer sich auf eine pittoreske Wanderung begab, sollte unterwegs möglichst Zeichnungen anfertigen, sodass die Wanderer nach ihrer Rückkehr zu Hause auch weiterhin in den Genuss der Ansichten kämen, die sich ihnen auf ihrer Tour geboten hatten. So waren diese Skizzen eine frühe Form des Urlaubsschnappschusses.

Gilpin fasste seine Ideen über das Skizzieren in dem Aufsatz *Essay on the Art of Sketching Landscape* (Versuch über die Kunst, Landschaft zu zeichnen) zusammen. Darin machte er auch Anmerkungen zu Komposition und Vorgehensweise und führte aus, dass jeder imstande sei, die Natur zu beobachten und das, was er oder sie sah, als flüchtiges Memento mit Bleistift oder Zeichentusche in ein Skizzenbuch zu kopieren. Für ihn war das ein lohnender Zeitvertreib, der allerdings seine Grenzen hatte. Denn, so argumentierte Gilpin, »die Kunst der Malerei vermag den Reichtum der Natur nicht wiederzugeben … ganz allgemein würde ein Streben nach höchster Vollendung in Erstarrung enden«[25]. Nach Gilpins Ansicht war das Ideal höchster Vollendung beziehungsweise des vollkommen realistischen Details »allein dem Meister vorbehalten, der ihm eine ausdrucksvolle Note zu geben vermag«. Und weiter: »Die Malerei ist Wissenschaft und Kunst, und wenn so wenige es darin zu Vollkommenheit bringen, die ihr ganzes Leben darauf verwenden, was ist dann von jenen zu erwarten, die nur ihre Muße darauf verwenden?«[26]

Gilpins Aufsatz fand große Beachtung. So gelangte er auch in die Hände von Sir Joshua Reynolds, dem Ersten Vorsitzenden der Royal Academy. »Der Essay hat auf meinem Tisch gelegen, und ich meine, kein Tag ist vergangen, an dem ich ihn nicht angesehen und stets ein Stückchen daraus gelesen hätte«, schrieb er und beglückwünschte Gilpin dazu.[27] Hunderte anderer Leser folgten Gilpins Anleitung und suchten pittoreske Orte überall in Großbritannien auf, von Symonds Yat im Forest of Dean bis zu den kargen, schroffen Hängen am Hadrianswall, um die Schönheit der Natur zu finden. Und Gilpin erinnerte seine Leser daran, dass jedes ihren Wünschen entsprechende Objekt, jeder Baum, jeder Wald, Berg oder Fluss, »durch Kombination ein zweites Mal variiert wird, und beinahe so sehr noch ein drittes Mal durch wechselndes Licht, Schatten und andere Effekte der Luft«.[28]

Constable besaß ein Exemplar von Gilpins *Essay*, der ihn in seinen Anfangsjahren auch in seiner Arbeitsweise beeinflusste, vor allem, was seine Vorliebe für die Skizzenmalerei im Freien betraf. Weitaus mehr Einfluss auf seine künstlerische Entwicklung allerdings hatte sein großes Vorbild, der französische Maler Claude Lorrain. Anderthalb Jahrhunderte vor Constable hatte Lorrain seinerseits versucht, dem Geheimnis der Natur auf die Spur zu kommen, als er während eines Rom-Aufenthalts tagelang am frühen Morgen auf einer Wiese lag und dem Aufgang der Sonne zusah, um zu beobachten, wie die Farbe des Himmels von Schwarz nach Rot und Gold bis Blau changierte. Worauf es ankam, das hatte Constable gelernt, war, genau und aufmerksam zu beobachten. Es war eine Art meditatives Erlebnis, das Constable immer aufs Neue suchte, wobei er im Lauf der Jahre mehr und mehr Studien zusammentrug.

Die schiere Zahl der von Constable angefertigten (und oft undatierten) Vorstudien und Skizzen ist heute für die Erstellung eines Katalogs ein großes Problem. Ein besonders schwieriger Fall ist *Spring: East Bergholt Common*. Das Ölbild ist auf ein Eichenbrett gemalt, auf dessen Rückseite sich eine früher gemalte Nachtszene befindet. Schätzungen zum Datum reichen von 1821 bis 1829, wobei eine Quelle sogar den Schluss nahelegt, es handle sich um eine Vorstudie zu der *Ploughing Scene in Suffolk* von 1814.

Wie dem auch sei, jedenfalls ist *Spring: East Bergholt Common* eines der schönsten und ausdrucksvollsten seiner Ölgemälde. Sein Format ist mit 19 × 36 Zentimetern für eine Landschaftsdarstellung ungewöhnlich klein, und die Komposition ist sehr schlicht: Ein Pflüger treibt sein Gespann über ein Feld, und dahinter ist eine der Windmühlen von East Bergholt zu sehen. Die Windmühle gibt dem Thema des Bildes Halt: das Zusammenspiel von menschlicher Gesellschaft und Natur. Der Himmel zeigt das kalte Blau eines frostigen Märzmorgens. Die Atmosphäre ist ungemütlich, unbeständig und erfüllt von lebendigen Cumuli. Der Wind weht offenbar stark genug, um den Pflüger frieren zu lassen und die Flügel der Windmühle zu blähen. Jenseits der kalten Braun- und Grüntöne der Felder ist im Hintergrund der Umriss eines Kirchturms angedeutet und unter einer Ulme am linken Rand ein wenig menschliches Leben. »Constable war nie damit einverstanden, das Grün der Natur zurechtzuschustern, um Wärme zu erzeugen«, schrieb sein Biograf Charles Leslie dazu. *Spring: East Bergholt Common* ist ein hervorragendes Beispiel für jenen Bildtypus, der den Schweizer Maler Johann Heinrich Fuessli später zu dem Kommentar veranlasste, Constable »lässt mich nach meinem Mantel und Schirm verlangen«.

Für sein Buch *English Landscape Scenery* ließ Constable die Studie später als Mezzotinto stechen. Darin gab er auch seine eigene Beschreibung der Szene:

> Dieses Blatt kann vielleicht eine Vorstellung geben von jenen hellen, silbrigen Frühlingstagen, wenn um Mittag große, prachtvolle, mit Regen und Hagel geladene Wolken mit breiten Schatten über die Felder, Wälder und Hügel hinstreifen und durch ihre dunkle Färbung die Werte der lebhaften grünen und gelben Töne erhöhen, die dieser Jahreszeit so eigentümlich sind. Und sie verstärken auch deren Glanz und führen durch ihre Bewegung jenen spielerischen Wechsel herbei, der dem Maler so erwünscht ist.[29]

Tage wie diese kannte Constable gut. Als junger Mann hatte er für seinen Vater in East Bergholt als Müller gearbeitet und genau die Mühle betrieben, die seine Studie darstellt. Leslie bemerkte später, Constable habe seine ganz konkrete Spur in der Landschaft hinterlassen, indem er »sehr sorgfältig und sauber« *John Constable 1792* ins Gebälk der Windmühle ritzte. Freunden gegenüber gab Constable an, dass er in dieser Zeit als Müller »seine ersten Studien machte und seine nützlichsten Beobachtungen atmosphärischer Effekte anstellte«.

Eine Windmühle zu betreiben, ist heute eine nahezu vergessene Kunst, doch zu Constables Zeiten war das eine ganz gewöhnliche Arbeit, zu der vor allem Geistesgegenwart erforderlich war. »Der Windmüller verfolgt jede Veränderung am Himmel mit besonderem Interesse«, schreibt Leslie in Constables Biografie. Die Mühle von East Bergholt war eine typische Bockwindmühle, so genannt nach dem charakteristischen Bock, auf dem die Mühlenmaschine beweglich gelagert war und vom Müller nach Bedarf in den Wind gedreht werden konnte. Constable arbeitete im Innern des Gebäudes, bediente das Getriebe, kontrollierte das Drehen der Flügel und legte vor allem die Bremse ein, wenn der Wind zu stark wurde. Das war eine echte Gefahr, denn eine Windmühle war eine empfindliche Maschine im Vergleich zur Kraft des Windes, den einzufangen sie ausgelegt war. Wurde die Flügelbespannung bei einem Sturm nicht eingerollt, drehten sich die Flügel aufgrund ihres Drehmoments und der Windkraft mit immer größerer Geschwindigkeit. Es war allgemein bekannt, dass Mühlen durch Reibungshitze in Brand geraten konnten, und das Gleiche war bereits passiert, wenn zu spät versucht wurde, das Bremsrad zu arretieren. Folglich musste der Müller ein wachsames Auge auf das aufziehende Wetter haben, um beinahe unmerkliche Veränderungen an der Wolkenbasis, eine Eintrübung des Tageslichts oder ein Auffrischen der Brise einschätzen zu können. So war

Constable in den achtzehn Monaten, die er – der »hübsche Müller«, wie er in East Bergholt genannt wurde – in der Mühle arbeitete, ganz von selbst zu einem Wetterbeobachter geworden. Sein Bruder Abram bemerkte später einmal: »Wenn ich eine von John gemalte Mühle betrachte, so sehe ich, dass sie sich dreht – was bei solchen von anderen Künstlern gemalten nicht immer der Fall ist.«

In seiner Einsamkeit konnte Constable ungehindert die Stimmungen der Jahreszeit studieren und die Wolken über die Allmende von Bergholt hinweg Richtung Küste ziehen sehen. Möglicherweise fiel ihm die »Windscherung« auf, wenn in der Atmosphäre kollidierende Winde in unterschiedlicher Höhe in entgegengesetzte Richtungen bliesen. Auf jeden Fall muss er die kleinen, schnell dahinziehenden Wolken bemerkt haben, die als Begleiter der regenschweren Cumuli auftreten. Diese »dunklen Flecken«, die dichter über dem Erdboden auf einer schnelleren Luftströmung dahintrieben, nannte Constable *Vorboten*, die »immer schlechtes Wetter verkünden«. Er fährt fort:

> Da sie nur von dem klaren blauen Himmel, unmittelbar über ihnen, ein Reflexlicht empfangen, schweben sie in fast gleichförmigem Schatten dahin. Wenn sie an den lichteren Stellen der großen Wolken vorbeiziehen, so erscheinen sie dunkel; vor den beschatteten Stellen jedoch nehmen sie eine graue, fahle oder gelbliche Färbung an.[30]

Diese Vorboten waren typisch für die wissenschaftlichen Details, die Constable sich in seiner Kunst so gern zu eigen machte, ein Umstand, der seinem Werk aus heutiger Sicht eine ungewöhnliche, zusätzliche Dimension verleiht. Bei einem seiner Vorträge in der Royal Institution im Jahr 1836 vertrat er die These: »Die Malerei ist eben auch eine Wissenschaft und sollte als Untersuchung der Naturgesetze betrieben werden. Und warum sollten wir

dann die Landschaftsmalerei nicht als einen Zweig der Naturphilosophie ansehen, von der Gemälde nur die Experimente darstellen?« Dann bewies er seine analytischen Fähigkeiten anhand
einer »kleinen Winterlandschaft« von Jacob van Ruisdael. Bezeichnenderweise enthielt das Stück eine Windmühle. Constable
dazu:

> Dieses Bild ... kündet von Tauwetter. Der Boden ist mit Schnee
> bedeckt, und die Bäume sind noch weiß; aber nahe dem Mittel-
> grund sehen wir zwei Windmühlen; die Flügel der einen sind
> aufgerollt und nach der Gegend gerichtet, aus der der Wind
> wehte, als die Mühle ihre Arbeit einstellte. Die andere hat die
> Leinwand ausgespannt, und die Flügel sind in eine andere Rich-
> tung gewendet, was darauf hindeutet, dass der Wind sich ge-
> dreht hat; und in dieser Richtung teilen sich die Wolken, und
> die Glut am Himmel sagt uns, dass dort Süden ist (wo für uns
> die Sonne im Winter untergeht), und dieser Wechsel wird noch
> vor dem Morgen Tauwetter bringen. Diese Umstände miteinan-
> der zeigen uns, dass Ruisdael verstand, was er malte.[31]

Nur wenige Maler hätten das so genau zu analysieren vermocht.
Constable bemerkte einmal gegenüber Leslie, die Komposition eines Bildes gleiche »einer Summe in der Arithmetik. Zieht man
den kleinsten Teil ab oder addiert ihn, ist das Ergebnis zwangsläufig falsch.«

Nach 1816 wandte sich Constable von East Bergholt als Haupt-
gegenstand seiner Malerei ab. Inzwischen war er verheiratet, war
weniger flexibel, um Forschungsreisen ins Tal des Stour zu machen, und obgleich das ländliche Suffolk ihm auch weiterhin als
Inspiration diente, erweiterte sich sein Horizont. Er entschloss
sich, die feierliche Eröffnung der Waterloo Bridge im Juni 1817 in

einem Bild zu verewigen, ein grandioser Staatsakt in deutlichem Kontrast zu den verschlafenen Feldern um East Bergholt. Zwei Jahre später dann fand er eine neue geografische Herausforderung, als er mit seiner Familie aus der Londoner Innenstadt in ein Mietshaus in Lower Terrace im Vorort Hampstead zog. Der Umzug wurde zum Auslöser für seine bis dahin umfassendsten Experimente mit der Atmosphäre.

Hampstead war ein nahe liegendes und damals immer beliebteres Ziel, um dem Lärm und Qualm in den Straßen der Hauptstadt zu entfliehen. Nur sechs Kilometer vom Zentrum Londons entfernt im Nordwesten gelegen, kostete eine Fahrt mit der Kutsche nach Tottenham Court Road oder Holborn nicht mehr als einen Shilling. Hampstead selbst lag an den Hängen eines steilen Hügels, ein Dorf, das mit seinen kopfsteingepflasterten Gassen und Gasthöfen mit Poststation später einmal zum Inbegriff des Pickwick-England werden sollte, also des ländlichen England, wie es bei Dickens auftaucht. Und es genoss auch den Ruf, eine Art Enklave für Künstler zu sein. So hatte etwa der gefeierte Porträtmaler George Romney seine letzten Lebensjahre in Hampstead verbracht, und 1819, als Constable dort ankam, inspirierte sein bukolisches Ambiente den Dichter John Keats zu seiner »Ode an eine Nachtigall«.

Hampsteads Herz für Künstler muss Constable ebenso gefallen haben wie der gute Ruf des Dorfes wegen seiner gesunden Luft und seiner Heilquellen. Deren Wasser stand in so hohem Ansehen, dass es täglich von einem eigens dafür eingerichteten Lieferdienst bis nach Charing Cross, Bloomsbury, Temple Bar und Fleet Street geliefert und dort für drei Pence die Flasche verkauft wurde. Auf ein solches Elixier in unmittelbarer Nähe zurückgreifen zu können, war für Constable ein weiterer Vorzug des Ortes, denn ein Motiv für seinen Umzug war die Sorge um die angegriffene Gesundheit seiner Gattin Maria. Abseits der Großstadt würden die Constables an einem Ort leben, der berühmt war für sein Mikroklima aus sauberer, frischer Luft.

Für Constable war der Umzug eine Befreiung. Nahezu zwei Jahrzehnte lang hatte er im Zentrum Londons gewohnt, ohne mit dem Großstadtleben warm zu werden. »In London gibt es nichts zu sehen, das auf natürliche Weise wert wäre, angesehen zu werden«, sagte er dazu.[32] Hampstead war da der nahezu perfekte Kompromiss, denn so blieb er in der Nähe der pulsierenden Szene im Umfeld der Akademie, die für seine Karriere lebenswichtig war, und hatte dennoch die Möglichkeit, durch die von ihm so geliebte unberührte Natur zu streifen. Das Dorf Hampstead lag am Rand von Hampstead Heath, einer Heidelandschaft, die noch mehr oder weniger Wildnis war und »bemerkenswert für ihren erstaunlich weiten Ausblick über die Stadt London und die angrenzenden Grafschaften«. Die Heide bestand aus hügeligem Terrain mit steilen Anhöhen, flachen Teichen und abgelegenen Katen.

Im Oktober 1819 schuf er die erste datierte Ölstudie der Heide, *Branch Hill Pond, Hampstead*. Zu diesem Zeitpunkt lebte er erst seit ein paar Monaten in seiner neuen Umgebung, und der erste Eindruck der Heide von Hampstead ist frisch und klar. Er malt die Erde in hellem Braun, Bronze und Teegrün, alles mit kräftig pastosem Farbauftrag. Ein Reiter steht neben seinem Pferd, das aus dem Teich trinkt. Auch hier ist es jedoch der Himmel, der sich vordrängt. Er wirkt bedrohlich, seine Farbe ist die einer zwei Tage alten Prellung, an manchen Stellen durchbrochen von Strahlen des Gegenlichts. Im Westen, wo in der Ferne Harrow liegt, fällt starker Regen.

Im Lauf der nächsten zwei Jahre schuf Constable Studien von Ulmen, Sandbänken und Bauernkaten, alles Sinnbilder dieser Landschaft. An Umfang und Ausmaß übertroffen wurden diese Bilder jedoch von einer ganz neuen Serie von Studien in Öl, in denen der Himmel festgehalten wird. Constable malte sie auf kleine Blätter dicken Papiers, für jede der Skizzen brauchte er ungefähr eine Stunde, und sie gingen ihm in rascher Folge von der Hand. Zwischen Oktober 1820 und Oktober 1822 malte er mehr als hundert dieser Studien und hielt darin den Himmel zu jeder Stunde des Tages, aus jeder Richtung und bei jeder Witterung fest. Zunächst suchte er sich einen Standort, der ihm einen freien Blick bot. Dort setzte er sich, den Farbkasten auf den Knien, und begann zu malen. In mehreren Schichten trug er Pigmente von Violett, Bleiweiß, Mennige, Schwarz und Eisenerde auf, um die Illusion von Wolken zu erzeugen. Er fixierte die Natur auf einen Blick.

Am 17. Oktober 1820, einem Dienstag, malte Constable einen Sonnenuntergang. Im Vordergrund erstreckt sich eine Reihe von Ulmen und Heidekraut über die Breite des Bildes. Der Himmel im Hintergrund über der Landschaft ist warm und gesprenkelt mit dunklen, zarten, rasch dahinziehenden Cumuluswolken. Auf der Studie vermerkte er: »Hampd. 17. Oktober 1820 stürmischer Sonnenuntergang. Wind. W«.

Der Detailreichtum dieser Beschriftung ist bemerkenswert. Constable notiert Ort, Datum und Witterung. Im Gegensatz zum Klischee vom rastlos umherschweifenden Geist des Künstlers meint man es hier eher mit dem typischen Verhalten eines Wissenschaftlers zu tun zu haben. Die Angewohnheit, seine Studien zu beschriften, hatte Constable schon lange. Fünfzehn Jahre zuvor hatte er auf der Rückseite einer seiner Studien aus East Bergholt vermerkt: »4. Nov. 1805 mittags, sehr schöner Tag, der Stour«. Seitdem hatte er so etwas immer mal wieder getan. Doch in der Phase seiner »Himmelsstudien« zwischen 1820 und 1822 machte er sich die wissenschaftlich präzise Beschriftung der Bilder zur Regel:

18. Okt 1820 – 4 bis 5½ ... Wind aus Nord
Hampstead 14. Juli 1821, 6 bis 7 Uhr abends, starke N. W. Brise
5 Uhr nachmittags: August 1821 sehr schön heiter & Wind nach
leichtem Regen am Morgen
10. Sept. 1821, Mittag, leichter Wind aus West, sehr schwül nach
einem heftigen Schauer mit Donner, aufgetürmte Gewitterwolken ziehen langsam nach Südosten ab. sehr heiter
& heiß. alles Laub glitzernd und feucht[33]

Selbst ohne die dazugehörigen Skizzen halten die Vermerke ein
Bild der Szene fest. Mit Fortschreiten des Vorhabens wird immer
deutlicher, wie sich Constable um eine wahrheitsgemäße Abbildung der Atmosphäre bemüht. Seine Beschriftungen werden ausführlicher. Mit gewittrigen Nachmittagen, leuchtenden Sonnenuntergängen, heiteren Vormittagen, stürmischen Sonnenuntergängen, plötzlichen Schauern sowie Wolken jeden Typs und jeder
Farbe zu jeglicher Tageszeit stellt er sich selbst auf die Probe. Zwei
Jahre nachdem Turner ein Skizzenbuch mit Bildern von Wolken,
Himmeln und farbenprächtigen Sonnenuntergängen gefüllt hatte,
machen die Vermerke und die dadurch bewirkte Verknüpfung der
Skizzen mit einem bestimmten Zeitpunkt Constables Himmelsstudien zu etwas ganz Besonderem. Zwei Jahre hindurch entstanden die beschrifteten Skizzen in mehreren Schüben. Anfang September 1822 war ein Höhepunkt erreicht.

5. Sept. 1822. Blick nach S. O. mittag. Wind sehr steif. & Wirkung heiter & frisch. Wolken ziehen sehr schnell. gelegentlich
sehr heiter bei Aufreißen zum Blauen.
6ter Sept. 1822. Blick nach S. O. – 12 bis 1 Uhr mittags, frisch und
heiter, zwischen Schauern – viel Regen gesehen am Vormittag,
aber sehr schön und prächtig den ganzen Nachmittag und
Abend über.

Die Skizzen ermuntern zur historischen Analyse. Im Rahmen eines kürzlich durchgeführten Forschungsvorhabens hat John Thornes, Professor für angewandte Meteorologie an der Universität Birmingham, jede einzelne von Constables Himmelsstudien mit zeitgenössischen Wetteraufzeichnungen verglichen, die von Luke Howard, dem *Cowe's Meteorological Register*, dem *Philosophical Magazine* und dem Observatorium in Greenwich gemacht wurden. Die Auswertung von sechsunddreißig der datierten Studien ergab, dass neun hervorragend mit diesen Quellen übereinstimmen, fünfzehn sehr gut, elf weitgehend und nur eine eher schlecht. Darüber hinaus war Thornes in der Lage, mit derselben Methode »mit einiger Sicherheit« Vermutungen zur Datierung einer Reihe von undatierten Studien anzustellen.

Unter Forschern wird seit Langem diskutiert, weshalb Constable diese Himmelsstudien gemalt hat. Nimmt man alle zusammen, hat Constable mehrere Hundert Arbeitsstunden in sie investiert, ohne je das geringste Interesse erkennen zu lassen, sie auszustellen. Sind sie einfach nur ein Zeugnis seiner Liebe zur Natur? Seines Umzugs aus den engen Gassen der Londoner Innenstadt hinaus auf die Heide, das »Laboratorium der Atmosphäre«? Ging es ihm um die künstlerische Herausforderung? Oder waren sie Ausdruck seiner lange gehegten Vorliebe für Pleinair-Skizzen? Waren sie als Referenzmaterial für spätere Arbeiten gedacht? So kritzelte er zum Beispiel auf die Rückseite einer Studie vom 5. September 1822: »Sehr geeignet für die Küste bei Osmington«.

Bezeichnenderweise entstanden diese Skizzen zu einer Zeit, als Constable mit sechs Fuß (180 Zentimeter) großen Leinwänden zu arbeiten begann. Nachdem er innerhalb der Akademie seit Jahren kaum beachtet worden war, hatte er sich entschlossen, für seine Gemälde ein größeres Format zu wählen – ein Format, das sich unmöglich ignorieren ließ. Seine ohnehin markanten Himmel zogen dadurch das Augenmerk noch stärker auf sich. Nun hatte er Gelegenheit, eine Cumuluswolke mit jedem ihrer Wirbel und jeder ihrer Wellen darzustellen, jeder Tönung des Mittagslichts nachzuspüren. Parallel zu seiner Serie von Himmelsstudien nahm er sich sein bisher anspruchsvollstes Gemälde vor, ein Werk, dem er wie seinen Wolkenstudien einen beschreibenden Titel gab: *Landscape: Noon* (Landschaft: Mittag). Später wurde es in *The Hay Wain* (Der Heuwagen) umbenannt, und es gilt wegen seiner Größe, seiner eindrucksvollen erzählerischen Kraft und der Wolkenlandschaft als Meisterwerk. Im *Examiner* pries Robert Hunt den Himmel mit den Worten: »An edler Gestalt der Wolken und hellem Licht haben wir niemals etwas Vortrefflicheres gesehen, außer in der Natur.«[34]

Andere allerdings waren nicht so begeistert wie Hunt. Im September 1821 erhielt Constable einen Brief von seinem Freund und Gönner John Fisher, in dem dieser ihm berichtete, eine »große kritische Gesellschaft« habe über eine seiner Kompositionen geurteilt und »Einwände« gegen den Himmel erhoben.

Mit Kritik dieser Art lebte Constable seit vielen Jahren, und die Antwort, die er einen Monat später gab, ist einer seiner aufschlussreichsten Briefe. Er dankte Fisher darin dafür, »wie prächtig Sie meine Sache verfechten«.

Man hat mir oft angeraten, meinen Himmel als ein »hinter die Gegenstände geschobenes weißes Blatt« zu betrachten. Freilich, wenn der Himmel aufdringlich ist – wie die meinen es sind –, so ist das schlecht; ist er aber vernachlässigt – wie die meinen es nicht sind –, so ist das schlimmer. Er muss, und soll es bei mir stets, einen wirksamen Teil des Ganzen ausmachen. Es würde schwer sein, eine Kategorie von Landschaften zu nennen, bei der der Himmel nicht der Schlüssel, der Maßstab und das Hauptorgan des Gefühls wäre. Danach können Sie sich vorstellen, wie sich »ein weißes Blatt« für mich eignen würde, durchdrungen wie ich bin von dieser Auffassung, die keine irrige sein kann. Der Himmel ist die Quelle des Lichtes in der Natur und beherrscht alles; unsere einfachen Beobachtungen über die tägliche Witterung sogar werden uns ausschließlich durch ihn an die Hand gegeben. Aber die Schwierigkeit, einen Himmel darzustellen, ist für den Maler eine große, sowohl hinsichtlich der Komposition wie der Ausführung.[35]

Der Brief liefert eine klare und schlüssige Darlegung eines Problems, das Constable lange beschäftigt hatte. Er lässt uns ein besseres Bild gewinnen von Constable, wie er auf der Heide zielstrebig darauf hinarbeitete, sich eine Fähigkeit anzueignen und sie beherrschen zu lernen, nicht anders als etwa ein Newton, wenn er in seinem Arbeitszimmer im Trinity College mit einem Prisma experimentierte, oder ein Franklin, wenn er im Sturm seinen Drachen steigen ließ. So erscheint uns Constable, wie er mit Anmut, Geschick und lyrischer Intensität auf der Heide von Hampstead malt, als ein Gelehrter, ein Naturforscher, der nach der Wahrheit sucht.

Ein Verzeichnis der Bücher in Constables Bibliothek, das nach seinem Tod erstellt wurde, zeugt von seinem aufgeklärten Geist. Er besaß Bücher über Chemie, Fische und Biologie, fünf Bände von Cuviers *Das Reich der Tiere* sowie Gilbert Whites *Natural History of Selborne*, ein Buch, das ihm sein Freund Fisher im März 1821 zum Geschenk machte, als er gerade mit seinen Himmelsstudien begonnen hatte. Sein Anspruch, ein Maler der Natur zu sein, hatte ihn auf viele Wege der Erkundung geführt. »In einer Zeit, wie die unsere, sollte die Kunst verstanden und nicht mit blinder Bewunderung angestaunt, noch als ein bloß poetisches Sehnen angesehen werden, sondern als eine berechtigte, wissenschaftliche und technische Betätigung.«[36] Damit vertrat Constable eine

Philosophie, die er in seinen Vorlesungen vor der Royal Institution mit wunderbar lakonischer Eleganz auf den Punkt brachte: »Wir sehen nichts wahrhaftig, ehe wir es verstehen.«[37]

»Wir sehen nichts wahrhaftig, ehe wir es verstehen« – es gibt keine treffendere Losung, für Constable selbst wie auch für seine Epoche. Sie bringt eine Einstellung zum Ausdruck, die sich seit Burkes Theorie des Sublimen entwickelt und verbreitet hatte. Burke hatte seine Philosophie gegründet auf die Wirkung sublimer Objekte – Felsklippen, rauschende Wasserfälle, Gewitterwolken – auf die menschliche Psyche. Diese Dinge waren überwältigend, wie etwa Beaufort überwältigt gewesen war von der Atmosphäre auf dem Gipfel des Croghan Hill. Sie waren chaotisch, hektisch, unerklärlich und riefen abwechselnd Gefühle der Freude und des Schreckens hervor. Wie eine Modedroge jener Ära rief eine erhabene Aussicht, wie Burke schrieb, »stets Entzücken hervor«, wenn sie nicht »zu nah sich andrängt«.[38]

Zwanzig Jahre später war die Ausgangslage auf der Heide von Hampstead ungefähr die gleiche, aber die Reaktion darauf war eine völlig andere. Anders als Beaufort war Constable keineswegs überwältigt. Vielmehr blieb er leidenschaftslos, aufmerksam, neugierig. Darin gab sich der empirische Geist des 19. Jahrhunderts zu erkennen, im Unterschied zur früheren Suche nach einem Nervenkitzel. Wie Constable es sagte: Sein Ziel war es, die Natur wahrhaftig zu sehen, und dabei kamen ihm zwei Vorzüge zustatten. Zum einen sein Temperament – eine natürliche Neigung zur Beobachtung und Aufzeichnung. Zum anderen die zivilisierende Kraft der Wissenschaft. Unter den in Constables Bibliothek vertretenen Titeln findet sich auch Forsters *Researches About Atmospheric Phenomena*. Ein unscheinbares Indiz, das Constable jedoch mit der meteorologischen Aufklärung des 19. Jahrhunderts verbindet.

Es ist nicht bekannt, wann genau Constable Forsters Buch zum ersten Mal in den Händen hielt. Heute befindet sich sein Exemplar im Besitz der Familie Constable und trägt den einfachen Eintrag: »Constable, 6/– Veröffentlicht 10/6 selten«. Die einzige direkte Bezugnahme des Malers auf das Buch findet sich in einem Brief von 1836, den er an einen Freund namens George Constable (nicht mit ihm verwandt) schrieb:

> Alle Beobachtungen von Wolken oder Himmeln befinden sich auf Papierschnipseln und Zetteln, und ich habe sie bisher noch nie zusammengefasst, um etwa einen Vortrag daraus zu machen, was ich aber tun werde, um ihn vermutlich im nächsten Sommer in Hampstead zu halten … Wenn Sie über die Atmosphäre noch mehr wissen wollen und ich Ihnen helfen kann, schreiben Sie mir … Forsters Buch ist das beste – er liegt bei Weitem nicht richtig, aber ihm kommt doch das Verdienst zu, in vielem bahnbrechend zu sein.[39]

Es gibt aber deutliche Hinweise, dass Constable Forsters Werk viel früher erworben hat. Sein Exemplar gehört zur zweiten Auflage, 1815 erschienen, die Baldwin ausdrücklich »dem Maler und Kupferstecher« ans Herz gelegt hatte. Diese Ausgabe war bis 1823 im Handel, als sie von der folgenden Auflage abgelöst wurde. Wahrscheinlich hat Constable das Buch daher zwischen 1815 und 1823 gekauft. Ein weiterer Hinweis darauf, dass Constable das Werk bis zum Beginn seiner Himmelsstudien durchgearbeitet hatte, findet sich in dem Wort »cirrus«[40] in der Beschriftung einer seiner Studien. Die Cirrus-Skizze ist eine der schönsten seiner Himmelsstudien. Die Cirruswolken sind zart und wie Spinnfäden in der Ferne dargestellt. Hätte Constable zuvor nicht Howards Artikel oder Forsters *Researches* gelesen, wäre er vermutlich kaum in der Lage gewesen, dieser Studie einen meteorologisch derart akkuraten Titel zu geben.

Mehr noch: Constables Exemplar von Forsters *Researches* enthält handschriftliche Randnotizen, ein Umstand, der uns ein einzigartiges Zeugnis seiner meteorologischen Kenntnisse überliefert hat. Ein mit Anmerkungen versehenes Buch hat einen besonderen Reiz: die beiden konkurrierenden Stimmen, die hastig hingeworfenen Randnotizen, hingekritzelt in einem flüchtigen Moment der Zustimmung oder des Widerwillens. In Büchern mit Randnotizen sind beide Denker lebendig. Wenn man ein solches Buch Jahre später liest, ist es, als belausche man ein Gespräch, das sich vor langer Zeit zugetragen hat.

Constable markierte bestimmte Abschnitte und erinnerungswerte Passagen mit dünnen Bleistiftstrichen. Auf diese Weise sind Zitate im Vorwort und im ersten Kapitel hervorgehoben: der Reiz der Meteorologie, ihre Zugänglichkeit, das wiedererwachende Interesse an dem Gegenstand. Wo Forster Howards Theorie der Wolkenklassifizierung abhandelt, notiert Constable seine eigenen Ansichten darüber. So findet er Forsters Beschreibung der Cirruswolken »zweifelhaft« und ist mit Forsters Kommentaren zu den Stratuswolken nicht einverstanden. In einem Abschnitt, in dem die Cumuluswolken erklärt werden, unterstreicht er den Satz: »Sie ist gewöhnlich von dichter Struktur, bildet die untere Atmosphäre und bewegt sich fort in der Windströmung, die der Erde am nächsten ist.« An den Rand des Abschnitts über den Cirrostratus schreibt Constable: »Hitze, Wind[e?], Elektrizität Feuchtigkeit«, und neben Forsters Beschreibung des aufgetürmten Cumulostratus notiert er: »er ist bloß ein Pilz bei Gewitter«.[41]

Die Randbemerkungen setzen sich fort, Constable unterstreicht und kommentiert Passagen über das Heller- und Dunklerwerden von Wolken, das Fallen des Regens, das Aussehen von Tau und die Varianten der Cumuluswolken an einem Sommertag. Überall zeigt Constable dabei das Selbstvertrauen, Forsters Ansichten infrage zu stellen, wenn er nicht dessen Meinung ist, was oft vorkommt.

Constables Exemplar der *Researches* zeigt ihn ganz als einen Menschen seiner Zeit. Und es verwandelt seine Wolkenstudien von ausgezeichnet beobachteten und ausgeführten Ansichten der Natur in wissenschaftliche Studien. Statt bloß als wacher Zeuge erscheint Constable darin auch als begabter Schüler, der liest und beobachtet, nachdenkt und malt, skizziert und experimentiert. Diese wechselseitige geistige Befruchtung zwischen Howard und Forster, Forster und Constable ist ein Kennzeichen der meteorologischen Renaissance zu Beginn des 19. Jahrhunderts, einer Zeit, als die Atmosphäre und das Wetter endlich in greifbare Nähe gerückt schienen.

Die Öffentlichkeit hatte erst viel später Gelegenheit, Constables Wolkenskizzen zu sehen, als seine Tochter die Mehrzahl von ihnen dem Victoria and Albert Museum vermachte. Seine Landschaftsbilder hingegen, die von ihnen beeinflusst wurden, konnten schon seine Zeitgenossen betrachten. Die Himmel dieser Werke – *The Hay Wain* von 1821, *The Leaping Horse* von 1824, *The Chain Pier in Brighton* von 1827, *Vale of Dedham* von 1828, *Old Sarum* von 1829 oder *Salisbury Cathedral from the Meadows* von 1831 – Letzteres im Jahr 2013 für 23,1 Millionen Pfund von der Tate Gallery erworben – haben seitdem immer neue Betrachter in Staunen versetzt. Heute gelten sie als einzigartige Meisterwerke der britischen Kunst.

Wie Constable an das Malen seiner Himmel heranging, hatte unmittelbar mit dem geistigen Klima seiner Zeit zu tun – einer Kultur, die Schüler dazu anhielt, zu beobachten, zu ordnen und aufzuzeichnen. Diese Einstellung verbindet Constable und Forster. Auch wenn sie einander vermutlich nie begegnet sind, ist ihr gemeinsames Ziel offensichtlich. In ihrem jeweiligen Medium strebten sie danach, eine wahrheitsgetreue Darstellung des vorübergehenden Wetters zu schaffen. Forster, wie er von seinem

Schreibtisch aufblickt zu einem Himmel, über den Streifen elektrisch aufgeladener Cirren ziehen. Constable, wie er in der Heide sitzt und in eine blassblaue Atmosphäre blickt, in der Cumuluswolken auf einem Windstrom treiben, der in Böen über seinen Malkasten weht. In der Ferne hat sich der Himmel verdunkelt, und Regen fällt. Ein Sturm zieht auf.

Kapitel 3

Regen, Wind und
wundersame Kälte

P hillip King, Kapitän der *HMS Adventure*, beobachtete
den Pampero vom Ufer der Maldonado-Bucht aus. Obgleich der Tag heiß und schwül gewesen war, hatte niemand
mit einem solchen Sturm gerechnet oder mit dem Chaos, das er
anrichtete. Die *Adventure* lag in der Bucht vor Anker, und ihre
Mannschaft kampierte am Strand. Den Tag hatte man mit Reparaturen und dem Wiederauffüllen der Vorräte an Wasser, Oran-
gen und Fleisch verbracht, während King auf die Ankunft ihres Schwesterschiffs *HMS Beagle* aus Rio de Janeiro wartete. Es
war der Nachmittag des 30. Januar 1829, ein Freitag. Der Tag war
wie gewöhnlich verlaufen. Der Nachschub wurde durch die Brandung zum Schiff befördert. Die Küste entlang segelte eine französische Fregatte, *L'Aréthuse*. Der Himmel war »dicht bewölkt und
unbeständig«. Kurz nach fünf Uhr hatte King einen Blick auf sein
Barometer geworfen. Die ganze Zeit hatte die Quecksilbersäule
bei 30″ gestanden, nun war sie plötzlich auf 29,50 gefallen. Die Fah-
nen flatterten. King spürte, wie der Wind sich drehte. Schwarze
Wolken jagten über den Himmel. In Minutenschnelle hatte der
Pampero sie erreicht.[1]

Der Sturm brüllte mit unbändiger Macht. Eine Böe fegte durch
die Bucht. Vom Ufer aus sah King, wie die *Adventure* zur Seite
geworfen wurde und an ihren Ankern riss. Zelte flogen über den
Strand. Eines der Beiboote der *Adventure*, das voll beladen unter
Rudern in der Bucht lag, wurde auf den Strand getrieben. Ein anderes wurde »zu Atomen zerschmettert«. »Die Gischt«, schrieb

King, »wurde von Wirbelwinden aufgewühlt, die alles, was ihnen im Weg stand, restlos zu zerstören drohten.«[2] In großer Sorge um seine Leute und das Schicksal der *Aréthuse* blickte King gebannt auf das, was sich vor seinen Augen abspielte. So dachte er nicht daran, die Küste entlang nach Osten zu schauen. Hätte er das getan, und sei es nur für eine Sekunde, hätte er vielleicht am Horizont den schwachen Umriss der *HMS Beagle* erblickt, die um ihr Leben kämpfte.

Der Pampero hatte die *Beagle* getroffen, als sie unter ihrem neuen Kommandanten Robert FitzRoy nach Westen in den Río de la Plata einbog. Sie war bereits in Sichtweite der Maldonado-Bucht, wo FitzRoy King treffen sollte, um dessen Befehle zu empfangen. Bis dahin hatte sie die lange Strecke von Rio problemlos zurückgelegt; bei sonnigem Sommerwetter war die *Beagle* an der Atlantikküste hinuntergesegelt. Die *Beagle* war eine wendige Bark von nur dreißig Meter Länge, ein kleines Schiff im Vergleich zu den gewaltigen Linienschiffen der napoleonischen Kriege. Doch die *Beagle* war nicht zu Kriegszwecken gebaut worden. Was sie auszeichnete, war ihre Flexibilität: Sie konnte in Küstennähe segeln und bei Bedarf auf den Strand gesetzt werden, um fällige Reparaturen unterwegs auszuführen, Vorteile, die sie zum idealen Schiff für Vermessungsarbeiten machten.

FitzRoy hatte an jenem Nachmittag ein wachsames Auge auf das Wetter gehabt. Gegen 13 Uhr hatte eine gleichmäßige Brise aus Nordnordost geweht, die eine Stunde später aufgefrischt war, doch gegen drei Uhr war der Wind nahezu ganz abgeflaut. Seeleute verfügten über eine außerordentliche Affinität zum Wetter. Das Wissen, wie man eine gute Brise erwischte oder wann die Segel zu reffen waren, gehörte zu ihren Grundkenntnissen. Wer das gut zu beurteilen vermochte, konnte eine Reise um Tage verkürzen. An jenem Tag jedoch war das Wetter schwer auszumachen. Um halb vier war es »dicht bewölkt und unbeständig«. Um 17 Uhr

war der Himmel zugezogen, und im Südwesten bemerkte Fitz-
Roy Blitz und Donner. Um 17:20 Uhr ließ FitzRoy die Bramsegel,
Fock und Besan, einholen und stattdessen das Großsegel setzen.
Und da war noch etwas anderes. FitzRoy hatte, genau wie King,
bemerkt, dass das Barometer gefallen war, auf 29,90, 29,80, 29,60
im Verlauf der letzten halben Stunde. Das konnte nur eins bedeuten. Aber noch ehe FitzRoy Zeit hatte, um zu reagieren, wurde
das Schiff kurz nach 17:40 Uhr von einer »gewaltigen und unvermittelten Böe« getroffen.[3]

Das Großsegel, das gerade aufgezogen werden sollte, wurde
den Männern förmlich aus den Händen gerissen. Leinen und Rahen gingen über Bord, und auch der Schiffsjunge Thomas Anderson wurde aus zehn Metern Höhe ins Meer geschleudert. Auf
einmal tanzte der Bug der *Beagle* auf den Wellen, und Brecher
schlugen ins Schiff. Minutenlang herrschte überall Chaos. Ein
Pampero hatte sie erwischt. Jeder Mann an Bord hatte von diesen heftig wütenden Südweststürmen gehört, die sich mit rasch
zunehmender Wucht über der argentinischen Pampa zusammen-
brauten, um sich schließlich über dem Mündungsgebiet des Río
de la Plata auszutoben. In Minutenschnelle vermochte ein Pampero unglaubliche Böen aufzupeitschen. Von kurzer Dauer und
tödlicher Heftigkeit, war ein Pampero das meteorologische Pendant zu einem Piranhaangriff.

Blitze zuckten, und beinahe augenblicklich sah FitzRoy Regen
und Hagel niedergehen. Die zerbrechliche Bark – eine Schiffsklasse, die von Seeleuten als *coffin brig* (Sarg-Brigg) verspottet
wurde – war den Attacken hilflos ausgeliefert. Topmasten, Klüver-
baum und eine Handvoll Spieren wurden abgeknickt und wegge-
rissen. Einen schrecklichen Moment lang warf der Sturm sie so
weit auf die Seite, dass nur wenige Grad fehlten, und sie wäre ge-
kentert. Erst als FitzRoy die Buganker kappen ließ, gelang es, sie
in den Wind zu bringen und wieder aufzurichten. Gegen 18 Uhr,

nur eine Viertelstunde nachdem der Pampero sie überrascht hatte, war das Schlimmste vorbei, doch noch ein zweiter Matrose, Charles Rosenberg, war dabei über Bord gegangen und ertrunken.

Der Vorfall, der sich auf FitzRoys erster Fahrt als Kommandant ereignete, ließ ihn nicht los. Keine sechs Wochen nachdem man ihn mit der Verantwortung für das Schiff und seine Mannschaft betraut hatte, war er nur um Haaresbreite dem Schiffbruch entgangen. Noch dreißig Jahre später stand ihm die Szene lebhaft vor Augen, und ebenso das Schicksal der »beiden feinen Kerle«, die der Wind aus der Höhe ins Meer geschleudert hatte. »[Sie] schwammen mit aller Kraft um ihr Leben«, erinnerte sich FitzRoy, »aber die See verschlang sie augenblicklich.«[4] Hätte er die Segel zeitiger einholen lassen, wer weiß, wäre die Besatzung an Deck vielleicht in Sicherheit gewesen. Der Kommandant eines Segelschiffs musste jeden Tag Hunderte von Entscheidungen treffen: Kreuzen, Wenden, Reffen, Bergen, Fieren, Exerzieren. Jeder Befehl war wichtig, und bei rauer See war die Grenze zwischen Tempo, Sicherheit und Desaster hauchdünn.

All dessen war sich FitzRoy bewusst. Zum Schiffskommandanten wurde man aufgrund seines Charakters berufen: Gutes Urteilsvermögen und entschlossenes Handeln waren erforderlich. FitzRoy selbst schrieb dazu:

> Wer nie ein Risiko eingeht und nur bei gutem Wind segelt,
> wer bei Sichtung von Land beidreht, obgleich es noch eine
> Tagesreise entfernt ist, und wer gar die Erfüllung einer dringenden
> Pflicht aufschiebt, bis sie leicht und sicher zu erfüllen ist –
> ja der ist zweifellos eine sehr vorsichtige Natur, aber eine ganz
> andere als jene Offiziere, die nie in Vergessenheit geraten werden, solange England eine Marine hat.[5]

Doch FitzRoy fühlte sich verantwortlich. Und insbesondere machte ihm zu schaffen, dass er dem Barometer nicht genug Beachtung geschenkt hatte. »Zeichen am Himmel, barometrischer Befund und die Temperaturen zeigten an, was heraufzog«, erinnerte er sich, »doch mangelndes Vertrauen in diese Hinweise und die Ungeduld eines jungen Kommandanten in Sichtweite des Flaggschiffs seines Admirals führten zu Nichtbeachtung und dem *allzu späten* Versuch, die Segel genügend zu reffen.«[6]

Zwei Tage später, am 1. Februar, war die ramponierte *Beagle* schließlich in der Lage, zu King und der *Adventure* in Maldonado zu stoßen, wo die Schäden repariert wurden. Von FitzRoys Fehlurteil war nicht weiter die Rede. Ein Pampero war ein Unglück, das einem Schiffskommandanten in südlichen Gewässern eben zustoßen konnte. Und der Verlust von zwei Seeleuten wurde als eine der Gefahren angesehen, die das manchmal grausame, dann wieder ruhige Leben auf See mit sich brachte.

FitzRoy – von adeliger Abstammung, schneidig und überaus tüchtig – zählte zu den jungen Hoffnungsträgern der Royal Navy. Er wurde am 5. Juli 1805 als Sohn einer Familie altgedienter Torys geboren. Sein Vater, Lord Charles, war Infanteriegeneral und später Parlamentsabgeordneter für Bury St. Edmunds. Seine Mutter, Lady Frances Stewart, war eine Halbschwester des Staatsmanns Lord Castlereagh. Sein Großvater, der Herzog von Grafton, hatte als Premierminister gedient, und in väterlicher Linie vermochte FitzRoy seine Abstammung unmittelbar bis auf König Charles II. zurückzuführen. Nur wenige konnten einen derartigen Stammbaum aufweisen. Und obgleich seine Mutter starb, als er erst fünf war, scheint er auf dem Familiensitz in Northamptonshire eine glückliche Kindheit verbracht zu haben. Von ihrem Stammsitz in den Midlands aus unterhielten die FitzRoys Verbindungen zur gehobenen Gesellschaft in London und in den Grafschaften. Während Robert aufwuchs, hatte Castlereagh seinen politischen Aufstieg genommen, und, was noch mehr galt, zweimal in dieser Zeit hatte die Familie mit ihren Pferden Whalebone und Whisker das Derby gewonnen und damit den größten Triumph errungen, den die damalige Gesellschaft kannte.

Robert FitzRoy allerdings interessierte sich weder für Politik noch für Pferderennen, ihn faszinierte das Leben auf See. Eine der wenigen überlieferten Geschichten aus seiner Jugend handelt von seiner Jungfernfahrt. Sie fand auf einem Teich statt, der zum Familienanwesen gehörte. Dabei hatte FitzRoy, der solche Gelegenheiten gern beim Schopf packte, einen Waschzuber aus der Küche entführt, während die Dienerschaft beim Essen saß. Er schleppte den Zuber zum Teich, warf Ziegelsteine als Ballast hinein und stieß vom Ufer ab. Mit einer langen Stange stakte er nun, stolz wie ein Pfau, vom einen Ufer zum anderen. Als er sein Ziel erreichte, erhielt sein Triumph allerdings einen Dämpfer, weil er das Gleichgewicht verlor, kenterte und ins Wasser fiel. Der Gärtner fischte den durchnässten Jungen aus dem Teich.[7]

Doch FitzRoys nautische Karriere sollte sich von diesem ersten Missgeschick schnell erholen. Nach kurzen Aufenthalten in den Schulen von Rottingdean und Harrow erhielt seine Erziehung im Royal Naval College von Portsmouth den letzten Schliff. Hier blühte Robert auf. Mit Leichtigkeit absolvierte er die drei Jahre, die ihn mit klassischer Literatur, Mathematik, der Physik Newtons, Navigation, Sprachen, Fechten, Tanzen, Malen, Zeichnen und dem Schießwesen vertraut machten, und erwies sich als Musterschüler. Nur anderthalb Jahre später befuhr er bereits als Seekadett die Weltmeere. Damit erhielt er eine praktische Ausbildung, die ihm gut zustattenkommen sollte.

Nach fünf Jahren kehrte FitzRoy – inzwischen ein mit allen Wassern gewaschener Seemann – nach Portsmouth zurück, um sein Examen zum Leutnant abzulegen, eine berüchtigte Prüfung und eine unsägliche Tortur. FitzRoy musste vor einem Prüfungs-komitee unter Vorsitz von Sir William Hoste, einem Veteranen der napoleonischen Kriege, stehen und sich ein stundenlanges Kreuzverhör gefallen lassen. Es war eine Art Schlacht von Trafal-gar für den Intellekt, bei der ihm aus allen Richtungen nautische Szenarien wie Raketen um die Ohren flogen. »Alle Fragen wur-den ordnungsgemäß bearbeitet«, schrieb FitzRoy darüber. »Viele davon mithilfe von drei Methoden – eine davon mittels Algebra und sphärischer Trigonometrie, die anderen beiden verlangten praktische Wege, nämlich Überschlagsrechnung und exakte Be-rechnung.«[8] Unter sechsundzwanzig Kandidaten erzielte FitzRoy das beste Ergebnis. Er verließ das Kolleg mit Bestnoten in allen Fächern – zum zweiten Mal schon, was noch keinem vor ihm ge-lungen war – und einer Goldmedaille.

Damit war FitzRoys Bildungsgang aber noch nicht zu Ende. Nachdem seine Ernennung zum Leutnant bekannt gegeben wor-den war, richtete er sich in seiner Kabine eine Bibliothek aus vier-hundert Bänden ein, die selbst diejenige von Beaufort noch über-traf. Die Bücher nährten einen Geist, der weniger brillant als dis-zipliniert war. Sein Erfolg beruhte auf Zielstrebigkeit und Fleiß, weniger auf Naturtalent. Auch auf See fand er Muße, um Latein, Griechisch, Französisch, Italienisch und Spanisch zu lernen. Er hielt sich über wissenschaftliche Neuigkeiten auf dem Laufenden und fand besonderen Gefallen an der Phrenologie, einer Disziplin, die damals sehr in Mode war. Anspruch dieser ebenso merkwür-digen wie lautstark propagierten Wissenschaft war es, eine Ver-bindung zwischen Größe und Form des menschlichen Kopfes und dem Charakter seines Trägers nachzuweisen. Sie hatte jahrelang Konjunktur, weil sie die damals verbreitete Manie bediente, alles – Tiere, Pflanzen, Wolken – zu klassifizieren. Einer der eloquen-testen Verfechter der Phrenologie in Großbritannien war Thomas Forster, dem auch die Prägung des Wortes zugeschrieben wurde.

FitzRoy war von ihr absolut überzeugt, denn das war ein Gegenstand ganz nach dem Geschmack eines jungen Mannes, dessen Verstand Ordnung über alles schätzte.

Im Unterschied zu den frivolen Romanen oder den staubtrockenen philosophischen Traktaten von Autoren wie Burke oder Gilpin galt die Naturwissenschaft damals als heilsam und rein, genau die richtige Beschäftigung für Feingeister. In den 1820er-Jahren bestand eine der beliebtesten Methoden, das andere Geschlecht zu beeindrucken, darin, ein Gespräch über die Sterne oder die Planeten anzufangen. Naturwissenschaft bot die Möglichkeit, eine chaotische und überaus komplexe Welt zu verstehen, und Phrenologie versprach, Ordnung in den kompliziertesten Gegenstand überhaupt zu bringen: den menschlichen Verstand. FitzRoy musste im Geiste nur eine einfache Vergleichsliste durchgehen: Schädelform, Schläfe, Nase und Kinn, um den Charakter des Menschen zu kennen, den er vor sich hatte – kühn oder schüchtern? Schlau oder dumm? Faul oder lebenssprühend?

Phrenologie erweiterte noch die Perspektiven eines Mannes, der die Karriereleiter ohnehin bereits mit bemerkenswertem Tempo erklomm. Die meisten bei der Marine hatten von FitzRoy gehört, dem hübschen Adligen mit der unerbittlichen Arbeitsmoral und dem grüblerischen Gemüt. Der Admiralität gefiel, was sie sah. Seine intellektuellen Fähigkeiten und seine aristokratische Herkunft bildeten eine wirkungsvolle Mischung. Sein Vermögen schätzten manche auf 20 000 Pfund Sterling. Er galt als kühler Kopf mit scharfem Verstand, unerschrocken und ehrlich: mithin den vor ihm liegenden Aufgaben gewachsen.

Kapitän King hatte die Bucht von Maldonado als Schönwetterbasis für die Vermessungsexpedition der Admiralität auserkoren, die der südlichen Spitze des südamerikanischen Kontinents galt. Seit 1826 hatten die *Adventure* und die *Beagle* die wilden Küstengewässer und Kanäle Patagoniens durchmessen und dabei die dürftigen Karten, die es davon gab, um viele Details bereichert. Man hatte sich vorgenommen, ein Gebiet zu kartieren, das in seiner Geografie der schottischen Küste glich, mit seichten Buchten entlang der Ostküste, während das Küstenland im Westen in Tausende kleinster Inseln zersplittert war. Vom südlichsten Punkt des Kontinents erstreckte sich die Vermessung über 260 Kilometer durch die sagenumwobene Magellanstraße, einen zerklüfteten Wasserweg, der den Atlantik mit dem Pazifik verband und Handelsschiffen auf dem Weg nach Tahiti, den Sandwichinseln, New South Wales oder Van-Diemens-Land eine alternative Route zur Fahrt um das berüchtigte Kap Hoorn bot. Zwischen Magellanstraße und dem Kap hatten sie dabei die Ränder von Feuerland erkundet, einem gebirgigen, unwirtlichen Archipel, der von Guanakos, Füchsen, Kondoren, Eisvögeln, Pumas und primitiven Indio-Stämmen bewohnt war.

Der Auftrag zum South American Survey war von Viscount Melville, dem Ersten Lord der Admiralität, im Jahr 1825 erteilt worden. Er war Teil einer mit frischer Energie betriebenen Marinepolitik, zu der die Erkundung der Arktis und neuerliche Versuche zur Entdeckung der Nordwestpassage zählten. Nach einem Vierteljahrhundert, in dem ihre Kräfte durch Kriege gebunden gewesen waren, hatte die Admiralität beschlossen, mit wiedergewonnener Freiheit ihre Beherrschung der Meere und den Überschuss an Schiffen anderen Zwecken zu widmen. Dabei übte das kaum kartierte Südamerika einen besonderen Reiz aus. Denn obgleich sich die britischen Besitzungen dort auf die Falklandinseln beschränkten, gab es seitens der britischen Regierung Pläne, ihre Interessensphäre auszuweiten. Als christliche Nation, die nach ihrem Selbstverständnis von Gott besonders gesegnet war, hielt man es für eine britische Pflicht, den Kontinent zu zivilisieren und seine unerschlossenen Mineralvorkommen auszubeuten.

In den 1760er-Jahren war John Byron, der »Schlechtwetter-Jack«, aus Feuerland zurückgekehrt mit verlockenden Geschichten von einer Landschaft voll »der besten Bäume, die ich je sah«. »Ich habe keinen Zweifel«, schrieb er, »dass sie die britische Marine mit den besten Masten der Welt versorgen könnten.« Byron beschrieb eine Wildnis aus endlosen Wäldern, weiß von Schnee und von ungeahnten Möglichkeiten, und er garnierte seinen Bericht mit Erzählungen von »unzähligen Papageien und anderen Vögeln mit dem prächtigsten Federkleid«.[9] Die Aristokratie jener Zeit mit ihrer notorischen Jagdleidenschaft köderte er mit einem weiteren Anreiz: Das Land wimmele von Wild. »Ich habe«, schrieb er, »alle Tage Gänse und Enten genug geschossen für meine eigene Tafel und für mehrere andere dazu, und jeder an Bord hätte es mir gleichtun können.«[10]

Fünfzig Jahre sollten vergehen, ehe die Admiralität Gelegenheit hatte, die Wahrhaftigkeit von Byrons Erzählungen zu prüfen. Zwei wagemutige Reisen brachten dieses Unternehmen in den Jahren nach Waterloo voran. Die erste wurde von William Smith aus Blyth in Northumberland unternommen, der in der Südsee zufällig auf eine Inselgruppe stieß, die er die Südlichen Shetlandinseln taufte und für die britische Krone reklamierte. In Europa rief die Nachricht von Smiths Entdeckung Aufsehen hervor. Wenn erfahrene Navigatoren wie Cook und Bligh eine ganze Inselgruppe bis dahin übersehen hatten, welche anderen Schätze mochte es dann noch dort geben?[11] Diese Aussicht wurde nur noch beeindruckender, als bekannt wurde, dass Smiths Entdeckung einen regelrechten Boom bei der Jagd auf Seehunde ausgelöst hatte. In den folgenden zwei Jahren wurden auf den Südlichen Shetlandinseln mehr als 100 000 Seehunde hingeschlachtet, um an ihre Felle und ihren Speck zu kommen.[12] Für den Londoner Markt wurden 20 000 Tonnen See-Elefantentran von zweihundert eigens dafür angeheuerten Seeleuten im Auftrag britischer

Kaufleute eingebracht. Doch zum Verdruss der Briten machten amerikanische Händler den größten Gewinn. Sie waren schneller vor Ort, luden ihre Schiffe randvoll mit Seehundfellen und verfrachteten sie über den Indischen Ozean nach China, wo sie für fünf Dollar das Stück verkauft wurden. Mit einer einzigen Überfahrt ließ sich so ein Vermögen verdienen.

Einer, der den Verlockungen der südlichen Meere nachgab, war der britische Seemann James Weddell auf seiner Brigg *Jane*. In Begleitung des Kutters *Beaufoy*, der von seinem Kollegen Matthew Brisbane gesteuert wurde, begab sich Weddell 1822 auf eine der unglaublichsten Seereisen des 19. Jahrhunderts. Nachdem sie die Seehundsgründe vor den Südlichen Shetlandinseln erschöpft vorgefunden hatten, setzten sie ihre Fahrt weiter nach Süden fort. Damit segelte Weddell geradewegs in eine dunkle, unwirtliche Welt aus eisigem Nebel, beißenden Winden und einem Labyrinth aus Treibeis und Eisbergen. Bis auf ein oder zwei Tagesreisen näherte er sich dem antarktischen Kontinent; weiter im Süden war, soweit überliefert, nie ein Mensch gewesen. Wie Coleridges »alter Seefahrer« hatte Weddell eine Welt von glitzerndem Eis und wundersamem Licht gefunden, einen Ort, den Ismael in *Moby-Dick* als den »verzauberten Zirkel des ewigen Dezembers«[13] bezeichnete. Am 20. Februar 1823 warf er auf einer Breite von 74° 15′ S Anker. Umgeben von dem dichter werdenden, ständig sich verändernden Eismeer, befahl Weddell, drei Hurrarufe auszubringen, den Union Jack zu hissen und die Kanone abzufeuern.[14]

Wieder zu Hause, veröffentlichte Weddell *A Voyage Towards the South Pole, Performed in the Years 1822–1824* (Eine Reise zum Südpol, unternommen in den Jahren 1822–1824). Sein Bericht war angefüllt mit Beschreibungen von Buckelwalen, Seeleoparden, Kondoren und riesenhaften Albatrossen. Auf Südgeorgien war Weddell bezaubert gewesen vom Anblick der Scharen von Pinguinen, die von ferne aussahen wie »kleine Kinder, die in weißen Schürzen dastehen«.[15] Weddells verspielte Schilderungen und seine an Münchhausen erinnernde Fähigkeit, sich aus den unglaublichsten Gefahren am eigenen Schopf herauszuziehen, garantierten den enormen Erfolg seines 1825 erschienenen Buches. Nachdem er auf diese Weise auch die Nichtexistenz von Süd-Island unter Beweis gestellt und darüber hinaus eine Reihe von Wetterregeln für eine Fahrt um Kap Hoorn aufgestellt hatte, setzte er dem Ganzen die Krone auf, indem er das Werk dem Ersten Lord der Admiralität, dem Viscount Melville, widmete. Von seiner Reise ging eine Botschaft aus, die die Regierung ins Herz traf.

Im Jahr 1829 wurde FitzRoy als neuer Kommandant der *Beagle* zum South American Survey abgeordnet. Nach beendeten Reparaturen erhielt er am 27. März seine Order von King. Sein Auftrag war es, ein unerforschtes Stück der Magellanstraße zu kartieren, zu dem eine Reihe von Buchten zählte: Lyell-, Cascade-, San-Pedro- und Freshwater-Bucht. Anschließend sollte er durch das Labyrinth aus gewundenen Passagen ans westliche Ende der Straße navigieren. Diese Gegend war kaum bekannt, nur dürftig kartiert und gekennzeichnet durch schnell wechselnde Gezeiten, versteckte Strömungen und unter Wasser verborgene Klippen, die alle die *Beagle* jederzeit in Minutenschnelle auf den Grund des Meeres schicken konnten. In dieser Welt würde sie die Wintermonate hindurch allein umherstreifen. Für FitzRoy, der sein halbes Leben mit der Vorbereitung auf diese Gelegenheit zugebracht hatte, war das die Feuertaufe. Anfang April geisterte die *Beagle* durch die schmale Zufahrt in die Straße und nahm in Port Famine Proviant auf. Am 19. April trennte sie sich von ihrem Begleitschiff, dem Schoner *Adelaide*, und begann ihre Reise.

FitzRoy war sogleich bezaubert von der Landschaft, die ihn umgab: den bleigrauen Felsen und den Buchen am Ufer, dem silbrigen Glanz des Wassers, der Intensität des Lichts. Die Flanken der Berge waren mit Gletschern bedeckt, deren gläsernes Blau auf faszinierende Weise mit dem Weiß der schneebedeckten Gipfel kontrastierte.[16] In sein Tagebuch trug er ein: »Ich kann nicht umhin zu bemerken, dass die Szenerie am heutigen Tag mir grandios erschien.« In der Ferne gewahrte er die Umrisse des Sarmiento, der einer Pyramide aus Eis und Schnee glich, eine Mischung aus altem Ägypten und Arktis. Er bemerkte den »ständigen Wechsel des Anblicks, den das Land bot, wenn Wolken die Sonne passierten, eine solche Vielfalt von Farben aller Art, vom gleißenden Schnee bis zum tiefen Dunkel des unbewegten Wassers«.[17]

Und FitzRoys Hochgefühl hielt an: »Diese Nacht war eine der schönsten, die ich je sah.« Nur das leise Geplätscher des Wassers auf den Planken, das Knarren des Schiffsrumpfes, das Rasseln der Ankerkette und die gelegentlichen Schläge der Schiffsglocke waren in der Stille zu hören. Das Wetter war »nahezu ruhig, der Himmel wolkenlos bis auf ein paar weiße Bänke, die sich von Zeit zu Zeit am hellen Vollmond vorbeischoben«. Auf den zerklüfteten, schneebedeckten Gipfeln der umliegenden Berge lag das Mondlicht und bildete »einen scharfen Kontrast zu ihren dunklen, düsteren Ausläufern, ein Bild von einer solchen Wirkung, wie ich sie nie vergessen werde«.[18]

Als sie in der Cascade-Bucht an Land gingen, fanden sie Napfschnecken und Miesmuscheln »von besonders guter Qualität«, mit denen sie ihren Proviant aus wildem Sellerie und Preiselbeeren ergänzten. Während der April so dahinging, fand FitzRoy die Temperaturen trotz einiger Schneeböen milder als erwartet, denn das Thermometer fiel nie unter 0 °C. Mit einigen seiner Männer von der *Beagle* unternahm er täglich Streifzüge an Land, um in den Buchten zu botanisieren, Messungen vorzunehmen und Proben zu sammeln. Die Matrosen schossen Vögel, wann immer sich die Gelegenheit dazu bot, darunter als besondere Seltenheit einen schwarzen Schwan, den sie für einen feierlichen Anlass aufhoben. FitzRoy genoss die Einsamkeit. Anfang Mai schrieb er: »Obgleich das Jahr schon so weit fortgeschritten war, blühten manche Büsche, vor allem eine Art, die sehr an Jasmin erinnert und einen süßen Duft verströmte. Preiselbeeren und Berberitzenbeeren gab es in Fülle, und so wäre ich gern einige Tage an diesem bezaubernden Ort geblieben; das ganze Ufer glich einem Garten aus Sträuchern.«[19]

Am 7. Mai begab sich FitzRoy mit einer Gruppe seiner Leute im Walboot und dem Kutter der *Beagle* mit Proviant für einen Monat auf eine Erkundungsfahrt durch den weitgehend unbekannten Jerome-Kanal. FitzRoy kommandierte das Walboot, ein offenes Schiff unter Rudern, das an beiden Enden spitz zulief, damit man auf dem Strand landen konnte. So glitten sie »mit Beklommenheit angesichts eines Ortes, von dem man nichts weiß, aber vieles sich vorstellt«, durch das kalte, nur leicht bewegte Wasser. Es war der Gipfel der Freiheit – mitten im Winter am Ende der bekannten Welt. FitzRoy badete im seichten Wasser und ließ halten, um die Temperatur zu messen (6 °C).[20] Ausgerüstet mit Barometern, Theodoliten und Fernrohren, erklommen er und seine Männer einen Hügel in der Nähe, den Sugar Loaf. »Es kostete einige Mühe, mit den Instrumenten hinaufzusteigen«, räumte er ein, »aber der Ausblick entschädigte mich dafür.«[21] Vom Gipfel aus entfaltete sich das Panorama Feuerlands vor ihren Augen, und FitzRoy spürte den Reiz des Abenteuers, wie Beaufort ihn einst auf Croghan Hill empfunden hatte.

Um diese Zeit, Mitte Mai, befanden sie sich tief im südamerikanischen Winter, der nicht nur Schönheit zu bieten hatte, sondern auch Gefahren barg. Die Tage wurden kürzer, und die Sonne stieg am Vormittag erst gegen elf Uhr über den Hügeln auf und verschwand bereits um zwei Uhr wieder hinter ihnen. Das Wetter begann sich zu ändern. Am 17. Mai notierte FitzRoy: »Ein heftiger Hagelschauer mit Sturmböen zog von Südwesten über uns, so schneidend kalt, dass ich darin eine Ursache erkannte, weshalb diese Ebenen, über die der Wind aus allen Richtungen von S. S. W. bis N. fegt, baumlos sind.« Auch in der nächsten Nacht war es bitterkalt. Starker Regen fiel, und aus Südwesten blies ein heftiger Sturm. In der Nacht des 19. Mai war es so klar, dass Fitz-Roy den funkelnden Sternenhimmel sah und später im blauen Licht der Dämmerung erwachte. »Alles war gefroren.« Das Walboot war nicht fahrtüchtig, bis seine Segel wieder aufgetaut waren. Kurz nach Mittag befahl FitzRoy, damit hinauszurudern, um einen Wasserweg zwischen Otway Water und der Magellanstraße zu suchen – eine verhängnisvolle Entscheidung.

Es wehte bereits eine sehr steife Brise, und zwei Stunden lang ruderten sie gegen eine stetig zunehmende Dünung. FitzRoy blieb keine Wahl, als die Fahrt fortzusetzen. Die Ufer zu beiden Seiten hatten keine Buchten, und gegen die flache, niedrige Küste schlug starke Brandung. »Ein Versuch zu landen wäre Wahnsinn gewesen.« Eine weitere Stunde verging. Inzwischen schlug Wasser in das Walboot und durchweichte die Seesäcke und die Kleidung der Männer. Bei Sonnenuntergang um 16 Uhr wehte der Wind unvermindert stark. In der eisigen Dunkelheit vervielfachten sich die Gefahren. In seiner Schilderung fährt FitzRoy fort:

Die Nacht und der Umstand, dass wir uns seit fünf Stunden schon in die Riemen legten, ließ mich erwägen, das Schiff auf den Strand zu setzen, um die Männer zu retten. Denn in derart bewegter See konnte das Schiff nicht mehr lange überleben. An jenem Nachmittag hätte ein einziger Moment der Unachtsamkeit genügt, damit eine Welle uns falsch erwischte, und wir wären vollgelaufen. Und in der Dunkelheit war es noch schlimmer. Kaum hatte ich wieder Mut gefasst, als ein Brecher über meinen Rücken ins Schiff schlug und es halb mit Wasser füllte: Wir schöpften, was das Zeug hielt, schon erwarteten wir den nächsten und meinten kaum noch, das Schiff könnte überleben, als – urplötzlich – der Seegang merklich nachließ und kurz darauf auch der Wind abflaute. So außerordentlich war der Umschwung, dass die Männer, wie auf einen Impuls hin, sich auf die Riemen legten und sich umblickten, um zu sehen, was geschehen war. Vermutlich hatten wir eine Stelle passiert, an der die Strömung gegen den Wind lief. Sogleich drehte ich den Bug des Schiffs gegen die Bucht, die wir am Morgen verlassen hatten, und dankbar und froh pullten die Männer tüchtig voran.[22]

FitzRoy neigte nicht zu melodramatischer Übertreibung. Sein Bericht vermittelt die Schutzlosigkeit ihrer Lage. Wenn das Walboot aus dieser Begegnung mit dem Wetter heil hervorging, lässt sich das nur mit großer Seemannskunst, kolossaler Anstrengung und phänomenalem Glück erklären. Aber darin steckte auch eine Warnung. Seit Tagen schon hatte FitzRoy meteorologische Notizen in sein Tagebuch eingetragen, in denen er seine Überraschung angesichts des »milden Wetters« kundtat. Nun hatte er im Zeitraum von wenigen Stunden gesehen, wie rasch sich das ändern konnte. Wenn diese Meerenge ihre Schönheit besaß, so war es doch eine unbeständige, trügerische Schönheit. In Minutenschnelle war der blaue Himmel erfüllt von heftigen Winden und Böen, dunklen Wolken und Gewittern. Für Schiffsführer wie FitzRoy war das Problem nicht, *ob* sich das Wetter ändern würde, sondern *wann*.

Jeder Navigator, der durch die Meerengen am westlichen Ausgang der Magellanstraße segelte, wusste, worauf er sich einließ. Wer sie passierte, überschritt den Rubikon und unterwarf sich einer Probe seiner körperlichen und geistigen Kräfte. Der silbrige Strom, der blaue Himmel, die sanfte Brise aus West, die Stille des Wassers, all das vermochte den Seefahrer einzulullen. Und das Tempo, in dem sich die Atmosphäre änderte, war erschreckend.

Gegen Mitte des Winters machte FitzRoy erste Bekanntschaft mit einem Williwaw, einem Wirbelwind aus dem Gebirge, den auch King ein Jahr zuvor erlebt hatte. Für King waren das »Orkanböen«, die »mit aller Gewalt über die Abhänge hinabstürzen, sich dabei ausbreiten und lotrecht fallend alles zerstören, was nicht fest ist«.[23] Feuerland war für seine Williwaws berüchtigt, vor allem aber die Magellanstraße, weil die Winde von den umliegenden Gebirgen herab wie durch einen Tunnel über die Wasserstraße peitschten. Obgleich ein Williwaw weniger Kraft besaß als ein Pampero, war er heftig genug, um großen Schaden anzurichten. King schrieb: »Wird die Oberfläche des Wassers von diesen Böen getroffen, gerät sie derart in Bewegung, dass sie von Gischt bedeckt ist, die von den Winden mitgerissen wird und ihnen vorausfliegt, ehe sie zu Sprüh zerstäubt.«[24]

Vom Wetter mehr und mehr fasziniert, begann FitzRoy, es eingehender zu untersuchen. Am 18. Mai notierte er: »In den letzten vier Nächten habe ich bemerkt, dass bald nach Sonnenuntergang der Himmel auf einmal bedeckt war. Dann fiel ein unbedeutender Schauer, und anschließend war der Himmel wunderschön klar.«[25] Zehn Tage später kam er erneut auf das Thema zu sprechen: »Fast jede Nacht habe ich beobachtet, dass der Wind kurz nach Sonnenuntergang abflaute, die Wolken sich verzogen und der erste Teil der Nacht sehr klar war, gegen Morgen jedoch Wind und Wolken im Allgemeinen die Oberhand gewannen.« Halb wissenschaftlicher Beobachter, halb wetterkundiger Seemann, bemüht er sich, aufschlussreiche Muster im Wetter zu entdecken, die ihm künftig als Bezugswerte dienen können.

Ende Mai waren sechs Wochen vergangen, seit FitzRoy seiner Order entsprechend losgesegelt war. Auf seine Art hatte er sich als Führer seiner Männer etabliert. Nach dem Zwischenfall mit dem Walboot hatte er am 20. Mai vermerkt: »Niemand hätte sich besser betragen können als die Mannschaft des Bootes: Keiner äußerte auch nur ein Wort, keiner ließ an seinem Riemen nach, und das, obgleich sie mir nach der Landung am Ufer sagten, sie hätten nicht erwartet, noch einmal Land zu sehen.« Einen solchen Bericht gibt nur ein Mann von natürlicher Führungsqualität. Fitz-Roy verfügte über sein ganz eigenes Charisma. Statt durch Draufgängertum oder Freibeutergehabe zu beeindrucken, ging er mit gutem Beispiel voran. Sein Können, sein Fleiß und seine Objektivität brachten ihm den Respekt der Mannschaft ein. Im weiteren Verlauf der Erkundungen an Land gab er den Komfort und die Ungestörtheit seines eigenen Zeltes auf und schlief »mit zwei oder drei seiner Männer« im Freien. »Mein Mantel ist über mir jeden Morgen steif gefroren«, notierte er fröhlich, »doch habe ich noch nie besser geschlafen oder mich bei besserer Gesundheit befunden.«[26]

In dieser unermesslichen, weit entfernten Wildnis waren die *Beagle* und ihre Boote kleine Zellen wissenschaftlicher Anstrengung. Neben ihren Ankern und Tauen, Trossen und Wurfankern führte die *Beagle* auch ein komplettes Sortiment an Forschungsinstrumenten mit sich, die es FitzRoy ermöglichten, seine endlose Reihe von Messungen fortzusetzen: Sextanten, Quadranten und Kompasse für die Navigation, Theodolite zur Triangulation, Winkelmesser, Tiefenmesser und Waagen für Peilungen und Sondierungen und Chronometer zur Berechnung der geografischen Länge. An Bord der *Beagle* befand sich darüber hinaus eine Vielzahl meteorologischer Instrumente: Thermometer, Hygrometer, Regenmesser, eine Reihe unterschiedlicher Barometer sowie ein Sympiesometer, ein leichtes, tragbares, quecksilberloses Barometer, das FitzRoy allen übrigen vorzog.

Seine Ausbildung und sein Instinkt sagten FitzRoy, alles, was er entdeckte, quantitativ zu erfassen. Die Tiefe einer Wasserstraße, den Neigungswinkel einer Böschung, die Koordinaten eines

Standorts, die Höhe eines Hügels, die Temperatur der Luft sowie ihre Feuchtigkeit und den Luftdruck. Fünfzig Jahre zuvor hatte Horace-Bénédict de Saussure diese Art wissenschaftlicher Betätigung im Freien in Mode gebracht, als er meteorologische Messungen in den Alpen vornahm, und die wissenschaftlichen Leistungen des Berliner Forschers Alexander von Humboldt in Europa und Lateinamerika waren für FitzRoys Generation zum Stoff von Legenden geworden. Nun stand FitzRoy im Begriff, in ihre Fußstapfen zu treten. Bartholomew Sulivan, einer von FitzRoys Offizieren, beobachtete dessen Eifer. In seinen Memoiren schrieb er später: »[FitzRoy] war in der Praxis einer der besten Seeleute im Dienst der Marine, und dazu besaß er eine Vorliebe für jedwede Art von Beobachtung, die zur Navigation eines Schiffs von Nutzen sein konnte.«[27] Belege für diese Detailversessenheit finden sich im Logbuch der *Beagle*. Kurz nach dem Pampero vom 30. Januar nahm FitzRoy mehrere Änderungen an den üblichen Tabellen vor. Bis dahin hatte er bereits Buch über die täglichen Messergebnisse von Luftdruck und Temperatur geführt, was Schiffskommandanten gewöhnlich nicht taten, doch nach dem 20. Februar, »einem stürmischen Tag«[28], begann er, alle drei Stunden das Barometer abzulesen und den Wert zu notieren.

Wetteraufzeichnungen waren ein wesentlicher Bestandteil der täglichen Beobachtungen, die FitzRoy anstellte. Die meteorologischen Instrumente – Thermometer, Barometer und Hygrometer – waren zu dieser Zeit bereits fest etabliert, hatten den Reiz des Modischen aber noch nicht verloren: Ihre seltsame Alchimie erschloss die Natur, indem sie deren numerischen Kern bloßlegte. Frostige Morgen, klare Nächte und stürmische Nachmittage sollten nicht länger nur durch Adjektive und Metaphern in Erinnerung behalten werden. Viel besser war es, die Atmosphäre anhand einer Reihe von Zahlen zu beschreiben.

Dabei genoss das Thermometer das größte Vertrauen. In Großbritannien waren Thermometer mit der Fahrenheitskala bereits seit einem Jahrhundert in Gebrauch. Sie wurden für ihre Genauigkeit gerühmt, und auf See setzte man sie ein, um tägliche Messungen der Luft- und Wassertemperatur vorzunehmen. Nachdem Franklin 1770 den Golfstrom kartiert hatte, wurden Thermometer verwendet, um zu prüfen, ob ein Schiff mit Ziel New York etwa gegen die berühmte warme Strömung – »ein Strom im Ozean« – ankämpfte, ein unscheinbares Detail, welches das Schiff jedoch bis zu zwei Wochen kosten konnte. Ähnlich verbreitet war das Hygrometer, ein Gerät, mit dem sich der Feuchtigkeitsgehalt der Luft messen ließ.

Es gab auch Neuerungen. So hatte John Frederic Daniell, ein Londoner Geschäftsmann und Experimentalgelehrter, 1823 ein eigenes Modell entwickelt, weil er mit der Qualität der gängigen Apparate unzufrieden war. Das Ergebnis war das Daniell-Hygrometer. Das verbesserte Instrument half dabei, mit einiger Genauigkeit Frost, Tauperioden und Niederschlag vorherzusagen. Dieses Hygrometer blieb jahrzehntelang in Gebrauch und galt als »vollkommenes und elegantes Instrument«. An Bord der *Beagle* und der *Adventure* befanden sich einige der ersten Daniell-Hygrometer, die außerhalb Großbritanniens je eingesetzt wurden. Auf der *Adventure* wurden die Ablesungen täglich um 15 Uhr vorgenommen, und das Ergebnis wurde in ein meteorologisches Journal eingetragen.[29]

Doch das Barometer war von allen das faszinierendste Instrument. In seinem Buch *Ample Instructions for the Barometer and the Thermometer* (Ausführliche Anweisungen zum Gebrauch des Barometers und des Thermometers) von 1825 schrieb Jeffery Dennis: »Das Barometer ist wahrscheinlich das nützlichste, unterhaltsamste und interessanteste aller gelehrten Instrumente.« Damit vermochte er, das Gewicht der Atmosphäre zu bestimmen sowie »die Höhe von Bergen und die Tiefe von Höhlen und Stollen«.[30]

Es erfüllte eine einzige, einfache Aufgabe: die Bestimmung des atmosphärischen Drucks. Doch aus dessen Messung ergaben sich tausend Möglichkeiten. Wie kein Instrument zuvor schien es kommende Wetterlagen vorherzusagen. Ein Fallen des Säulenstandes, wie ihn FitzRoy 1829 vor Maldonado bemerkt hatte, kündigte häufig Wind und Regen an. Umgekehrt bedeutete ein hoher, gleichbleibender Stand eine Schönwetterperiode.

In den anderthalb Jahrhunderten, seit Robert Boyle das Barometer in England eingeführt hatte, war es nicht gelungen, allgemeine Regeln für die Wettervorhersage daraus abzuleiten. Es war bisweilen ein launisches und unzuverlässiges Instrument. Mehr als ein Jahrhundert analytischer Arbeit war investiert worden, um den rätselhaften Code des Barometers zu entschlüsseln, doch vergebens. Voller Zorn über diese Schwierigkeiten beklagte John Frederic Daniell in seinen *Meteorological Essays* (1823), manch einer sei in seiner Verzweiflung sogar so weit gegangen, Newtons Gesetze der Physik aufzugeben, um das Rätsel zu lösen. Über eine der jüngsten Theorien konnte Daniell nur lachen: dass nämlich die mächtige Kraft des horizontalen Windes die nach unten wirkende Kraft des Luftdrucks störe – ihn gleichsam von den Füßen hole wie einen alten Mann auf einem windigen Landungssteg.

Mit Gespür für eine Marktlücke hatten manche Barometerhersteller begonnen, ihre Instrumente mit Listen auszustatten, die Hinweise zum Gebrauch enthielten – Codebücher, um die Zeichen der Atmosphäre zu entschlüsseln. Als eine Art Vorläufer der im 20. Jahrhundert eingeführten Gebrauchsanweisungen rieten diese Codebücher den Benutzern, Tabellen mit einer Aufstellung von Signalen und der betreffenden geografischen Position anzulegen. So enthielt das erwähnte Buch von Dennis einen ausführlichen Abschnitt über den Gebrauch des Barometers auf See:

Im Winter, Frühling und Herbst zeigt ein plötzliches Fallen der Quecksilbersäule, um sagen wir drei Zehntel eines Zolls, stets starke Winde und Sturm an, im Sommer hingegen kräftige Schauer und Gewitter. Unfehlbar fällt es am tiefsten, wenn starke Winde herrschen, die aber nicht von Regen begleitet sind: Es fällt stets mehr, wenn Wind und Regen in Verbindung auftreten als bei nur einem von beiden. Und wenn, an irgendeinem Ort der nördlichen oder südlichen Hemisphäre, nach gemeinsam aufgetretenem starkem Wind und Regen, die Windrichtung wechselt, begleitet von klarem und trockenem Himmel, und das Quecksilber gleichzeitig steigt, so ist das ein sicheres Anzeichen für schönes Wetter.[31]

Präzise Messungen vorzunehmen, war unverzichtbar, um ein guter Seemann zu sein. Bei all seinem Mut und Erfolg wurde Weddell für seine schludrige Art der Buchführung kritisiert. Zehn Tage vor Erreichen des südlichsten Punkts auf seiner Odyssee durch die Arktis zerbrach ihm sein Thermometer, und da er über keinen Ersatz verfügte, stellte er seine Messungen ganz ein, ein Umstand, den er später bedauerte: »Mir war wohl bewusst, dass das Anstellen wissenschaftlicher Beobachtungen in diesem wenig bekannten Teil des Globus eine sehr wünschenswerte Sache war, und umso mehr bedauerte ich, mit Instrumenten, mit denen für Entdeckungen ausgerüstete Schiffe im Allgemeinen versehen sind, nicht besser versorgt zu sein.«[32] Solche Reisen konnten viele Tausend Pfund kosten und waren oft mit jahrelanger Arbeit verbunden. Der Verlust aufgezeichneter Daten etwa bei einem Schiffbruch war eine ständige Gefahr. Als Weddell 1823 auf den Falklandinseln überwintert hatte, war er dort dem französischen Wissenschaftsabenteurer Commodore Freycinet begegnet, dessen Schiff in einer Bucht auf einen Felsen aufgelaufen und zerschellt war. Freycinet befand sich auf der Heimfahrt von einer

»Forschungsreise beinahe rund um die Welt, auf die er nahezu drei Jahre verwendet hatte«. Und obgleich es Freycinet gelungen war, seine Leute und die meisten seiner Papiere und Proben zu retten, galt sein Schiffbruch anderen als Warnung.

Es gab in der Natur noch weitere Zeichen, deren Studium lohnenswert war. Im Jahr 1827 veröffentlichte Thomas Forster seine *Pocket Encyclopedia*, die vollgestopft war mit Wetterzeichen. Forster zufolge kündigte sich Regen an durch Schmerzen im menschlichen Körper oder Zahnweh, durch Ameisen, die mit Eiern beladen über ihren Haufen wimmelten, durch das Schreien von Eseln auf dem Feld, das Herumhüpfen von Vieh und durch flackerndes Kerzenlicht. Schönes Wetter kündeten hoch fliegende Lerchen an. Gewitter standen bevor, wenn die Milch plötzlich sauer wurde. Ein Ostwind rief bei nervösen Menschen »Kopfschmerzen und wilde Träume« hervor, wenn sich allerdings, wie Forster besonders eindrücklich hervorhob, »an einem Regentag ein Stück blauen Himmels zeigt, das groß genug ist, um, wie das Sprichwort sagt, ›einem Holländer daraus ein Paar Hosen zu machen‹, dann werden wir vermutlich einen schönen Nachmittag haben«.[33]

Im Jahr 1829 wurde im *Quarterly Journal of Science, Literature and Art* eine weitere Nachricht gemeldet, zu spät, um in Forsters Sammlung aufgenommen zu werden:

Im Posthaus zu Schwetzingen wurden wir zum ersten Mal Zeuge einer amüsanten Anwendung zoologischen Wissens zum Zwecke der Prognostizierung des Wetters, wie wir dergleichen inzwischen mehrfach gesehen haben. Zwei Frösche der Art *Rana arborea* werden in einem Glasbehälter gehalten, der ungefähr achtzehn Zoll in der Höhe und sechs Zoll im Durchmesser misst, mit drei bis vier Zoll Wasser am Boden des Gefäßes und einer kleinen Leiter, die bis zum oberen Rand reicht. Naht schönes Wetter, so klettern die Frösche auf der Leiter nach oben, doch wenn schlechtes Wetter erwartet wird, steigen sie ins Wasser hinab. Diese Tiere sind leuchtend grün, in der freien Natur klettern sie hier auf Bäume, um nach Insekten zu jagen, und bevor es regnet, geben sie ein besonderes singendes Geräusch von sich.[34]

Manche mochten es amüsant finden, dass ein Frosch in einem Glas oder ein Hereford-Bulle auf dem Feld eines Bauern eher wusste, wann ein Sturm aufzog, als ein Gelehrter mit allen verfügbaren Instrumenten in seinem Stadthaus, anderen war es peinlich. Saussure schrieb: »Es ist demütigend für jene, die sich viel damit beschäftigt haben, die Wissenschaft der Meteorologie zu kultivieren, wenn sie sehen müssen, wie ein Landwirt oder ein Fährmann, der weder über Instrumente noch über eine Theorie verfügt, die künftigen Änderungen des Wetters, viele Tage bevor sie sich ereignen, mit einer Präzision vorhersagen kann, die der Gelehrte, selbst mit der Hilfe aller Mittel der Wissenschaft, nicht zu erreichen vermag.«[35]

Gleichsam als wollte er die anhaltende Beliebtheit von Spruchweisheiten über das Wetter unterstreichen, hatte der Londoner Verlag Hurst and Chance 1827 ein altes Buch mit barockem Titel neu herausgebracht: *The Shepherd of Banbury's Rules – to judge the Changes of Weather, Grounded on Forty Years' Experience; By which you may know The Weather for several Days to come, and in some Cases for Months* (Die Regeln des Schäfers von Banbury: um die Änderungen des Wetters zu beurteilen, gegründet auf vierzig Jahre Erfahrung; womit Sie im Voraus wissen können, wie das Wetter in den nächsten Tagen wird und in manchen Fällen auf Monate hinaus) von John Claridge. Seit seiner Erstveröffentlichung im Jahr 1670 war das Buch zu einem beliebten Nachschlagewerk für die Wetterprognose geworden. In den 1740er-Jahren war eine geistreiche Einleitung hinzugefügt worden, vermutlich von einem Mann namens John Campbell, in der dem Werk ein berechtigter Platz neben den wissenschaftlichen Abhandlungen zu diesem Thema eingeräumt wurde.

> Dem Schäfer, dessen alleinige Beschäftigung darin besteht, alles zu beobachten, was die Herde unter seiner Obhut angeht, der all seine Tage und viele seiner Nächte im Freien unter dem weiten Himmelszelt verbringt, obliegt es, besondere Notiz zu nehmen von den Veränderungen des Wetters, und hat er einmal Gefallen daran gefunden, solche Beobachtungen anzustellen, ist der Fortschritt, den er dabei macht, ganz erstaunlich, und ebenso, wie groß die Gewissheit ist, die er darin erreicht, indem er bloß die Zeichen und Ereignisse vergleicht und, was er bemerkt, durch ferneres Aufmerken berichtigt. So wird ihm mit der Zeit jedes Ding zu einer Art Wetter-Maß. Die Sonne, der Mond, die Sterne, die Wolken, die Winde, die Nebel, die Bäume, die Blumen, die Kräuter und beinahe jedes Tier, das er kennt. Sie alle, meine ich, werden einer solchen Person zu Instrumenten wirklichen Wissens.[36]

Dieses Wissen wurde in Form von rund dreißig Wettermaximen von unterschiedlicher Komplexität dargelegt, die alle aus jahrelanger Erfahrung auf den Weiden Oxfordshires abgeleitet waren.

> Sonnenaufgang feurig rot – Wind und Regen
> Wolken wie Felsen und Türme – Starke Schauer
> Wolken klein und rund wie bei einem Apfelschimmel, bei Nordwind – Schönes Wetter für 2 bis 3 Tage
> Nebel. Steigen sie aus einer Senke auf und verschwinden bald – Schönes Wetter

Campbell vertrat die Ansicht, es sei falsch, zwischen wissenschaftlicher Forschung und der Lebensweisheit von Schäfern wie Claridge zu trennen. »Menschen, die ihr Wissen ganz und gar aus der Erfahrung schöpfen, neigen dazu, gering zu schätzen, was sie Bücherwissen nennen, während Menschen von großer Belesenheit dazu neigen, auf einen weniger entschuldbaren Fehler zu verfallen, nämlich das Wissen der Worte für das Wissen der Dinge zu halten.« Ein durchaus stichhaltiges Argument, das den Gegensatz zwischen dem Gelehrten in seiner Studierstube und dem Beobachter – dem Seemann, Schäfer oder Pflüger, der die Welt unmittelbar beobachtet – auf den Punkt brachte. FitzRoy auf der *HMS Beagle* war eine Kombination aus beiden Archetypen. In Rottingdean, Harrow und Portsmouth war er zur Schule gegangen, und studiert hatte er auf den Wogen der Weltmeere. Er war ein Gelehrter, beherrschte aber auch die praktische Wetterkunde und die Fähigkeit, aus seiner Umwelt Schlüsse zu ziehen.

Im Juli hatte FitzRoy seine Erfassung der Magellanstraße abgeschlossen. Er segelte gen Westen in den Pazifik und dann nach Norden, an der zerklüfteten Küste Südamerikas entlang, um sich in San Carlos auf der Insel Chiloé mit Kapitän King zu treffen. Auf Chiloé wurde die *Beagle* überholt, die Vorräte aufgefüllt und ein Ersatz für das Walboot gebaut.

Am 18. November 1829 erhielt FitzRoy seine neue Order von King. Sein Auftrag war nun, die Südküste Feuerlands kartografisch zu erfassen, beginnend an der westlichen Einfahrt in die Magellanstraße und weiter an der Spitze Südamerikas entlang bis um Kap Hoorn herum, um schließlich an der Ostküste hinauf nach Montevideo zurückzukehren. King erklärte FitzRoy, er selbst plane, am 1. Juni des kommenden Jahres in Rio zu sein. Bis dahin war FitzRoy auf sich gestellt, nahezu sieben Monate lang. Am nächsten Tag segelte die *Beagle* ab.

Die Aufgabe war anspruchsvoll. Die windumtoste Westküste Feuerlands barg noch größere Gefahren als die Magellanstraße. Dort war man immerhin vor den von See kommenden Winden halbwegs geschützt, an der zerklüfteten Küste hingegen wurden Schiffe die ganze Zeit von kalten Pazifikwinden durchgeschüttelt. Das Wetter in diesem Teil Südamerikas hatte FitzRoys Vorgänger als Kommandant der *Beagle*, Kapitän Pringle Stokes, in die Verzweiflung getrieben.

Stokes, ein guter Offizier und talentierter Navigator, hatte 1828 unter den Unbilden dieser rauen Welt gelitten. Körperlich und seelisch mehr und mehr davon zerrüttet, hatte Stokes den eigenen Niedergang in seinem Tagebuch protokolliert. Die Schrecken der Westküste Feuerlands und der Magellanstraße schilderte er in lebhaften Bildern. Er sah Strände, die mit Skeletten von Walen übersät waren, Albatrosse, die durch die Luft gewirbelt wurden, und Küsten, gegen die »die furchtbare Brandung eines grenzenlosen Ozeans von kaum je nachlassenden Westwinden gepeitscht wurde«. Wochen- und monatelang ertrug Stokes das Wetter mit stoischer Gleichmut und gelangte zunehmend an die Grenzen seiner psychischen Belastbarkeit. In seinem Innern wurde es immer düsterer. Ihm graute vor den Schneestürmen am Morgen, wenn Graupel und Hagelkörner die *Beagle* mit einer Eisdecke überzogen, »ungefähr so dick wie eine Dollarmünze«.[37]

Anfang Juni 1828 war Stokes mit der Erfassung des Golfo de Penas beschäftigt – dem »Golf der Leiden«. »Nichts könnte schrecklicher sein als der Anblick, der sich uns hier bietet«, schrieb er. Die Atmosphäre schien auf eine grauenhaft höhnische Art geradezu greifbar: »Die erhabenen, düsteren, öden Höhen, welche die ungastlichen Küsten dieses Meeresarmes umgeben, waren selbst an ihren unteren Hängen von dichten Wolken verhüllt, gegen die die heftigen Böen, die uns bestürmten, anprallten … Sie schienen so unbeweglich wie die Berge, an denen sie lagerten.«[38]

Es war ein Ort, so schloss Stokes, an dem »die Seele des Menschen in ihm erstirbt«. Derweil litten seine Männer an Lungenbeschwerden, trockenem Husten und keuchender Atmung. Stokes war all dem nicht mehr gewachsen. Mitte Juni schloss er sich in seiner Kabine ein und weigerte sich, herauszukommen. Als sie sechs Wochen später nach Port Famine zurückgekehrt waren, schoss er sich mit einer Taschenpistole in den Kopf. Elf Tage später war er tot.

Kapitän King hatte seinerzeit geschrieben:

> So hat ein tüchtiger, intelligenter und überaus tatkräftiger Offizier in der Blüte seines Lebens sein schockierendes und allzu frühes Ende gefunden. Die harten Strapazen der Seereise, das entsetzliche Wetter, das sie erlebten, und die Gefahren, denen sie ständig ausgesetzt waren, verursachten, wie ich mir später habe berichten lassen, eine sehr große Besorgnis in seinem leicht erregbaren Geist ...[39]

Als Nachfolger von Stokes sah sich FitzRoy bald schon mit den gleichen Herausforderungen, der gleichen feindseligen Landschaft und dem gleichen Wetter konfrontiert. Bei Kap Pillar am westlichen Eingang der Magellanstraße erlebte FitzRoy »düstere Tage mit viel Wind und Regen« und Böen, die mit großer Wucht von den Bergen herabwehten.[40] Die Küste, befand er, zeige »einen gefährlichen Charakter«. Weihnachten lag das Schiff, um vor den Nordwestwinden geschützt zu sein, in einer vom Wetter mitgenommenen Bucht, die FitzRoy Latitude Bay (Breitengrad-Bucht, aber auch: Bucht der Freiheit) nannte. Diese ersten Erfahrungen wurden in den folgenden Monaten zur Richtschnur für FitzRoy, der all sein Können brauchte, um die *Beagle* durch Stürme zu navigieren, die sie ständig gegen die Küste zu werfen drohten. Nur an klaren Tagen konnte er Messungen vornehmen oder mit dem

Boot Landpartien durchführen. Die meiste Zeit saß die Mannschaft an Bord fest, schlug sich mit räuberischen Indios herum oder schaute den »Scharen von Pinguinen« und den schwalbenartigen Vögeln zu, wie sie flach über dem Meer dahinjagten oder durch die Luft gewirbelt wurden.

Das schlechte Wetter hielt sich bis März: »regnerisch und windig«. Inzwischen hatte die *Beagle* die Südspitze des Kontinents erreicht. Sie hatten die beeindruckenden Umrisse von York Minster gesehen: »ein schwarzer, unregelmäßig geformter Felsen von achthundert Fuß Höhe«, der wie ein Schneidezahn beinahe senkrecht aus dem Meer aufragte. Den Namen hatte ihm James Cook bei seiner Weltumseglung ein halbes Jahrhundert zuvor gegeben, in Erinnerung an die Kathedrale in seiner Heimatregion. Gegen Ende des Monats passierten sie die im äußersten Süden des Kontinents gelegenen Inseln, und noch immer wehte der Wind kalt und frisch. »Aufgrund der Jahreszeit, der Anzeigen des Sympiesometers und der Phänomene des Wetters«, notierte FitzRoy am 25. März, »erwarte ich keine Besserung vor dem Ende des Monats.«[41]

Vielleicht hatte FitzRoy einen sechsten Sinn für die Atmosphäre entwickelt oder in seinem meteorologischen Tagebuch eine Tendenz festgestellt, denn wie sich herausstellte, lag er mit seiner Ahnung richtig. Ende März, als FitzRoy die *Beagle* in die Orange Bay – »ein großer, geräumiger Platz mit ebenem Grund« – steuerte, wurde das Wetter tatsächlich besser. Nahezu fünf Monate waren sie ununterbrochen auf See gewesen, viele der Männer waren erkältet oder hatten rheumatische Beschwerden, und so hielt Fitz-Roy den Zeitpunkt für gekommen, eine Rast einzulegen. Aber nicht nur für die Männer kam die Ruhepause zur rechten Zeit, sondern, so überlegte er, sie war auch aus Vorsicht geboten, denn sein Barometer wie auch sein Sympiesometer zeigten einen ungewöhnlich niedrigen Stand. Angesichts des Pampero vom Vorjahr, der ihm noch in lebhafter Erinnerung war, schien FitzRoy das Risiko zu groß, erneut in einen Sturm zu segeln.

Zu seinem Erstaunen blieb der Sturm jedoch aus. Ungeachtet des Barometerstandes war das Wetter so beständig wie nie in den zurückliegenden Monaten. Die Schönwetterperiode hielt auch am nächsten und übernächsten Tag an, was überhaupt nicht den niedrigen Luftdruckwerten entsprach, die FitzRoy ablas. Am 5. April erörterte er den Widerspruch in aller Offenheit: »Zwei weitere Tage bei sehr niedrigem Glas haben mein Vertrauen in die Verlässlichkeit des Barometers und Sympiesometers erschüttert.« Inzwischen zeigten sie die ungewöhnlich niedrigen Werte 28,94″ und 28,54″ an.[42]

Das sonderbare Wetter hielt bis Mitte des Monats an. Jeder Versuch, loszusegeln, scheiterte am mangelnden Wind, ein Problem, das am Kap Hoorn so absurd war, wie in der Sahara nicht genug Sand zu haben. Am 17. April schließlich gelang es Fitz-Roy, die *Beagle* aufs offene Meer zu steuern. Er passierte die kleine Felsnase, die den südlichsten Punkt des Kontinents markiert, und umrundete Kap Spencer in so dichtem Nebel, dass er es fälschlich schon für Kap Hoorn hielt; der untere Teil des Felsens, so schrieb er, sah aus »wie der Kopf eines Nashorns mit zwei Hörnern«.

Als er am Fuße Südamerikas vor Anker gegangen war und das Wetter freundlich blieb, entschloss sich FitzRoy zu einer mutigen Expedition mit dem Walboot zur Insel Hoorn. Sir Francis Drake hatte behauptet, auf seiner Weltumsegelung 1577 dort gelandet zu sein, aber das war vielleicht nur Angeberei gewesen. Auf jeden Fall hatten seitdem nicht viele Menschen die Insel betreten. Am 18. April führte FitzRoy eine Erkundungsfahrt durch. »Viele Plätze wurden entdeckt, an denen sich ein Boot an Land ziehen ließ«, stellte er fest. Auch schien es möglich, Instrumente zum Gipfel hinaufzubringen. Am Morgen des 19. April teilte FitzRoy folglich eine Gruppe Männer ein, die auf der Insel landen und eine Reihe von Messungen für die Erfassung komplettieren sollte. Gegen Mittag des folgenden Tages legten sie ab. An Bord hatten sie Proviant für fünf Tage, ein Chronometer, um die geografische Länge zu bestimmen, und eine Reihe weiterer meteorologischer Instrumente. Sie landeten vor Anbruch der Dämmerung am Nordostufer der Insel, zogen das Boot sicher an Land und, wie FitzRoy mit einem Anflug von Triumph vermerkte, »richteten uns für die Nacht auf der Insel Hoorn ein«.[43]

In der Stille der Nacht schweiften die Blicke FitzRoys und seiner Männer über einen Abschnitt des Meeres, der unter Seeleuten berüchtigt war. An dieser Stelle, bei 56° südlicher Breite, krachten die Wogen des Atlantischen und des Pazifischen Ozeans mit unglaublicher Wucht ineinander. Bei Kap Hoorn tobten Westwinde, die von keiner Landmasse aufgehalten wurden, und trafen auf Stürme, die von den Anden herab Richtung Süden tobten. Was die Sache noch verschlimmerte, war die starke Dünung, die entstand, weil der Wind die seichten Gewässer um Kap Hoorn aufpeitschte – sie vor allem war Gift für die Schifffahrt. Im Sturm verwandelte sich das Kap in einen monochromen Albtraum aus Gischt und Wirbeln. Wer es von Osten her umschiffen wollte, bekam es mit hundert Gefahren gleichzeitig zu tun, Wellen, Felsen und Winden, die ein Segel entzweizureißen vermochten. Auf seiner Fahrt in die Antarktis war Weddell einem amerikanischen Schiffsführer begegnet, der 1814 versucht hatte, die Route zu nehmen. Der Amerikaner warnte Weddell: »So kurz unsere Reise auch gewesen sein mag, waren unsere Leiden doch so groß, dass ich allen mit Ziel Pazifik nur raten kann, nicht um Kap Hoorn zu segeln, wenn sie auf irgendeiner anderen Route dorthin gelangen können.«[44]

Weddell hatte erklärt, die Zeit zwischen Mitte Februar und Ende Mai sei am schlechtesten geeignet, eine Umrundung des Kaps zu versuchen. Doch nun, am 19. April, kampierte FitzRoy in relativer Ruhe auf Hoorn. Es war geradezu unheimlich ruhig. Bei Tagesanbruch begann seine Abteilung den Aufstieg zum Gipfel bei schönem, klarem Wetter. Als die Sonne ihren Meridian erreichte, ließ er halten, um eine Reihe von Winkelmessungen vorzunehmen. Dann stiegen sie weiter und waren binnen Kurzem auf dem Gipfel. Von dort blickte FitzRoy auf das berüchtigte Gewässer, das reglos vor ihm lag wie eine eingeschläferte Bestie. Am Horizont konnte er die mehr als hundert Kilometer entfernten Diego-Ramírez-Inseln sehen. Am Mittag führte er weitere Messungen durch: »Eine Serie von Winkelmessungen, zur Abwechslung Kompasspeilungen und nachmittags gute Sicht zur Bestimmung der Zeit machten unseren Erfolg vollkommen.« Daraufhin wandte FitzRoy seine Aufmerksamkeit der Errichtung eines Erinnerungszeichens für ihren Aufenthalt zu – ein zweieinhalb Meter hoher Turm aus Steinen. Als er aufgerichtet war, scharten sich die Männer um den Union Jack, tranken auf das Wohl ihres Königs George IV. und ließen ein dreifaches Hurra erschallen.

Für FitzRoy war es ein Triumph. Mit Mut und Seemannskunst hatte er die *Beagle* und seine Männer bis an die Spitze von Südamerika gebracht. Und dort, auf dem windumtosten Kap Hoorn, war es ihm gelungen, Beobachtungen mit der gleichen Leichtigkeit und Präzision auszuführen wie ein Cambridge-Professor in seiner Studierstube.

Die folgenden Tage verbrachte FitzRoy wieder auf dem Festland und versuchte dort, einen Hügel namens Cater Peak in der Nähe zu besteigen. Am 25. April erklomm er den Gipfel, fand dort jedoch »so dichten Dunst vor, dass kein Objekt in der Ferne auszumachen war«. Vor unserem geistigen Auge erscheint uns FitzRoy mit seinen Instrumenten wie eine leibhaftige Verkörperung von Caspar David Friedrichs *Wanderer über dem Nebelmeer*.

Friedrichs Ölgemälde von 1818 zeigt einen aufgeklärten Mann auf dem Gipfel einer felsigen Anhöhe, von der aus er eine in Nebel gehüllte Landschaft überblickt. Das Bild stellt den Aufstieg des Menschen dar. Die Gestalt ist weder erschöpft von der Wanderung, noch ist sie überwältigt oder eingeschüchtert von dem Anblick vor ihr. Sie ist Herr der Lage. Man versetze Friedrichs Wanderer aus den Alpen nach Feuerland, verwandle den schneebedeckten Gipfel in der Ferne in den Monte Sarmiento, verwandle den Stab, den der Wanderer in der Hand hält, in ein Sympiesometer: Dann steht da kein anonymer *Wanderer*, sondern Robert FitzRoy, wie er am 25. April 1830 am Ende der Welt herausfordernd auf die Wolken zu seinen Füßen schaut.

Achtzehn Monate später studierte Kapitän Francis Beaufort in den Räumen der Admiralität in Whitehall FitzRoys Karten von Feuerland. Die imposanten Gebäude, das Getrappel der Pferde und das Rattern der Kutschen, die Politiker, emsigen Beamten und Zeitungsjungen Londons passten überhaupt nicht zu der weit entfernten Welt auf der fein säuberlich gezeichneten Karte, die Beaufort in seinem Büro in Augenschein nahm.

Beaufort war inzwischen auf höchster Regierungsebene eine angesehene Persönlichkeit und amtierte seit zwei Jahren als Hydrograf der Royal Navy. Er genoss Respekt und verfügte über gute Beziehungen. Zu seinen Freunden zählten die Arktis-Erforscher John Franklin, George Francis Lyon und James Clark Ross, der Meeresforscher James Rennell, der Mathematiker Charles Babbage und der Ingenieur Davies Gilbert. Auf Einladung der Royal Society hatte er in den vergangenen Monaten als Mitglied eines Führungskomitees an der Überarbeitung ihrer Satzung mitgewirkt. Seit sieben Jahren saß er außerdem im Rat der Royal Astronomical Society. Und er war, neben talentierten Männern wie Humphry Davy und J. M. W. Turner, auch Gründungsmitglied des ultramondänen Athenaeum Club in Pall Mall, eines Refugiums der wissenschaftlichen, literarischen und künstlerischen

Elite. Endlich war er zu dem geworden, der er immer zu sein gehofft hatte.

Beauforts sozialer und beruflicher Aufstieg hatte mit der Publikation seiner Karten der Küste Kleinasiens begonnen. Mit penibler Sorgfalt und Akkuratesse hatte er alle zwölf gezeichnet und als Beigaben vierundzwanzig Pläne und sechsundzwanzig Ansichten hinzugefügt; sie galten bald als Perlen der Zeichenkunst. An diesen Erfolg knüpfte Beaufort 1817 mit einer beschreibenden Darstellung seiner Reise an, die den Titel *Karamania* trug. Mit ihrer fantasievollen Mischung aus Reisebericht und geologischen sowie archäologischen Einzelheiten traf sie ganz den Geschmack der Regency-Elite für alles Antiquarische. Als das Werk erschien, schickte Beaufort ein Exemplar nach Edgeworthstown, um das Urteil seines alten Freundes zu erfahren. Am 17. Mai 1817 kam die Antwort von Edgeworth.

> Mein lieber Francis,
> wie demütigend hätte ich es empfunden, wäre ich von *Karamania* enttäuscht worden. Hätte ich mich bemüßigt gefühlt zu tadeln oder hätte schweigen müssen – aber ganz im Gegenteil habe ich es mit Vergnügen & großer Sorgfalt durchgelesen … Ich meine, das Buch ist in einem guten & angemessenen Stil geschrieben, frei von Übertreibung, frei von überflüssigem Zierrat & von jeglicher Prätention.[45]

Aus der Feder Edgeworths, der viele Jahre hindurch die literarischen Werke seiner Tochter Maria als Ratgeber begleitet und die Verse eines Erasmus Darwin kritisiert hatte, war das reines Lob. Und es war ein Abschiedsgruß, denn weniger als einen Monat danach, am 13. Juni, starb Edgeworth auf dem Anwesen seiner Familie. Die Nachricht erreichte Beaufort kurz darauf und ließ ihn um »meinen engsten und besorgtesten Freund« trauern. Seiner

Schwester Fanny, die Edgeworth als Witwe zurückließ, gestand er: »Was für eine Verbesserung mein Verstand auch erfahren haben mag, sie muss allein dem Einfluss zugeschrieben werden, den er darauf gehabt hat. Er war es, der mich lehrte, dass wahre Bildung mit der Entschlossenheit beginnt, sich zu verbessern, und von all meinen Freunden war es er allein, der versucht hat, mich zu dieser Entschlossenheit aufzustacheln und sie aufrechtzuerhalten.«[46]

Karamania jedenfalls begründete Beauforts Ruhm. Sir John Barrow beschrieb es später als »ein Buch, das jedem seiner Art in gleich welcher Sprache überlegen ist, und eines, das die Feuerprobe der Kritik bei jeder Nation Europas mit Bravour bestanden hat«.[47] Von da an bewegte sich Beaufort in Kreisen von stetig zunehmendem Einfluss.

Die volle Anerkennung allerdings wurde ihm erst allmählich zuteil. Er musste darauf warten, bis Lord Melville ihm im Mai 1829 den Posten des Hydrografen anbot. Dafür erhielt er 500 Pfund jährlich und ein Büro am Somerset Place an der Themse. Am 12. Mai schrieb er: »Besitz genommen von meinem neuen Hydrografen-Zimmer. Möge das der Anfang sein einer neuen Ära eifriger und strebsamer Anstrengung, meine Pflicht mit Aufrichtigkeit, Unvoreingenommenheit und Höflichkeit zu tun … nicht aus weltlichen Motiven, sondern aus einem Gefühl der weit größeren Verpflichtung heraus, die ich der Vorsehung schulde, welche mich an diesen Ort berufen hat.«[48]

Beauforts Hydrografisches Amt war das Pendant zur NASA im 19. Jahrhundert. Im Auftrag der reichsten und mächtigsten Nation auf der Erde führte er Erkundungen an der äußersten Grenze des den Menschen Bekannten durch. Doch anstatt seine Blicke auf den Weltraum zu richten, organisierte Beaufort Reisen in pulsierende, greifbare Welten, die vor Leben sprühten. Mit beträchtlicher persönlicher Autorität leitete Beaufort von seinen Amtsstuben in Charing Cross aus eine Erkundung der gesamten Welt.

Vom ersten Tag auf seinem neuen Posten an vermittelte er dem Hydrografischen Amt eine ungeahnte Zielstrebigkeit. Die Schriftstellerin und Journalistin Harriet Martineau hat beschrieben, wie er das Amt von einem verschlafenen Kartenlager, einem »kleinen, freudlosen, abgelegenen Ort«, in ein Treibhaus der Ideen und des Tatendrangs verwandelte. Martineau hob Beauforts »wunderbare« Ausdauer hervor: »Ein Vierteljahrhundert lang konnte man ihn Tag für Tag beobachten, wie er die Admiralität beim Glockenschlag betrat, und für die nächsten acht Stunden arbeitete er dann auf eine Weise, die nur wenige Menschen je verstehen werden.«[49] Aus Prinzip brachte er für seine Privatkorrespondenz sein eigenes Schreibpapier und seine eigenen Federkiele mit. Und in seiner Freizeit war er nicht minder produktiv. Jeden Morgen stand er um fünf Uhr auf und verbrachte eine Stunde oder mehr damit, unentgeltlich für die Society for the Diffusion of Useful Knowledge (SDUK; Gesellschaft zur Verbreitung nützlichen Wissens) zu arbeiten, ehe seine Arbeit im Amt begann. Geleitet von der Idee, eine Serie erschwinglicher und zugleich hochwertiger Karten für das breite Publikum zu schaffen, strebte er Tag für Tag, jahrein, jahraus, dieses Ziel zu erreichen. So wurden Beauforts SDUK-Karten zu den am weitesten verbreiteten Karten seiner Zeit; mehr als hundert davon waren schließlich für Sixpence das Stück erhältlich.

Beaufort traf FitzRoy nach dessen Rückkehr aus Feuerland im Herbst 1830. Beide mochten sich auf Anhieb. FitzRoy schätzte den Hydrografen als tüchtigen und erprobten Mann, einen Zeitgenossen Nelsons und einen der letzten Überlebenden jener Männer, die am Glorreichen 1. Juni teilgenommen hatten. Außerdem lag ein gewisser Glanz auf Beauforts Karriere, deren pikareske Episoden gut in einen Roman von Tobias Smollett gepasst hätten. Beaufort selbst räumte ein, dass die Erinnerungen an seine aktive Marinezeit für ihn »eine Art Lieblingsroman« waren.[50]

Beaufort wiederum erkannte in FitzRoy dessen Können und Potenzial. FitzRoys Vermessungsarbeiten beeindruckten ihn. Der South American Survey, so schrieb er an einen seiner Vorgesetzten in der Admiralität, »wird künftig als eine Leistung anerkannt werden, die dem Land und den Offizieren, die daran beteiligt waren, Ehre macht«. Schon bald wurden neue Pläne geschmiedet. Beaufort wusste, dass FitzRoy daran gelegen war, nach Feuerland zurückzukehren, um drei Indios, die bei den Scharmützeln mit räuberischen Einwohnern gefangen genommen worden waren, wieder in ihre Heimat zu entlassen. Er hatte dies zunächst als seine Privatangelegenheit angesehen, doch nach Gesprächen mit Beaufort wurde ein anderes Vorhaben daraus: Im Laufe des Sommers entstand der Plan für einen weiteren South American Survey.

Auf einmal war aus einer sechsmonatigen Seereise eine Weltumsegelung geworden, die mehrere Jahre in Anspruch nehmen würde. Da FitzRoy ungern über einen so langen Zeitraum hinweg intellektuell abgeschnitten sein wollte, bat er Beaufort, einen kultivierten Reisebegleiter für ihn zu finden. Der naheliegende Kandidat für diese Rolle war ein junger Naturkundler, der als Begleiter für FitzRoy eine ähnliche Funktion übernehmen würde wie seinerzeit Joseph Banks auf Cooks Reise mit der *Endeavour*. Beaufort schrieb daraufhin einem Freund an der Universität Cambridge, Professor Henslow, und bot ihm den Posten an. Henslow jedoch war zu beschäftigt und gab den Brief an seinen Kollegen George Peacock weiter, auch er Professor. Und Peacock leitete die Information über Beauforts Suche an einen kürzlich graduierten Studenten der Theologie und talentierten Botaniker weiter: Charles Darwin. Mit gerade einmal zweiundzwanzig Jahren war Darwin ein vielversprechendes Talent. Charles, ein Enkel des berühmten Erasmus Darwin, war für seine »fröhliche Begeisterung« und seine Leidenschaft für Käfer bekannt. »Entomologie, Reiten, Vogeljagd im Moor, Abendessen, Kartenspielen und Musik bei Kings« – darum hatte sich Darwins Leben in den vergangenen drei Jahren gedreht. Obgleich von ganz anderem Charakter als Robert FitzRoy, schien er doch ein denkbarer Partner für den Seefahrer.[51]

Die Nachricht von Beauforts Angebot erreichte Darwin Ende August, und nach einigem Überlegen nahm er an. Am 1. September 1831 schrieb er Beaufort in London: »Falls die Stelle nicht schon besetzt ist, so würde ich mich glücklich schätzen, die Ehre zu haben, sie anzunehmen.« Beaufort meldete die Zusage an Fitz-Roy weiter:

> Ich glaube, meinem Freund Peacock vom Triny College Cambe ist es gelungen, einen »Savant« für Sie zu finden – ein Mr Darwin Enkel des bekannten Philosophen und Dichters – voller Eifer und Unternehmungslust und hat selbst schon eine Reise nach S. Amerika erwogen. Sagen Sie mir, was Sie von der Idee halten, damit ich das weiterverfolgen kann oder rechtzeitig zurückziehe.[52]

Die intellektuelle Partnervermittlung wurde mit einem Dinner von FitzRoy und Darwin in London zum erfolgreichen Abschluss gebracht. »Alles war bald arrangiert«, schrieb Darwin später. Obgleich: »Später allerdings hörte ich, dass ich um ein Haar zurückgewiesen worden wäre, und zwar wegen der Form meiner Nase! [FitzRoy] war ein glühender Anhänger Lavaters und überzeugt, den Charakter eines Menschen nach dessen Zügen beurteilen zu können, und er hatte Zweifel, ob jemand mit meiner Nase wohl über genügend Kraft und Entschlossenheit für die Reise verfügen könne. Aber ich denke, hinterher war er ganz zufrieden, dass meine Nase gelogen hatte.«

In späteren Jahren lachte Darwin darüber, dass der Verlauf seines Lebens von »einer solchen Nichtigkeit wie der Form meiner

Nase« abgehangen hatte. Und er erinnerte sich an seine ersten Eindrücke von FitzRoy:

> Fitz-Roy war ein einzigartiger Charakter mit vielen edlen Zügen: Er war seiner Pflicht ergeben, großzügig bis zum Übermaß, kühn, entschlossen und von unermüdlicher Tatkraft und allen, die ihm anbefohlen waren, ein treuer Freund. Er nahm jegliche Mühe auf sich, um denen zu Hilfe zu kommen, von denen er annahm, dass sie ihrer bedurften.[53]

Am 24. Oktober war Darwin für die abschließenden Vorbereitungen in Plymouth zu FitzRoy gestoßen, während Beaufort in London die hydrografische Order aufsetzte. Beauforts Anweisungen waren für ihre Detailliertheit bekannt. Sie spiegelten sein mikroskopisches Wissen über den Verlauf ferner Küsten, Wasserstraßen und Strömungen wider. Er schrieb seine Anordnungen wie ein wohlmeinender Schulmeister und spornte seine Vermesser darin zu immer neuen Taten an: Ansichten der Küsten, Buchten und Ankerplätze sollten sie skizzieren, Peilungen der Tiefen und Untiefen vornehmen, die vorherrschenden Winde verzeichnen und in strittigen Fällen Längengrade feststellen. Am 15. November trafen seine Anweisungen in Plymouth ein. FitzRoy sollte die geografische Länge von Rio de Janeiro zweifelsfrei feststellen und geografische Lücken südlich des Río de la Plata schließen, insbesondere rund um Feuerland und um die Falklandinseln.

Noch etwas anderes war Beaufort aufgefallen. Die Tagebücher von King, Stokes und FitzRoy waren voll von Beschreibungen des Windes: »ein halber Sturm«, »ein wütender Sturm«. Was sollte das heißen? Mit welcher Geschwindigkeit wehte der Wind bei einem Pampero oder einem Williwaw? Von seinen eigenen Reisen nach Südamerika war Beaufort mit Pamperos vertraut, und nun schien ihm die Zeit gekommen, um sein eigenes Wettersystem in größerem Maßstab zu erproben. Seit Jahren schon benutzte er es in seinen eigenen Notizbüchern, hatte sich aber bislang nicht für dessen weiter gehenden Gebrauch starkgemacht.

Beaufort wies FitzRoy an, in meteorologischer Hinsicht sorgfältig Buch zu führen und dazu zweimal täglich den Stand des Barometers und die Temperatur abzulesen:

> Zu registrieren sind selbstverständlich der herrschende Wind und die Wetterlage, doch sollte dabei eine nachvollziehbare Skala zugrunde gelegt werden statt unklarer Begriffe wie »frisch«, »mäßig« etc., über deren Gebrauch keine Einigkeit herrscht; desgleichen sollte eine präzise Methode Verwendung finden, die Wetterlage zum Ausdruck zu bringen.[54]

Am Ende seiner Anweisungen fügte Beaufort seine Windskala an, die sich kaum von der unterschied, die er fünfundzwanzig Jahre zuvor in seinem Tagebuch notiert hatte. Sie gliederte die Windstärke in vier aufsteigenden Stufen, von 0 – *Flaute* bis 12 – *ein Hurrikan*. Um FitzRoy die Unterscheidung der einzelnen Teilstufen zu erleichtern, fügte Beaufort eine quantifizierte Orientierungshilfe hinzu. So entsprach dem Niveau 2 eine Geschwindigkeit von 1–2 Knoten. Niveau 6 war erreicht, wenn einfach gereffte Marssegel und Bramsegel aufgezogen wurden. Niveau 12 (ein Hurrikan) war eine Windstärke, »der keine Leinwand standzuhalten vermag«.

Im Dezember war die *Beagle* reisefertig. »Alles ist an Bord, & wir warten nur, bis der Wind dreht, & dann werden wir absegeln. – Heute Morgen gab es einen schweren Sturm aus jener unglückseligen Richtung SW«, schrieb Darwin am 7. Dezember. Die Stürme tobten fünf Tage lang. Am 10. Dezember jedoch riss der Himmel auf. »Entsprechend haben wir um 9 Uhr die Anker gelichtet & sind kurz nach 10 losgesegelt.« Alles verlief reibungslos, bis sie den Hafendamm umschifften und Darwins Leiden begannen.

> Ich wurde bald ziemlich krank & verblieb bis zum Abend in
> diesem Zustand, als ein schwerer Sturm aus SW aufzog, nachdem ihn das Barometer angezeigt hatte. Die See ging sehr hoch,
> & das Schiff holte über. – Ich litt schrecklich; nie hatte ich eine
> solche Nacht verbracht, überall nichts als Elend; ein solches
> Pfeifen des Windes & Brüllen der See, die heiseren Schreie der
> Offiziere & die Rufe der Männer gaben ein Konzert, das ich
> nicht so bald vergessen werde.[55]

Angesichts des Sturms ließ FitzRoy beidrehen und kehrte mit
der *Beagle* nach Plymouth zurück, um auf mehr Glück zu hoffen.
Doch das stürmische Wetter hielt wochenlang an, jeden Tag gab
es schwere und schwerste Stürme. FitzRoy saß in Plymouth fest
und konnte nichts tun, als zu warten, denn 1831 hatte man noch
keine Ahnung, wie und weshalb Stürme entstanden. Doch binnen
Kurzem sollten Stürme, die der Wissenschaft so lange Rätsel aufgegeben hatten, eingehender analysiert werden als je zuvor.

Morgen

Die blaue Dämmerung hat sich zu einem heiteren Morgen entwickelt. Ein paar Stunden nach Tagesanbruch ist der Tau der Nacht in die Atmosphäre verdampft und macht die Luft feucht. Mit dem Aufstieg der Sonne beginnt der Erdboden sich zu erwärmen. Energie wird in die Luft darüber abgestrahlt, und bald steigt eine Säule warmer Luft auf.

Nach den Gesetzen der Physik steigt warme, feuchte Luft in kühlere, trockenere Schichten der Atmosphäre auf: Atmosphärische Luft, die größtenteils aus Stickstoff- und Sauerstoffatomen besteht, wird leichter, sobald sie sich mit Wasserdampfmolekülen vermischt. Da Wasserdampf (H_2O) hauptsächlich aus Wasserstoff besteht, dem leichtesten aller Elemente, bedeutet das: Je feuchter ein Luftpaket ist, desto leichter ist es und desto schneller wird es aufsteigen. Das ist ein Grundprinzip der Wissenschaft von der Atmosphäre. Ein anderes ist, dass warme Luft eine geringere Dichte hat als kalte und deshalb ebenfalls aufsteigt. Man kann das zu Hause selbst beobachten, wenn man nach einer Dusche die Badezimmertür öffnet und spürt, wie oben die warme Luft entweicht, während unten kalte Luft hereinströmt.

An Tagen wie diesem können sich starke thermische Strömungen bilden. Aus der Wiese steigt die warme, feuchte Luft mit einer erstaunlichen Geschwindigkeit von bis zu zwei Metern pro Sekunde nach oben. Während sie für uns unsichtbar ist, vermag ein einsamer Bussard die Thermik zu lokalisieren, öffnet weit seine Schwingen und steigt in die Höhe.

Die Thermik steigt über der Wiese zur kühleren Luft auf. Die Temperatur sinkt dabei um 1 °C pro hundert Meter, das ist der sogenannte trockenadiabatische Temperaturgradient. Nach kurzer Zeit erreicht die Lufttemperatur einen kritischen Punkt: den Taupunkt. Wird er überschritten, beginnt der Wasserdampf zu kondensieren.

Dieser Vorgang ereignet sich auf mikroskopischer Ebene. Winzigste Spritzer kondensierten Wassers lagern sich an winzige Kondensationskerne an, deren Durchmesser oft nicht mehr als ein zehntausendstel Millimeter beträgt: Salzkörnchen, Staubpartikel, Ammoniumnitrat-Verbindungen. Sie alle haben das Potenzial, zum Kern eines Wolkentropfens zu werden. Ein Wasserdampfmolekül braucht mitunter Milliarden von Kollisionen mit einem Kondensationskern, um an ihm haften zu bleiben; meist prallt das Molekül von ihm ab. Doch allmählich lagern sich immer mehr Moleküle daran an. Bald hat sich ein Tropfen gebildet, sein Durchmesser beträgt ein hundertstel Millimeter. Weitere schließen sich an. Ein Kubikmeter Luft enthält bis zu hundert Millionen dieser Tröpfchen. Das ist der Anfang einer Cumuluswolke. An schönen Tagen wie diesem, bei einer leichten Brise, erzeugt die Thermik Cumuli wie am Fließband. Sie bilden sich alle in der gleichen Höhe, sodass ihre flachen Basen eine Taupunktlinie an den Himmel zeichnen.

Die Wolke hat ein kurzes Leben vor sich. Vielleicht nur fünf Minuten, vielleicht eine halbe Stunde. Die Wassertröpfchen sind schwer genug, um zu fallen (die durchschnittliche Cumuluswolke hat eine Größe von einem Kubikkilometer und wiegt, würde man sie komprimieren, mehr als 500 Tonnen, etwa so viel wie hundert afrikanische Elefanten), doch werden sie durch den Luftwiderstand und Aufwind steigender Luft in der Schwebe gehalten. So gleitet die Wolke auf einer Brise waagerecht durch die Atmosphäre und wirft dabei Schatten auf die Landschaft unter ihr.

Teil 2

ANZWEIFELN

Kapitel 4

Detektive

*A*ls die *Beagle* am 10. Dezember 1831 beidrehte und nach Plymouth zurückfuhr, kämpfte sich weiter westlich ein anderes Schiff durch jene Art von Wetter, die dem Ärmelkanal seinen Spitznamen als »sea of sore heads and sore hearts« (See der Brummschädel und der Herzen voll Kummer) eingetragen hatte. An Bord befand sich Hauptmann William Reid von den Royal Engineers, der wie FitzRoy und Darwin im Auftrag der Regierung unterwegs war. Zwei Tage zuvor hatte er London mit dem Ziel Karibik verlassen. Seine Aufgabe war von größerer Dringlichkeit als die der *Beagle*, denn seine Reise war eine Reaktion auf Nachrichten von einem gewaltigen Wirbelsturm über der Karibik, der seit Wochen die Gazetten füllte.

Vier Monate waren vergangen, seit der Hurrikan die Region am 10. August heimgesucht hatte, doch erst jetzt begriff man in Westminster das Ausmaß der Krise. Die Nachrichten waren häppchenweise eingetroffen. Ein französisches Schiff, die *Martial*, war am 15. September mit ersten Berichten in Le Havre eingelaufen, weitere Einzelheiten kamen am folgenden Tag mit dem britischen Schoner *Duke of York*. Die Kapitäne beider Schiffe meldeten, ein heftiger Sturm von sechs Stunden Dauer habe auf Barbados, einer strategisch bedeutenden Kolonie im äußersten Osten der Karibik, viele Plantagen verwüstet. Weitere Berichte folgten, darunter einer vom Konsul der Vereinigten Staaten in Martinique, in dem es unverblümt hieß: »Diese Insel ist, so fürchte ich, zerstört, und sie wird sich unmöglich davon erholen.«[1]

Die schlimmsten Befürchtungen wurden nur wenig später bestätigt, als verschiedene Zeitungen einen bewegenden Artikel aus dem *Barbados Globe* abdruckten. Obgleich er noch unter Schock stand, hatte der Chefredakteur dennoch seine Erlebnisse dieser »furchtbaren Katastrophe«, wie er es nannte, in aufgewühlten Worten zu Papier gebracht. Am Abend des 10. August, schrieb er, sei der Wind stürmisch gewesen und finstere Wolkenbänke am Horizont hätten Barbados in Dunkelheit gehüllt. Um Mitternacht seien Sturmböen aufgekommen. Eine steife Brise und heftige Schauer waren über die Buchten hinweggefegt. Dann habe sich ein gewaltiger Sturm erhoben, der bis drei Uhr nachts zu einem »regelrechten Hurrikan« angewachsen war.

> Nun begann das Werk der Zerstörung. Von dieser Stunde an bis um fünf wütete er mit nie da gewesener Wucht, während immer wieder Blitze die übel zugerichteten Gegenstände ringsum für Augenblicke in ein schauerliches Licht tauchten. Die Häuser wurden entweder dem Erdboden gleichgemacht oder ihre Dächer abgedeckt, die größten Bäume entwurzelt oder abgeknickt wie Schilfrohr. Zahlreiche Menschen wurden unter den Trümmern begraben oder waren schutzlos dem tobenden Sturm ausgesetzt, der sie in jedem Moment, mit jeder neuen Böe, die die verstreuten Trümmer in alle Richtungen umherwirbelte, mit dem Tod bedrohte.[2]

Als der Morgen anbrach, bot sich ein Bild der Verwüstung. In der Hauptstadt Bridgetown stand kaum mehr ein Haus. In der Carlisle-Bucht im Süden der Stadt waren sämtliche Schiffe von ihren Ankerplätzen fortgerissen und auf den Strand getrieben worden. Die St.-Anne's-Kaserne, der Regierungssitz und die beiden Schulen für Jungen und Mädchen waren »ein einziger Trümmerhaufen«, während Bananen- und Brotfruchtbäume, Zuckerrohrplantagen und Maisfelder niedergewälzt am Boden lagen. »Auf dem Land bietet die ganze Natur ein völlig verändertes Bild«, schrieb ein Augenzeuge. Ein anderer schätzte, dass es unter den Kaufleuten, Soldaten, Seeleuten, Gutsherren und Sklaven viertausend bis fünftausend Opfer gegeben hatte. In den Straßen türmten sich die Leichen.

In Whitehall war Viscount Goderich, der Kabinettsminister für Krieg und die Kolonien, durch ein Schreiben von Sir James Lyon, dem Gouverneur von Barbados, in Kenntnis gesetzt worden: »Am Abend des 10ten war die Sonne über einer Landschaft von größter Schönheit und Fruchtbarkeit untergegangen, um am folgenden Morgen über einer Wüste der Trostlosigkeit aufzugehen.«[3] Lyon und seiner Familie war es nur deshalb gelungen zu überleben, weil sie sich in den Keller geflüchtet hatten, als das Haus über ihren Köpfen einstürzte.

Für die Regierung unter Premierminister Lord Grey war es ein bestürzendes Ereignis. Barbados war ein wertvoller Bestandteil des Britischen Empire. Im Lauf der Jahrhunderte war die Insel zu einer enorm profitträchtigen Ressource für Zucker ausgebaut worden. Der Wirbelsturm konfrontierte die Regierung mit einer wirtschaftlichen und humanitären Krise. Im Unterhaus brachte Schatzkanzler Viscount Althorp eine Gesetzesvorlage ein, die für Wiederaufbau und Entschädigungen insgesamt 100000 Pfund Sterling vorsah. Althorp überzeugte die Abgeordneten, dass es »dem Mutterland obliegt, den Not leidenden Kolonisten Hilfe zu leisten«.[4] Bis diese Finanzhilfe allerdings verfügbar würde, konnten Monate, wenn nicht Jahre vergehen, und deshalb war als Sofortmaßnahme das Militär aufgefordert worden, eine Brigade abzuordnen, um den Wiederaufbau der Regierungsgebäude zu leiten. Dort hatte man sich an William Reid vom Pionierkorps, den Royal Engineers, gewandt.

Reid war ein erfahrener, intelligenter Schotte. Im Jahr 1797 in

Fife geboren als ältester Sohn eines Pfarrers und Enkel von Thomas Fryers, dem Chief Engineer (Leiter der Baudirektion) von Schottland, hatte er als Vermessungsoffizier während der napoleonischen Kriege beim Ordnance Survey und beim Pionierkorps gedient und konnte auf ein Vierteljahrhundert aktiven Dienstes beim Militär zurückblicken. Als die Berichte über den Hurrikan im Herbst 1831 bei der Admiralität eintrafen, wurde Reid nach Whitehall zitiert und erhielt den Befehl, die Wiederaufbauarbeiten zu leiten. Die Regierung hätte keinen besseren Mann auswählen können.

Der Wirbelsturm über der Karibik war nicht der erste seiner Art. Im späten Sommer und in den Herbstmonaten war das Wetter über dem westlichen Atlantik üblicherweise stürmisch. Schiffsführer richteten sich auf die »Hurrikansaison« ein, indem sie zwischen dem 1. August und dem 22. Oktober die Häfen nicht verließen, während die Seeversicherer für diese Periode ihre Prämien anhoben. Tropische Wirbelstürme, die in der heißen, feuchten Luft der Tropenzone entstanden, waren bekannt für ihre Heftigkeit, die diejenige europäischer Stürme weit übertraf. Wie Giftschlangen und das gefürchtete Gelbfieber galt ein tropischer Wirbelsturm als Beispiel für die vielfach gesteigerte Kraft der Natur in der Gluthitze dieser dem Äquator nächstgelegenen Breiten.

Europäern, die die Wucht eines Tropensturms noch nicht zu spüren bekommen hatten, erklärte *The Seaman's Practical Guide for Barbados* (Nautischer Führer für Barbados) aus dem Jahr 1832:

> In Europa verwenden wir manchmal das Wort »Orkan«, um damit einen Sturm von besonderer Heftigkeit zu bezeichnen, aber wir sollten uns nicht vorstellen, dass ein Orkan in Europa einem Hurrikan in der Karibik gleichkäme. Der wütendste Sturm hierzulande ist ein laues Lüftchen im Vergleich zum Toben der Elemente bei einem Tropensturm. Wer das noch nicht erlebt hat,

vermag sich den Anblick kaum vorzustellen, geschweige denn, ihn zu beschreiben.[5]

Während der Hurrikan-Saison in der Karibik zu segeln, war ein gefährliches Unternehmen. Christoph Kolumbus war der erste Europäer gewesen, der es 1494 mit einem echten tropischen Wirbelsturm zu tun bekommen hatte, und seitdem waren viele Schiffe unter der Wucht solcher Stürme zu Schaden gekommen. In seiner patriotischen *History of Barbados* (Geschichte von Barbados) hatte John Poyer 1808 die beiden zerstörerischsten Wirbelstürme hervorgehoben. Der erste war im August 1675 über die Plantagen hinweggerast und hatte »weder Palast noch Hütten« verschont. Poyer gab an dieser Stelle auch die Geschichte des frisch verheirateten Offiziers, »Major Streate«, und seiner Braut wieder. »Ohne jeden Respekt für die Unantastbarkeit der Hochzeitsnacht wehte der gnadenlose Sturm sie aus dem Brautzimmer«, erzählte Poyer, »und warf sie mit unbändiger Wucht in eine Kaktushecke. In diesem Bett von Dornen fand man die beiden am nächsten Morgen, unfähig, einander die zärtliche Zuneigung zu bekunden, wie es ihr gerade geschlossener Bund verlangte, noch einander den Beistand zu leisten, den ihre ungemütliche Lage erforderte.«[6]

Keinerlei lustige Anekdoten vermochte Poyer allerdings über den Großen Hurrikan von 1780 zu erzählen, der die Insel am 10. Oktober heimgesucht hatte. Poyer beschrieb ihn in Superlativen und meinte, seine »Heftigkeit war ohne Parallele in der gesamten Weltgeschichte«.[7] Er selbst war damals mit seiner kleinen Tochter im Arm aus ihrem Haus geflüchtet. Er sah Kokospalmen, die wie Streichhölzer abgeknickt wurden, und Vieh, das durch die Luft wirbelte. Später hörte er, dass der Sturm in Bridgetown eine »Zwölf-Pfünder-Kanonenkugel« von der Spitze der Mole ganz bis zur Werft auf der anderen Seite des Hafens gerollt hatte.

Dem Hurrikan von 1780 fielen auf Barbados viertausend Menschen zum Opfer. Fünfzig Jahre später vertrat der Chefredakteur des *Barbados Globe* die Ansicht, dass die jüngste Katastrophe noch größere Ausmaße habe.[8] Während Reid durch den Ärmelkanal segelte, muss er sich mental darauf eingestellt haben. Doch wenn er erwartet hatte, ganz vom Anblick abgetragener Häuser und Schiffswracks sowie von den Berichten über menschliches Elend und Leid in Atem gehalten zu werden, hatte er keine Ahnung, was seine Aufmerksamkeit tatsächlich beanspruchen würde. Denn kaum, dass er in Barbados angelangt war, begann er, den Wirbelsturm genauer zu untersuchen. Wie hatte er sich gebildet? Woher war er gekommen? Wie bewegte er sich? Wie schnell kam er voran? Gab es ein Muster, das sich vielleicht wiederholen könnte?

Nur wenige hatten sich je mit solchen Fragen wissenschaftlich auseinandergesetzt. Bis weit ins 19. Jahrhundert hinein glaubten die meisten Menschen, Stürme seien ein Werk Gottes. Auf Barbados hatte Sir James Lyon dementsprechend bereits veranlasst, dass der 7. Oktober als Trauertag in demütiger Andacht und Dankbarkeit gegenüber Gott verbracht werden solle, der »im Moment des Gerichts in seiner ganzen Güte Gnade hat walten lassen und die Wut des Wirbelsturms gezügelt hat«. Diese Reaktion verstand sich von selbst. Für Lyon wie für viele andere lagen Hurrikane außerhalb des Zugriffs der Wissenschaft. William Reid selbst brachte auf einer öffentlichen Veranstaltung 1838 seine Überzeugung zum Ausdruck, dass in den »unverrückbaren Gesetzen« der Natur »das Wirken Gottes« sich zeige: »In seinem unergründlichen Ratschluss fügt der allmächtige Gott die Dinge zum besten Wohle.«[9]

Die Lehren der Religion hatten den Fortschritt der Meteorologie seit Jahrhunderten unterbunden. Das Wetter war ein machtvolles Symbol göttlicher Vergeltung und Barmherzigkeit, und innerhalb der Schöpfungsgeschichte spielte es eine Hauptrolle: im Paradiesgarten von Eden, in der Sintflut und beim Schluss des neuen Bundes im Zeichen des Regenbogens. Stürme waren das beste Beispiel für die Macht Gottes. Gott lenkte das Wetter nicht bloß, sondern, wie Psalm 29 verkündete, er *war* das Wetter:

> Die Stimme des Herrn erschallt über den Wassern. Der Gott
>   der Herrlichkeit donnert, der Herr über gewaltigen Wassern.
> Die Stimme des Herrn ertönt mit Macht, die Stimme des Herrn
>   voll Majestät.
> Die Stimme des Herrn zerbricht die Zedern, der Herr zer-
>   schmettert die Zedern des Libanon.[10]

Seit der Verbreitung des Christentums über Europa im 4. und 5. Jahrhundert hatte diese Vorstellung des göttlichen Wetters fast ein Jahrtausend lang Gültigkeit besessen. Neugier galt als Laster, und eine vernünftige Untersuchung dieser Dinge wurde umgangen oder unterdrückt. Erst die Wiederentdeckung des Aristoteles und die Übersetzung seiner Hauptwerke, darunter die *Meteorologica*, ins Lateinische führten im 12. und 13. Jahrhundert dazu, dass seine Theorien über die Ausdünstungen neu diskutiert wurden. Aber auch dann gab es Widerstand. So erließ der Bischof von Paris, Étienne Tempier, 1270 und 1277 Dekrete, in denen die Lehren des Aristoteles verurteilt wurden, um dadurch ihre Verbreitung zu verhindern – insbesondere die These, dass die sogenannten sekundären Ursachen wie zum Beispiel das Wetter ihre Wirksamkeit behielten, auch wenn »Gott« als primäre Ursache »ausgeschaltet« werde. Damit begann das lang anhaltende Schisma zwischen Religion und Rationalismus.

Im Lauf der folgenden beiden Jahrhunderte machte sich die Christenheit des Mittelalters die Ideen des Aristoteles in kleinen, tastenden Schritten zu eigen. Dabei versuchte man, die christliche Lehre mit seinen Thesen in Einklang zu bringen. Während

Gott unangefochten über allem thronte, gewann Aristoteles stetig an Ansehen. Viele nannten ihn schlicht »*den* Philosophen«, und Dante erklärte ihn zum »Meister, der alles wusste«[11].

Doch blieb das Publikum für seine Ideen auf den abgeschlossenen Bezirk der Universitäten beschränkt. Erst durch die Erfindung des Buchdrucks mit beweglichen Lettern im 15. Jahrhundert änderte sich das. Und es dauerte ein weiteres Jahrhundert, in dem mindestens achtundzwanzig Ausgaben der *Meteorologica* die Pressen verließen, ehe seine Thesen über das Wetter endlich auch dem Durchschnittsleser zugänglich gemacht wurden. *A Goodly Gallerye* (Ein schöner Rundgang) von William Fulke, 1563 veröffentlicht, war für den Laien geschrieben und enthielt lehrreiche Abschnitte, zum Beispiel:

> Von den Wynden
>
> Von ten Sturm-Wynden
>
> Vom Donnher
>
> Vom Froßt
>
> Vom Reegenboogen

Obgleich Fulke in seiner blumigen Diktion im Geist der Tudor-Zeit dem Ganzen einen zeitgenössischen Anstrich gab, stammten die Theorien unmittelbar von Aristoteles. Doch bei dieser ersten rationalen Erklärung des Wetters für ein breites Publikum ging Fulke vorsichtig zu Werke. Gott, so beeilte er sich festzustellen, bleibe der Lenker: »Die erste und wirksame Ursache ist Gott, der Wirker aller Wunder, wie es der Psalmist bezeugt, der saget: Feuer, Hagel, Schnee, Eis, Wind und Sturm gehorchen alle seinem Willen.«[12]

Ein unverkennbarer Beweis dafür ließ nicht lange auf sich warten. Fünfundzwanzig Jahre nach dem Erscheinen von *A Goodly Gallerye* wies Philipp II. von Spanien seine *Grande y Felicísima*

Armada an, die Anker zu lichten. Mit ihren 130 Schiffen und 30 000 Mann war die Flotte eine der größten Streitmächte aller Zeiten, und sie hatte die Order, in das protestantische England einzufallen und es zu erobern. Ihr Kommandeur, der Herzog von Medina Sidonia, mochte bei der Abfahrt Ende Mai mit einer relativ ruhigen Überfahrt gerechnet haben. Doch stürmisches Wetter war von Anfang an ihr Begleiter. Westlich von Irland machten ihnen im Juni schwere Stürme über dem Atlantik zu schaffen, und im Juli wurden sie von der englischen Flotte vor Plymouth empfindlich geschlagen. Den ganzen August hindurch wurde Medina Sidonias Armada bei kleinen Gefechten und Überfällen allmählich aufgerieben. Im September schließlich waren alle Hoffnungen auf ein Gelingen der Invasion begraben worden, und die Flotte befand sich entlang der Ostküste Englands auf der Flucht. Der Plan des Herzogs sah vor, Schottland zu umrunden und dann nach Süden Richtung Spanien heimzusegeln. Doch auch diesmal kam es ganz anders. Aufgrund einer fehlerhaften Positionsbestimmung drehte die Flotte zu früh Richtung Süden. So befan den sich die Kommandanten nicht wie vermutet auf dem offenen Meer, sondern steuerten geradewegs auf die zerklüftete Nord- und Westküste Irlands zu. Die Felsklippen und Winde, die ihnen entgegenpeitschten, müssen ihnen ungefähr so vorgekommen sein wie FitzRoy die Bedingungen, die er später vor Feuerland vorfand. Mehr als zwanzig Schiffe gingen verloren, weil die Stürme vom Atlantik sie gegen die Küste trieben. Nur die Hälfte von Philipps unbesiegbarer Flotte kehrte nach Hause zurück.

Für die englische Bevölkerung lag die religiöse Bedeutung dieser Geschichte auf der Hand: Sie war ein klares Zeichen, dass Gott die reformierte Kirche von England dem alten, korrupten katholischen Glauben vorzog. So wurde viel Aufhebens gemacht von den »protestantischen Winden«, die England angeblich zu Hilfe gekommen waren. Eine Reihe von Gedenkmünzen und

Medaillen wurden zur Feier des Ereignisses geprägt; ihre Aufschrift lautete: »Flavit Jehovah, et Dissipati Sunt« – »Gott blies, und sie wurden zerstreut«.

Die Niederlage der Armada war von großer Bedeutung für die Ausbildung des englischen Selbstverständnisses, und sie unterstrich zugleich, welche Rolle Gott im täglichen Leben spielte. Shakespeares Theaterstücke, die in den Jahrzehnten nach dem englischen Triumph entstanden, spiegeln das wider. Oft spielt das Wetter darin eine wesentliche Rolle. Die Nebel in *Macbeth*, König Lear allein auf der stürmischen Heide, der Schiffbruch zu Beginn von *Der Sturm* – überall erscheint das Wetter als dräuende Kraft, genau wie im täglichen Leben.

Im März 1599 machte sich Robert Devereux, der Earl von Essex, von London aus auf den Weg, um einen Aufstand in Irland niederzuschlagen. Sein theatralischer Ausmarsch durch die Straßen der Hauptstadt wurde von einem heftigen Gewitter begleitet, was viele als böses Omen werteten. Der Feldzug wurde zum Desaster für Essex, und zwei Jahre später war er tot, gehenkt auf dem Richtplatz im Tower, weil er des Hochverrats für schuldig befunden worden war. Den Menschen war der Sturm, welcher der Wende seines Glücks voraufgegangen war, noch in guter Erinnerung. In seinem *Dictionary of the Italian and English Tongues* (Wörterbuch der italienischen und englischen Sprache) von 1611 nutzte John Florio den Eintrag zu dem Wort *Ecnéphia*, um zu erklären, was damals geschehen war. Florio definierte *Ecnéphia* als »eine Art gewaltigen Sturms, der im Sommer mit wütenden Blitzen kommt, wenn das Firmament sich zu öffnen und zu brennen scheint, wie es geschah, als der Earl von Essex aus London schied, um nach Irland zu gehen«.[13]

Angesichts von solchem Aberglauben konnte Wissenschaft nicht gedeihen. Es dauerte bis in die zweite Hälfte des 17. Jahrhunderts, ehe der Rationalismus während der wissenschaftlichen

Revolution durch die Etablierung von Deismus und Naturreligion – spirituellen Strömungen, die Gott als Schöpfer anerkannten, aber die Auffassung vertraten, dass er das Universum danach sich selbst überlassen habe, damit es sich nach den Gesetzen der Wissenschaft entwickeln konnte – einen Rückhalt gewinnen konnte. Diese neuartige Deutung der Rolle Gottes im täglichen Leben bedeutete einen tief greifenden Wandel. Damit wurde der Grund bereitet für die »erfindungsreichen Forscher« des 17. Jahrhunderts, Männer wie Newton, Boyle, Harvey, Galilei oder Wren. So erklärte Galilei: »Ich fühle mich nicht verpflichtet zu glauben, dass derselbe Gott, der uns mit Verstand, Vernunft und Geist begabt hat, dabei die Absicht verfolgt hätte, dass wir auf deren Gebrauch verzichten sollen.«[14]

Unter den Vorreitern beim Aufstieg der empirischen Wissenschaften befand sich die neu gegründete Royal Society von London mit ihrem Motto *Nullius in verba* (Schenke bloßen Worten keinen Glauben) und ihrer zweimonatlich publizierten Zeitschrift *Philosophical Transactions.* Bereits in den ersten Ausgaben erschienen Beschreibungen von Meteoren, leuchtenden Regenbögen, furchtbaren Donnerschlägen, heftig zuckenden Blitzen und rotem Schnee. Als im November 1703 der Große Sturm England und Wales heimsuchte, war das der ideale Gegenstand für eine rationale Analyse. Prompt widmeten die *Philosophical Transactions* den Berichten von den Verwüstungen ein ganzes Heft. Ein Mann namens John Fuller aus Sussex schrieb darin: »Wir leben zehn Meilen in gerader Linie vom Meer entfernt, und doch können wir dem Landvolk kaum begreiflich machen, wie das Salzwasser so weit geweht worden und dass der Regensturm nichts als Salz war, denn all die Zweige der Bäume am Tag danach waren weiß und schmeckten ganz salzig.«[15]

Der Große Sturm traf an der walisischen Küste bei Aberystwyth zuerst auf Land und schlug dann eine regelrechte Schneise durch die Midlands, wobei die stärksten Winde an seiner Südflanke auftraten. Selbst London, nach dem Großen Brand von 1666, der die alte Stadt zu drei Fünfteln zerstört hatte, gerade erst wiederaufgebaut, wurde verwüstet. Die Stadtteile Haymarket, Leicester Fields, Soho, Seven Dials und Red Lion Square mit ihren soliden Backsteingebäuden, die Zivilisation, Charme und Schönheit der Hauptstadt verkörperten, traf es am schlimmsten. Eine Zerstörung dieses Ausmaßes stürzte England in tiefe Selbstzweifel. Skandale, Gier, Gotteslästerung, der Spanische Erbfolgekrieg und die Korruption des Klerus wurden als mögliche Gründe für die Katastrophe angeführt. Ein anonymes Pamphlet mit dem Titel *The Terrible Stormy Wind* (Der Furchtbare Sturm-Wind) griff die gefährliche Beschäftigung mit der Wissenschaft als Beweis für den Ehrgeiz und die Eitelkeit des Menschen an. Der Autor spottet darin über die »philosophische« Behauptung, der Sturm »ist nichts anderes gewesen als eine Eruption von Epikurs Atomen: eine Springflut von Materie und Bewegung: ein blinder Ausbruch des Zufalls, der die *Vorsehung* aus dem Spiel geworfen« habe.[16] Als Bußübung wurde ein Fastentag amtlich festgesetzt.

Das berühmteste Werk, das der Sturm hervorrief, war Daniel Defoes *The Storm*, ein frühes Meisterstück der Reportage. Darin versetzte Defoe, stets ein mutiger Autor, seine eher dem Herkömmlichen verpflichtete Deutung der Ereignisse mit aufgeklärter Analyse. In seiner Einleitung beginnt er zwar wie ein Prediger des Sturms: »Ohne Zweifel wird des Atheisten verhärtete Seele ein klein wenig gezittert haben, so wie sein Haus, und er hat gespürt, wie die Natur ihm ein paar Fragen stellte, etwa wie diese – Hab ich nicht unrecht? Gewiss doch muss es etwas geben wie einen Gott – Was hat das alles zu bedeuten? Was ist los auf der Welt?«[17] doch ist er schon kurz darauf bereit, es mit neuen Ideen zu versuchen. Sein erstes Kapitel widmet er einer Abhandlung »Of the Natural Causes of the Winds« (Von den natürlichen Ursachen der Winde). Derlei Untersuchungen, so argumentiert er, seien sowohl berechtigt als auch erforderlich, denn:

> Zu suchen, was Gott in seiner Majestät zu verbergen für angebracht gehalten hat, mag sträflich sein, und zweifellos ist es das; und die Fruchtlosigkeit der Nachforschung ist im Allgemeinen Teil der Bestrafung eitler Neugier: aber nach dem zu suchen, was unser Schöpfer nicht verborgen, sondern nur in einen dürft'gen Schleier natürlicher Dunkelheit gehüllt hat und was nach unserer Suche offen zutage liegt, erscheint gerechtfertigt in der Natur der Sache selbst, und die Möglichkeit der Demonstration ist ein Argument, welches die Rechtmäßigkeit der Nachforschung belegt.[18]

Aber Defoe kommt zu keinem Schluss. Der Wind entzog sich seinem Verständnis. So borgte er ein paar Ideen aus dem *Discourse Concerning the Origine and Properties of Wind* (Erörterung betreffend den Ursprung und die Eigenschaften des Windes) von Ralph Bohun aus dem Jahr 1671, ein unglaublich vager Traktat, und erwähnte noch die uralten Ideen des Aristoteles, ehe er aufgab: »Wir hören die Töne, aber wissen nicht, woher sie kommen.« Abschließend stellte er fest:

> Aus alldem ziehe ich nur diesen Schluss, dass die Winde ein Teil der Werke Gottes in der Natur sind, in denen es ihm gefallen hat, uns weniger Kunde mitzuteilen denn in anderen Fällen, dass die Einzelheiten uns unmittelbarer zu Spekulationen führen und uns eher auf Unendliche Macht verweisen, als es die anderen Teile der Natur tun.[19]

Doch dass Defoe die Freiheit hatte, eine vernünftige und wissenschaftliche Antwort darzulegen, war ein Zeichen sicheren und stetigen Fortschritts. Im Lauf der folgenden Jahrzehnte, als der Deismus zu einer anerkannten Kraft im britischen Geistesleben wurde, nahm der Spielraum, über den Philosophen verfügten, um über die Entstehung von Stürmen zu spekulieren, immer weiter zu. In seinem Buch *Christianity As Old As the Creation* (Christenheit so alt wie die Schöpfung), mit dem Matthew Tindal den deistischen Standpunkt im Jahr 1730 untermauerte, erklärte er: »Wenn Gott die Menschheit nach dem Maß ihrer Verantwortlichkeit beurteilt, das heißt nach dem Maß ihres Verstandes, so wird sein Urteil im exakten Verhältnis stehen zum Gebrauch, den sie von ihrer Vernunft macht«, und: »Vernunft allein soll urteilen; wie das Auge der alleinige Richter des Sichtbaren ist, das Ohr der Richter des Hörbaren, so die Vernunft der Richter dessen, was vernünftig ist.«[20]

Was vernünftig war, blieb aber umstritten. Das 18. Jahrhundert begann mit einer Vielzahl von Theorien, die alle ihre Fürsprecher hatten: So sollten schwefelhaltige Mineralien im Erdreich die Ursache sein für eine flüchtige Atmosphäre, wie man sie am Vesuv beobachtete; eine andere Theorie führte Stürme auf den Zusammenprall giftiger Gase in der Luft zurück. Am längsten hielt sich die These, das Wetter werde von den Umlaufbahnen der Sonne, des Mondes sowie der fünf damals bekannten Planeten Mars, Venus, Merkur, Saturn und Jupiter bestimmt. Diese astrologische Meteorologie ließ sich bis in die Antike, nämlich auf die Schriften des griechischen Philosophen Ptolemäus, zurückführen. In seinem Werk *Astro-Meteorologica* verhalf ihnen Dr. J. Goad im Jahr 1686 zu neuer Blüte. Den Titel hatte Goad vermutlich gewählt, um die Herkunft seiner Ideen von Aristoteles zu unterstreichen, und er bekräftigte ihre Glaubwürdigkeit mit dem Hinweis, sie gründeten sich auf drei Jahrzehnte der Beobachtung. Ihr Einfluss war enorm. Am Hofe von Charles II. wurde er zu einer Art Prototyp des Wettervorhersagers, der den König »und etliche Personen von Wert aus dieser Nation«[21] mit monatlichen Prognosen versorgte, mit deren Hilfe sie dann vermutlich ihre Jagdausflüge besser planen konnten.

Goad stellte seine *Astro-Meteorologica* als empirische Wissenschaft vor, die das Ziel habe, das große Rätsel der von Gott geschaffenen Himmelsgestalt zu lösen. Nachdem Newton bewiesen hatte, dass das Auftreten der Gezeiten sich logisch als abwechselnde Wirkung der Anziehungskraft des Mondes erklären lasse, machte sich Goad daran, zu zeigen, dass die Planeten eine ähnliche Wirkung auf die Erdatmosphäre hätten. Vor allem der Mond verfügte für Goad über berückende, kaum verstandene Kräfte. Es sei wohlbekannt, so behauptete er, dass seine Strahlen Fleisch rascher verwesen ließen, Hummer, Austern und Krabben davon anschwollen und einen süßen Geschmack bekamen und dass Epileptiker unter der Einwirkung von Mondlicht Anfälle bekamen.[22] All dies, so Goad, seien Beweise für die Kraft des Mondes, die weit darüber hinausging, bloß den Nachthimmel zu beleuchten: »Wenn der Mond zur Illumination geschaffen wäre, würde er sich nie bei Tage zeigen, denn dann wird sein Licht nicht benötigt, noch würde er bei Nacht verschwinden, wenn es benötigt wird.«[23]

Doch Sonne und Mond wirkten nicht allein, argumentierte Goad, sondern im Konzert mit den anderen fünf Planeten, um auf diese Weise eine unendliche Zahl atmosphärischer Kombinationen zu erzeugen. Mars brachte Hitze, Dürre, Donner und Sturmwinde, wohingegen Jupiter »heilvolle und gemäßigte Luft, aber mit Wind und tüchtiger Feuchtigkeit«[24] herbeiführte. Um seine Thesen zu stützen, führte Goad seitenweise Beobachtungen an. Mitunter schwang er sich zu pompösen Passagen wie dieser auf: »Planetarische Erscheinungen sind kein leeres Gerede schwafelnder Kunst, sondern sind rätselhafte Schemata einer Geheimen

Kraft und Macht zur Veränderung der sublunaren Welt, insonderheit der Luft, und jener Großen Fragen, die davon abhängen.«[25]

Die astrologische Meteorologie gewann im 17. Jahrhundert einige bedeutende Anhänger, darunter Francis Bacon, den Königlichen Astronomen John Flamsteed sowie Robert Boyle, der es für wahrscheinlich hielt, »dass alle Planeten einen gewissen Einfluss auf die Zusammensetzung der Atmosphäre haben, indem sie Effluvia [Ausdünstungen] der Erde anziehen«[26]. Das ganze 18. Jahrhundert hindurch hielt sich die Auffassung, dass der Mond, »jener feuchte Stern«, der Schlüssel zum Verständnis der Atmosphäre sei. Vom vierten Tag nach Neumond hieß es, dass er Sturm auf See bringe, und viele Seeleute kannten die alten Worte des Ehrwürdigen Beda: »Wenn er im letzten Viertel wie Gold erscheint, wird es Wind geben; zeigen sich auf der Spitze des zunehmenden Mondes schwarze Flecken, wird es einen regnerischen Monat geben, zeigen sie sich zur Mitte hin, bringt der Vollmond heiteres Wetter.« Noch zu Beginn des 19. Jahrhunderts beschäftigten diese Vorstellungen einen Luke Howard ebenso wie einen James Weddell.[27]

Auch Phillip King, der Kapitän der *Adventure*, hing ihnen an. In den Gewässern um Kap Hoorn schien ihm der Einfluss des Mondes besonders stark zu sein. In seinen meteorologischen Aufzeichnungen schrieb er darüber:

Nachdem wir drei Tage lang nördlich von Staten Island gekreuzt waren, unmittelbar vor dem Vollmond, der am 3ten April [1829] eintrat, hatten wir sehr nebliges Wetter, bei leichtem Wind aus östlichen und nördlichen Richtungen, was das Quecksilber von 29,90 auf 29,56 fallen ließ. Am Tage des Vollmonds stieg die Säule, und wir hatten einen schönen Morgen, wobei die hohen Berge auf Staten Island ganz frei von Wolken waren und ebenso diejenigen von Feuerland.[28]

Obgleich die Meteorologie planetarischer Einflüsse also weiterhin Zuspruch fand, hatte sie sich unter Naturwissenschaftlern nie völlig durchsetzen können, denn ihnen erschien sie zu sehr von Vorstellungen des Übernatürlichen affiziert. Im Allgemeinen zogen Gelehrte den sicheren Boden chemischer oder elektrischer Untersuchungen vor; gerade Letztere erfreuten sich nach Franklins Drachenexperiment und seiner Erfindung des Blitzableiters enormer Beliebtheit. Vor allem der Blitzableiter oder »elektrische Leiter« faszinierte seine Zeitgenossen als »ein Verfahren, das dem Menschen in seine schwache Hand etwas von der Allmacht des höchsten Wesens gibt«, wie ein Bewunderer es ausdrückte.[29]

Franklins Forschungen zur Elektrizität lieferten den Menschen aber nicht nur eine Methode, um Blitze sicher in den Erdboden abzuleiten, sondern sie gaben auch eine wissenschaftliche Erklärung dafür, weshalb erhöhte Gegenstände am anfälligsten für Blitzeinschläge waren. Bisher war dies eine verwirrende Frage gewesen: Warum trafen Gottes Blitze gerade Kirchtürme statt etwa Wirtshäuser oder andere Höhlen des Lasters? Es war eine Ironie der Naturwissenschaft, dass ein Kirchturm, je höher er sich erhob, um weithin den Ruhm Gottes zu künden, desto wahrscheinlicher von einem Blitz getroffen wurde.

Mitte des 18. Jahrhunderts löste Franklins logische Erklärung, wie ein Blitz funktioniert, dieses Rätsel, aber es dauerte Jahre, ehe seine Ideen weithin Anerkennung fanden. In vielen Städten behielt man die überkommene Praxis bei, Waffen in Kirchtürmen zu lagern, im festen Glauben, dass Gott sein Feuer niemals auf einen solchen Ort würde niedergehen lassen. So hielten die Stadtoberen von Brescia in Italien 780 Zentner Schießpulver im Turm der Kirche San Nazaro unter Verschluss. In der Nacht zum 18. August 1769 wurde die Kirche von einem Blitz getroffen, sodass »der ganze Turm in die Luft flog und als ein Hagel von Steinen auf die Stadt niederging«, wie es in einem Bericht hieß. Auf einen Schlag wurde ein Sechstel der Stadt dem Erdboden gleichgemacht, und bis zu 2500 Menschen waren dem Unglück zum Opfer gefallen.[30]

Solche Katastrophen zu deuten, war seit Langem das Los des guten Christen. Ein Gott, der den Protestanten Winde schickte, um damit katholische Eindringlinge zurückzuschlagen, war das eine, aber ein Gott, der Unschuldige tötete, Städte dem Erdboden gleichmachte und Kirchen zerstörte, war etwas anderes. Manche vertraten die Auffassung, Gott schicke der Menschheit das schlechte Wetter als Prüfung, um sie zu größerer Frömmigkeit anzuhalten. Es kam allein darauf an, Vertrauen in Gottes Gnade zu haben. So erinnerte 1827 eine Predigt die Gläubigen daran, dass König David, als er dem Wüten eines »furchtbaren Sturms« ausgesetzt war, »im Glauben fest geblieben und so auf wunderbare Weise errettet worden« sei. Dem Beispiel Davids sollte jeder Christ folgen. »Ein guter Mensch fasst Vertrauen, wenn Winde wehen, wenn Donner grollt, wenn Blitze zucken und die Erde bebt.«[31]

Für viele hatte der Dichter William Cowper es am besten auf den Punkt gebracht:

> Unerforschlich sind Gottes Wege
> Seine Wunder zu wirken
> Er wandelt über das Meer
> Und reitet auf dem Sturm.[32]

William Reid kam im Januar 1832 auf Barbados an. Die Inselbewohner erholten sich allmählich von der Katastrophe und hatten mit dem langwierigen Wiederaufbau begonnen. Die Schäden waren enorm. Der Hafen, den der Sturm aufgerissen hatte, lag in Trümmern, der Kai war ins Meer gestürzt. Nur zwei Schiffe waren unbeschädigt geblieben. Hinter der Küste setzten sich die Verwüstungen ins Landesinnere fort. Ganze Straßen waren verschwunden, nur Schutt war übrig geblieben, oder der Sturm hatte sie mit Kieseln vom Strand überspült. Das Kommissariat, das Gefängnis für Sklaven, King's House, die Kathedrale Sankt Michael und mehrere andere Kirchen waren beschädigt, das Haus der Industrie, die Jungen- und die Mädchenschule, das Haus des Gouverneurs, das Théâtre Royal, die Irrenanstalt und das Armenhaus so schwer, dass sie nicht zu reparieren waren. Vielleicht am beunruhigendsten war die Tatsache, dass vom Royal Gaol, dem Gefängnis Seiner Majestät, nicht ein Stein auf dem anderen geblieben war und eines seiner »schweren Tore aus den Angeln gehoben, in Stücke gerissen und auf die Straße geschleudert« worden war.[33] Bis auf drei Häftlinge waren alle Insassen in die Ruinen der Stadt geflüchtet und hatten sich im allgemeinen Chaos versteckt.

Eine journalistische Darstellung des Wirbelsturms machte bereits die Runde. *An Account of the Fatal Hurricane by Which Barbados Suffered in August 1831* (Ein Bericht von dem verheerenden Hurrikan, der Barbados im August 1831 heimgesucht hat) war im Dezember veröffentlicht worden, während Reid unterwegs war. Reid kaufte sich ein Exemplar und las den Bericht aufmerksam. Sein anonymer Verfasser hatte ihn aus den Aussagen von Augenzeugen zusammengestellt. In der Einleitung dazu wurde beschrieben, dass das Wetter in den vorangegangenen Wochen nass gewesen und »elektrische Wolken« über die Insel gezogen seien. Anfang August sei der Blitz in einem Haus auf dem Land eingeschlagen; ein Säugling war dabei ums Leben gekommen, seine Mutter verletzt worden und einiges Federvieh verbrannt. Am 10. August jedoch, dem Tag des Hurrikans, sei es am Morgen so schön gewesen, wie ein Sommertag nur sein konnte: »Als die Sonne aufging, stand keine Wolke am Himmel, und ihr Licht erstrahlte in einer Atmosphäre von leuchtendem Glanz.«[34]

Danach war der Hurrikan in bekannter Manier herangenaht. Im Norden waren am Horizont schwarze Wolken aufgezogen.

Dann hatte es einen kurzen Schauer gegeben, und danach wurde es schlagartig still und finster, während Wolkenfetzen – die Vorboten, von denen Constable gesprochen hatte – in geringer Höhe vorübergehuscht waren. Gegen 23 Uhr war die Brise zu einem stürmischen Wind aufgefrischt, und um Mitternacht stand der Hurrikan direkt über der Insel. Wilde Blitze zuckten durch die Dunkelheit, und der Wind wehte »mit unvorstellbarer Wucht und schleuderte dabei Tausende von Geschossen durch die Luft«. Der Krach war so laut, dass »zu keiner Zeit [...] ein einzelner Donner auszumachen [war]; hätten hundert kämpfende Armeen gleichzeitig ihre Kanonen abgefeuert oder hätte die Luft widergehallt vom Krachen der furchtbarsten Donnerschläge, wären sie nicht schlechter zu unterscheiden gewesen«.[35]

Die Augenzeugenberichte waren dramatisch, aber Reid interessierte sich am meisten für bestimmte Details. Vor allem notierte er sich die wechselnden Richtungen des Windes. Alle waren sich darin einig, dass er zu verschiedenen Zeiten in jener Nacht aus unterschiedlichen Richtungen geweht hatte. War er erst aus Nordosten gekommen, hatte er dann auf Nordwest gedreht. Eine Stunde später war er kurzzeitig ganz abgeflaut, ehe er mit erneuter Wucht aus Südwesten wehte, dann aus West und schließlich aus Westnordwest.[36] Solche wechselnden Winde waren ein bekanntes Merkmal von Wirbelstürmen. Soweit Reid wusste, hatte aber noch niemand je eine Erklärung für dieses Verhalten gefunden.

In den folgenden Monaten begann Reid, Notizbücher mit Einträgen zu füllen. Ein Jahrzehnt bevor Edgar Allan Poe in seiner Erzählung »Die Morde in der Rue Morgue« Auguste Dupin, den Archetyp des Spürhunds, zum ersten Mal auf die Fährte setzte, vertiefte Reid sich in jene minutiösen Nachforschungen und Kombinationen, die zum Kennzeichen des kommenden Zeitalters der Detektive werden sollten. Anders als Dupin war Reid allerdings nicht auf der Suche nach einem Übeltäter in menschlicher, sondern in atmosphärischer Gestalt. Später beschrieb er, wie er damit angefangen habe, »überall nach Berichten über frühere Stürme zu suchen, in der Hoffnung, darin etwas über ihre Ursachen und ihre Wirkungsweise zu erfahren«.[37]

Die Kunst, den Weg eines Sturms zu verfolgen, reichte ungefähr ein Jahrhundert zurück, und zwar wiederum bis zu Benjamin Franklin. Am 21. Oktober 1743 hatte Franklin beabsichtigt, von seinem Haus in Philadelphia aus eine Mondfinsternis zu beobachten. Doch all seine Hoffnungen zerschlugen sich, als ein schwerer Sturm aus Nordwesten den Nachthimmel verhüllte: »Weder Mond noch Sterne waren zu sehen.« Kurz darauf entnahm er den Zeitungen aus Boston, dass die Mondfinsternis in Neuengland ohne Einschränkung zu sehen gewesen war; dort war das schlechte Wetter erst eine halbe Stunde danach eingetroffen. Die damals allgemein anerkannte Theorie besagte, dass ein Sturm entweder an einem einzigen geografischen Ort entstand und dort auch sein Ende fand oder dass ihn der jeweils herrschende Wind mit sich brachte. Im vorliegenden Fall allerdings schien das Gegenteil der Fall zu sein, denn offenkundig war der Sturm in nordöstlicher Richtung von Philadelphia nach Neuengland gezogen. Franklin schrieb seine Beobachtungen auf, und später wurden sie als weiterer Geniestreich Franklins bekannt. Seit Franklins Tod im Jahr 1790 waren ein paar neue Mitteilungen über Stürme veröffentlicht worden; James Capper, ein Oberst der Ostindien-Kompanie, und ein Professor der Harvard University namens John Farrer hatten jeweils persönliche Erlebnisse zu Papier gebracht, aber insgesamt hatte sich keine stichhaltige Theorie herausgeschält. Auch Reid hatte zunächst nicht den Anspruch, eine Theorie aufzustellen, sondern wollte lediglich eine möglichst vollständige Biografie des Wirbelsturms über Barbados geben, die dessen Entwicklung vom stürmischen Kleinkind zum tobenden Erwachsenen und schließlich zu einer alten, erschöpften Erscheinung dokumentierte.

Da ihm bewusst war, dass er dazu verlässliche Daten benötigte, begann Reid, Auszüge aus den Logbüchern der Schiffe zu nutzen, die damals in der Gegend gelegen hatten: Aufzeichnungen über die Windrichtung zu bestimmten Zeitpunkten. Sein Ziel war es, Winddiagramme des Hurrikans in Relation zum Zeitverlauf zu erstellen. Er machte sich mit meteorologischen Theorien vertraut und reiste 130 Kilometer von Barbados nach Sankt Vincent, um zu vergleichen, wie es dieser Insel ergangen war. Auf Sankt Vincent befragte er einen Mann namens Simmons, der am 11. August bei Tagesanbruch gesehen hatte, wie der Hurrikan herankam. Simmons hatte »eine Wolke im Norden von ihm beobachtet, die so bedrohlich erschien, dass er meinte, in den vielen Jahren, seitdem er in den Tropen lebte, noch nie etwas derart Alarmierendes gesehen zu haben, und er beschreibt ihre Farbe als Olivgrün«. Simmons hatte daraufhin Fenster und Türen vernagelt und sich in Sicherheit gebracht, bis der Sturm gegen sieben Uhr morgens von Norden her über ihn hinweggezogen war.[38]

Anhand dieser Angaben fand Reid heraus, dass der Wirbelsturm »die knapp achtzig Meilen« von Barbados nach Sankt Vincent in ungefähr sieben Stunden zurückgelegt hatte und er folglich mit einer Geschwindigkeit von etwas mehr als zehn Meilen (sechzehn Kilometer) in der Stunde vorangekommen war.[39] Nachdem seine Jagd nach Fakten sich herumgesprochen hatte, wurden ihm weitere Informationen zugetragen. So erzählten ihm zwei Sklaven, Anfang August seien sie ganz aus dem Häuschen gewesen, als sie beobachteten, wie sich Funken von ihnen lösten. Hinterher fragten sie sich nun, ob diese Funken nicht vielleicht auf eine hoch aufgeladene Atmosphäre schließen ließen. Aber Reid ignorierte den Hinweis, weil er nicht fand, dass dies irgendetwas mit dem Hurrikan zu tun hatte, und das Gleiche galt für eine andere Darstellung, die von einem gleichzeitigen Erdbeben berichtete. Reid konzentrierte sich vielmehr auf folgende Fragen: Weshalb hatten sich die Winde im Kreis gedreht? Weshalb hatte es in der Mitte des Sturms eine kurze Phase relativer Ruhe gegeben? Was hatte das Fallen des barometrischen Drucks zu bedeuten?

Reid fand darauf keine Antworten, bis er 1832 ein Exemplar des *American Journal of Science* aus dem Vorjahr erhielt. Darin entdeckte er einen überaus geistreichen Aufsatz über Stürme, den der Amerikaner William C. Redfield verfasst hatte.

Redfields Aufsatz mit dem Titel »Remarks on the Prevailing Storms of the Atlantic Coast« (Bemerkungen über die gewöhnlich an der Atlantikküste auftretenden Stürme) war genau das, wonach Reid gesucht hatte. Seit zehn Jahren hatte sich Redfield an seinem Wohnort New York mit dem gleichen Problem auseinandergesetzt. So war er Reid in seinen Schlussfolgerungen um Jahre voraus, und seine Argumentation war überzeugend. Hurrikane, so schrieb er, seien nicht völlig chaotisch. Vielmehr gehorchten sie hinsichtlich ihrer Windbewegungen und ihrer Zugrichtung ganz genauen atmosphärischen Gesetzen. Im Lauf seiner Forschungen, schrieb Redfield, sei er zu dem Schluss gekommen, dass Hurrikane gigantische Wirbelwinde waren, die wie fliegende Scheiben über den Himmel rasten. Das war eine kühne, völlig neuartige These, und als Theorie entsprach sie, zumindest nach William Reids Meinung, ganz und gar den Tatsachen.

Bis zur Publikation seines Artikels über Stürme war William C. Redfield in Wissenschaftskreisen kaum jemandem bekannt. Einen Namen hatte er sich als Geschäftsmann mit seiner Steam Navigation Company gemacht. Redfields Dampfschiffe beförderten Passagiere und Fracht auf dem Hudson zwischen New York und Albany. Seinen Erfolg verdankte Redfield seinem angeborenen Sinn für Innovation. In den ersten Jahren der Dampfschifffahrt hatten viele Passagiere Angst davor, in der Nähe der Maschinen untergebracht zu werden, weil sie befürchteten, sie könnten explodieren – was tatsächlich oft genug vorkam. Redfields Lösung für das Problem war einfach, aber effektiv gewesen. Er hatte »Sicherheitskähne« entwickelt, in denen die Passagiere – wie später in Eisenbahnwaggons – befördert wurden; das Dampfschiff fungierte als Schlepper. Als im Lauf der Zeit die Sicherheit der Dampfer verbessert worden war und die Reisenden Vertrauen schöpften, hatte er seine Taktik geändert: Nun wurden seine Passagiere wieder auf dem Dampfer befördert, und die Kähne füllte er mit Fracht.

Aber Redfield war mehr als nur ein findiger Geschäftsmann. In seiner Jugend in Connecticut hatte er als Mechaniker gearbeitet, und das Interesse an Fragen der Technik hatte er sich bewahrt. Erfindungen zu machen, war ihm eine willkommene Herausforderung, und an vielen technischen Verbesserungen seiner Dampfschiffe war er persönlich beteiligt. Stets strebte er danach, seine eigenen »einfacheren, günstigeren und sichereren Apparate« zu bauen. Mit der Zeit fand seine Arbeit auch bei anderen Anerkennung. Redfield war eine seltene Mischung: ein Geschäftsmann, der sich darauf verstand, Dinge umzusetzen, und ein Erfinder von originellem Verstand und einer dem Yankee eigenen Liebe zum Detail.

Auf einer Dampferfahrt von New York nach New Haven war er 1831 zufällig Denison Olmsted begegnet, einem Professor für Mathematik und Physik an der Yale University. Als er Olmsted an Deck erspähte, war er auf ihn zugegangen und hatte ihn »bescheiden um die Erlaubnis gebeten, ihm ein paar Fragen zu stellen«, nämlich über einen Aufsatz zum Thema Hagelstürme, den Olmsted kurz zuvor im *American Journal of Science* veröffentlicht hatte. Es dauerte nicht lange, und die beiden diskutierten über Stürme, und bei dieser Gelegenheit legte Redfield zum ersten Mal seine Theorie der Wirbelwinde dar. Für die Geschichte der Meteorologie wurde das zu einem Wendepunkt.[40]

Die Idee dazu war Redfield bereits zehn Jahre zuvor gekommen, nach dem »großen Septembersturm von 1821«. Der Sturm – wie man den Hurrikan damals noch nannte – hatte entlang der gesamten Nordostküste Panik verbreitet, als die von ihm ausgelöste Flutwelle die Küste New Jerseys und diverse Straßen auf der Insel Manhattan überflutete. Einige Tage danach war Redfield mit seinem Sohn auf dem Land in Connecticut spazieren gegangen, wo der Sturm ebenso heftig gewütet hatte. Dabei war ihm in der Nähe von Middletown, im Herzen des Bundesstaates, aufgefallen, dass der Sturm die Bäume in nordwestlicher Richtung umgeweht hatte. Im benachbarten Massachusetts hingegen waren die Bäume in die entgegengesetzte Richtung umgestürzt. Redfield sah darin einen Beleg, dass die Sturmwinde innerhalb von weniger als 120 Kilometern ihre Richtung um 180 Grad geändert hatten. Um das anhand weiterer Belege zu überprüfen, hatte er Zeitungsmeldungen gesammelt und schon bald darauf den Weg des Sturms nachgezeichnet. Dabei »war die Idee in seinem Kopf aufgeblitzt, dass der Sturm ein fortschreitender *Wirbelwind* war«.[41]

Da Redfield über keine Verbindungen zur akademischen Wissenschaft verfügte, behielt er seine Ideen für sich – bis zu seiner Zufallsbegegnung mit Olmsted. Der war davon begeistert und drängte Redfield, einen Artikel zu dem Thema für das *American Journal of Science* zu schreiben. Redfield war einverstanden, unter der Bedingung, dass Olmstead das Manuskript überarbeiten und dessen Veröffentlichung beaufsichtigen würde. Einige Monate später war Redfields Aufsatz dann erschienen.

»Bemerkungen über die gewöhnlich an der Atlantikküste auftretenden Stürme« erschien im Juli 1831, nur einen Monat vor dem Wirbelsturm auf Barbados. Selbstbewusst entwickelte Redfield darin seine These. Dabei ging er logisch vor, definierte zunächst Grundbegriffe, indem er zwischen Winden, Flauten, Stürmen und Hurrikanen unterschied, wobei er einen Hurrikan beschrieb

als »*ein[en] Wind oder Sturm von allerauβerordentlichster Heftigkeit.*
Als ein Hurrikane auszeichnendes Merkmal ist angeführt worden,
dass während ein und desselben Sturms *der Wind aus verschiedenen Himmelsrichtungen weht.*«[42]

Seine Absicht sei es, so Redfield, diesen verwirrenden Umstand
aufzuklären. Anhand des Septembersturms von 1821 trug er seinen Fall wie ein Staatsanwalt vor, stellte fest, wo sich der Sturm
zu einer bestimmten Zeit jeweils befunden hatte, und zeigte, aus
welcher Richtung der Wind dabei gekommen war:

> Die Prüfung dieser Tatsachen führt uns zu der Frage, wie oder
> auf welche Weise es geschehen konnte, dass sich die Masse der
> Atmosphäre mehrere Stunden lang mit außergewöhnlicher
> Schnelligkeit über Middletown auf einen Punkt zubewegen
> konnte, der dem Anschein nach in 30 Minuten Entfernung lag,
> ohne ihn je zu erreichen; und dass ein Teil der Luft von gleicher
> oder ähnlicher Masse von ebendiesem Punkt mit gleicher Ge-
> schwindigkeit zurückgekehrt ist. Und wie es sein konnte, dass
> die heftigsten dieser atmosphärischen Bewegungen, die zur sel-
> ben Zeit sich ereigneten, alle auf einen Bezirk beschränkt waren,
> dessen Durchmesser nicht viel mehr als 100 Meilen betragen zu
> haben scheint. Für den Verfasser gibt es nur eine befriedigende
> Erklärung dieses Phänomens. *Dieser Sturm stellte sich in Form
> eines riesigen Wirbelwindes dar.*[43]

Redfield belegte seine Behauptungen schlüssig. »Wird die Richtigkeit unseres Standpunkts eingeräumt, dann ist es nicht länger
schwierig, das Paradoxe oder Rätselhafte zu erklären, das andernfalls den Phänomenen anhaftet, welche dieser Sturm aufgewiesen hat … Wir erkennen den Grund, weshalb, in der Sprache
des Seemanns, ›ein Nordwester einem Südoster nie lang etwas
schuldig bleibt‹.« Er wies nach, dass der Sturm am 1. September

in der Karibik begonnen hatte, dann die Küste hinauf gekreiselt war, über Charleston in South Carolina, Norfolk in Virginia und Delaware, ehe er über New York hereinbrach. Die ganze Zeit hindurch hatte der Wind aus unterschiedlichen Himmelsrichtungen geweht, eine Tatsache, die er auf einer beigefügten Karte veranschaulichte.

Aber das war noch nicht alles. Denn Redfield behauptete auch, mit seiner Wirbelwind-Theorie ein jahrhundertealtes barometrisches Rätsel gelöst zu haben. Dazu bat er die Leser um die Durchführung eines einfachen Experiments:

> Man fülle ein zylindrisches Gefäß von nicht unbeträchtlicher Größe halb mit Wasser und versetze die Flüssigkeit sodann in eine rotierende Bewegung, etwa mittels eines Stabes, der wiederholt im Kreise durch diese Masse geführt wird. Wenn wir dieses Experiment durchführen, werden wir feststellen, dass die Oberfläche der Flüssigkeit durch die zentrifugale Wirkung augenblicklich niedergedrückt wird, außer an den Rändern, wo sie, allein durch den Widerstand, den die Wand des Gefäßes der Flüssigkeit entgegensetzt, über ihr normales Niveau emporsteigt, sodass die Flüssigkeit insgesamt den Charakter eines Strudels in Miniaturform aufweist.[44]

Wenn das stimmte, dann hatte Redfield nicht nur erklärt, weshalb im Zentrum eines Sturms ein gefallener Barometerstand abgelesen wurde, sondern auch, weshalb das Barometer Augenblicke vor seinem Eintreffen plötzlich stieg. Die ganze Mechanik eines Sturms ließe sich dann jederzeit in jedem x-beliebigen amerikanischen Haushalt nachvollziehen, und dazu war nicht mehr erforderlich als eine Tasse mit Wasser und ein Löffel.

Redfield hatte damit auch erstmals das »Auge des Sturms« entmystifiziert – jenen Moment unheimlicher Windstille im Zentrum des Sturms. Nach seiner Theorie handelte es sich dabei um das Vakuum in der Kernzone des Wirbelwinds:

> Jeder erfahrene Steuermann wird unwillkürlich erschauern, sobald er an jene Momente entsetzlicher, trügerischer Stille denkt, wenn er sich mitten im Wirbel des Hurrikans befindet, gerade bevor ihn die heranrasende, scheinbar undurchdringliche Wand aus Gischt übermannt, die den Angriff der letzten und am meisten gefürchteten Phase des abziehenden Sturmes verhüllt.[45]

Obgleich Redfield damit nicht mehr als eine Theorie präsentiert hatte, stellte sein Aufsatz dennoch den größten Beitrag zur Erforschung der Mechanik von Stürmen seit Jahrzehnten dar. Als Reid im folgenden Jahr in Barbados Redfields Aufsatz las, war die beigefügte Karte das Erste, was seine Aufmerksamkeit erregte. »Unbedingt überzeugt, dass die Ansichten des Herrn Redfield richtig waren, entschloss ich mich, sie zu verifizieren, indem ich Karten in einem größeren Maßstab anfertigte«, schrieb Reid später darüber, »und auf diesen die verschiedenen Berichte über den Wind an einzelnen Punkten abtrug, wie sie im *American Journal of Science* mitgeteilt wurden.«[46]

Damit hatte sich Reid ein hohes Ziel gesetzt. Brieflich bat er Anwohner um persönliche Darstellungen, Tagebuchschreiber um ihre Aufzeichnungen, Kapitäne um die Logbücher ihrer Schiffe und untersuchte alle meteorologischen Aufzeichnungen, derer er habhaft werden konnte. »Je größer die Genauigkeit dabei war«, schrieb Reid zur Erklärung, »desto eher schien es möglich, die Spur des Verlaufs, den der Sturm genommen hatte, so getreu wie möglich nachzuverfolgen.« Bald schon dehnte Reid sein Vorhaben auf andere Stürme aus. So untersuchte er den Hurrikan von Savanna-la-Mar vom Oktober 1780 und den von Poyer beschriebenen großen Barbados-Hurrikan aus demselben Jahr sowie den großen Septembersturm von 1821. Schließlich gelang es ihm tatsächlich, den Verlauf des Hurrikans vom August 1830 genau nachzuzeichnen. Er zeigte, dass der Sturm, nachdem er Barbados hinter sich gelassen hatte, über die Bahamas und über Florida hinweg weitergezogen war und sich dann die amerikanische Ostküste hinauf bewegt hatte, bis er südlich vor St. Pierre im Sankt-Lorenz-Golf »bei 57° westlicher Breite und 43° nördlicher Länge« zur Ruhe gekommen war.

Reid fährt fort:

> Er hat diese lange Reise in rund sechs Tagen zurückgelegt, bei einer durchschnittlichen Geschwindigkeit von 17 geografischen Meilen pro Stunde. Die Breite des Gebiets insgesamt, das mehr oder weniger von dem Hurrikan betroffen war, betrug zwischen 500 und 600 Meilen [800–960 Kilometer], doch die Breite des Gebiets, in dem der Hurrikan von schwerer Stärke war, betrug nur 150 bis 250 Meilen [240–400 Kilometer]. Die Dauer der heftigsten Phase des Sturms an verschiedenen Punkten, über die er hinwegzog, liegt zwischen sieben und zwölf Stunden, und die Geschwindigkeit seines Vorwärtskommens von der Insel St. Thomas bis zu seinem Endpunkt vor der Küste von Nova Scotia betrug zwischen 15 und 20 Meilen pro Stunde.[47]

Reid setzte seine Nachforschungen noch zwei weitere Jahre fort, während er den Wiederaufbau von Barbados leitete. Dabei ging es ihm nicht um eine Theorie, weshalb die Winde herumwirbelten. Vielmehr folgte er lediglich der Devise Francis Bacons, durch Beobachtung brauchbare Fakten zu sammeln und darauf zu warten, dass sich darin Muster oder Regelmäßigkeiten zeigten. Das Vorhaben nahm ihn für den Rest seines Aufenthalts auf Barbados ganz in Anspruch. Als er die Insel im Mai 1834 verließ, hatte er genügend Material beisammen, um ein Buch in Angriff zu nehmen. Nach Hause zurückgekehrt, erhielt er einen längeren Urlaub, den er in weitere Nachforschungen zu Stürmen und Hurrikanen investierte, während er dabei eine stetig wachsende Menge an Daten sammelte und analysierte.

Reids Forschungsurlaub ging 1836 zu Ende, und das Pionierkorps versetzte ihn nach Spanien, wo er im ersten der sogenannten Karlistenkriege mitkämpfte. So entging seiner Aufmerksamkeit ein merkwürdiger Bericht des *Boston Paper*, der von einer Handvoll britischer Gazetten nachgedruckt wurde. Unter dem Titel »Important Discovery« (Wichtige Entdeckung) hieß es darin:

> Ein Gentleman aus der Stadt hat eine der größten Entdeckungen seit Franklins Tagen gemacht: Er hat die Gesetze entdeckt, die das Wetter bestimmen! Dieses große Geheimnis, das die Menschheit seit Jahrtausenden zu ergründen suchte, ist von James P. Espy, Esq., enthüllt worden.
>
> Wie die meisten Vorgänge in der Natur wird auch das Wetter, wie er festgestellt hat, von festen, unabänderlichen Gesetzen gelenkt – einfachen, leicht verständlichen Gesetzen. So vermag er dem Kapitän eines Schiffes zu sagen, ob irgendwo im Umkreis von 500 Meilen ein Sturm tobt, und wie er steuern muss, um gerade so weit in den Sturm hineinzusegeln, wie er beliebt, und natürlich auch gerade so viel oder so wenig Wind zu haben, wie er beliebt.[48]

Dem Nachdruck dieses Artikels in der *Manchester Times and Gazette* hatte der Redakteur seine skeptische Analyse vorangestellt: »Den folgenden Absatz haben wir nicht deshalb hier abgedruckt, weil wir etwa der gemeldeten meteorologischen Prophezeiung des amerikanischen Gelehrten irgendeinen Glauben schenken. Wir glauben, dass diese Geschichte ebenso wahr ist wie jene, die von den Windhändlern in Lappland erzählt wird, die diesen Artikel, in Beuteln verschlossen, zum Gebrauch der Seefahrer verkaufen.«

Es war keineswegs ungewöhnlich, dass britische Zeitungen Nachrichten aus Amerika in dieser Weise behandelten. Kaum ein halbes Jahrhundert nach Gründung der Vereinigten Staaten ließ der unerschütterliche Optimismus und Fortschrittsglaube der Amerikaner sie als besonders empfänglich für alles Fantastische, Widersinnige und Lächerliche erscheinen. Aber in diesem Fall sollte sich die Skepsis als unangebracht erweisen. Denn James Espy war es gelungen, einen rätselhaften Vorgang zu erklären, nämlich wie sich Wolken bildeten und wie Regen fiel. Ein neuer Stern war am Firmament der Naturwissenschaft aufgegangen.

Kapitel 5

Zitternde Luft,
wirbelnde Winde

Während im Juli 1836 die Berichte über Espys Entdeckung der Wettergesetze in britischen Zeitungen erschienen, bereitete Pastor Albert Barnes von der Ersten Presbyterianischen Kirche von Philadelphia seine Rede vor den ehemaligen Studenten des Hamilton College im Bundesstaat New York vor. Er hielt sie am 27. Juli und lieferte darin eine enthusiastische Einschätzung der Gesundheit des amerikanischen Geistes: »Es ist keine Schande für uns, wenn wir zugeben, dass unsere Literatur und Wissenschaft in mancher Hinsicht hinter den Leistungen der Alten Welt zurückbleiben«, begann er. »Kein Amerikaner muss sich schämen zuzugeben, dass wir in der Philologie und philosophischen Kritik hinter Deutschland zurückstehen, in Chemie und Medizin hinter Frankreich, in klassischer Bildung und den exakten Wissenschaften hinter England und Schottland.« Was sei denn anders zu erwarten von einem »Volk, das noch in den Kinderschuhen« steckte? »Keine Nation sah sich je vor eine derart schwierige Aufgabe gestellt, und keine hat sie so gut bewältigt. Wir mussten ein weites, ja beinahe unbegrenztes Territorium in Besitz nehmen, es uns unterwerfen und kultivieren.«

Bei dieser Aufgabe habe man gute Fortschritte gemacht, sagte Barnes, und deshalb sei es nun an der Zeit, dass die Amerikaner ihre Aufmerksamkeit ihrer geistigen Vervollkommnung widmeten. Scheine nicht die gleiche Sonne über den Köpfen der Amerikaner, wie sie über Galilei und Herschel geschienen habe? Ließen sich amerikanische Luft und amerikanisches Wasser nicht ebenfalls mit der Leichtigkeit eines Davy studieren? Ja, so fuhr er fort, der amerikanische Kontinent scheine ihm sogar besonders gut für die wissenschaftliche Forschung geeignet:

> Die Natur stellt sich hier in mancher Hinsicht in einem größeren Maßstabe und in großartigerer Weise dar als in der Alten Welt. Hier bei uns sind ihre Werke von einer Frische und Größe, die geeignet sind, den Verstand zu erweitern und die Seele zu erheben, mit großen Ideen zu erfüllen und zu erfolgreicher Forschung einzuladen. Es scheint beinahe, als hätte Gott zugunsten der Wissenschaft und der Ausdehnung des menschlichen Verstandes das Wissen von der westlichen Welt zurückgehalten, bis beinahe die letzten segensreichen Forschungen, die noch zu tun blieben, in der Alten Welt gemacht waren.[1]

Barnes' Worte fanden ein Echo in der *American Scholar*-Ansprache, die Ralph Waldo Emerson ein Jahr später vor der Phi Beta Kappa Society der Harvard University hielt. In dieser berühmten Rede forderte Emerson die amerikanischen Wissenschaftler auf, als Akt der Emanzipation von den alten Gelehrten eigene Wege einzuschlagen. »Zu lange schon haben wir auf die vornehmen Musen Europas gehört«, stellte er fest. So liefen die Amerikaner Gefahr, »schüchtern, epigonal und zahm« zu werden. Wollte Amerika Großes erreichen, müsse es davor auf der Hut sein.[2]

Barnes und Emerson hielten ihre Reden zu einem Zeitpunkt, da Amerika in eine neue Phase seiner Entwicklung eintrat. Die Republik war nicht länger nur ein mutiges soziales Experiment. Vielmehr war sie bereit, ihrer Stimme auf der internationalen Bühne Gehör zu verschaffen. Und kaum einer ihrer Bürger war darauf mehr erpicht als James Pollard Espy, ein hochgeschätzter Lehrer, Altphilologe, Mathematiker und Meteorologe aus Philadelphia.

Im Juli 1836 war Espy einundfünfzig Jahre alt und auf dem Höhepunkt seiner Karriere. Ein Porträt aus dieser Zeit zeigt ihn im schwarzen Festanzug mit Seitenscheitel im welligen, ergrauten Haar. Doch sind es vor allem Espys Augen, die den Betrachter aufmerksam werden lassen. Sein Blick ist fest und dabei leicht nach unten gerichtet. Wir sehen Espy hier in seiner angestammten Rolle als Schulmeister, der seine Klasse mustert, oder als Redner, der sein Publikum in Augenschein nimmt.[3]

Espy wurde am 9. Mai 1785 im County Westmoreland bei Pittsburgh im westlichen Pennsylvania geboren. Diese Region am Ostufer des Ohio bildete damals die Grenze der Zivilisation, ein noch kaum gesichertes, gefahrvolles Territorium. Als Espy ein Kleinkind war, rückten Truppen der Union noch regelmäßig aus Fort Washington aus, um im Westen Aufstände der Shawnee und Miami-Indianer niederzuschlagen. Meldungen von den Inandianerkriegen verbreiteten Angst und Schrecken. Tödliche Hinterhalte, skalpierte Soldaten und Überfälle kennzeichneten die Welt von Espys Kindheit, die weit entfernt schien von der zivilisierten Ostküste, wo die Mehrheit der Bevölkerung in der relativen Sicherheit geschützter Zonen lebte. Espys Familie führte ein Nomadendasein; kaum rückten die US-Truppen weiter nach Westen vor, folgten die Espys: zuerst über den Fluss nach Miami Valley im neu in die Union aufgenommenen Bundesstaat Ohio, später dann weiter in das Savannenland der Bluegrass-Region von Kentucky. Dort zeigte Espy erstmals Zeichen einer Haltung, die ihn sein Leben lang charakterisieren sollte. Aus Abscheu gegenüber der Sklavenhaltung auf den Tabakplantagen verließ er den Westen, kaum dass er sein Jurastudium an der Transylvania University in Lexington erfolgreich abgeschlossen hatte.

Espy war ehrgeizig und unglaublich zielstrebig. Rasch erklomm er die akademische Karriereleiter und wurde 1834 Direktor der

Fakultät für Altphilologie am Franklin Institute in Philadelphia. Dort war er ein Kollege von Professor Alexander Bache, einem Urenkel von Benjamin Franklin, der später zum Professor für Naturphilosophie an der Universität von Pennsylvania berufen wurde. Bache hielt Espy für »einen der besten Dozenten für Altphilologie und Mathematik in Philadelphia«. Aber darin erschöpften sich seine Talente nicht, denn Ende der 1820er-Jahre hatte er seine große Leidenschaft entdeckt: die Meteorologie.

Zunächst waren Espys meteorologische Spekulationen auf kurze, nicht sehr weit ausgreifende Aufsätze beschränkt, in denen er sich mit den täglichen Schwankungen des Barometers beschäftigte. Doch aufgrund seiner Stellung am Franklin Institute erwarb er sich rasch einen Ruf als Autorität und wurde zum Vorsitzenden eines gemeinsamen Komitees des Franklin Institute und der American Philosophical Society berufen, dessen Aufgabe darin bestand, die Untersuchung von Stürmen zu betreiben. Eines der wichtigsten Ziele des Komitees war es, Daten über die Atmosphäre zu sammeln, und Espy machte sich eifrig ans Werk, nach möglichen Korrespondenten zu suchen. Er wandte sich an Staatsbeamte, College-Professoren, Rechtsanwälte und Journalisten in kleinen und großen Städten überall im Land mit der dringenden Bitte, Wettertagebücher zu führen. Wie Beaufort in seinen Dienstanweisungen für FitzRoy, so drängte auch Espy seine Korrespondenten, die Windrichtung und den »Charakter der Wolken« dreimal täglich zu notieren. Niemand hatte dergleichen in Amerika bis dahin unternommen. Schon bald hatte Espy vierzehn regelmäßige Wettertagebuchschreiber gefunden, die ihm ihre Daten zukommen ließen, von Maine im Norden bis Tennessee im Süden. In Anerkennung seiner Arbeit wurde er zum Mitglied der American Philosophical Society gewählt, ein Zeichen, dass sein Stern im Steigen begriffen war.

Eine Anweisung lag Espy vor allem am Herzen: »Insbesondere ersuchen wir Sie, für den Fall, dass Sie vom Auftreten eines Sturms in Ihrer Nähe hören, alle in Ihrem Einflussbereich stehenden Informationen darüber zu sammeln.«[4] Espy hatte einen Grund für seine Bitte. Redfields Artikel im *American Journal of Science* hatte er mit zunehmender Skepsis gelesen. Sollten Stürme tatsächlich riesige Wirbelwinde sein? Das schien allen Schlüssen zu widersprechen, zu denen er selbst aufgrund seiner Berechnungen gekommen war. Und mit den Daten, die ihm sein Netzwerk von Beobachtern verschaffte, hoffte er, Redfield widerlegen zu können.

Sieben Jahre waren vergangen, seit Espy 1829 seine ersten Theorien entwickelt hatte. Später schilderte er das Erwachen seines meteorologischen Interesses in pompösen Worten. Es hatte sich in zwei Schritten vollzogen. Zunächst hatte er einen Essay des britischen Meteorologen und Chemikers John Dalton gelesen:

> Eines seiner Ergebnisse machte mir besonders tiefen Eindruck, nämlich dass sich das Gewicht der Menge von Wasserdampf in der Luft innerhalb weniger Minuten mit größter Genauigkeit bestimmen ließe, wozu man nichts weiter benötigte als ein Thermometer und ein Glas mit Wasser, das kalt genug war, damit sich an seiner Außenwand ein Teil des Wasserdampfes in der Luft niederschlug. Sogleich kam mir in den Sinn, dass dies ein Maßstab war, mit dem der Meteorologe die Welt bewegen würde.[5]

Begeistert begann Espy mit einer experimentellen Untersuchung von Wasserdampf. Sie erwies sich aber als fruchtloses Unterfangen. Später beschrieb er die Vielzahl von Widersprüchen, mit denen er sich konfrontiert sah, als er versuchte zu erklären, wie Wasser in der Luft schweben konnte. Hier kam er nicht weiter, bis er eine zweite Inspiration fand – ein Augenblick, der sein weiteres

Leben veränderte. Das geschah, als er damit beschäftigt war, den exakten Moment zu bestimmen, wann Wasserdampf zu Tröpfchen kondensierte, die eine Wolke bildeten. Espy konzentrierte seine Aufmerksamkeit dabei auf das, was er als »latente Wärme« bezeichnete: Energie, die bei einem Phasenübergang wie dem Kochen von Wasser (flüssig zu gasförmig) oder dem Schmelzen von Eis (fest zu flüssig) abgegeben oder absorbiert wird, ohne dass dadurch eine Temperaturänderung eintritt. Espy erkannte, dass Schnee (ein fester Stoff), wenn er zu Wasser (einer Flüssigkeit) erhitzt wird und anschließend zu Wasserdampf (einem Gas) verdampft, an verborgener Wärme gewinnt. Umgekehrt wird verborgene Wärme abgegeben, wenn Wasserdampf zu Wassertropfen kondensiert, wie das bei der Bildung einer Wolke geschieht. Was Espy damit verstanden hatte, war von entscheidender Bedeutung: Die schlagartige Freisetzung der »latenten Wärme« des Wasserdampfs erklärte, wie Wolken sich ausdehnten und ihre spezifische Gestalt annahmen.

> Das Ergebnis war ein augenblicklicher Übergang von Dunkelheit zu Licht. In dem Augenblick, da ich erkannte, dass eine schnell sich bildende Wolke ein geringeres spezifisches Gewicht hat, je dunkler sie wird, verschwanden tausend Widersprüche schlagartig, und die zahlreichen Fakten, »eine rohe, unverdaute Menge«, die ich in den Winkeln meines Gedächtnisses gespeichert hatte, stellten sich meinem erfreuten Verstand mit einem Mal als harmonisches System ausgewogener Verhältnisse dar.[6]

Folglich stellte Espy sich die Atmosphäre als aus unsichtbar aufsteigenden Luftsäulen bestehend vor, die die Wolken mit kondensierendem Wasserdampf versorgten. Damit schloss er eine Lücke im Verständnis dessen, was wir heute als Wasserkreislauf bezeichnen. Er hatte gezeigt, dass die Atmosphäre weder von einem elektrischen Feld zusammengehalten noch von Dämpfen oder »Ausdünstungen« in Bewegung gesetzt wurde. Vielmehr wurde sie von streng mathematischen Grundsätzen bestimmt, wobei Wasserdampf den Hauptbestandteil eines Kreislaufsystems bildete, vergleichbar etwa dem Blutkreislauf im menschlichen Körper.

Es war keine neue Idee, Wasserdampf zu untersuchen. Seit Descartes in den 1630er-Jahren die geltende Lehrmeinung, alle unsichtbaren Gase seien Luft, angezweifelt hatte, waren Philosophen der Überzeugung gewesen, es sei wichtig, den Wasserdampf zu studieren. Descartes war der Auffassung, Wasserdampf existiere unabhängig von Luft und verfüge irgendwie über die Fähigkeit, aufzusteigen. Aber es bereitete Schwierigkeiten zu erklären, woher sein Auftrieb kam. Auch sonst warf der Dampf Probleme auf. Denn sobald er sich in Tröpfchen verwandelt hatte, wie vermochten diese in der Luft zu schweben? Und wenn Wolken Tausende Tonnen Wasser enthielten, wie konnten sie dann überhaupt in der Luft bleiben, da doch Wasser bekanntermaßen eine Hunderte Male höhere Dichte hatte als Luft? Jahrhundertelang war das eines der großen Paradoxa der Natur gewesen.

Die am weitesten verbreitete Theorie besagte, dass Wolken winzige Partikel enthielten, sogenannte Bläschen, deren spezifisches Gewicht ihnen den nötigen Auftrieb verlieh. Diese Bläschen waren »unzählige kleine, mit feuchter Luft gefüllte Kugeln von der Art wie Seifenblasen«, oder vielleicht noch eher wie Luftballons, die durch die Atmosphäre schwebten. Saussure behauptete, solche Bläschen auf einer Wanderung durch die Alpen beobachtet zu haben; die Tropfen seien »langsam vor ihm dahingeschwebt, mit einem größeren Durchmesser als Erbsen und einer Hülle, die unvorstellbar dünn schien«.[7] Das Bild prägte sich ein, aber die Theorie blieb viele Antworten schuldig: Wie verwandelte sich Wasserdampf in Bläschen? Woher kam ihre der Schwerkraft trotzende Auftriebskraft? Was waren »Bläschen« überhaupt? Und wie verwandelten sie sich in Regen, Hagel oder Schnee?

Die erste allgemein anerkannte Theorie des Regens trug James Hutton im Jahr 1784 in der Royal Society von Edinburgh vor. Hutton war der Auffassung, dass Regen durch die »Vermischung großer Luftschichten von verschiedener Temperatur« verursacht würde, in denen »verschieden viel Feuchtigkeit gespeichert« war.[8] Die Vermischung dieser Luftschichten erzeugte ein, wie Hutton es nannte, atmosphärisches Ungleichgewicht, das zu Regen führe. Espys Vorstellungen hingegen waren von Anfang an völlig anders geartet. Er konzentrierte sich auf die Säulen von aufsteigender Luft. Die Idee einer aufsteigenden Luftströmung war auch anderen Denkern zuvor schon gekommen, insbesondere dem französischen Physiker du Carla und später einem weiteren Franzosen, Joseph Louis Gay-Lussac. Beide hatten sie Aufsätze zu diesem Thema veröffentlicht, welche die Aufmerksamkeit des deutschen Geologen Leopold von Buch erregt hatten. Von Buch wiederum hatte vor der Berliner Akademie der Wissenschaften erklärt, »das Prinzip der aufsteigenden Luftströme muss wirklich als der Schlüssel zur Wissenschaft von der Meteorologie bezeichnet werden«.[9]

Dass es unregelmäßige Säulen aufsteigender Luft gab, stand außer Zweifel. Ein schönes Beispiel dafür hatte der Naturkundler John Blackwell gegeben. In einem Beitrag für die *Transactions of the Linnean Society* beschrieb er 1828 ausführlich seine Beobachtung von Spinnen in einem Stoppelfeld:

Alle Spinnen waren darauf bedacht, die luftigen Regionen zu durchqueren. Folglich erhoben sie sich, nachdem sie die Spitze verschiedener Gegenstände, so Grashalme, Stoppeln, Geländer, Tore etc., auf dem langsamen und mühseligen Weg des Kletterns erreicht hatten, noch höher, indem sie ihre Glieder streckten und dabei ihren Unterleib anhoben, wobei sie ihn aus der gewöhnlichen horizontalen Stellung in eine nahezu lotrechte brachten, und sonderten nun aus ihrem Spinnapparat eine kleine Menge eines klebrigen Sekrets ab, mit dem sie ihre Netze bauen. Diese zähflüssige Substanz wurde dann vom aufsteigenden Strom verdünnter Luft in feine Fäden von mehreren Fuß Länge ausgezogen und nach oben getragen, bis die Spinnen sich davon mit genügender Kraft in seine Richtung gezogen fühlten und ihren Halt auf dem Gegenstand, auf dem sie standen, aufgaben und damit begannen, daran nach oben zu klettern.[10]

Espy hatte solche Strömungen selbst beobachtet. Als Mitglied des Drachenklubs von Pennsylvania – eine Organisation von untadeliger meteorologischer Reputation – hatte er oft bemerkt, wie sein Drachen von aufsteigender Luft nach oben getragen wurde. Diese Säulen (heute als Thermik bekannt) traten am häufigsten dann auf, wenn Cumuluswolken sich »schnell und zahlreich« bildeten. Solche Aufwinde wurden den Klubmitgliedern, die ihre Drachen steigen ließen, »im Verlauf ihrer Experimente so vertraut, dass sie beim Herannahen einer sich eben bildenden Wolkensäule vorherzusagen vermochten, ob sie nahe genug kommen würde, um ihre Drachen zu erfassen«.[11]

In der Gewissheit, den Vorgang verstanden zu haben, der der Wolkenbildung zugrunde lag, ging Espy daran, den alten Glauben zu zerstören, dass sie überhaupt schwebten:

> Es ist nicht erforderlich nachzuforschen – wie das oft geschieht –, welche Kraft die Wolken in der Schwebe hält, wenn man nicht zuerst zeigt, dass sie überhaupt schweben, was ich für nicht wahrscheinlich halte […]. Wir haben jeden Grund anzunehmen […], dass die Wolkenpartikel durch die Luft zu fallen beginnen […], sobald sie von der aufsteigenden Luftsäule getrennt werden, mittels derer die Wolke gebildet wurde.[12]

Damit umriss Espy ein vollständiges dynamisches Wettersystem: Aufsteigende warme Luftströme zogen Wasserdampf nach oben, der Wasserdampf kondensierte auf einer bestimmten Höhe, dehnte sich aus und bildete Wolken, bis die Wassertröpfchen wieder auf die Erde zurückfielen. Unter verschiedenen atmosphärischen Bedingungen war dieses System der Wasserdampfzirkulation imstande, jede Art von Niederschlag hervorzubringen: Regen, Schnee oder Hagel. Espys nächste Aufgabe bestand darin, die dafür erforderlichen spezifischen Umstände zu berechnen. Welche Temperatur war nötig, um Schnee zu erzeugen? Welche Ausdehnung des Wasserdampfs war erforderlich, um einen Hagelsturm von dreißig Kilometer Breite entstehen zu lassen?

Er arbeitete an diesen Berechnungen im Garten seines Hauses in der Chestnut Street in Philadelphia, und im Lauf der Zeit wuchs dabei sein Bestand an meteorologischen Geräten. Um seine Berechnungen zu modellieren, erfand er ein Instrument, das er *nephelescope* (von gr. *nephele*: Wolke; ein Wolkenmesser) nannte. Es bestand aus nichts anderem als einer Luftpumpe, die mit einem Barometer und einem röhrenförmigen Gefäß verbunden war – eine Art Frühform der Nebelkammer –, aber damit nahmen seine Studien zumindest eine greifbare Form an. Eine Nichte, die ihn während dieser Zeit besuchte, stellte fest, dass er seinen Garten in ein regelrechtes Labor im Freien verwandelt hatte, in dem überall Gefäße mit Wasser, unzählige Thermometer sowie Hygrometer zur Bestimmung des Taupunktes herumstanden. Um zeitsparend arbeiten zu können, hatte Espy seinen Gartenzaun weiß gestrichen, sodass er ihn für Notizen verwenden konnte. »Er war dermaßen mit Zahlen und Berechnungen beschrieben, dass kein Platz mehr blieb für die kleinste Addition oder Zahlenkolonne«, erinnerte sie sich.[13]

Als Mathematiker war Espy für diese Art von Arbeit besonders gut geeignet. Alles wurde ihm zum Problem, das sich durch minutiöse Studien lösen ließ. Seine Berufung zum Vorsitzenden des Gemeinsamen Meteorologischen Komitees in Philadelphia versetzte ihn in die Lage, seine Theorien mittels in der Praxis gewonnener Daten abzubilden, und ständig war er bemüht, seinen Datenbestand zu vergrößern. Im Juli 1835 etwa begab er sich, so schnell er konnte, nach New Brunswick an den Schauplatz einer Windhose, um den Fall persönlich zu dokumentieren. Auch William Redfield war vor Ort, in der Hoffnung, dort weitere Beweise für seine Theorie der Wirbelwinde zu erhalten. Die beiden trafen einander nicht, aber Espy kannte Redfields Ideen aus wissenschaftlichen Veröffentlichungen sehr genau. Vorläufig wartete er ab und ließ nichts verlauten.

Redfields Idee der kreisenden Winde war zweifellos verwirrend. Espy konnte keinen Grund erkennen, weshalb Winde die Mittelachse eines Sturms umlaufen sollten. Schließlich kam er zu dem Ergebnis, dass Redfield unrecht haben müsse. Eine logischere Antwort schien ihm, dass die Winde in die Mittelsäule des Sturms hineinstürzten, wie Luft in ein brennendes Feuer hineingezogen wird, wenn kalte Luft von unten der nach oben steigenden heißen Luft nachströmte. Das war wissenschaftlich solide begründet. Und bei einem heftigen Sturm, so mutmaßte Espy, würde dieser Effekt einfach um ein Vielfaches vergrößert.

Als er seine Thesen schließlich 1834 publik machte, wählte er ein unscheinbares Forum: die *Transactions of the Geological Society of Pennsylvania*. Ein vorsichtiger Schritt, mit dem er zunächst offenbar das Terrain sondierte. Erst zwei Jahre später, im April 1836, war er bereit, seine Thesen nun auch vor der Wissenschaftsgemeinde insgesamt zu vertreten. Er trat an das *Journal of the Franklin Institute* heran, sozusagen seine geistige Heimat. Sein Ziel war es, Eindruck zu machen. Voller Selbstbewusstsein schrieb er:

Gentlemen, ich sende Ihnen hiermit zur Veröffentlichung den ersten einer Reihe von Essays über Regen, Hagel und Schnee, Wasserhosen, Windhosen, Winde und barometrische Schwankungen und hoffe zuversichtlich, Sie kommen zu dem Ergebnis, dass ich diese Erscheinungen auf ihre wahren Ursachen zurückführe […].

Ich verspreche dem Leser darüber hinaus, dass er in den folgenden Essays ein Gesetz der Meteorologie dargelegt finden wird, das, auf den anerkannten Grundsätzen der Dynamik beruhend, alle *sieben* oben genannten Phänomene unmittelbar erklärt, mit einer Einfachheit, wie sie nur die Natur bietet.

Die Bedeutung dieses Gesetzes wird ohne Weiteres zugegeben werden, sobald man versteht, dass damit jederzeit erkannt werden kann, ob ein Sturm in einem Umkreis von 400 oder 500 Meilen vom Beobachter tobt, und ebenso die Richtung dieses Sturms, was es dem Beobachter ermöglicht, ihn zu umschiffen, falls er sich auf See befindet.

Hochachtungsvoll, James P. Espy[14]

Es war die vollmundige Ankündigung eines Mannes, der mit jedem Wort zu verstehen gab, dass er keinerlei Selbstzweifel hegte. Espy begann seine Darlegung mit einer Untersuchung des Hagels. Er zeigte die Entwicklung, die der Wasserdampf nimmt: sein Aufsteigen vom Erdboden, sein Gefrieren in der Atmosphäre, seinen Niedergang über einem bestimmten Gebiet. Zur Unterstützung seiner These führte er Presseberichte an und setzte sein ganzes rhetorisches Können ein, das er sich in fünfundzwanzig Jahren als Dozent erworben hatte.

Seine Theorie war so unerhört, dass sie augenblicklich Aufsehen erregte. In der amerikanischen Presse erschienen lobende Artikel, die jenseits des Atlantiks nachgedruckt wurden. Für seine Theoric des Hagels erhielt er den renommierten Magellanic Prize der American Philosophical Society. Nachdem er sich damit zum Rattenfänger der amerikanischen Wissenschaft aufgeschwungen hatte, setzte er seine Feder fortan ein, um jegliche Gegner seiner Ideen aus dem Feld zu schlagen. Dazu gehörte auch Redfield mit seiner Theorie der wirbelnden Winde. Espy nahm sich vor, sie Stück für Stück zu zerpflücken.

Redfield war, ohne dass er es wusste, Anfang April 1835 auf James Espy aufmerksam geworden, als er im *Journal of the Franklin Institute* auf einen anonymen Artikel unter der Überschrift »Notes of an Observer« (Bemerkungen eines Beobachters) stieß, der im Vorjahr erschienen war. Der Beitrag enthielt eine kritische Auseinandersetzung mit einem der Aufsätze Redfields aus dem *American Journal of Science*. Nachdem der Verfasser in dem damals üblichen Ton respektvoller Ehrerbietung zunächst Redfields wortgewandten Stil und seine »aufwendigen« Bemühungen im Dienste der Wissenschaft gelobt hatte, schlug er anschließend einen anderen Kurs ein. Eine Reihe der Behauptungen Redfields, so ließ der Autor wissen, seien »dermaßen abweichend von der Norm und unvereinbar mit den anerkannten Theorien«, dass er Anstoß daran nehmen müsse und ihnen nicht völlig vertrauen könne, sondern »sie weiterhin bezweifeln werde, bis ich den unumstößlichen Beweis der Tatsachen habe«.[15]

So kurz die »Bemerkungen eines Beobachters« auch sein mochten, bargen sie doch ein enormes Sprengpotenzial. Kontroversen wie diese wurden oft in der Öffentlichkeit ausgetragen, doch genügte der Text den damaligen Gepflogenheiten gleich in mehrfacher Hinsicht nicht. Denn erstens war er in einer Zeitschrift publiziert worden, zu der Redfield in keinerlei Verbindung stand, weshalb der Beitrag aller Wahrscheinlichkeit nach seiner Aufmerksamkeit entgehen würde – und damit wurde er de facto um sein Recht auf eine Antwort gebracht. Zweitens wurde der zentrale Punkt in Redfields Darstellung einfach übergangen, denn mit keinem Wort wurde seine Theorie der umlaufenden Winde darin erwähnt. Ein derartiges Stillschweigen gab dem Text etwas Herablassendes, das kränken musste. So war es kein Wunder, dass Redfield vierzehn Monate lang in Unkenntnis des Artikels blieb, ehe er ihm zufällig in die Hände fiel. Verärgert suchte er die Kritik abzuschmettern. Um sein langes Schweigen nicht dem Missverständnis auszusetzen, machte er sich sogleich an eine Erwiderung, die er bereits am 8. April 1835 an den Herausgeber des *Journal of the Franklin Institute* sandte. Aber damit war die Sache längst nicht beendet, sondern ein langer Zermürbungskrieg nahm damit erst seinen Anfang.

Redfields Antwort fiel kurz und bündig aus. Er räumte ein, dass seine Behauptungen hinsichtlich der barometrischen Schwankungen in Edinburgh unzutreffend waren, ließ die Kritik in allen übrigen Punkten aber nicht gelten. Besonders ungehalten äußerte er sich über den Vorwurf, seine Ideen seien spekulativ und »unvereinbar« mit den bekannten Lehren der Wissenschaft. Weshalb, so fragte er, sollte man eine Idee ablehnen oder anzweifeln, nur weil sie mit bestehenden Auffassungen unvereinbar oder exzentrisch sei? »Bevor wir uns dazu verstehen, neuen Theorien Glauben zu schenken, tun wir vielleicht gut daran zu fragen, wann und auf welche Weise die anerkannten Theorien der Meteorologie als Wahrheiten bewiesen worden sind.«[16]

Dann wiederholte Redfield seine Überlegungen zu den Gezeiten und seine Vermutung, sie könnten auf gewisse Weise mit dem Auf und Ab in der Atmosphäre in Verbindung stehen. Obgleich Redfield noch keine vollständige Theorie dazu entwickelt hatte, war er doch überzeugt, dass Nachforschungen in dieser Richtung Erfolg versprachen. Und er stellte fest, dass seine Lektüre ausreiche, um ihn davon zu überzeugen, wie töricht eine Untersuchung des Wärmestroms sei. Er verwarf das als einen »Irrtum, dem die ganze Schule der Meteorologen anheimgefallen zu sein scheint«. Der Wärmestrom könne, so Redfield weiter, möglicherweise das Wetter vor Ort in Form von Brisen an Land oder auf See beeinflussen, aber er sei mit Sicherheit kein wesentlicher Faktor für das Geschehen auf makroatmosphärischer Ebene. Dann wiederholte er seine Behauptung, dass Stürme Wirbelwinde seien, und fügte hinzu, sie würden »durch die Rotationsbewegung der Erde um ihre Achse« verursacht.

Redfields Denken hatte Fortschritte gemacht. So beschränkte er sich in seinen Untersuchungen der Atmosphäre nicht länger auf Stürme, sondern betrachtete sie in einem größeren Zusammenhang. Er sah den Himmel als Schauplatz bewegter Teile, die den Newton'schen Gesetzen gehorchten. Im Wesentlichen stützte sich sein Denken auf seine Erfahrungen als Maschinenbauingenieur. Für ihn bestand die Atmosphäre aus einer Anordnung riesiger Zahn- und Triebräder wie in den Maschinen seiner Dampfschiffe oder in George Stephensons revolutionärer Dampflokomotive *Rocket*.

Ein Jahr lang tat sich in dieser Sache nichts weiter. Dann begann im April 1836 die Veröffentlichung von Espys meteorologischen Artikeln unter vollem Namen. Darin konzentrierte sich Espy zunächst darauf, seine eigenen Vorstellungen darzulegen, doch im Juli war er so weit, Redfield offen anzugreifen. In »An Examination of Hutton's, Redfield's and Olmsted's Theories« (Eine Prüfung der Theorien von Hutton, Redfield und Olmsted) machte sich Espy daran, Redfields Theorien genüsslich auseinanderzunehmen. Dabei konzentrierte er sich auf deren Kern: das Beweismaterial zum Septembersturm von 1821. »Schon nach kurzer Überlegung wird offenkundig, dass diese Tatsachen besser mit der Vorstellung eines aufsteigenden Strudels übereinstimmen als mit einem horizontalen Wirbelwind«, hob er hervor. Was würde geschehen, fragte Espy, wenn die Winde, von denen Redfield behauptete, dass sie aufeinander zurasten, in der Atmosphäre aufeinandertrafen? »Alle Tatsachen führen zu dem Schluss, dass bei dem Sturm mindestens der Wind in der Nähe des Sturms gerade zur Mitte hin wehte, und, falls dem so gewesen sei, so folgt daraus ohne jeden Zweifel, dass sich in der Mitte des Sturmes ein aufsteigender Wirbel befand.«[17]

Espys Stil war nicht nur kühn, sondern hatte auch etwas Großspuriges. Der akademische Diskurs unterlag damals dem gleichen strengen Kodex kultivierter Höflichkeit wie das gesamte intellektuelle Leben, von der Politik bis zur Religion. Espy hingegen war mitunter giftig und herablassend. Und keine seiner spitzen Bemerkungen traf empfindlicher als seine Behauptung:

> Sollte Herr Redfield einsehen, dass all die interessanten Tatsachen, die er mit so löblichem Fleiß zusammengetragen hat, in ihrem vollen Umfang durch eine Theorie erklärt werden, die auch dem Regen Rechnung trägt, so wird er gewiss nicht allzu sehr an seinen horizontalen Wirbelwinden festhalten wollen; zumal da er nicht vorgibt zu zeigen, dass entweder der Wirbelwind den Regen verursacht habe oder der Regen die Ursache des Wirbelwindes sei [...]. Es sollte mich mit Stolz erfüllen, Herrn Redfield als Anhänger einer wahren Theorie zu gewinnen.[18]

Aber Espy sollte schon bald erkennen, dass er es nicht mit einem verzagten Widersacher zu tun hatte. Im Februar 1837, sieben Monate später, schlug Redfield zurück. Auch sein Artikel erschien im *Journal of the Franklin Institute* und trug den prosaischen Titel »Mr Redfield in Reply to Mr Espy on the Whirlwind Character of certain Storms« (Herr Redfield in Erwiderung auf Herrn Espy über den Wirbelwind-Charakter gewisser Stürme). Darin verkündete er, dass er keineswegs die Absicht habe, sich Espys Theorie eines »atmosphärischen Schornsteins« zu beugen. Vielmehr stehe er für die Beweiskraft seiner Daten ein und erklärte, über viel mehr Beweise zu verfügen, als er bisher veröffentlicht habe. Mit einem Umfang von rund 10 000 Worten füllte Redfields höhnische Antwort volle fünfzehn Seiten.

Die Standpunkte waren unversöhnlich. Espy hielt Redfields Position für schwach, denn der verfüge über keine alles umfassende Theorie, sondern lediglich über eine Ansammlung nebulöser Behauptungen zu den Gezeiten, während seine Hauptthese von den wirbelnden Winden zu keinem Aspekt der bekannten Lehrmeinung passe. Für Redfield wiederum hatte Espy schlicht unrecht. In seine eigene Idee vernarrt, sei er hochmütig und bombastisch geworden und habe schließlich einfach die Tatsachen aus den Augen verloren. »Herr Espy sagt, Dampf sei die Triebkraft für Stürme«, schrieb Redfield in der sicheren Überzeugung, Espy einen logischen Fehler nachweisen zu können, »dabei ist diese Triebkraft im Winter viel knapper als im Sommer, und doch treten die größten Stürme im Winter auf.« Wie konnte das sein?[19]

Espy ignorierte das Argument. Während Redfield entschlossen versprach, mehr Daten publik zu machen, die seinen Standpunkt untermauern halfen, hatte sich Espy entschieden, mit seinen Gedanken auf Reisen zu gehen. Der erste seiner Vorträge hatte im November 1836 stattgefunden, als er in der Börse von Philadelphia vor einer »großen und achtbaren Menge von Kaufleuten, Versicherern, Schiffseignern und anderen« sprach. Anschließend meldete der *New Bedford Mercury*: »Die Ansichten des Vortragenden sind nicht bloß neu, sondern überaus geistreich und interessant und darauf ausgelegt, jeden zu überzeugen, der sich noch nicht mit diesem Thema beschäftigt hat.«[20]

Der Vortrag in Philadelphia war der Auftakt zu einer Vortragsreise gewesen, die ihn in den folgenden vier Jahren in die großen Säle von Harrisburg, New York, Nantucket, Boston und vielen anderen Städten Amerikas führte. Umgeben von seinen Karten,

Schaubildern und seinem Nepheloskop, stand er am Rednerpult und setzte seine rhetorische Begabung und sein natürliches Charisma ein, um die Naturwissenschaft einem breiten Publikum nahezubringen, indem er seine Thesen mit logischer Klarheit erläuterte und zur Unterstützung auf seine Stellung als Vorsitzender eines wissenschaftlichen Gremiums verwies. Die Kombination war Respekt heischend. In den Zeitungen vor Ort erschienen überschwängliche Berichte, und seine Auftritte halfen ihm auch, sein Netzwerk von Wetterbeobachtern weiter auszubauen. Am 1. April 1837 bewilligte das Parlament die Bereitstellung von 4000 Dollar für eine von Espy geleitete meteorologische Studie, und im Januar 1838 befassten sich die Abgeordneten der Generalversammlung von Pennsylvania mit einem Antrag, Espy offiziell zum Meteorologen des Bundesstaates zu ernennen.

Doch damit war sein Ehrgeiz noch nicht befriedigt. Als sein Freund Professor Bache Vorbereitungen traf, eine Reise nach Europa anzutreten, schrieb ihm Espy: »Bitte zeigen Sie Dalton, Faraday, Brewster, Forbes, Airy, Apjohn, Daniell, Whewell, Scoresby oder, falls es Ihnen nicht genehm ist, jedem anderen an der Wissenschaft Interessierten diejenigen meiner Essays über die Theorie des Regens etc., die bereits veröffentlicht sind.«[21] Europa reizte ihn. In Amerika, das wusste Espy, hatte er sich bereits eine Machtbasis erworben, die ihm Einfluss verschaffte. Aber um seiner Theorie ein unumstößliches Fundament zu geben, bedurfte er der Unterstützung durch mindestens einen der großen Naturwissenschaftler Europas, einen Mann von überzeugendem Ruf. Was eine derartige Unterstützung nach sich ziehen mochte – Gelder vom Senat, moralische Autorität –, darüber konnte er nur spekulieren. Espy wusste, dass für August 1838 ein Treffen der führenden britischen Naturwissenschaftler in Newcastle upon Tyne anberaumt war, und mit Bache als seinem Botschafter hoffte er, dass seine Ideen dort den Sachverständigen vorgestellt würden, deren

Urteil zählte. Was Espy dabei nicht ahnte: Sein findiger Opponent Redfield war ihm bereits zuvorgekommen. Hinter den Kulissen hatte Redfield einen Verbündeten gefunden, der kurz darauf den Ausschlag gab. Sein Name: William Reid.

Reid hatte sich inzwischen seit sechs Jahren mit der Erforschung von Stürmen beschäftigt. Anfang 1838 sichtete er seine umfangreichen Aufzeichnungen, und bis zum 1. Februar war er damit weit genug gediehen, um sich Redfield vorzustellen. In einem Brief schrieb er ihm, er habe dessen Gedanken über Stürme »mit großer Aufmerksamkeit« gelesen und sei »von der Bedeutung des Gegenstandes beeindruckt« gewesen. Weiter schrieb er, dass er beabsichtige, einen Aufsatz über Stürme für das Königliche Pionierkorps zu veröffentlichen, und als Beispiele einige Karten beifüge. »Ich denke, was ich vorlege, wird Sie zufriedenstellen, und ich erlaube mir zu sagen, dass es mir eine große Freude sein wird, in dieser Sache von Ihnen zu hören.«[22]

Es dauerte zwei Monate, ehe Reids Brief in New York ankam, aber als Redfield das Schreiben las, war er hocherfreut. »Es bereitet mir große Befriedigung festzustellen, dass die Erforschung des wahren Wesens der Stürme auch auf Ihrer Seite des Atlantiks Interesse hervorruft, und die Beobachtungen, die ein Aufenthalt in der Karibik Ihnen ermöglicht hat, müssen Ihnen einen besonderen Vorteil bei der Beschäftigung mit dem Gegenstand verschaffen.« Damit begann eine lange, herzliche Freundschaft. Im Frühling und Sommer 1838 entspann sich zwischen Reid und Redfield eine rege Korrespondenz.

Darin tauschten sie Aufzeichnungen aus Schiffslogbüchern und Presseausschnitte aus und erörterten Pläne für Veröffentlichungen ihrer Ideen. Redfield gratulierte Reid zur Qualität seiner Karten, die er »vorzüglich ausgeführt« fand.[23] Als Reid bemerkte, er habe einige von Espys Essays in London im Buchhandel gesehen, mahnte ihn Redfield zur Vorsicht. »Man hat mir berichtet, dass er ein leidenschaftlicher und zugleich ein liebenswürdiger Mann sei. Aber nachdem ich die Beweise für die Fälle, auf die er sich stützt, geprüft und mit den in meinem Besitz befindlichen Fakten verglichen habe, fühle ich mich berechtigt festzustellen, dass sich keine seiner Thesen aufrechterhalten lässt.«[24]

Sie waren bereits gute Freunde, als Reid im August 1838 »gewissermaßen zufällig« sich entschloss, zum Jahrestreffen der British Association for the Advancement of Science zu reisen. Sieben Jahre nach ihrer Gründung war die British Association die schickste wissenschaftliche Gesellschaft ihrer Zeit. Als weniger elitäre und zugleich radikalere Alternative zur Royal Society of London konzipiert, verband sie altehrwürdige Autorität mit einer neuartigen Zielstrebigkeit. In ihrem Leitungsausschuss saßen einige der bedeutendsten Denker der britischen Naturwissenschaft, darunter Sir John Herschel, der außerordentlich fähige, berühmte Sohn von Sir William Herschel. Mit sechsundvierzig Jahren war John Herschel bereits Mitbegründer der Astronomical Society gewesen, hatte der Royal Society als Sekretär gedient, war mit bedeutenden Beiträgen zur Physik und Astronomie hervorgetreten und hatte seinen unglaublich erfolgreichen *Treatise on Astronomy* (dt. *Die Lehren der Astronomie*) veröffentlicht. Zu den weiteren Mitgliedern des Leitungsgremiums zählten der Schotte Sir David Brewster, Erfinder des Kaleidoskops und »Vater der modernen experimentellen Optik«, und John Frederic Daniell, der bereits erwähnte Erfinder des Daniell-Hygrometers und auch der Daniell-Zellenbatterie. Die Jahrestagungen wurden absichtlich nicht in London, sondern in einer jeweils wechselnden Provinzstadt veranstaltet, und für das Treffen in Newcastle waren bereits mehr als zweitausend Eintrittskarten für eine Reihe von Vorträgen zu verschiedenen Themen verkauft worden.

Unter den Vortragenden befand sich auch William Reid, der

gebeten worden war, über seine Forschungen zu Stürmen zu sprechen. Sein Vortrag am 20. August vor vollem Haus erwies sich als einer der Höhepunkte der Tagungswoche. Reid stellte Redfields Theorie der umlaufenden Winde vor und erläuterte, wie die Lektüre dieses Aufsatzes ihn auf die Spur seiner Forschungen gebracht hatte. Viele im Saal hörten zum ersten Mal von Redfield, und Reid erklärte, wie er sich alle Mühe gegeben hatte, die Theorie anhand so vieler historischer Beispiele zu überprüfen, wie er nur finden konnte. »Je genauer ich das tat«, so Reid, »desto mehr entsprachen die Angaben der Spur eines fortschreitenden Wirbelsturms.«[25] Dann stellte Reid der Reihe nach acht historische Beispiele im Einzelnen vor. »Mein Ziel ist es nicht, eine Theorie aufzustellen oder zu untermauern, sondern lediglich, Tatsachen festzuhalten und in eine Ordnung zu bringen«, sagte er dazu. Dabei blieb er, ganz im Geiste Bacons, frei von Parteilichkeit oder Voreingenommenheit. Das Publikum war begeistert. Er schloss mit einer letzten, faszinierenden Feststellung: Während alle von ihm untersuchten Stürme auf der nördlichen Hemisphäre gegen den Uhrzeigersinn geweht hatten, war dies auf der südlichen Halbkugel seiner Vermutung nach genau umgekehrt. Seine Theorien, so teilte er seinen Zuhörern mit, fänden sich zusammengefasst in seinem demnächst erscheinenden Buch *An Attempt to Develop the Law of Storms* (Ein Versuch über die Gesetze der Stürme).

Reids *Law of Storms* erwies sich als ausgesprochen praktisch orientiertes Werk, das vollgestopft war mit den Ergebnissen empirischer Forschung. Es enthielt Ratschläge für Seefahrer, Berichte von beispielhaften Stürmen sowie Kartenausschnitte, Schaubilder und Echtzeit-Karten zum typischen Verlauf eines Sturms. Die Rezensionen waren hervorragend. Die *Edinburgh Review* erklärte:

Da wir von der enormen Bedeutung des Gegenstandes nachdrücklich überzeugt sind, ersuchen wir Herrn Redfield und Oberst Reid, deren Namen für immer mit ihm verbunden sein werden, aufs Ernsthafteste, ihre unschätzbaren Anstrengungen fortzusetzen und ihren jeweiligen Regierungen die Notwendigkeit großzügiger Maßnahmen deutlich zu machen, um die Ursprünge und Gesetze dieser Störenfriede der Meere zu erforschen. Wenn wir sie schon nicht fesseln können, um Frieden zu halten, so mögen wir doch wenigstens eine wirksame Polizei aufstellen, um ihre Hinterhalte aufzudecken und ihre Bewegungen zu überwachen.[26]

Als Redfield im Oktober in New York das ihm zugedachte Exemplar des Werks in Händen hielt, war er begeistert. »Es ist gerade so ein Werk, wie ich mir schon lange gewünscht habe, dass es jemand unternähme, der einen Begriff von dem Gegenstand hat sowie die Muße und die Mittel, diesen Gegenstand in ausführlicher Weise abzuhandeln.« Der unerwartete Erfolg sprach sich bis zur politischen Elite in Whitehall herum. Noch bevor die *Edinburgh Review* ihre Besprechung veröffentlichte, sickerte die Nachricht durch, das Reid zum Gouverneur von Bermuda ernannt werden sollte, »ein Posten, der zur Fortsetzung seiner wertvollen Forschungen besonders geeignet« sei, wie es hieß.[27] Damit aber nicht genug, denn am 3. Januar 1839 schrieb Reid an Herschel, dass die Regierung von Lord Melbourne seinem Vorhaben volle Unterstützung zugesichert habe. Aus diesem Grund habe Lord Glenelg, der amtierende Minister für Krieg und die Kolonien, allen britischen Gouverneuren rund um den Globus die Anweisung erteilt, Wetterjournale zu führen und jegliche ungewöhnliche meteorologische Erscheinung zu verzeichnen. Die Ergebnisse seien alle sechs Monate an das Kolonialamt zu übermitteln. Auch die Admiralität war tätig geworden. So erwarb sie eine Anzahl von Exemplaren von Reids Buch, um sie an gescheite Offiziere verteilen zu lassen, und wies die Kommandanten ihrer Schiffe sowie aller Häfen und Leuchttürme an, ebenfalls mit regelmäßigen Beobachtungen zu beginnen.[28]

Damit war die Meteorologie nicht länger eine einsame Gedankenspielerei, wie das noch für Beaufort, Forster, Howard, Redfield und Espy gegolten hatte. Die Meteorologie neuen Typs war eine Angelegenheit von Netzwerken. John Ruskin bemerkte den Wandel. In dem bereits zitierten Essay »Bemerkungen zum gegenwärtigen Stand der meteorologischen Wissenschaft« schrieb er 1839 vor dem Hintergrund des neu erwachten Interesses an diesem Forschungsgegenstand, der Meteorologe sei »alleine ohnmächtig«, denn in der Einsamkeit finde sein Genius keine Nahrung.

> Lasst den Hirten in den Alpen die Veränderung der Bergwinde beobachten; lasst die Reisenden uns Nachrichten vom Wandel der Oberfläche des Meeres senden; lasst den einsamen Bewohner der amerikanischen Prärie das Vorüberziehen der Stürme und die Änderungen des Klimas beobachten; und jeder von ihnen, der allein machtlos gewesen wäre, wird erkennen, dass er Teil eines mächtigen Verstandes ist, ein Lichtstrahl, der in ein riesiges Auge fällt.[29]

Reids Vortrag beim Jahrestreffen der British Association war ein Wendepunkt in seiner Laufbahn. Nach Jahren geduldiger Forschungsarbeit hatte er der Wissenschaftsgemeinde gezeigt, was auf diesem Weg erreicht werden konnte. In den Monaten vor seiner Abreise nach Bermuda schrieb die Presse immer wieder über ihn. Seine Wahl zum Mitglied der Royal Society wurde beschleunigt auf den Weg gebracht. In der Begründung zum Wahlvorschlag hieß es: »Oberstleutnant William Reid, CB, von den Royal Engineers, ein Gentleman, welcher der Wissenschaft eng verbunden ist, Verfasser eines Werkes *Über die Gesetze der Stürme*«. Der Vorschlag wurde eingebracht von Sir John Herschel, dem späteren Vorsitzenden Edward Sabine, dem Universalgelehrten William Whewell und dem alten Wetterkundler Francis Beaufort.[30]

Aufgrund seiner detaillierten Forschungsarbeit und sorgfältigen Art des Beobachtens musste Reids Arbeit Beaufort zwangsläufig gefallen. Aktiv wie eh und je, war Beauforts Interesse an der Meteorologie ungebrochen. Bei zwei Gelegenheiten war er Mitglied von Unterausschüssen des Kronrates zu diesem Thema gewesen und hatte sich in den zurückliegenden Jahren de facto zum Korrespondenten der Royal Society in meteorologischen Fragen entwickelt, der bei Treffen der Gesellschaft immer wieder über Nebel, Wind oder Regen referierte. Reids Arbeit hatte etwas, das ihn faszinierte und beeindruckte. Im Grunde war es ein Vorhaben ganz nach seinem Geschmack, und vielleicht spornte es ihn auch dazu an, sich wieder verstärkt mit seinem eigenen Wettersystem zu befassen. Am 28. Dezember 1838 und damit zweiunddreißig Jahre nachdem er es erstmals zu Papier gebracht hatte, übernahm die Admiralität die Beaufort-Skala der Windstärken offiziell für den Gebrauch in der Marine.

Nachdem Espys Ideen drei Jahre lang in Amerika eine Vorrangstellung eingenommen hatten, waren sie in den Hallen der europäischen Wissenschaft beinahe kommentarlos abgetan worden. Die Nachricht von Reids Triumph erreichte Espy jenseits des Atlantiks zusammen mit einem Exemplar von Reids *Law of Storms*. Espy war schockiert. Statt wie erwartet zu vernehmen, dass seine Theorien angehört und gerühmt worden seien, musste er erfahren, dass selbst John Herschel sich auf die Seite von Redfield und Reid geschlagen hatte. Aber Espy gab keineswegs klein bei. Im Bemühen, die Angaben in Reids Buch zu diskreditieren, verdrehte er sie so, dass sie statt Redfields Modell sein eigenes stützten:

Bei der Lektüre der Logbücher verschiedener Schiffe hatte ich die Karte des betreffenden Sturms vor mir aufgeschlagen und führte meinen Bleistift über den Punkt, an dem sich das Schiff befand, um mittels eines Pfeiles für das Auge sichtbar zu markieren, aus welcher Richtung der Wind zu jener Zeit an jenem Ort geweht hatte.

Nachdem mehrere Logbücher ausgewertet und an jedem Ort Pfeile eingetragen waren, stellte ich zu meiner großen Befriedigung fest, dass sich bei sämtlichen Stürmen deutliche Belege ergaben für eine nach innen gerichtete Bewegung der Luft, die, wenn sie auch nicht exakt auf einen gemeinsamen Mittelpunkt zielte, diesem doch so nahe kam, wie man berechtigterweise annehmen durfte, denn es gibt bekanntlich verborgene Kräfte, welche die Windrichtung notwendig verändern.[31]

Auf diese Weise modellierte Espy jeden von Reids Stürmen neu. Widersprüchliche Fakten duldete er nicht, sondern verhöhnte sie als Irrtümer, die ausgemerzt gehörten. Das war zu viel für Redfield, der das *Journal of the Franklin Institute* inzwischen mit Argusaugen überwachte. Eine Weile lang hatte er gehofft, den Disput beilegen zu können. »Ich habe mich ihm gegenüber bislang auf eine Haltung beschränkt, die ganz und gar defensiv ist«, kommentierte er das. Einmal hatte er sogar versucht, Espy in Philadelphia einen Besuch abzustatten, doch Espy war zu Redfields Bedauern nicht zu Hause gewesen.

Im Frühling 1839 jedoch änderte sich Redfields Ton. Entschuldigend schrieb er Reid: »Herr Espy beschäftigt sich nach wie vor mit seiner Theorie der Kondensation von Wasser. Seine jüngsten Spielereien haben, so hat man mich informiert, Ärger bei den Gelehrten von Philadelphia erregt, denen er für ihre freundliche Unterstützung vor allem zu Dank verpflichtet ist.«[32] Bei anderer Gelegenheit tobte er: »Ich bedauere zutiefst, dass unser Freund

Espy sich nicht mit seinen eigenen Schlussfolgerungen betreffend den Sturm von 1821 zufriedengibt [...], wie Sie in der März-Ausgabe des *Journal of the Franklin Institute* gesehen haben werden. Ich fühlte mich genötigt, darauf zu erwidern und dabei frank und frei von der allgemeinen Weise seines Vorgehens in dieser Sache zu sprechen, obgleich ich das alles zu vermeiden wünschte.«[33]

Es dauerte nicht lange, bis Espy die ganze Wucht seiner Schmähungen zu spüren bekam. Im Juli 1839 erschienen gleich zwei bissige Artikel im *Journal of the Franklin Institute*, dem einzigen Nutznießer des ganzen Wirbels. Darin brachte Redfield seine Einwände mit ätzender Schärfe zum Ausdruck. Sturm für Sturm nahm er Espys Analysen auseinander. Er machte sich über dessen Bemühen lustig, »nahezu alle physikalischen Erscheinungen der Atmosphäre durch die Theorie wässriger Kondensation [zu] erklären«, und bedauerte, dass er darin Unterstützung gefunden habe durch »plausible, jedoch irrige Induktionen« sowie »freundlichen, wenngleich vielleicht unüberlegten Beistand und Äußerungen von höchst achtbarer Seite; und auch durch die Gunst und den Schutz der Presse in Philadelphia«. Er mokierte sich über Espys »bescheidene« Ankündigung zu Beginn der Veröffentlichung seiner Essays im April 1836 und beklagte, dass Espy viel zu viel Mühe auf den Versuch verwendet habe, die Tatsachen auf seine Theorie zuzuschneiden statt seine Theorie auf die Tatsachen. In seinem Bemühen, jeden einzelnen Vorgang in der Atmosphäre mit seinen Ideen in Verbindung zu bringen, so Redfield, gleiche Espy immer mehr einem Mann, »der bei dem Versuch, eine Leiter hinaufzusteigen, mit der letzten und höchsten Stufe beginnt«.[34]

Der Streit, der damit längst über einen harmlosen Schlagabtausch unter Freunden hinausgewachsen war, erregte das Interesse der Zeitungen. *The Knickerbocker*, damals vielleicht das einflussreichste literarische Magazin in Nordamerika, frohlockte angesichts der Attacken Redfields und erklärte Espys Thesen für

»im Wesentlichen zunichtegemacht«.[35] Plötzlich drohte Espys Ruf ganz allgemein in Misskredit zu geraten. Das lag aber nur zum Teil an seiner Bloßstellung durch Redfield, sondern hatte auch mit etwas anderem, viel Unglaublicherem zu tun. Denn in den zurückliegenden Monaten hatte Espy sich eine neue Lieblingsidee erkoren, für die er in seinen Vorträgen warb: Er behauptete, in der Lage zu sein, Regen zu machen.

Etwas Kontroverseres hätte sich Espy kaum ausdenken können. Im Lauf der Jahre hatten viele mit meteorologischen Theorien aufgewartet, aber kaum jemand hatte dabei den Anspruch erhoben, über die Elemente selbst zu gebieten. Doch Espy erschien die Idee, Regen zu erzeugen, nicht lächerlich, sondern als eine logische Fortsetzung seiner bisherigen Überlegungen. Nachdem er gezeigt hatte, wie sich Wolken und Regen bildeten, welchen besseren Beweis hätte er da für die Richtigkeit seiner Theorie erbringen können als eine praktische Demonstration? Die öffentliche Vorführung von Experimenten war damals hoch in Mode, wie zuletzt die ersten Präsentationen des Fotografierens durch Daguerre gezeigt hatten. In einem Land, wo die Ankündigung bahnbrechender Erfindungen mehr und mehr zum Alltag wurde – allein in den 1830er-Jahren wurden die Anästhesie mit Äther, das Getreidesilo, die handbetriebene Eiscrememaschine, der erste Mähdrescher, der Löffelbagger und die Steppstichnähmaschine vorgestellt –, entsprach die Idee, Regen machen zu können, ganz dem Zeitgeist. Alles war möglich.

Espys Überlegung dabei war folgende: Wenn es ihm gelang, eine stetige, kontrollierte Säule aufsteigender Luft zu erzeugen, würde diese Wasserdampf aus der Atmosphäre anziehen. Erreichte der Wasserdampf dann die geeignete Höhe, würde er zu Wasser kondensieren. Es war lediglich erforderlich, eine stetige Wärmesäule zu erzeugen, und schon ließ sich die Atmosphäre nach Belieben verändern. An manchen Orten geschehe das längst, berichtete Espy seinen Zuhörern. Als Beispiel nannte er London, die bevölkerungsreichste Stadt auf dem Planeten, wo Hunderttausende rauchender Schornsteine insgesamt ein regnerisches Mikroklima im Themsetal entstehen ließen.[36]

Zu jener Zeit führte die amerikanische Bundesregierung gerade ein ausgedehntes Programm zur Rodung der Wälder in den neu besiedelten Bundesstaaten durch, und das kam Espy gelegen. Wenn die Regierung ihm gestattete, an strategisch ausgewählten Orten im Westen Feuer zu entzünden, könnte er die herrschenden Winde nutzen, um den Oststaaten Regen zu bringen. Der Nutzen wäre enorm. Kanäle ließen sich auf diese Weise mit Wasser füllen, um Dürren vorzubeugen, und die Bauern wären in der Lage, Niederschläge zu steuern, um gute Ernten zu erwirtschaften.

Anfang 1839 trat Espy an den Kongress mit der Bitte heran, seine Idee erproben zu dürfen. Der Plan rief Begeisterung und Entsetzen zugleich hervor. Ein Artikel im *Rhode Island Republican* brachte das Dilemma auf den Punkt:

Sollte es unserem unermüdlichen Freund Espy gelingen, seine Theorie betreffend den Regen zu beweisen, dann wird er das Wetter, das es zugegebenermaßen leider nur allzu oft am rechten Verhalten fehlen lässt, auf höchst wunderbare Weise zum Besseren verändern. Die Zeiten der Dürre und der »kleinen Kartoffeln« werden aufhören, denn jeder Bauer wird in der Lage sein, einen Holzstoß abzubrennen und damit sein eigenes Gewitter zu erzeugen. Sichern Sie sich das Urheberrecht an einem Sturm, lassen Sie sich einen Wirbelwind patentieren! Die Gefahr, so meinen wir, besteht darin, dass für den Fall, dass Espy Erfolg hat und der *modus operandi* seines Systems bekannt wird, jeder, dem es gefällt, sich in dessen Besitz zu setzen vermag und damit viel Unheil anrichten kann – schlechte Menschen würden

Stürme in böswilliger Absicht hervorbringen, und bald würden sie vermutlich auch freie Wahlen in Gefahr bringen. Die Feuer des Parteigeistes würden Sturzfluten hervorrufen, und der Erfolg würde, unabhängig von den Meriten der Maßnahmen oder Menschen, jener Seite zufallen, die das meiste Wasser macht! Der Fortschritt der Stürme könnte derart gewaltig werden, dass ein Mann reisen kann, wohin immer es ihm beliebt, indem er bloß einen riesigen kochenden Teekessel auf Rädern vor seinen Wagen spannt – und wenn das geschieht und Menschen es in ihrer Hand haben, Tornados zu entfesseln oder Blitze aufeinander zu schleudern, dann werden wir beginnen, um die Sicherheit unserer republikanischen Einrichtungen zu zittern.[37]

Anderenorts stieß Espys Vorschlag auf ein anderes Echo. Im Februar 1839 fragte der *New Hampshire Sentinel* in aller Höflichkeit: »Wird Herr Espy wohl seine Wettermaschine anwerfen und uns einen guten Schneesturm schicken – gerade genug für eine rechte Schlittenpartie, nicht mehr –, so würden wir ihm Dank sagen im Namen von Tausenden, die in diesem Winter noch nicht ein einziges Mal den Klang von Schlittenglocken gehört haben.«[38] Und im Mai meldete die *Times-Picayune* aus New Orleans: »Am Freitag hatten wir für eine ›Espy-Maschine mit vierzig Pferdestärken‹ gebetet, und siehe! gestern Morgen, als wir noch in Morgenrock und Pantoffeln waren und unsere tägliche Waschung vollzogen, ging Regen in Sturzbächen nieder, und zwar mit einer Wucht und Geschwindigkeit, als stünde eine Macht dahinter, die der modernen Mechanik unbekannt ist. Zack! Zack! zuckten die Blitze, und Rums! Rums! rollte der Donner.«[39] Ein Spaßvogel in der Redaktion der *Times-Picayune* schien besonderen Gefallen an der Geschichte gefunden zu haben, denn nachdem er die Route von Espys Vortragsreise nachverfolgt hatte, fiel ihm die seltsame Häufigkeit auf, mit der die Ankunft Espys in einer Stadt von einem heftigen Schauer begleitet wurde. Das Blatt fing an, von Espy als »Professor Blitz und Donner« zu sprechen. Einmal inspirierte Espy die *Times-Picayune* zu einem regelrechten poetischen Höhenflug: »Ich fühle, wie ich mich auflöse – in Wolken, das ist klar! Wo ist Herr Espy? In dünner Luft, diffundiert – verdunstet, ohne ihn fürcht' ich nie mehr, niedergeschlagen zu werden.«[40]

Espys Freunden war bewusst, dass er seinen Ruf aufs Spiel setzte. Anscheinend hatte er den festen, sicheren Boden der Wissenschaft aufgegeben für einen hoffnungslos hybriden Plan. Dabei trugen ihm seine Regenmacher-Fantasien durchaus Aufmerksamkeit ein – ganz wie der englische Essayist William Hazlitt einmal schrieb: »Die Welt liebt es, von leeren Versprechungen unterhalten, von schmeichelhaften Erscheinungen getäuscht zu werden, in einem Zustand der Halluzination zu leben, und verzeiht alles bis auf die nackte, unverblümte, einfache, ehrliche Wahrheit« –, aber war das die Art von Aufmerksamkeit, die er nötig hatte? Bache machte sich Gedanken über den »seltsamen Weg, den mein Freund Herr Espy jüngst eingeschlagen hat«, während Joseph Henry, auch er zum Kreis um Espy gehörig, sich sorgte, Espy zeige mitunter »einen Mangel an Vorsicht«.[41]

Doch Espy ließ nicht locker. Noch 1839 wandte er sich öffentlich mit einer Bitte um Unterstützung an den Kongress und bat um die Bewilligung von 25 000 Dollar, wofür im Gegenzug er sich erbot, es über 5000 Quadratmeilen regnen zu lassen, respektive um 50 000 Dollar für ein Areal von 10 000 Quadratmeilen »oder in solchen Mengen, dass der Ohio im Sommer schiffbar bleibt«.[42] Angesichts der schweren Finanzkrise, welche die Vereinigten Staaten damals durchmachten, verwundert es nicht, dass Espys Antrag abschlägig beschieden wurde. Stattdessen musste er sich im Rahmen einer Vortragsreihe im Bundesstaat New York mit Redfields Verbündetem, Professor Olmsted, herumschlagen. In der Regel kam es dabei zu hitzigen Debatten, denn Olmsted wie auch Espy verfochten ihre Sache mit großer Leidenschaft. Bald darauf veröffentlichte das *Boston Evening Mercantile Journal* einen Leserbrief, in dem Espy zu seinem hervorragenden Beitrag zum wissenschaftlichen Leben Amerikas beglückwünscht wurde. »Die Stimme des Spotts ist endlich verstummt. Hinkünftig wird der Name Espy so weit oben auf der Liste stehen wie die von Galilei, Harvey, Franklin und all die anderen Namen, die der Wissenschaft und der Menschheit teuer sind.« Über all das hielt Redfield Reid in Briefen auf dem Laufenden. »Herr Espy […] hat jüngst eine Reihe von Vorträgen in dieser Stadt gehalten, die eher dürftig besucht waren. Er unterhält aber ein solides System der *Aufbauschung* in den Zeitungen, und dort ist er ganz in seinem Element, denn niemand verspürt die Neigung, ihm auf diesem Feld entgegenzutreten.«[43]

Während Redfield privat darüber nörgelte, machte Espy unbeirrt weiter. Die Sturmkontroverse hatte ihren Höhepunkt erreicht: Einer der Kontrahenten würde klein beigeben müssen. Da ihn die Schmach, die er seitens der British Association erfahren hatte, noch immer kränkte, beschloss Espy, seine Vortragstournee um ein transatlantisches Gastspiel zu erweitern. Am 6. Juni 1840 segelte er von Philadelphia Richtung Liverpool, um am Jahrestreffen der Association teilzunehmen, das diesmal in Glasgow abgehalten werden sollte. Angesichts von Reids Buch über die Stürme erlebte die Meteorologie gerade ein neues Hoch in Großbritannien. Ein ausführlicher Bericht zum Forschungsstand in dieser Disziplin war von James Forbes, Professor für Naturkunde an der Universität Edinburgh, für die Association verfasst worden, und eine Reihe von Vorträgen zu Themen, die mit dem Wetter zu tun hatten, waren für die Sektionen Mathematik und Physik vorbereitet worden. Zwei von ihnen beschäftigten sich ironischerweise mit den Auswirkungen von übermäßigen Regenfällen, während der dritte, von James Espy, dem Regenmacher, den schlichten

Titel »Über Stürme« trug. Brewster und Forbes saßen an diesem Tag im Auditorium. Wenn Espy es je schaffen wollte, seiner Sache Gehör zu verschaffen, dann war das die Gelegenheit.

Er sprach fast zwei Stunden lang und gab sich Mühe, seine Gedanken sorgfältig zu gliedern. Um seinem europäischen Publikum entgegenzukommen, hatte er einen britischen Sturm aus dem Januar 1839 als Beispiel gewählt und veranschaulichte seine Darstellung, wie Reid vor ihm, mit Karten und Diagrammen, wobei er sich stets beeilte hervorzuheben, wie die Winde in Richtung auf *einen* Mittelpunkt hin wehten. Doch der Vortrag verlief nicht, wie Espy es erwartet hatte. Denn als er fertig war, wurde er lang und breit dazu befragt. Brewster zog ein Schreiben von William Reid aus der Tasche, in dem es eindeutig hieß, er habe fünf Wasserhosen mit dem Fernrohr untersucht, »in denen sich ein Umlauf von Wasserpartikeln nach der Art von Uhrzeigern, von links nach rechts, gezeigt« habe. Anschließend konfrontierte Forbes Espy mit einer Reihe weiterer Probleme. So hielt er es für unwahrscheinlich, dass die schiere Masse der in einem Sturm bewegten Luft ungestört in einem Wirbel aufsteigen könne. Und ebenso fragte er sich, ob Wasserdampf, der in einer aufsteigenden Luftsäule nach oben gesogen werde, nicht in sehr geringer Höhe bereits kondensieren müsse.[44]

Espy schlug sich angesichts dieser Fragen wacker, musste aber feststellen, dass sein Publikum bereits von Redfields Idee und Reids Forschungen eingenommen war. So verließ er das Treffen zwar mit dem Dank des Vorsitzenden, hatte aber sonst nichts erreicht. In einem Brief an Redfield lästerte Reid kurz darauf: »Ich höre aus England, dass die Theorie der umlaufenden Stürme die Leute völlig befriedigte, sodass kaum einer in Glasgow und anderswo sich die Mühe machte, Herrn Espys Darlegungen seiner eigentümlichen Theorie zuzuhören.«[45]

In Frankreich fand Espy mehr Rückhalt. Seit den Tagen von

Descartes hatten die Franzosen stets ein Interesse am Wasserdampf gezeigt, und die Forschungen von Gay-Lussac waren noch in frischer Erinnerung. Das Komitee der Académie des Sciences hörte Espy an, und die Mitglieder waren beeindruckt von dem, was er vortrug. Ein Ausschuss, bestehend aus François Arago, Direktor des Pariser Observatoriums und einer der prominentesten französischen Wissenschaftler, sowie den Physikern Pouillet und Babinet, wurde gebildet, um Espys Thesen gründlich zu prüfen. Das Urteil, zu dem die Gutachter schließlich kamen, war überschwänglich. »Das Komitee brachte daraufhin seinen Wunsch zum Ausdruck, die Regierung der Vereinigten Staaten möge Herrn Espy in die Lage versetzen, seine bedeutenden Untersuchungen fortzusetzen und seine Theorie, die bereits so bemerkenswert ist, zu vervollständigen.« Noch ein weiteres Zitat begleitete Espy auf seiner Heimreise, das – apokryph oder echt – Arago selbst zugeschrieben wurde: »England hat seinen Newton, Frankreich seinen Cuvier und Amerika seinen Espy.«[46]

Solcherart ermutigt, kehrte Espy nach Amerika zurück, entschlossen, das Beste aus seinem europäischen Erfolg zu machen. Zunächst trug er alle seine meteorologischen Aufsätze zusammen und veröffentlichte sie als Buch. Das Ergebnis war ein von Wiederholungen wimmelnder Band mit dem eingängigen Titel *The Philosophy of Storms* (Philosophie der Stürme), der 1841 erschien. Im Vorwort schilderte Espy mit typischer Verve sein meteorologisches Erweckungserlebnis von 1828 und schloss mit einer Schilderung seines triumphalen Auftritts vor der Pariser Akademie zwölf Jahre später, zwei Ereignisse, die in seinen Augen einrahmten, was er unverkennbar für eine kometenhafte akademische Karriere hielt. Er pries den französischen Bericht als »hervorragende Analyse« und fügte seine kritischen Aufsätze zu Redfield, Reid und Olmsted bei. Auch wenn *The Philosophy of Storms* sich eher wie ein Katalog seiner publizierten Schriften liest denn wie ein Werk aus einem Guss, vermittelt das Buch dennoch mit nimmermüder Eindringlichkeit Espys Leidenschaft. Alles, was nun noch fehlte, um seinen Triumph vollkommen zu machen, schrieb Espy, war Zeit. »Sobald die Kontroverse einmal beendet ist und meinem System dann sein Platz unter den anerkannten Wissenschaften zukommt, wird die Zeit reif sein, um eine Reihe von Regeln aufzustellen, die dem Seefahrer bei Sturm zu bestem Nutzen gereichen.«[47]

Zwar konnte *The Philosophy of Storms* der Debatte kein Ende setzen, aber zumindest half das Buch Espy dabei, seinen Ruf wiederherzustellen. Nach mehr als einem Jahrzehnt, das er in der akademischen Welt mit rein theoretischen Auseinandersetzungen verbracht hatte, war er bereit, sich an praktischen Herausforderungen zu erproben. Er erfand einen »patentierten konischen Ventilator« – einen konischen Schornsteinaufsatz, der ausgelegt war, einen aufsteigenden Luftstrom zu maximieren –, um damit »übel riechende« Luft zu reinigen, wie sie etwa im Maschinenraum eines Schiffes entstand. Die Vermarktung besorgte er mit typischem Selbstbewusstsein, und es gelang ihm sogar, dass seine Erfindung auf dem Kapitol und auf dem Weißen Haus installiert wurde, ein Umstand, den er stolz auf seinen Werbeplakaten vermerkte. Manchen Zeitgenossen ging er mit dieser Selbstherrlichkeit auf den Wecker. Benjamin Peirce, Mathematiker an der Harvard University, stöhnte über Espy und seine »blasierte Selbstzufriedenheit«: »Selbst Sturm-Könige sind in einer Republik nicht zu ertragen.«[48] Auch den ehemaligen Präsidenten John Quincy Adams brachte Espy gegen sich auf. Adams bemerkte verärgert: »Der Mann ist ein regelrechter Monomane, und sein Organ der Selbstachtung ist zur Größe eines Kropfes angeschwollen, seit ein Komitee des National-Instituts von Frankreich in einem Bericht alle seine hirnrissigen Entdeckungen in der Meteorologie gutgeheißen hat.«[49]

Solche Angriffe schienen Espy nichts anzuhaben. Inzwischen hatte er sein heimatliches Philadelphia gegen die bessere Gesellschaft von Washington eingetauscht. Sein Ziel war es, die Empfehlungen der Akademie zu verwirklichen, und damit hatte er bald darauf Erfolg. Im August 1842 stellte der Kongress 3000 Dollar für meteorologische Beobachtungen bereit, die an Militärstützpunkten überall im Land durchgeführt werden sollten. Als prominentester Vertreter seines Faches wurde Espy zum Leiter des Vorhabens erkoren, 1843 erhielt er seine Berufung zum ersten offiziellen Meteorologen der Vereinigten Staaten von Amerika. Seine Aufgabe bestand darin, Berichte zu schreiben und in Umlauf zu bringen sowie das Netz der Wetterbeobachter auszubauen.

Espys Berufung war ein Zeichen dafür, dass die Regierung die anhaltende Debatte unter ihre Kontrolle zu bringen suchte. Bis 1843 war eine unübersehbare Flut kontroverser Forschungsergebnisse publiziert worden, und das Erscheinen von Espys langatmigem Werk hatte die Menge an halb verdauten Fakten nur noch vergrößert. Allein Espy und Redfield hatten zusammen rund hundert Stürme zum Beleg angeführt. Diese Datenflut war Teil des Problems. Was nun gebraucht wurde, war kein neuer Sturm. Was gebraucht wurde, waren eine objektive Persönlichkeit und eine Methode, um die ganzen Daten zu einem geschlossenen Ganzen zusammenzufassen. Was gebraucht wurde, war etwas, das wir heute für so banal halten, dass wir es kaum als Erfindung bezeichnen mögen. Was gebraucht wurde, war eine Wetterkarte.

Kapitel 6

Fließende Blitze

Zu Beginn des 19. Jahrhunderts war das Kartografieren zu einer wichtigen Beschäftigung geworden. Eine genaue Karte brachte die Beherrschung eines Terrains zum Ausdruck und entsprach der zeitgenössischen Neigung zur Quantifizierung. In Großbritannien war 1791 der Ordnance Survey eingerichtet worden, und seitdem wurden überall Vermessungen mittels Triangulation durchgeführt, mit denen die vielgestaltigen Gipfel, Täler, Ebenen und Schluchten in eine Reihe vertrauter Symbole verwandelt wurden – Informationen, die sich auf einen Blick erfassen ließen.

Während daher Landkarten und Seekarten – so etwa die von Francis Beaufort in Auftrag gegebenen – in immer größerer Fülle vorhanden waren, gab es dergleichen für die Atmosphäre kaum. Die früheste meteorologische Karte hatte Edmund Halley angefertigt, als er 1686 die Passatwinde auf dem Globus abtrug. Danach war wenig in dieser Richtung unternommen worden. Im Jahr 1816 hatte Heinrich Wilhelm Brandes von der Universität Breslau angeblich Wetterdaten für das gesamte Jahr 1783 auf Karten eingetragen, doch keine dieser Karten wurde veröffentlicht, und einige Forscher haben bezweifelt, ob Brandes diese Karten überhaupt angefertigt hatte. Die einzigen überlieferten Wetterkarten aus Deutschland stammen von Heinrich Wilhelm Dove, einem Studenten von Brandes, der 1828 daranging, Wetterfronten kartografisch abzubilden. Diese Karten markierten, neben den dürftigen Skizzen von Reid, Espy und Redfield, den ganzen Fortschritt, den die meteorologische Kartografie bis 1840 gemacht hatte. Aus heutiger Sicht mag das wie eine historische Anomalie erscheinen, aber eine gute Karte brachte damals zweierlei zum Ausdruck: Präzision und Eigentum. Da aber die Atmosphäre notorisch ungenau war, wie sollte man sie da angemessen auf dem Papier abbilden? Zudem wurden Landkarten oder Grundbesitzkarten oft von reichen Schutzherren oder Grundherren in Auftrag gegeben, Königen, Politikern, Herzögen oder Gutsbesitzern, denen es darum zu tun war, ihren Machtbereich dargestellt zu sehen. Doch wem gehörte die Luft? Welchen Nutzen sollte es haben, sie zu kartieren?

Diese Einstellung hatte den Fortschritt jahrzehntelang gehemmt, doch Anfang der 1830er-Jahre war die europäische Vorliebe für das Kartieren über den Atlantik geschwappt. Einer derjenigen, die dazu beitrugen, Karten in Amerika populär zu machen, war der Yale-Absolvent William Woodbridge. Als junger Mann hatte er an einem Heim für Taubstumme in Hartford, Connecticut, unterrichtet und dabei die enorme Wirksamkeit visueller Information erkannt. Von einer Reise nach Europa, bei der er Alexander von Humboldt begegnet war, kehrte er mit der Idee nach Amerika zurück, wissenschaftliche Kenntnisse grafisch darzustellen. Sein Plan, Daten auf Karten zusammenzufassen, lief der herkömmlichen Überzeugung zuwider, dass man Wissen am besten auswendig lernte. Doch es zeigte sich, dass Woodbridges Karten, heutigen Infografiken vergleichbar, ein durchaus wirksames Verfahren waren, um Informationen übersichtlich darzustellen. Zu den Lehrtafeln, die Woodbridge in den 1820er-Jahren veröffentlichte, zählte auch seine »Karte der Isothermen, oder Ansicht der Klimata & Produktion, nach den Berichten von Humboldt & anderen«, auf welcher die Grenzen der äquatorialen, tropischen, heißen und gemäßigten Klimazonen nach ihren Breitengraden abgebildet waren und ebenso die Zonen, die verschiedene landwirtschaftliche Erzeugnisse hervorbrachten: seltene Gewürze, Zuckerrohr, Baumwolle, Oliven, Wein und Pfirsiche.

Wie Edmund Halley bereits für die Passatwinde gezeigt hatte, so führte auch Woodbridge damit vor, dass sich das Klima grafisch darstellen ließ. Das Wetter abzubilden, schien hingegen relativ unsinnig. Welche wissenschaftliche Erkenntnis ließ sich aus einer Momentaufnahme der Atmosphäre gewinnen, wenn sie sich doch in so rascher Bewegung befand? Wäre eine Wetterkarte nicht folglich eine komplexe Anordnung von Temperatur, Druck, Wind und Niederschlag, die sich nie wiederholen würde?

Es blieb einem weiteren Yale-Absolventen und zugleich Mitglied in Espys meteorologischem Netzwerk vorbehalten, mit dieser Überzeugung aufzuräumen: Elias Loomis. Als neunundzwanzig Jahre alter Professor für Mathematik und Naturkunde am Western Reserve College in Hudson im Bundesstaat Ohio stand Loomis 1840 am Beginn einer glanzvollen Karriere innerhalb des Geisteslebens Amerikas. Damals hatte er bereits über Sternschnuppen, Kometen und Magnetismus publiziert. Während er die Kontroverse zwischen Espy und Redfield in aller Ruhe verfolgte, erwachte sein Interesse an der Meteorologie.

Loomis, ein zurückhaltender und zugleich leidenschaftlicher Mensch, hegte große Bewunderung für Bacons Ideal einer objektiven Wissenschaft, und seine Rede zum Antritt seiner College-Professur hatte er 1838 dazu genutzt, mehr Respekt für diese Disziplin einzufordern. Amerika, so legte er dar, sollte sich eine Klasse von Männern bewahren, die ihr Leben ganz der Wissenschaft widmeten, und »solche Männer sollten zu den größten Wohltätern ihrer Rasse gezählt werden, statt sie als überflüssigen Ballast der Gesellschaft anzusehen«.

Loomis' Worte fanden starken Zuspruch und wurden von der überregionalen Presse aufgegriffen. So schrieb das *American Quarterly Register*:

Wir sind hocherfreut, in einem jungen Professor eine Leidenschaft zu erblicken, die Menschen von phlegmatischerem Temperament vielleicht verurteilen. Ohne sie kann weder in der Fakultät des Wissens noch in der des Lebens je Hervorragendes oder bemerkenswert Nützliches erreicht werden. Die Ansprache von Herrn Loomis ist gespickt mit interessanten Aussagen und anschaulichen Beispielen, deren Ziel es ist, den praktischen Wert der mathematischen Wissenschaften aufzuzeigen. Der wissenschaftliche Laie liest sie mit dem größten Interesse.[1]

Bald nach Antritt seiner Professur in Ohio begann Loomis damit, ein Wettertagebuch zu führen, weil er sich in die Sturm-Debatte einschalten wollte. Er hatte an Espy geschrieben und sich freiwillig erboten, tägliche Aufzeichnungen zu machen. In der Folge tauchte sein Name in Espys Berichten auf:

> Western Reserve College, Hudson, Ohio. (NO-Ecke) – Von unserem Korrespondenten Prof Elias Loomis: 15. März, dichter nieselnder Nebel, schwacher Wind aus NW, 16. leichter Wind aus NW bis NNW mit etwas Schnee und Niesel. 17. Wind morgens frisch, nachmittags stürmisch aus N, abwechselnd von ungefähr NNW bis NO (Märzwind). 18. völlig klar und heiter, leichter Wind aus NNW bis N. Das Barometer am 16. und 17. nahezu stabil bei 28,86, am 18. fiel es auf 28,79 und am 19. auf 28,47[2]

Der Bericht war in seiner Genauigkeit typisch. Zwei Jahre später hatte sich Loomis entschlossen, seine meteorologischen Forschungen auszuweiten. Da er überzeugt war, dass die meisten vorhandenen Wetterdaten aufgrund der Voreingenommenheit der Beobachter nur eingeschränkt brauchbar waren, griff er sich einen bestimmten Sturm heraus – einen denkwürdigen Sturm, der am

20. Dezember 1836 getobt hatte – und ging daran, ihn bis ins kleinste Detail zu untersuchen.

Die Wahl war klug getroffen, denn dieser Sturm war mit großer Wucht über den gesamten Osten Nordamerikas hinweggefegt. Und, wichtiger noch, er war gut dokumentiert. Kurz zuvor hatte John Herschel sich mit der Bitte an die internationale Wissenschaftsgemeinde gewandt, über einen Zeitraum von sechsunddreißig Stunden hinweg jeweils stündlich die Werte von Temperatur, Windrichtung und Luftdruck abzulesen. Sein Ziel war es, auf diese Weise eine Reihe synchron erfasster Beobachtungsdaten zu erhalten, die an Standorten rund um die Welt erhoben worden waren. Nur wenige wären damals in der Lage gewesen, Wissenschaftler weltweit in dieser Weise zur Mitarbeit zu bewegen, aber Herschels Ansehen war so groß, dass die Leute ihm Gehör schenkten. So wurde der Plan gefasst, jeweils zum Zeitpunkt der Sonnenwende und der Tagundnachtgleiche die entsprechenden Daten zu erheben, und weil der Sturm am 20. Dezember unmittelbar vor der Wintersonnenwende aufgetreten war, wusste Loomis, dass er eine gute Chance hatte, die entsprechenden Daten von überall in Amerika zu erhalten.

Loomis arbeitete fleißig. Anhand des *New York Register 1837* fertigte er eine Liste aller Wetterbeobachter an, bat Elisha Whittlesey, den Kongressabgeordneten für Ohio, darum, Zugang zu den Wetterbeobachtungen des Militärs zu erhalten, schrieb an Schulmeister und wandte sich an Akademien in New York. Innerhalb weniger Wochen verfügte er über ein Netz aus 102 Datenpunkten, für die Tagebuchschreiber, Akademiker, Richter und Offiziere einstanden.[3]

Seine Ergebnisse trug er im März 1840 der American Philosophical Society vor. Die Anwesenden waren von Umfang und Detailreichtum seiner Arbeit beeindruckt. Zunächst gab Loomis einen Überblick über die wesentlichen Merkmale des Sturms und dessen geografische Ausdehnung. Seiner Auffassung zufolge war der Sturm nicht auf die östliche Hälfte des Landes beschränkt gewesen. Die von ihm zutage geförderten Daten ließen vielmehr den Schluss zu, dass der Sturm sich von den Rocky Mountains im Westen bis zur Mitte des Atlantiks im Osten erstreckt hatte; im Süden war er bis zum Äquator hin festzustellen, und im Norden ließ sich überhaupt keine Grenze ausmachen. Dabei hatte Loomis sogar auf Daten aus dem Logbuch eines Schiffes in Buenos Aires und europäische Quellen in Brüssel, Mailand und Sankt Petersburg zurückgegriffen, um zu vergleichen, was andernorts zur selben Zeit vorgegangen war.[4]

Nach dem Studium der Windrichtung war er auf eine andere Hypothese gekommen. An mehreren Orten schien der Wind, wie Espy stets behauptet hatte, auf einen gemeinsamen Punkt hin geweht zu haben. Statt daraus aber zu schließen, dass die Luft am Punkt ihres Zusammentreffens in einem unsichtbaren Schlot hinaufgesogen worden sei, hielt es Loomis für wahrscheinlicher, dass der kältere Wind unter dem wärmeren Wind hinweggerauscht war. Er fand dafür die Metapher des Türkeils und illustrierte den Gedanken mit einem Schaubild. Auf jeden Fall, so gab er zu bedenken, habe es überall eine ganze Reihe lokaler Faktoren gegeben, die den Wind beeinflussen mussten. Zum Vergleich führte er den Lauf eines Flusses an, dessen Wasserpartikel unterwegs durch Felsen oder Kieselsteine abgelenkt werden.

> Ein seiner Art nach ähnlicher, seinem Grad nach jedoch viel größerer Effekt ist von einer elastischen Flüssigkeit wie der Luft zu erwarten. Das zeigt sich aufs Anschaulichste in den engen, geraden Straßen einer Großstadt, wo sich hohe Gebäude zu beiden Seiten befinden. Hier wird der Wind zwangsläufig in der Richtung der Straße wehen oder überhaupt nicht. In gleicher Weise ist für eine Bergschlucht, ein gerades Flussbett mit hoher

Böschung, das Ufer eines Sees oder das Meer oder einen Bergrücken zu erwarten, dass sie die Richtung der atmosphärischen Strömung merklich beeinflussen.[5]

Der Wind, fuhr Loomis fort, variiere »nicht nur von Tag zu Tag und von Stunde zu Stunde, sondern von Minute zu Minute und von Sekunde zu Sekunde«. Das mache jedes Studium des Windes unglaublich schwierig und jede Analyse ebenso mühselig. Um das zu veranschaulichen, fügte er seinem Aufsatz mehrere Karten bei, auf denen in Abständen von je sechs Stunden der Fortgang des Sturms sowie Linien gleichen Luftdrucks eingezeichnet waren.

Loomis' Referat wurde wohlwollend aufgenommen. In den *Proceedings of the American Philosophical Society* wurde es im folgenden Jahr unter dem Titel »On Certain Storms in Europe and America: December, 1836« (Über gewisse Stürme in Europa und Amerika: Dezember 1836) abgedruckt und bald als die bis dahin vollständigste Untersuchung eines Sturms überhaupt gelobt. Loomis selbst jedoch war nicht zufrieden. Denn nur für die Südflanke des Sturms verfügte er über genügend verlässliche Daten, für den nördlichen Teil war er »auf Mutmaßungen angewiesen« gewesen. Und doch erwies sich diese Studie für ihn als nützlicher Ausgangspunkt und hatte ihn dazu gebracht, wie er später einräumte, »ein paar besondere Methoden« zu entwickeln, »die noch nie zuvor angewandt worden waren«. Das bezog sich auf seinen Einfall, den Sturm in sechsstündigen Intervallen auf Karten darzustellen, sodass »jedes bedeutsame Merkmal unmittelbar ins Auge sprang«.[6]

Nachdem er damit methodisch seinen Rahmen abgesteckt hatte, wartete Loomis auf eine weitere Gelegenheit. Er brauchte nicht lange zu warten, denn im Februar 1842 tobten gleich zwei Stürme durch Ohio. Mithilfe desselben Netzes von Korrespondenten, die ihm Angaben über den Sturm von 1836 geliefert hatten,

war Loomis in der Lage, große Mengen von Daten zusammenzu-
tragen. Sogleich machte er sich an die Auswertung. Im Frühjahr
1843 war er so weit, das Ergebnis Alexander Bache zuzuleiten, der
es der American Philosophical Society vortrug. Der prosaische
Titel »On Two Storms which Occured in February 1842« (Über
zwei Stürme, die sich im Februar 1842 ereignet haben) täuscht
über die Bedeutung dieses Referats hinweg. Hatte die erste Studie
Loomis Applaus eingebracht, löste die zweite eine Sensation aus.

Vor allem seine Karten erregten Aufmerksamkeit. Sie waren im
gleichen Stil und mit gleicher Klarheit gezeichnet wie die Klima-
karten von Woodbridge. Dazu hatte sich Loomis ein einfaches
Farbschema ausgedacht, mit dem er den Zustand der Atmosphäre
zu jedem beliebigen Zeitpunkt veranschaulichen konnte. Er verwendete Pastelltöne: Hellblau für heiteren Himmel, Violett für
bewölkten Himmel, Gelb für Regen, Grün für Schnee und Rot
für Nebel. Wenn er eine Beobachtung der Windrichtung eintragen wollte, verwendete er einen Pfeil, und Punkte mit gleichem
Luftdruck oder gleicher Temperatur verband er mit gestrichelten
Linien. All das, eingetragen auf einer Karte des östlichen Randes
des nordamerikanischen Kontinents, ermöglichte dem Betrachter,
auf einen Blick zu sehen, dass es am 3. Februar 1842 zur selben Zeit
über New Bedford neblig und über New York bewölkt gewesen
war, während es über Harrisburg geregnet und über Cleveland geschneit hatte. Um das Vorrücken dieses unverkennbaren Wetter-
blocks zu zeigen, hatte Loomis eine Serie von Karten gezeichnet,
auf denen dieselbe Region jeweils im Abstand von zwölf Stunden
des Sturmverlaufs dargestellt war.

Wie Eadweard Muybridges spätere fotografische Studien eines
galoppierenden Pferdes lieferten Loomis' Karten eine Sequenz
von Momentaufnahmen, wie sie so nie zuvor zu sehen gewesen
war. Entscheidend war dabei die Prozesshaftigkeit. Mit einer geschickt ausgewählten Momentaufnahme der Atmosphäre ließ

sich, wie Redfield und Espy gezeigt hatten, jede beliebige Idee untermauern. Loomis hingegen ging es mit seinen Karten um etwas anderes. Er wollte keine Theorie aufstellen, sondern suchte lediglich ein Medium der objektiven Abbildung zu erfinden, das von jedermann interpretiert werden konnte. Was dabei herauskam, war eine Dramatisierung des Wetters, denn was Loomis de facto erfunden hatte, war eine – in heutigem Sprachgebrauch – »synoptische Karte«.

»Über zwei Stürme« wurde in der Folge als einer der bedeutendsten Beiträge zur Meteorologie in der Geschichte dieser Wissenschaft gefeiert. Sein Biograf H. A. Newton schrieb dazu: »Die Vorgehensweise [eine Karte zu zeichnen] scheint so naheliegend, dass man meint, jeder, der sich mit einem Sturm beschäftigt, sollte auf diesen Einfall kommen [...]. Doch oft sind die größten Erfindungen die einfachsten.« Da es Loomis nicht möglich war, seine Gedanken der Gesellschaft persönlich vorzustellen, hatte er in seinem Begleittext geschrieben, dass es bereits ausreiche, ein Jahr hindurch zwei Wetterkarten täglich anzufertigen, und schon würden »einige feste Grundsätze« erkennbar werden und »das Gesetz der Stürme klären«.

Gegen ein solches Aufgebot an Zeugnissen könnte sich keine falsche Theorie behaupten. Eine derartige Reihe von Karten wäre mehr wert als alles, was bisher in der Meteorologie geleistet worden ist. Und außerdem wäre das Thema damit so ziemlich erschöpft. Aber dazu wäre es erforderlich, ein Jahr lang regelmäßige Beobachtungen anzustellen. Die Stürme eines Jahres sind vermutlich nur eine Wiederholung der Stürme des Vorjahrs. Ist es nicht Zeit, mit dem Guerillakrieg aufzuhören, wie er seit Jahrhunderten mit recht mittelmäßigem Erfolg betrieben wird, wenn auch zum Preis großer Selbsthingabe seitens der einzelnen

Anführer, und zu einem gemeinsamen meteorologischen Kreuzzug aufzubrechen?[7]

Für diesen meteorologischen Kreuzzug hatte Loomis einen Plan. Dazu gehörte ein zentral gesteuertes Netz aus Beobachtern, die gut ausgebildet, zuverlässig und genau waren. Das Netz sollte sich über sämtliche sechsundzwanzig Bundesstaaten erstrecken, ein Gebiet, das in seiner Gesamtheit für ein Studium der Atmosphäre besonders gut geeignet war. Die enorme Ausdehnung des Beobachtungsgebiets würde es ermöglichen, selbst größte Stürme zu studieren. Ein vergleichbarer Versuch in Europa würde es hingegen erforderlich machen, alle möglichen politischen, sprachlichen und praktischen Probleme zu überwinden, zu schweigen von nationalen Rivalitäten. In den Vereinigten Staaten wären solche Schwierigkeiten in weit geringerem Maße zu erwarten: »Hier haben wir einen Vorteil.« Gebraucht wurden lediglich fünfhundert bis sechshundert Beobachter, um den Plan durchzuführen. Es würde sich um ein Wetterexperiment handeln, wie es noch keines gegeben hatte. »Wenn man sich den Eifer von Privatleuten in größerem Umfang zunutze machte, ließe sich dieser Krieg vielleicht rasch beenden, und die Menschen würden aufhören, sich über die Idee, dass wir einen heraufziehenden Sturm vorhersagen können, lustig zu machen.«[8]

Wenn Loomis hier das Wort »vorhersagen« verwendete, war das potenziell kontrovers. Denn das ging einen Schritt weiter als ein bloßes Verständnis des Wetters. Und doch war Loomis zuversichtlich, damit keinen zweifelhaften Anspruch zu erheben. Auf der Grundlage eines von einer anerkannten staatlichen Behörde unterhaltenen Systems minutiöser Beobachtung wurde die Vorhersage des Wetters zu einer konkreten Möglichkeit, falls sich die Aufzeichnung, Übermittlung und Auswertung von Daten, die an weit auseinanderliegenden geografischen Punkten gesammelt worden waren, rasch durchführen ließ. Sollte sich das erforderliche schnelle Verfahren als praktikabel erweisen, dann ließen sich all die theoretischen Fortschritte, welche die Meteorologie in den vergangenen Jahrzehnten hinsichtlich der Wege, die Stürme nahmen, sowie hinsichtlich der Richtung und Stärke des Windes gemacht hatte, zum Nutzen des amerikanischen Volks verwenden. Ein solches System konnte vor unmittelbar bevorstehenden Stürmen, ja selbst vor einem transatlantischen Hurrikan warnen. Diese Aussicht war faszinierend.

Loomis schrieb seinen Aufsatz im Frühjahr 1843, und obgleich ihm das nicht bewusst war, wurde ungefähr zur gleichen Zeit eine bemerkenswerte neue Technik im Test erprobt, die eines Tages von zentraler Bedeutung für seine Vorstellung von einem landesweiten System der Wetterbeobachtung werden sollte. Im Februar 1843 nämlich hatte der amerikanische Präsident John Tyler nach langem Hin und Her ein Gesetz unterzeichnet, durch das dem New Yorker Professor Samuel F. B. Morse insgesamt 30 000 Dollar für die Erprobung eines von ihm erfundenen Apparats zur Verfügung gestellt wurden. Dabei handelte es sich um eine auf den neuesten Stand gebrachte Version von Edgeworths alter Idee, die Morse nun den »elektromagnetischen Telegrafen« nannte. Dabei machte sich Morse elektrische Energie zunutze, um Botschaften durch isolierte Drähte zu senden. Die schrittweise Entwicklung seines Projekts hatte das Interesse der Presse wachgerufen, die aber nicht so recht wusste, was sie davon halten sollte. War es bloß eine fantastische Spinnerei? Das kostspielige Projekt eines Selbstdarstellers? Niemand vermochte es mit Sicherheit zu sagen.

Den ganzen Sommer und Herbst des Jahres 1843 hindurch leitete Morse persönlich den Bau einer als Prototyp konzipierten Verbindung zwischen Washington, D. C., und Baltimore. Dabei gab es Schwierigkeiten. So erwiesen sich die für die Leitungen ausgehobenen Gräben als ungeeignet, weshalb sich Morse dazu entschloss, sie überirdisch an Masten aufzuhängen. Der Sinneswandel brachte ihn in Konflikt mit einem seiner Partner, was nur die jüngste in einer Reihe von Auseinandersetzungen war. Am 18. Dezember 1843 schrieb Morse seinem Sohn: »Die unterschiedlichsten Schwierigkeiten treten so geballt auf, dass ich davon nahezu überwältigt werde.«[9] Es war der verzweifelte Hilferuf eines Mannes, der kurz vor dem Zusammenbruch stand. Von Anfang an hatte Morse bei seinem Telegrafenprojekt mit Widrigkeiten kämpfen müssen. Er hatte sich finanziell ruiniert, seine Karriere war gescheitert, ein Freund hatte ihn betrogen, und von politischer Seite war er ein ums andere Mal brüskiert worden. Bitter beklagte er sich über »Fallen«, die man ihm auf seinem Weg stellte, und über »finstere, entmutigende Tage«.[10] Die Worte eines Freundes gingen ihm nicht aus dem Sinn, der über das Schicksal großer Erfinder gesagt hatte, »dass man sie im Allgemeinen zu Lebzeiten verhungern lässt, um sie nach ihrem Tod heiligzusprechen«.[11]

Sein Versprechen, dass die Regierung schon bald Botschaften entlang der Ostküste würde senden können, lastete schwer auf ihm. Und doch hatte Morse das Vertrauen in seinen Apparat nie verloren: eine Konstruktion aus Drähten und Magneten, die von »fließenden Blitzen« angetrieben wurde, wie manche die Elektrizität nannten. Seine Erfindung barg das Potenzial, Kommunikation zu revolutionieren. Der Einfall dazu war ihm elf Jahre zuvor während einer Fahrt über den Atlantik gekommen.

Anfang Oktober 1832 fegten heftige Winde aus Südwest über den französischen Hafen Le Havre in der Normandie. Sie hinderten eine Flotte von Handelsschiffen mit Ziel Indien am Auslaufen, außerdem Walfänger, die in die Südsee wollten, und Postschiffe, die mit Fracht und Passagieren einmal wöchentlich zwischen Europa und New Orleans, New York und Boston verkehrten. Unter den Passagieren, die bereits eingeschifft waren und darauf warteten, dass der Wind sich drehte, befand sich auch der einundvierzigjährige Samuel Morse, der an Bord der *Sully* seine Heimreise nach New York antreten wollte. Nach tagelangem Warten schrieb er am 6. Oktober eine kurze Mitteilung an seinen Freund James Fenimore Cooper: »Wir laufen aus. Lebe wohl.«[12]

Morse war von hoher, schlanker Statur und nicht mehr ganz jung, und während er mit seinen dunklen Augen beobachtete, wie die letzten Konturen der normannischen Küste in der Herbstnacht verschwanden, hatte er angesichts der vor ihm liegenden sechswöchigen Seereise Zeit genug, über den Erfolg seiner zweiten großen Europareise nachzudenken. In vielerlei Hinsicht ähnelte sie dem Verlauf der ersten Reise, die er zwanzig Jahre zuvor unternommen hatte: Galerien besuchen, malen, die Kultur in sich aufsaugen. Damals war Morse voll künstlerischer Ambitionen gewesen, doch trotz allem Talent hatte seine Karriere seitdem nicht den erhofften Aufschwung genommen. Als junger Mann hatte er seinen Eltern aus London, wo er in derselben Künstlerkolonie lebte wie John Constable, geschrieben: »Mein Ehrgeiz ist es, zu denen zu gehören, die den Glanz des 15. Jahrhunderts wiedererstehen lassen, die mit dem Genie eines Raffael, Michelangelo oder Tizian wetteifern; mein Ehrgeiz ist es, zur Konstellation von Genies zu gehören, die in diesem Land gerade am Himmel aufsteigt.« Zwanzig Jahre später waren diese Träume verblasst. In der Mitte seines Lebens stehend, war Morse zwar ein bekannter, aber sicherlich kein gefeierter Künstler. In seiner Heimat New York hatte er es immerhin zum Vorsitzenden der National Academy of Design gebracht. Doch er wurde das Gefühl nicht los, sein Talent verschwendet zu haben, und trauerte den verpassten Gelegenheiten nach. Seine besten Tage schienen bereits hinter ihm zu liegen.

Morses zweiter Aufenthalt in Europa war ein Versuch, seine künstlerische Karriere wieder in Gang zu bringen. Drei Jahre lang hatte er damit verbracht, Großbritannien, Frankreich und Italien zu besuchen. Im Louvre hatte er ein neues Vorhaben begonnen: eine Darstellung des Interieurs der berühmten Gemäldegalerie. Das Ergebnis war gefällige Postkartenkunst – so wie heutzutage etwa auf einem »Best of«-Musikalbum versammelte Morse darin einundvierzig Miniaturwiedergaben der Werke von Meistern wie da Vinci, Lorrain, van Dyck und Poussin.

Morse hoffte, »Die Galerie des Louvre« nach seiner Rückkehr in New York ausstellen zu können. Das Bild war eine fesselnde Komposition, die vor allem gebildete Amerikaner anziehen musste, die nicht über die Zeit oder das nötige Geld verfügten, um die lange Reise nach Europa selbst anzutreten. Das Gemälde war im Frachtraum der *Sully* verstaut, und während das Schiff nun durch den Kanal segelte, hatte Morse Gelegenheit, die Bekanntschaft seiner knapp dreißig Mitreisenden zu machen, einer ungewöhnlichen Mischung von Geschäftsleuten, Akademikern und Politikern, darunter W. C. Rives, ein Senator aus Virginia und später amerikanischer Botschafter in Frankreich, und Charles T. Jackson aus Boston, ein an der Harvard University promovierter Mediziner, der sich mit seinen sechsundzwanzig Jahren bereits einen gewissen Namen gemacht hatte.

Jeden Abend speiste diese bunt zusammengewürfelte Gruppe an Bord der *Sully* gemeinsam. Angesichts der beengten Verhältnisse eine etwas klaustrophobische Situation, aber eine ideale Gelegenheit, um im geselligen Umgang mit den neuen Bekannten Geschichten auszutauschen. Besonders tat sich dabei ein Dr. Jackson hervor, der seine Mitreisenden mit Erzählungen von den wissenschaftlichen Vorträgen unterhielt, die er in Paris besucht hatte. Bei einem dieser abendlichen Gespräche nach Tisch ließ sich Jackson über die merkwürdigen Eigenschaften der Elektrizität aus. Morse saß am selben Tisch und hörte Jackson gebannt zu, wie er von einem denkwürdigen Experiment berichtete, dem er an der Sorbonne beigewohnt hatte: Sie hatten beobachten können, wie ein elektrischer Funke in einem einzigen Augenblick vierhundertmal den großen Hörsaal der Universität umlaufen hatte.

Morse vergaß die Erzählung für den Rest seines Lebens nicht. Während er dem jungen Doktor zuhörte, fragte ein anderer Mitreisender, ob ein sehr langer Draht die Übertragung des elektrischen Stroms behindern würde. »Nein«, hatte Jackson erwidert, »Benjamin Franklin hat vor langer Zeit bereits gezeigt, dass ein elektrischer Strom sich augenblicklich durch einen Draht von beliebiger Länge fortpflanzt.«

»Dazu bemerkte ich«, erinnerte sich Morse, »falls es gelinge, den elektrischen Strom in irgendeinem Abschnitt des Stromkreises sichtbar zu machen, so sähe ich keinen Grund, weshalb sich nicht eine Nachricht augenblicklich durch Elektrizität übermitteln lassen sollte.«[13]

Und noch während er diesen Satz sprach, sei ihm ein Einfall gekommen, behauptete Morse später. Er entschuldigte sich bei seinen Tischgenossen, erhob sich und ging nach draußen auf Deck. Als Künstler war Morse es gewohnt, von einer Idee gepackt und nicht wieder losgelassen zu werden. Nun allerdings gingen seine Gedanken in eine ganz andere Richtung: In seiner Fantasie stellte er sich den Aufbau einer Maschine vor, die imstande wäre, Nachrichten mittels Elektrizität zu übermitteln. Elektrischer Strom hatte eine derart hohe Geschwindigkeit, dass eine Botschaft sich damit nicht bloß über eine Entfernung von einigen Kilometern von einer Station zur nächsten übermitteln ließe, sondern über Tausende von Kilometern.

Tatsächlich hatte Morse diese Idee schon früher gehabt. Als junger Kunststudent in London hatte er seinen Eltern am 17. August 1811 geschrieben:

Ich denke, Ihr werdet Euch über die Kürze dieses Briefes nicht beklagen. Ich wünschte nur, Ihr könntet ihn sofort empfangen, damit Ihr Euch keine Sorgen macht. Denn während ich dies schreibe, stelle ich mir vor, wie Mam sich wünscht, von meiner Ankunft zu hören, und wie sie sich die tausend Unfälle vorstellt, die mir zugestoßen sein könnten, und ich wünschte, ich könnte meine Nachricht augenblicklich mitteilen. Doch dreitausend Meilen lassen sich nicht in einem Augenblick überbrücken, und so müssen wir vier lange Wochen warten, ehe wir voneinander hören.[14]

Wenn diese Idee tatsächlich die ganze Zeit hindurch in Morses Fantasie geschlummert hatte, war sie nun durch Jacksons Erzählung freigesetzt worden. Anschließend konnte er nächtelang vor Aufregung nicht schlafen. Bei Tag verwendete er die vielen Mußestunden darauf, diesen Gedanken fortzuspinnen. Die Umstände hätten dazu nicht günstiger sein können. Frei von jeglicher Ablenkung, bot ihm die wochenlange Überfahrt Gelegenheit, in aller Ruhe in seinem Skizzenbuch an seinem Projekt zu arbeiten. Da ihm keine Bücher zur Verfügung standen, reiften seine Pläne in einem Klima völliger geistiger Unabhängigkeit. Alles, worüber Morse verfügte, war das, was er selbst über Elektrizität wusste – Kenntnisse, die er sich im naturwissenschaftlichen Unterricht auf dem Yale College erworben hatte sowie im Rahmen einer Reihe von öffentlichen Vorträgen, die James Freeman Dana im Jahr 1828 in New York gehalten hatte –, und darüber hinaus seine natürliche Fähigkeit zum eigenständigen Denken sowie die Hilfe der anderen Passagiere an Bord der *Sully*. Später bemerkte er dazu: »Ich schätzte das als Mittel gegen die Langeweile und ließ meine Erfindung hauptsächlich in den schlaflosen Nachtstunden in mir reifen.«[15]

Aus den Vorstellungen in seinem Kopf wurden schließlich

Zeichnungen. Wenn elektrischer Strom sich augenblicklich fortpflanzte, so war es Morses Aufgabe, ihn sich zunutze zu machen, um ein Signal zu erzeugen. Eine Möglichkeit, ein Signal zu geben, bestand darin, den Stromkreis abwechselnd zu unterbrechen und wieder zu schließen. In sein Skizzenbuch zeichnete er dazu eine Reihe von Puzzleteilen, die aussahen wie Zacken. Sie sollten zu einem Hauptmerkmal seines ursprünglichen Entwurfes werden. Sein Gedanke dabei war, den Strom in einem Rhythmus fließen zu lassen und zu unterbrechen, den die Form dieser Puzzleteilchen vorgab. Morse erwog auch, mittels elektrischer Funken einen Papierstreifen auf chemische Weise zu zersetzen. Dazu befragte er Dr. Jackson, der in Chemie gut bewandert war, ob dies funktionieren könnte. Jackson erwiderte, die elektrische Ladung müsste auf einer Rolle mit Gelbwurzel eingefärbten und mit Sulfat oder Natron beschichteten Papiers braune Spuren hinterlassen. Begeistert von dieser Idee, verabredeten die beiden, nach ihrer Rückkehr in Jacksons Labor in Boston Experimente anzustellen, welche Substanzen dafür am besten geeignet wären.

Anfang November waren Morses Pläne so weit gediehen, dass er anfing, sich mit anderen Passagieren über seine neuesten Überlegungen und Skizzen auszutauschen.

Ich entwarf einen geschlossenen Stromkreis aus Leitern, der von einem Stromgenerator gespeist wurde. Ich entwickelte ein System von Zeichen, das aus Punkten und Leerzeichen bestand, um Zahlen wiederzugeben, sowie zwei Arten, wie der elektrische Strom diese Zeichen auf einem Papierstreifen markierte oder abdruckte. Die eine bestand in der chemischen Zersetzung eines Salzes, durch welche das Papier entfärbt wurde; die andere bestand in der mechanischen Tätigkeit eines Elektromagneten, der über einen Hebel auf das Papier einwirkte, an dessen Ende ein Stift oder Bleistift befestigt war. Ich plante dafür, den Papier-

streifen mit gleichmäßiger Geschwindigkeit mittels einer uhr-
werkartigen Apparatur vorwärtszubewegen, um die Signale zu
empfangen.[16]

Der Erste, dem Morse seine Zeichnungen zeigte »und mit Leidenschaft ihre zweifelsfreie Durchführbarkeit erläuterte«[17], war Senator Rives aus Virginia. Als sich die *Sully* schließlich New York näherte, waren alle an Bord mit Morses Lieblingsidee vertraut. Beim
Anlegen im Hafen am 15. November sagte Morse dem Kapitän des
Schiffes zum Abschied: »Nun, Käpt'n Pell, falls Sie irgendwann
demnächst vom Telegrafen als einem Weltwunder hören, denken
Sie daran, dass die Entdeckung an Bord der guten *Sully* gemacht
wurde.« Seinen Brüdern Sidney und Richard, die ihn am Kai ab-
holten, erzählte Morse sogleich von seiner »wichtigen Erfindung –
eine, die die Welt in Staunen versetzen wird«.[18] Sidney erinnerte
sich später: »Auf dem Heimweg vom Schiff sprudelte er über von
seinem Telegrafen, und noch Tage danach vermochte er kaum von
etwas anderem zu sprechen.«[19]
   Fünfundsechzig Jahre nachdem Richard Lovell Edgeworth seinen Einfall gehabt hatte, wie sich eine Nachricht über eine Distanz übermitteln ließe, hatte das Erfinderfieber auch Samuel
Morse gepackt. Im Grunde war Morses Idee ein Enkel von Edgeworths Einfall, ein Nachfahre der optischen Apparate von Claude
Chappe, die unter dem Namen Semaphor seit drei Jahrzehnten in
Gebrauch waren. Die führende Nation der Telegrafisten, Frankreich, hatte fünf große Verbindungen errichtet, die Paris mit Calais, Straßburg, Brest, Toulon und Bayonne verband. In Großbritannien war eine Verbindung zwischen London und Portsmouth
gebaut worden, und in Russland war der erste Semaphor gerade
eingeweiht worden. Doch technisch blieb der optische Telegraf
unzuverlässig. Bei schlechtem Wetter oder bei Nacht waren optische Telegrafen nicht zu gebrauchen, wie schon Edgeworth in

Irland hatte erfahren müssen. Aber so anfällig für Störungen die europäischen Telegrafennetze auch sein mochten, war man dort der Neuen Welt doch um Längen voraus, denn in den Vereinigten Staaten gab es überhaupt keine Telegrafenverbindung. Post, die auf die lange Reise von Boston im Norden bis nach Covington im Süden geschickt wurde, brauchte eine Woche, um anzukommen. Und es dauerte ebenfalls eine Woche, bis das Ergebnis einer Präsidentschaftswahl auch die letzten Ecken der Union erreicht hatte. Morse war klar, dass es für seine Erfindung ein weites Wirkungsfeld gab. Die Herausforderung bestand darin, sie zum Funktionieren zu bringen.

Nach dem anfänglichen Energieschub trat zunächst aber eine längere Flaute ein. Morses unstetes Leben und seine prekäre finanzielle Lage verhinderten jedes Weiterkommen. Zwischen Ende 1832 und Sommer 1835 zog er dreimal um, und sein Hauptinteresse galt weiter seiner Kunst und insbesondere der Förderung seiner »Galerie des Louvre«. Zudem wurde seine Zeit durch einen Ausflug in die Politik in Anspruch genommen, als er für das Amt des Bürgermeisters von New York kandidierte. Aber weder mit seiner Kandidatur noch mit seinem Bild hatte er den gewünschten Erfolg – die Ausstellung der »Galerie des Louvre« spielte nicht einmal ihre Kosten ein. Erst als Morse im Juli 1835 zum Professor der Literatur der Künste und Formgebung an der Universität der City of New York berufen wurde, geriet sein Leben in ruhigere Bahnen. Mit der Stellung verbunden waren Räume in dem neuen Universitätsgebäude, die ihm genug Platz boten für seine Privatwohnung, ein Künstlerstudio und ein Atelier. Hocherfreut über die Schicksalswende, zog Morse ein, noch ehe das Gebäude ganz fertiggestellt war. Sein Sohn schrieb darüber: »Die Treppen waren in einem so rudimentären Zustand, dass er von keinem Modell erwarten konnte, den gefährlichen Aufstieg zu wagen, und so gab ihm diese erzwungene Muße die Gelegenheit, auf die er schon lange gewartet hatte, und er stürzte sich Hals über Kopf in seine elektrischen Experimente.«[20]

Sogleich wandte sich Morse wieder seinen alten Plänen zu. Die Entwürfe aus dem Skizzenbuch, die er während der Reise mit der *Sully* gemacht hatte, zeichnete er ins Reine und entwickelte einen Prototyp daraus. Da ihm das Geld fehlte, um Material zu kaufen – wobei das meiste ohnehin nicht erhältlich gewesen wäre –, improvisierte er. Aus einem Keilrahmen, dem Räderwerk einer alten Uhr, einem Gegengewicht, Teppichband, Holzrollen und einer hölzernen Kurbel bastelte er ein erstes Modell. Für diesen Prototyp hatte er zwei Monate gebraucht, und in seiner Form erinnerte er an eine Druckerpresse. Der Apparat bestand im Wesentlichen aus zwei Teilen. Der eine war der Übermittlungsbereich, den Morse als »port-rule« (Schlitzstab) bezeichnete. Dabei handelte es sich um eine hölzerne Schiene von einem Meter Länge, in die in regelmäßigen Abständen Kerben eingeschnitten waren. In diese Kerben beabsichtigte Morse verschiedene »Typen« aus Metall einzusetzen, die an der Spitze in gleicher Weise mit »Sägezähnen« versehen waren, wie seine erste Skizze das bereits für die Puzzleteile vorgesehen hatte. In ihren verschiedenen Formen entsprachen diese Zacken jeweils einer Zahl von 1 bis 9. Um eine Botschaft zu übermitteln, musste der Bediener die Typen in den Kerben in einer Reihenfolge anordnen, die jeweils einem Wort aus einem (noch ungeschriebenen) Wörterbuch entsprach. Der Vorgang wurde dadurch abgeschlossen, dass der Bediener die Kurbel drehte, wodurch ein Hebelarm über die Zacken geführt wurde, der sich dabei hob oder senkte und damit einen Kontakt schloss oder unterbrach. Das telegrafische Signal wurde durch ein Kabel an einen Empfänger gesandt: einen Holzrahmen, zu dem Morse einen Keilrahmen für Gemälde umfunktioniert hatte. Hier bewegte der elektrische Impuls einen Elektromagneten, und dieser wiederum drückte dabei einen Bleistift auf einen Papierstreifen, der von dem alten Uhrwerk abgerollt wurde.

Kaum eine der großen Erfindungen der Menschheit mag so unbeholfen und plump gewirkt haben wie Morses Schlitzstab-Telegraf im September 1835. Selbst Stephensons Dampflokomotive *Rocket*, Trevithicks Straßenlokomotive *Puffing Devil* oder Fultons Dampfschiff *Clermont* waren schöner anzusehen. Morse war eben im Grunde ein kreativer und kein technischer Geist. Hilfe tat not, und deshalb wandte er sich an Leonard Gale, einen seiner Kollegen, der am New Yorker College of Pharmacy und an der Universität der City of New York Pharmazie unterrichtete. Gale hatte gerade sein Buch *Elements of Chemistry* (Bausteine der Chemie) veröffentlicht und wurde für Morse im Lauf der folgenden Monate und Jahre zum Partner, der ihn ideal ergänzte.

Gale machte Morse mit dem revolutionären Aufsatz über Elektromagnetismus bekannt, den Joseph Henry 1831 publiziert hatte, und die darin vorgestellten Ideen fanden nun auch beim Telegrafen Anwendung. Außerdem drängte Gale Morse dazu, seine alte Batterie durch ein neues, zeitgemäßes Modell zu ersetzen: eine Daniell-Batterie. Mit der Energie aus den vierzig Zellen dieser Batterie und einem stärkeren Elektromagneten gewann der entstehende Telegraf, den sie in Gales Hörsaal aufgebaut hatten, an Leistungsfähigkeit. In den stillen Stunden am Ende eines Vorlesungstages waren Gale und Morse damit in der Lage, einfache Botschaften über immer größere Strecken zu übermitteln: Von 200 über 300 bis hin zu 660 Fuß (200 Meter) steigerten sie die Entfernung und wickelten den Draht dafür auf Rollen. Um dem Problem der abnehmenden Stärke des Stroms zu begegnen, erfand Morse ein Relaissystem aus Stromkreisen, in dem er die elektromagnetische Ladung des Stroms nutzte, um die nachfolgenden Stromkreise zu öffnen und zu schließen. Das erwies sich als echter Geniestreich: »eine wunderbare Erfindung«.[21]

Aber der Fortschritt verzögerte sich. Morse fehlte es an Geld, und mit seiner künstlerischen Karriere schien es endgültig bergab zu gehen. Da erhielt die Universität im März 1837 ein Rundschreiben von US-Finanzminister Levi Woodbury. Die Bundesregierung hatte sich schließlich doch dazu entschlossen, eine staatliche Telegrafenverbindung zu bauen, und Woodbury hatte den Auftrag erhalten, sich in Geschäftskreisen und im akademischen Umfeld nach Vorschlägen dazu umzuhören. Das Rundschreiben erwischte Gale und Morse auf dem falschen Fuß. Ihr Telegraf war alles andere als ausgereift. Morse meinte später dazu, seine Erfindung habe sich 1837 »in einer so primitiven Form befunden, dass es mir widerstrebte, sie irgendwem zu zeigen«. Eine an einem Keilrahmen befestigte Drahtrolle war in der Tat kaum geeignet, Eindruck zu machen. Einen Monat später wurde ihre Lage noch ungemütlicher. Im April waren zwei Franzosen in New York angekommen und hatten dort ihren Telegrafen vorgestellt, mit dem sich Informationen in erstaunlichem Tempo übermitteln ließen: »Eine Botschaft von hundert Wörtern lässt sich von New York nach New Orleans in einer halben Stunde senden.«[22] Morse war wie vom Donner gerührt.

Wie schon Edgeworth hatte sich auch Morse, so schien es, durch Zaudern und Zurückhaltung von der Konkurrenz abhängen lassen. Und es kam noch schlimmer. Denn auf die Meldungen über den französischen Telegrafen folgten kurz darauf Berichte über ein britisches Pendant, das William Cooke und Charles Wheatstone entwickelt hatten. Morse blieb keine Wahl: Er musste handeln.

Also bat er seinen Bruder Sidney, einen Brief folgenden Inhalts an den *New York Observer* zu schreiben:

Ein uns bekannter Gentleman machte vor einigen Jahren die Bemerkung, dass sich eine Nachricht nahezu augenblicklich über Hunderte, wenn nicht Tausende von Meilen mitteilen lasse, wenn man dazu sehr feine Drähte, die durch eine angemessene Ummantelung vor Feuchtigkeit geschützt werden, zwischen zwei entsprechend weit voneinander entfernten Orten spannt. Es ist wohlbekannt, dass der elektrische Strom nur eine unmerkliche Zeit benötigt, um viele Meilen durch einen Draht zurückzulegen, und falls es nun gelingt, indem man ein Ende des Drahts mit einer elektrischen oder galvanischen Batterie verbindet, eine spürbare Wirkung gleich welcher Art am anderen Ende hervorzurufen, so ist es offensichtlich, dass VIERUNDZWANZIG solcher Drähte, von denen jeder einen Buchstaben des Alphabets vertritt, sich mit der Batterie in jeder beliebigen Reihenfolge verbinden lassen; und wenn sie daher in der Reihenfolge der Buchstaben eines Wortes oder Satzes verbunden werden, sich dieses Wort oder dieser Satz von einer Person, die am anderen Ende der Drähte steht, wird lesen oder schreiben lassen.[23]

Den Sommer des Jahres 1837 verwendeten die beiden in Gales Hörsaal auf die Verbesserung des Apparats. Ende August war er fertig und konnte vorgeführt werden. Inzwischen gab es auch günstigere Neuigkeiten. So hatte sich der französische Telegraf als verbesserter Semaphor erwiesen und nicht als elektrischer Apparat. Morse war erleichtert, aber der Schock saß tief und spornte ihn nunmehr an, die Vorstellung seines eigenen Geräts in Angriff zu nehmen. Am 2. September 1837 lud er Freunde in Gales Hörsaal ein, um seinen Apparat in Betrieb zu sehen. An seine ehemaligen Mitreisenden von der *Sully* richtete er ein Rundschreiben: »Zweck meines Schreibens an Sie ist es, Sie zu fragen, ob irgendjemand von Ihnen sich daran erinnert, an Bord des Schiffes *Sully* im Monat Oktober des Jahres 1832 im Gespräch von mir über den elektrischen Telegrafen als meine Erfindung erfahren zu haben.« Das Schreiben schickte er an fünf Männer, von denen er sich erhoffte, dass sie das bezeugen würden: Rives in Virginia, Captain Pell, J. Francis Fisher, Charles Palmer und Dr. Jackson in Boston.[24]

Am 2. September, einem Samstag, stellte sich die kleine Gesellschaft in Gales Hörsaal ein, um einen ersten Blick auf den Telegrafen zu werfen. Unter den Anwesenden befand sich auch Professor Dalby von der Universität Oxford, ein Mitglied der Royal Society. Das war ein Coup für Morse, denn auf diese Weise würde ein angesehener, objektiver Beobachter die Nachricht von der Erfindung über den Atlantik nach Europa tragen. Während der Vorführung gelang es Gale und Morse, eine Botschaft über eine Strecke von 545 Metern zu senden. Morse beschrieb die erfolgreiche Vorführung in einer begeisterten Notiz, die er zwei Tage später für das *New York Journal of Commerce* verfasste. Um seinen Bericht anschaulicher zu gestalten, fügte er ein Muster »telegrafischer Schrift« in Reproduktion bei, aus dem hervorging, wie sich die Zahlenfolge 215/36/2/58/112/04/1837 in den Satz »Erfolgreiches Experiment mit dem Telegrafen. 4. September 1837« umwandeln ließ.[25]

Und es kam noch besser, denn inzwischen hatte sich ein neuer, leidenschaftlicher Fürsprecher gefunden: Alfred Vail, ein ehemaliger Student der Universität von New York. Auch er hatte bei der Vorführung in Gales Hörsaal zugeschaut und war von dem Apparat derart beeindruckt, dass er Morse seine volle Unterstützung zusagte. Sein Vater, der Richter Stephen Vail, war Inhaber einer Eisen- und Messinghütte in Morristown im Bundesstaat New Jersey. Mit seinem Angebot, gegen einen Anteil an der Erfindung unentgeltlich für Morse zu arbeiten und das Werk seines Vaters zum Stützpunkt für ihre weitere Entwicklungsarbeit zu machen, löste Vail drei Probleme auf einen Schlag: Zeit, Kapital und Produktionsmittel. Morse erklärte sich einverstanden, Vail mit fünfundzwanzig Prozent an der Erfindung zu beteiligen, und im Gegenzug wurde vereinbart, dass Vail in Morristown auf eigene Kosten an der Weiterentwicklung des Vorhabens arbeiten sollte.

Als die Verbesserung des Apparats in Vails Speedwell-Gießerei damit auf den Weg gebracht war und weitere Vorführungen für das folgende Jahr geplant wurden, trat erneut eine unerwartete Wendung ein. Drei Wochen nachdem er seinen Rundbrief an seine Mitpassagiere von der *Sully* geschickt hatte, erhielt Morse einen Brief von Jackson, der inzwischen in Maine, Rhode Island und New Hampshire als Geologe im Staatsdienst arbeitete. Jacksons Antwort enthielt neben einem Glückwunsch an Morse auch eine verblüffende Behauptung:

S. F. B. Morse, Esq.
Werter Herr, Frau Jackson hat mir Ihre freundliche Nachricht vom vergangenen 28sten weitergeleitet, worin Sie mir Bericht geben vom Erfolg unseres elektrischen Telegrafen. Ich habe verschiedene Meldungen dazu in den Tageszeitungen gesehen, dabei aber festgestellt, dass mein Name nicht mit der Erfindung in Verbindung gebracht wird. So ist es mir eine große Freude zu hören, dass Ihre Erprobungen seiner Leistungsfähigkeit erfolgreich waren. Das, so war ich stets überzeugt, musste das Ergebnis sein, denn es gibt verschiedene Wege, über eine Entfernung eine Markierung auszuführen.

Ich vermute, der Grund, weshalb mein Name nicht mit der Erfindung des elektrischen Telegrafen in Verbindung gebracht worden ist, besteht im Unwissen des Redakteurs, dass die Erfindung unsere gemeinsame Entdeckung war. Dabei hat es sich, so vermute ich, um eine unbeabsichtigte Unachtsamkeit seitens des Redakteurs gehandelt. Ich bin überzeugt, dass Sie Sorge tragen werden, meinen Beitrag in gebührender Form darzustellen, wenn Sie Ihre sämtlichen Arbeiten publik machen.[26]

Morse war schockiert. Nachdem sich seine künstlerischen Ambitionen zerschlagen hatten und unerwartete Konkurrenz aus dem Ausland seinen Telegrafen fast in den Schatten gestellt hätte, war die Aussicht, dass ihm Jackson seine Leistung als Erfinder streitig machte, einfach unerträglich. Er setzte umgehend eine Antwort auf:

> An Dr. Charles T. Jackson
> Mein werter Herr, Ihr Schreiben aus Bangor vom 10ten des laufenden Monats habe ich erhalten, und ich beeile mich, Sie von dem Irrtum zu befreien, auf den Sie betreffend den elektromagnetischen Telegrafen verfallen sind. Sie sprechen davon als »unserem elektrischen Telegrafen« und einer »gemeinsamen Entdeckung«. Ich bin überzeugt, dass Sie, wenn Sie sich die Umstände in Erinnerung rufen, wie sie seinerzeit an Bord des Schiffes gegeben waren, und wenn Sie zudem vom Wesen der Erfindung, von der ich der einzige und ursprüngliche Erfinder zu sein den Anspruch erhebe, Kenntnis nehmen, nicht länger überrascht sein werden, dass in der jüngsten Ankündigung der Erfindung Ihr Name nicht mit dem meinen in Verbindung gebracht wurde.[27]

Anschließend führte Morse mit nüchterner Klarheit jede Einzelheit des Tischgesprächs an Bord der *Sully* auf, erinnerte daran, wie Jackson sich während der Atlantiküberquerung ganz in die Geologie und Anatomie vertieft habe, während er, Morse, in seinem Skizzenbuch am Telegrafen gefeilt hatte, und wie sie schließlich übereingekommen waren, in Boston ein chemisches Experiment dazu anzustellen, aber nie die Zeit dafür gefunden hatten. »Stets waren Sie geschäftlich anderweitig und unaufschiebbar gebunden, und das Experiment wurde nie unternommen.«

Morses Antwort war durchweg höflich, sachlich und prägnant,

hatte aber etwas leicht Herausforderndes. »Der Bauplan [ist] von meiner ureigenen Art. Und der Gebrauch, den ich vom Elektromagneten mache, ist ganz und gar meine Idee; der gesamte Apparat ist von mir ausgearbeitet worden, ohne dass Sie dazu den geringsten Hinweis irgendwelcher Art gegeben hätten. Ich bin der alleinige Erfinder.«

Mochte ihn Jacksons Brief auch aus der Ruhe bringen, so erhielt er doch von anderer Seite bessere Nachrichten. In schneller Folge nämlich hörte er von Senator Rives und verschiedenen anderen Mitreisenden, die sich an seine telegrafischen Experimente an Bord der *Sully* erinnerten. Auch Kapitän Pell meldete sich: »Es freut mich, sagen zu können, dass ich mich ganz entschieden an Ihre Darlegung des Gedankens erinnere, der Ihnen gerade gekommen war, dass nämlich telegrafische Kommunikation mithilfe von elektrischen Drähten möglich sein müsse […]. Ich hoffe von ganzem Herzen, dass die Umstände Sie nicht um den Lohn Ihrer Erfindung bringen, die, ungeachtet ihrer Ursprünge in Europa, doch ganz die Ihrige ist, davon bin ich überzeugt.«[28]

Diese Briefe machten ihm Mut, und so wandte sich Morse nunmehr an die Regierung. Sechs Monate waren vergangen, seit Woodbury sein Rundschreiben verschickt hatte, und die darin bestimmte Frist für Einsendungen war der 1. Oktober. Morse ergriff die Gelegenheit, um seinen elektromagnetischen Telegrafen der Regierung in einem ausführlichen Brief direkt vorzustellen. Sein Apparat, so argumentierte er, sei wesentlich leistungsfähiger als jeder Semaphor. Ein elektromagnetisches System besitze fünf eindeutige Vorzüge: Erstens werde die Information augenblicklich gesendet. Zweitens könnten Botschaften bei Tag wie bei Nacht gleichermaßen gesendet werden. Drittens sei der ganze Apparat mit einem Ausmaß von kaum sechs Quadratfuß sehr kompakt. Viertens werde die Nachricht dauerhaft auf Papier aufgezeichnet. Und fünftens blieben Nachrichten vertraulich und seien nur den

Adressaten zugänglich. Morse schloss mit einer patriotischen Geste: Der elektromagnetische Telegraf sollte richtigerweise als der Amerikanische Telegraf bekannt sein.

Am selben Tag meldete Morse beim Patentamt ein Patent an, wodurch seine noch nicht ganz ausgereifte Erfindung für bis zu ein Jahr vor Nachahmungen geschützt wurde. Die folgenden Monate verbrachte er dann hauptsächlich auf Reisen zwischen New York und Vails Werkstatt in Morristown. Unter den Augen des gewissenhaften Vail erfuhr der Telegraf hier eine fundamentale Verwandlung vom unreifen Prototyp zu etwas ganz anderem. Eine der Verbesserungen betraf die Telegrafensprache, die sich Morse ursprünglich, genau wie Edgeworth, als Zahlensystem gedacht hatte. Doch statt eines Zahlencodes erfanden Morse oder Vail oder beide gemeinsam eine neuartige Sprache, die aus Punkten und Strichen bestand – das Zeichensystem, das wir heute als Morsealphabet kennen. Wem von beiden das Verdienst an dieser Erfindung zukommt, ist noch immer umstritten, aber es scheint festzustehen, dass Vail nicht nur hinsichtlich der Sprache einen wichtigen Beitrag leistete, sondern auch Wesentliches zur Verbesserung des Geräteaufbaus beitrug. So nahm das Ganze immer mehr Form an, und Morse, Gale und Vail schmiedeten Pläne für eine öffentliche Vorführung in Washington am Neujahrstag.

Erschöpft und in New Jersey ans Bett gefesselt, hätte Morse in dieser Phase gut auf einen zweiten Brief von Dr. Jackson verzichten können. Dessen Antwortschreiben war datiert auf den 7. November, doch erhielt Morse es erst Anfang Dezember bei seiner Rückkehr nach New York. Der Brief, ein Elaborat von tausend Wörtern, brachte Jacksons »Überraschung und Bedauern« über Morses »schändliches« Verhalten zum Ausdruck. »Ich habe stets die höchste Meinung von Ihrer Anständigkeit und Fairness gehabt, und es täte mir sehr leid, wenn ich nun Grund haben sollte, meine Ansicht über Ihren Charakter zu ändern.«

Jackson berief sich für seine Erinnerung dessen, was an Bord der *Sully* geschehen war, auf »ein gutes und langes Gedächtnis, was Tatsachen betrifft«. Seine anschließende Darstellung des Tischgesprächs an Bord der *Sully* fiel ganz anders aus als bei Morse. Er habe begeistert über Elektrizität gesprochen, »eines meiner Lieblingsthemen von klein auf bis heute«. »Die Runde hörte stumm zu.« Niemand außer ihm habe irgendetwas von Elektrizität verstanden. Er habe die Geschichte erzählt, wie Benjamin Franklin einmal einen Funken zwanzig Meilen entlang der Themse sich habe fortpflanzen lassen. Morse habe Jackson erklärt, noch nie von diesem Experiment gehört zu haben, und hatte Jackson anschließend viele Fragen über den elektrischen Strom gestellt, die Jackson ihm beantwortete. Seine Vertrautheit mit diesem Gegenstand habe in deutlichem Kontrast gestanden zu Morses völliger Unwissenheit, und nach seiner Rückkehr nach Boston habe er weiter an dieser Idee gearbeitet. Sein Schluss war vernichtend:

> Da ich folglich alle Experimente bis ins Detail ausgeführt und sie hier zu einem bestimmten Zweck zueinander in Verbindung gesetzt habe, war ich, was sie betrifft, der wahre Erfinder, und ich beanspruche, zu der ganzen an Bord der Sully gemachten Erfindung die Hauptsache beigetragen zu haben. Sie ist aus meinen Aufzeichnungen hervorgegangen und wurde, auf Ihre Bitte hin, von mir zusammengefügt.[29]

Falls Morse sich in seiner ersten Entgegnung tatsächlich Zurückhaltung auferlegt hatte, war es damit nun vorbei. Beleidigt schrieb er am 7. Dezember: »Mit dem größten Bedauern muss ich erkennen, nachdem ich in meinem letzten Schreiben den Versuch unternommen hatte, Sie von Ihren irrigen Ansichten betreffend den Telegrafen zu befreien, dass die Gefahr eines Zusammenstoßes mit Ihnen größer ist als zunächst gedacht.« Dann räumte er zunächst mit der Geschichte von Franklins Experiment an der Themse auf, eine Anekdote, von der Morse nach langwierigen Nachforschungen wusste, dass sie pure Fiktion war. Das, so Morse, sei Jacksons erster Fehler. Dann nahm er sich das ganze Schreiben von Jackson vor und zerpflückte es über fünf böse Seiten hinweg in allen Einzelheiten. Jackson warf er vor, »einer höchst schwerwiegenden Täuschung« zu erliegen:

> Sie wissen recht gut, dass Sie, bis vor kurzer Zeit, nämlich seitdem meine Erfindung öffentlich bekannt gegeben worden ist und seit der Telegraf auch im Ausland Aufmerksamkeit hervorgerufen hat, nie das geringste Interesse daran hatten, während ich hingegen stets darauf drängte, das Experiment durchzuführen, wenn ich Sie in Boston traf. Sie waren vollauf mit anderen Dingen beschäftigt, und durch Ihre Art, das Thema stets so schnell wie möglich zu wechseln, wann immer ich die Sprache darauf brachte, zeigten Sie mir, dass Sie der Sache keine große Bedeutung beimaßen.
>
> So bestreite ich also nicht nur, mein Herr, dass sämtliche Materialien dazu von Ihnen beigesteuert worden sind, sondern auch, dass ich Ihnen Dank schulde für einen einzigen Hinweis irgendwelcher Art, den ich bei meiner Erfindung etwa verwendet hätte. Ich gehe noch weiter, mein Herr, ich stelle nämlich fest, dass alle Gespräche, die ich bisher mit Ihnen über das Thema geführt habe, nur zum Ergebnis hatten, meine Erfindung zu verzögern, indem sie die Hoffnung aufrechterhielten, dass Sie ein Experiment ausführen würden, das Sie nie unternommen haben, das jedoch notwendig war, um zu einem Entschluss in der einen oder anderen Richtung zu kommen, bevor ich einen einzigen Schritt vorwärts machen konnte.[30]

Morse schloss seine Abrechnung mit dem recht zwecklos erscheinenden Wunsch, der Streit möge sich mit Rücksicht auf Jacksons Ruf im Stillen beilegen lassen. Damit hatte die ganze Angelegenheit fürs Erste ihr Bewenden.

Dank dem Fleiß und dem Können Alfred Vails war der Telegraf zum Jahresende tatsächlich fertig. Sein Vater jedoch war nach den monatelang nur schleppenden Fortschritten skeptisch geworden. Anfang Januar 1838 luden Vail junior und Morse ihn erwartungsvoll in die Werkstatt ein. Morse stand am entfernten Ende der Leitung, und Alfred bat seinen Vater, auf ein Blatt Papier eine Nachricht zu schreiben. »Wer geduldig wartet, wird belohnt werden«, hatte der Richter aufgeschrieben. Dann stand er schweigend daneben, während Alfred die Nachricht mit der Tastatur eingab. Augenblicke später kam Morse mit einer Kopie seiner Worte auf ihn zu. Vail senior war dermaßen beeindruckt, dass er sich erbot, unverzüglich nach Washington zu reiten, um sich bei der Regierung für den Bau einer landesweiten Verbindung einzusetzen.[31]

Die Reaktion des Richters war nur ein Vorgeschmack auf das, was folgte. Der ganze Vorgang des Sendens und Empfangens von stummen Botschaften hatte etwas Theatralisches, Spektakuläres – es war wie die Darbietung eines Zaubertricks. Bei Vorführungen ließ sich das Publikum einbeziehen, und der Reiz der Botschaft bestand darin, dass sie mal tiefschürfend, mal komisch oder auch anrührend sein konnte. Anschließend warteten die Zuschauer in erwartungsvoller Spannung mucksmäuschenstill auf den Beginn der Vorführung. Funktionierte das Gerät nicht, musste sich Morse auf enttäuschte und höhnische Reaktionen gefasst machen. Doch seine Zuversicht wuchs. Bevor er sich mit Vail auf den Weg in die Hauptstadt machte, führte er eine Reihe von Probevorführungen durch. Seinem Bruder Sidney schrieb er darüber am 13. Januar 1838: »Der Apparat ist endlich fertig, und wir haben ihn den Leuten von Morristown mit großem *éclat* vorgeführt. Er ist das Gesprächsthema überall in der Gegend, und die ranghöchsten Bewohner von Newark haben am Freitag eigens einen Ausflug hierher unternommen, um ihn zu sehen. Er ist ein voller Erfolg.«[32]

Und der Erfolg hielt an. Eine Woche später, bei einem Auftritt in New York vor einem »wissenschaftlichen« Publikum an der Universität, sendeten Vail und Morse eine kodierte Nachricht durch eine Drahtverbindung von zehn Meilen (sechzehn Kilometer) Länge. Dabei lud Morse, diplomatisch geschickt, einen der anwesenden Honorationen, den General Cummings, ein, eine Botschaft aufzusetzen. Cummings spielte seine Rolle mit vollendeter Würde, schrieb einen Satz auf ein Blatt Papier, faltete es und reichte es Morse feierlich. »Die versammelte Gesellschaft war still«, beschrieb Morses Sohn später diesen Anlass, »nur das monotone Klackern des seltsamen Apparats war zu hören, während die Botschaft von der Tastatur in Punkte und Striche verwandelt wurde, bis schließlich vom anderen Ende des zehn Meilen langen Drahtes dieser bedeutungsschwangere Satz verlesen wurde: ›Aufgepasst, Universum! Bei allen Königreichen, rechtsschwenkt, marsch!‹«[33]

Wieder meldete das *Journal of Commerce* den Triumph; die Zeitung war inzwischen eine Art Verbündeter geworden. Begeistert hieß es dort: »Die großen Vorteile, welche der Öffentlichkeit aus dieser Erfindung entstehen werden, sollten der Regierung einen Aufwand angezeigt sein lassen, der ausreicht, ihre Durchführbarkeit als allgemeines Mittel zur Nachrichtenübermittlung zu erproben.« Der Text hätte von Morse selbst geschrieben sein können, der sich inzwischen tatsächlich zum Ziel gesetzt hatte, den Kongress für seine Erfindung zu gewinnen. Am 8. Februar führte er den Telegrafen in Philadelphia vor dem Ausschuss für Künste und Wissenschaften des Franklin Institute vor. Die Zuschauer waren beeindruckt. Von dort reisten Morse und Vail nach Washington, wo sie die Erlaubnis erhielten, ihren Apparat in den Sälen des einflussreichen Wirtschaftsausschusses vorzuführen. Auch hier wollte Morse die Nachricht über eine Distanz von zehn Meilen senden. Jahrelang hatte er auf diese Gelegenheit gewartet – »ein herausragender Moment in seiner Karriere«. Den ganzen Februar hindurch kamen Persönlichkeiten von Rang und Namen, um die seltsame Maschine in Augenschein zu nehmen. Selbst Präsident Van Buren und sein Kabinett wohnten der Übermittlung einer Testbotschaft bei. »Die Mehrheit sah und staunte«, schrieb Morses Sohn, »aber ging, ohne überzeugt zu sein.«[34]

Die Erfahrungen in Washington wiederholten sich anderswo: Morse und sein Telegraf wurden bewundert, aber auch mit Argwohn behandelt. Viele Zuschauer betrachteten den Apparat eher als wissenschaftliche Kuriosität denn als Gerät von praktischem Nutzen. In den folgenden Monaten und Jahren reiste Morse bis nach Großbritannien und Frankreich, um Werbung für seine Erfindung zu machen. Persönlichkeiten wie François Arago und Alexander von Humboldt gratulierten ihm zu seiner Erfindung, und einmal gelang es ihm beinahe sogar, einen lukrativen Auftrag von Zar Nikolaus zu erhalten. Doch daraus wurde nichts, denn der Zar fürchtete, der Telegraf könnte im Krieg dem Feind in die Hände fallen und von diesem genutzt werden – ein typischer Einwand. Die Erfindung war entweder zu heiß, um sich darauf einzulassen, oder zu kompliziert, um zuverlässig funktionieren zu können. Auf dem Tiefpunkt angekommen, gab Morse seine Erfindung schon fast verloren, zumal Vail und Gale sich anderen Dingen zuwandten. Eine Weile lang schien es, als würde Morses elektromagnetischer Telegraf ebenso auf dem Schutthaufen der Geschichte landen wie Erasmus Darwins Windmühle mit horizontaler Rotationsachse oder Edgeworths Veloziped. Doch ganz gab Morse die Hoffnung nie auf.

Im Jahr 1842 entschloss er sich dann, einen letzten Versuch zu unternehmen. Nachdem sich die amerikanische Wirtschaft endlich von einer schweren Depression, die sie seit dem Zusammenbruch von 1837 lahmgelegt hatte, zu erholen begann, hoffte Morse, dass seine Zeit gekommen sei. Unterdessen hatte sein Telegraf eine ganze Reihe von Verbesserungen erfahren. Er wurde nun von einer stärkeren Batterie angetrieben, und die Drähte waren besser isoliert. Zudem hatte Morse in Professor Joseph Henry von der Princeton University, dem vielleicht einflussreichsten amerikanischen Wissenschaftler seiner Zeit, einen Fürsprecher gefunden. Henry persönlich hatte Morse im Februar 1842 geschrieben, um ihn zu ermuntern, es noch einmal mit dem Telegrafen zu versuchen: »Ungefähr zur gleichen Zeit wie Sie haben Professor Wheatstone in London und Dr. Steinheil in Deutschland Entwürfe für einen elektromagnetischen Telegrafen vorgestellt, aber diese unterscheiden sich von dem Ihrigen so sehr, wie es das allen gemeinsame Prinzip eben zulässt. Und falls nicht in jüngster Zeit wesentliche Verbesserungen an diesen Entwürfen aus Europa gemacht worden sind, *würde ich den von Ihnen erfundenen vorziehen.*«[35]

Ende des Jahres war Morse in Washington und machte Fortschritte. Im Kongress war man seit Langem mit seiner Erfindung vertraut, und diesmal schienen die Abgeordneten bereit, ihn zu unterstützen. Nachdem ein Bericht des Ausschusses für Wirtschaft sich für sein Vorhaben ausgesprochen hatte, musste Morse noch drei quälend lange Monate warten, bis ein Gesetz über die Zusage staatlicher Unterstützung sämtliche parlamentarischen Hürden genommen hatte. Am 3. März 1843 schließlich, mehr als zehn Jahre nachdem Morse an Bord der *Sully* den ersten Einfall dazu gehabt hatte, erhielt er die Zusage für die Bereitstellung von 30 000 Dollar, um eine Testverbindung zwischen Washington und Baltimore zu errichten. Morse, der nahezu bankrott war, mochte es kaum glauben.

Es dauerte ein Jahr, bis die Verbindung nach Baltimore gebaut war. Wie üblich gab es dabei Ärger – Morse zerstritt sich mit einem seiner Partner – und Probleme mit den Kabeln und Apparaten. Doch Schritt für Schritt ging es voran auf der 58 Kilometer langen Strecke, die parallel zu den Gleisen der Eisenbahn verlief. Am 24. Mai 1844 fand die Eröffnung statt. Morse hatte Publikum in großer Zahl eingeladen, damit es an der offiziellen Übermittlung der ersten Botschaft teilnehmen konnte. Die Zuschauer standen im großen Saal des Obersten Gerichtshofs der Vereinigten Staaten und sahen zu, wie die Nachricht – verfasst von Annie Ellsworth, der Tochter eines seiner politischen Verbündeten – durch die Leitung gejagt wurde. Die Worte, die Annie Ellsworth wählte, sind in die Geschichtsbücher eingegangen. Sie stammten aus Numeri, dem 4. Buch Mose, wo es in Kapitel 23, Vers 23 gemäß der King-James-Version der Bibel auf Englisch heißt: »What hath God wrought« (Was Gott getan hat).[36] Im Anschluss an die Eröffnungszeremonie trat einer von Morses schärfsten Widersachern im Kongress zu ihm und meinte: »Mein Herr, ich gebe mich geschlagen. Es ist eine frappierende Erfindung.«[37]

Das öffentliche Aufsehen war gewaltig. Da die Eröffnung der Verbindung mit dem Beginn des Nominierungsparteitags der demokratischen Partei in Baltimore zusammenfiel, war es Morse vorbehalten, die überraschende Wahl von James Polk zum Kandidaten der Demokraten für die Präsidentschaftswahlen nach Washington zu übermitteln – ein fabelhafter Publicity-Coup und vielleicht die erste Eilmeldung in der Geschichte überhaupt. Elf Minuten nachdem man im Kongress die Nachricht von Polks Nominierung erfahren hatte, erfolgte bereits die Antwort: »Ein dreifaches Hurra auf James J. Polk.« Plötzlich war die Welt geschrumpft. »Nachrichten werden *blitzschnell* übermittelt«, jubelte die *Pittsfield Sun*. »Im Vergleich dazu sind Lokomotiven lahme Enten.«[38]

Was folgte, war ein regelrechtes Telegrafen-Fieber, wie es in ähnlicher Form Großbritannien im Herbst 1794 gepackt hatte. Im Juni begeisterte sich ein Autor im *Berkshire County Whig*:

> Da korrespondieren wir in einem Teil der Hauptstadt mittels des Blitzes mit einer Stadt, die vierzig Meilen entfernt liegt, während wir in einem anderen Teil Miniaturen der Sonne aufnehmen. Wozu werden wir die Elemente denn noch in unseren Dienst stellen?[39]

In der *Barre Gazette* schlug die Begeisterung noch höhere Wellen. »Puck glaubte zweifellos, Oberon Großartiges zu versprechen, als er sagte: ›In vierzig Minuten leg' ich der Welt einen Gürtel um‹, aber das ist gar nichts im Vergleich zu dem, was Professor Morse vermag. Selbst wenn Puck eine Stunde Vorsprung bekäme, würde er ihn doch mit Leichtigkeit schlagen.«[40] Andere nutzten die neue Technologie für ihre eigenen Zwecke in einer Weise, die sich Morse nie hätte träumen lassen. Im November forderte ein Gentleman aus Baltimore einen anderen in Washington zu einer Serie von Fernschachpartien heraus. Der gesamte Wettkampf wurde telegrafisch ausgetragen. Sieben Partien mit insgesamt 666 Zügen wurden zwischen den beiden Städten hin und her übermittelt, und nicht ein einziger Fehler wurde dabei festgestellt. (Leider ist nicht überliefert, wer damals gewann.) Nach Jahren voll Hohn und Spott war Morses Telegraf plötzlich der Stolz des ganzen Landes. In seiner Holzhütte am Walden Pond hatte Thoreau bereits die Nase voll von dem ganzen Rummel: »Die Menschen glauben, es sei von Wichtigkeit, dass die Nation Handel treiben, Eis exportieren, telegrafisch sprechen und wenigstens dreißig Meilen in der Stunde fahren könne [...].«[41]

Ein Jahr nach der Eröffnung der Verbindung veröffentlichte Alfred Vail seine eigene Geschichte des Telegrafen. Aus ihren Seiten spricht nichts als bewundernde Zuneigung für Morse, dessen Erfindung er die »Tat eines wissenschaftlichen Genies« nannte. Im Vorwort umriss er den Verlauf des zurückliegenden Jahres:

Die Erprobungsverbindung von Washington nach Baltimore befindet sich seit mehr als einem Jahr erfolgreich in Betrieb und ist seitdem zur Übermittlung vieler wichtiger Nachrichten eingesetzt worden: Botschaften zwischen Kaufleuten, Kongressmitgliedern, Regierungsbehörden, Banken, Maklern, Polizeibeamten; des Weiteren Parteien, die übereingekommen waren, einander an den zwei Stationen zu treffen, oder im Falle, dass eine Partei die andere dorthin bestellt hatte; Nachrichtenmeldungen, Wahlresultate, Todesanzeigen, Fragen nach dem Befinden von Familien und Einzelnen, die täglichen Sitzungen des Senats und des Repräsentantenhauses, Warenbestellungen, Fragen nach auslaufenden Schiffen, Protokolle der Verhandlung von Fällen vor verschiedenen Gerichten, Einbestellungen von Zeugen, Botschaften betreffend Sonder- und Expresszüge, Einladungen, der Empfang von Geld an der einen Station und dessen Einzahlung an der anderen, Botschaften für Personen, welche die Überweisung von Geld seitens Schuldnern verlangen, Konsultationen von Ärzten sowie Botschaften aller Art, die gewöhnlich mit der Post gesandt werden.[42]

An anderer Stelle in seinem Buch spekulierte Vail über weitere Verwendungen für den Telegrafen. Man könnte damit etwa dringende oder geheime Nachrichten übermitteln, schrieb er. Als Beispiel führte er ein Ereignis an, das ihm gerade einfiel: »Ein Gewitter befindet sich von Westen her im Anzug.«[43]

Vermutlich ist das die erste schriftliche Erwähnung des Gedankens, der elektromagnetische Telegraf ließe sich zur Wetterwarnung einsetzen. Bis dahin war niemand auf diese Idee gekommen, doch wenn man Loomis' Vorschlag eines amtlichen Warnsystems in die Tat umsetzen wollte, welche Technik war dazu besser geeignet als der Telegraf?

Es dauerte ein Jahr, ehe Vails Anregung in eindringlicherer Form von einem Wissenschaftler wiederholt wurde. Der Erste, der sich öffentlich dafür starkmachte, den Telegrafen in den Dienst der Meteorologie zu stellen, war nach allgemeiner Überzeugung William C. Redfield, der im September 1846 im *American Journal of Science* schrieb:

> In den Atlantikhäfen der Vereinigten Staaten könnte das Herannahen eines Sturms, wenn er sich noch über dem Golf von Mexiko befindet oder über den südlichen oder südwestlichen Staaten, mittels des elektrischen Telegrafen, der sich vermutlich schon bald von Maine bis zum Mississippi erstrecken wird, bekannt gemacht werden.[44]

Wissenschaft, Innovation und Fortschritt, die Schlagworte des 19. Jahrhunderts, schlossen sich immer schneller zu einem Ganzen zusammen. Die alte, lokal beschränkte, agrarische Welt wurde zusehends abgelöst von einer ganz anders gearteten Gesellschaft, die auf Statistiken, Rationalität und Gewerbefleiß fußte. Der elektrische Telegraf – in Amerika von Morse durchgesetzt, in Großbritannien von Cooke und Wheatstone eingeführt – sollte sich als das technische Instrument erweisen, das diese neue Welt in einer Weise vernetzte, die noch ein Jahrzehnt zuvor undenkbar gewesen wäre. Von nun an verbreiteten sich Nachrichten mit der Geschwindigkeit eines Blitzes – oder einer Serie nüchterner Klopfzeichen. Nachrichten vom Tod, vom Krieg, von Hoffnung und, wie William Redfield zu Recht vermutet hatte, Nachrichten von Stürmen.

Mittag

Um die Mittagszeit treibt die Cumuluswolke auf einem Luftstrom durch den blassblauen britischen Himmel. Der Blauton ist unverwechselbar britisch. In südlicheren Breiten, etwa in Spanien oder Italien, hat der Himmel eine andere Farbe, und in Lima, Kairo oder Sydney wieder eine andere.

Der Himmel ist physisch nicht real. Seine Blaufärbung ist nichts weiter als eine diffuse Lichterscheinung, die die Erde acht Minuten und zwanzig Sekunden nach ihrer Aussendung von der Sonne erreicht. Wenn das Sonnenlicht in unsere Atmosphäre eintritt, besteht es aus einer Mischung von Farben, die sich zu weißem Licht addieren. Nun durchquert es die fünf Hauptschichten der Atmosphäre: die Exosphäre, die Thermosphäre, die Mesosphäre, die Stratosphäre und schließlich die Troposphäre, in der sich praktisch das gesamte organische Leben und auch das Wetter abspielen.

Das Blau, das wir sehen, ist ein Streueffekt, der entsteht, wenn die Strahlen des Sonnenlichts beim Durchqueren der Atmosphäre auf Luftmoleküle oder andere Partikel treffen. Bei jedem Zusammenprall wird das weiße Licht in die Farben aufgespalten, aus denen es besteht: Rot, Orange, Gelb, Grün, Blau, Indigo und Violett. Aber das geschieht nicht gleichmäßig. Jede Farbe hat eine spezifische Wellenlänge – Rot mit 710 Nanometern die größte, Violett mit 400 Nanometern die kürzeste. Die Moleküle in der Atmosphäre sind besser in der Lage, Licht von niedriger Wellenlänge zu streuen, also violettes, indigofarbenes und blaues

Licht. Da das menschliche Auge für violettes Licht, die vorherrschende Farbe am Himmel, weitgehend unempfindlich ist, nehmen wir das Himmelsgewölbe über uns als blau wahr. Der ganze Vorgang lässt sich wie ein gigantisches Feuerwerk am Himmel vorstellen, bei dem in Milliarden und Abermilliarden von Explosionen blaues Licht erstrahlt.

Die verschiedenen Blautöne des Himmels rund um den Globus sind das Ergebnis der Zusammensetzung der Atmosphäre am jeweiligen Ort. Auf Höhe des Meeresspiegels erscheint der Himmel in Äquatornähe blauer als anderswo. So gilt der Himmel über Rio de Janeiro als der blauste auf der ganzen Welt. In nördlicheren Breiten, wo die Atmosphäre dünner ist, ist die Farbe des Himmels blasser. Auch die Höhe spielt eine Rolle. Auf 667 Metern über dem Meeresspiegel mitten in der Hochebene Kastiliens gelegen, ist der Himmel von Madrid von unverwechselbar kaltem Blau. Noch dunklere Blautöne, nämlich Lapislazuli oder Preußischblau, sehen die Bergsteiger im Himalaja und auch die Ballonfahrer. In jedem Fall wird das dunkelste Blau wahrgenommen, wenn das Auge im rechten Winkel zur Sonne zum Himmel hinaufblickt.

Weitere Farbkombinationen können durch Luftverschmutzung hervorgerufen werden. So sind Rußpartikel viel größer als Luftmoleküle, und damit verstärken sie die Streuung des Lichts auf allen seinen Wellenlängen. Über Städten mit starker Luftverschmutzung kann der Himmel grauweiß erscheinen und kaum eine Spur Blau aufweisen. Das gleiche gebrochene Weiß sehen Sie, wenn Sie geradeaus in die Ferne blicken, denn dabei schauen Sie durch eine viel dickere Atmosphäre. Deshalb verschwindet das Blau völlig, und an seine Stelle tritt das vertraute milchige Weiß des Horizonts.

Der blassblaue Himmel über Großbritannien wird durch unsere feuchte Atmosphäre hervorgerufen. Durch die höhere Konzentration von Wasserdampfpartikeln wird die Streuung des Lichts verstärkt, wodurch die Farbe des Himmels blasser erscheint. Manchmal aber verändert ein Regenschauer alles, denn dadurch wird die Atmosphäre von Staub und Dunst gereinigt, und der Himmel erstrahlt in einem leuchtenderen, frischeren Blau.

Teil 3

EXPERIMENTIEREN

Kapitel 7

Ruhiges Auge,
bewegter Himmel

*A*ußerordentlich heißer Tag. Therm 88. Gewitter & kühler Nachmittag«, notierte Francis Beaufort am 5. Juli
1846 in sein Protokollbuch. Seit Wochen schon war es so,
und das passte ihm gar nicht. Seine Tochter Emily litt an »leichter
Cholera« und war »matt und schwach«.[1] Wie viele andere fürchtete Beaufort, dass schlechte Luft die Ursache für derartige Leiden
war, und seiner Ansicht nach wurde London mit seiner stöhnen-
den, schwitzenden Bevölkerung in den Hundstagen des Hoch-
sommers zu einer Brutstätte von Krankheiten. Wer Zeit und Geld
genug hatte, war der Stadt längst in die frische, belebende Luft an
der Küste entflohen.

Beaufort gehörte nicht zu diesen Glücklichen. Pflichtschuldig
wie immer versah er seinen Dienst in der Admiralität, wo er sich
gerade mit den Details eines Vermessungsvorhabens beschäftigte,
das den Osten Australiens und das Große Barriere-Riff erschließen sollte – nach wie vor eine riskante Passage für Schiffe selbst
siebzig Jahre nachdem Cook mit der *HMS Endeavour* geradewegs hineingesegelt war. Trotz seiner zweiundsiebzig Jahre arbeitete Beaufort unermüdlich, mitunter bis zu zwölf Stunden am Tag.
Um dem lauten Treiben in Westminster zu entkommen, hatte er
ein Haus am Rande der Stadt am Gloucester Place gemietet. Der
Regent's Park lag gleich um die Ecke, und Beaufort, mit dessen
Gesundheit es nie zum Besten bestellt gewesen war und der zudem immer noch an den Folgen seiner Kriegsverletzungen litt,
hatte sich angewöhnt, stramme Spaziergänge zu machen und

morgens kalt zu baden. Um die drückende Hitze zu vergessen, vertiefte er sich ganz in seine Arbeit oder gönnte sich ein Frühstück mit Freunden wie dem irischen Wissenschaftler Edward Sabine. Am 26. Juli, einem Sonntag, erhielt er überraschend Besuch von einem alten Bekannten: Robert FitzRoy. Einen Monat zuvor war FitzRoy aus Neuseeland heimgekehrt, und dies war ihre erste Begegnung seit seiner Rückkehr, eine ausgezeichnete Gelegenheit, um sich über Neuigkeiten auszutauschen.[2]

Es gab viel zu erzählen. Ein Jahrzehnt war seit FitzRoys Weltumseglung mit der *Beagle* vergangen. Die Reise war für beide Männer ein Triumph gewesen. In einem Bericht an das Unterhaus hatte Beaufort »die *ausgezeichnete* Vermessungsarbeit von Kapitän FitzRoy« gelobt.[3] Der war mit zweiundachtzig akribisch gezeichneten Karten und achtzig Plänen von Häfen und Küstenstrichen zurückgekehrt, die alle mit Erläuterungen und Segelanweisungen versehen waren. Von nun an galt der Küstenverlauf Südamerikas nicht mehr als unerforschte Wildnis. Inzwischen hatte Beauforts Behörde Karten für die gesamte Region herausgegeben, die jedem Schiffskommandanten für ein paar Shillinge zur Verfügung standen. Das gesamte 19. Jahrhundert hindurch blieben FitzRoys Karten in Gebrauch. Während der Reise hatte er einen lebhaften Briefwechsel mit Beaufort gepflegt und seinem Vorgesetzten darüber hinaus den ihm gebührenden Respekt erwiesen, indem er zwei Buchten an der Küste Chiles nach ihm benannte.

Neben den Karten war die gewaltige Ausbeute an Pflanzen- und Tierpräparaten – Muscheln, Knochen, Steinen und Insekten –, die Darwin als greifbare Belege für die Wunder jener weit entfernten Welten gesammelt hatte, ein weiterer Erfolg der Reise. Glücklicherweise hatten FitzRoy und Darwin gut zusammengepasst. Abgesehen von ein paar harmlosen Zankereien hatten sie die gemeinsame Zeit genossen. FitzRoy nannte Darwin scherzhaft seinen »Fliegenfänger« oder »lieber Philos«.[4] Beide waren sie als Helden zurückgekehrt und hatten sich anschließend darangemacht, ihre Erlebnisse zu Papier zu bringen. Darwin war diese Aufgabe die reine Freude. Noch immer erfüllt von den glücklichen Erinnerungen an seine Reise, flossen ihm die Sätze mit Leichtigkeit aus der Feder. Für FitzRoy hingegen war das Schreiben harte Arbeit angesichts der Fülle von Einzelheiten, die er glaubte in seinem Buch – *Narrative of the Surveying Voyages of H. M. Ships Adventure and Beagle* (Schilderung der Vermessungsfahrten der Schiffe S. M. Adventure und Beagle) – unterbringen zu müssen. Als Darwin einmal einen Blick auf eine Passage warf, die ursprünglich von Kapitän King stammte und die FitzRoy nun in Form zu bringen suchte, bemerkte er: »Kein Pudding für Schuljungen ist je so schwer gewesen.«

Dabei hatte FitzRoy ohnehin genug zu tun. Noch Monate nach ihrer Rückkehr war er ein gefragter Mann – ein schneidiger, adliger Offizier, frisch heimgekehrt von einer Weltumseglung. Seine Amtsführung auf der *Beagle* war tadellos gewesen. Einer seiner Leute, ein Maat mit vier Jahren Erfahrung zur See, schrieb über ihn: »Hätte mir beim Anheuern jemand gesagt, ich sei kein Seemann, wäre ich gekränkt gewesen, doch nun weiß ich, dass ich von echter Seemannskunst keine Ahnung hatte, als ich an Bord ging.«[5] Hohes Lob, aber verdient, denn in fünf Jahren auf See hatte FitzRoy weder Mast noch Rahe verloren, kein Segel war gerissen und kein Mann über Bord gegangen. Und auch seine Entscheidung, die Masten und Spieren mit Blitzableitern auszustatten, hatte sich ausgezahlt, denn obgleich das Schiff mehrfach vom Blitz getroffen wurde, war kein Schaden entstanden. In den Augen der Wissenschaftsgemeinde bestand sein größter Triumph jedoch in der Aufmerksamkeit, die er auf seine Instrumente verwendet hatte. Die Logbücher waren tadellos geführt, die Ablesungen durchweg präzise. Die abschließende Bewährungsprobe war der Abgleich seiner Chronometer – also der Uhren, die er zur Bestimmung ihres Längengrades auf See benutzt hatte. Nachdem er einmal die gesamte Erdkugel umrundet hatte, stellte er beim Vergleich seiner kalkulierten Zeit mit der Ortszeit in London fest, dass die Abweichung nach fünf Jahren insgesamt nicht mehr als dreiunddreißig Sekunden betrug – eine unglaubliche Leistung.

Unter den Ersten, die ihn ehrten, war die wenige Jahre zuvor, nämlich 1830 (unter Mitwirkung von Beaufort), gegründete Geographical Society of London, die bald darauf zur Royal Geographical Society wurde. Im Jahr 1837 verlieh die Gesellschaft FitzRoy ihre Gründermedaille, ihre höchste Auszeichnung. Er wurde zum Elder Brother von Trinity House, der für die britischen Leuchttürme zuständigen Institution, ernannt und ebenso zum Conservator of the Mersey, dem die Gewährleistung der Schiffbarkeit des Flusses Mersey im Norden Englands oblag. Beides waren ehrenvolle und zugleich einträgliche Ämter. Doch damit war FitzRoys Ehrgeiz noch nicht befriedigt gewesen. Bald darauf ging er in die Politik und gewann bei den Unterhauswahlen 1841 einen Sitz im Wahlkreis Durham. Er heiratete die schöne und fromme Mary O'Brien, die Tochter eines Majors, und die beiden schienen das ideale Paar. Mit ihren kleinen Kindern hatten sie ein Haus am schicken Lowndes Square im Londoner Stadtteil Belgravia bezogen, wo ihnen ein ganzes Heer von Hausbediensteten zur Hand ging.

Und doch war FitzRoys Aufstieg in die oberen Ränge der britischen Gesellschaft kein Spaziergang gewesen. Da war zunächst seine Wahl ins Parlament. Angesichts seiner einflussreichen Fürsprecher hätte sie eine Selbstverständlichkeit sein sollen, doch FitzRoys ungestümes Auftreten im Wahlkampf hatte zum Streit mit seinem Mitbewerber, einem Herrn Sheppard, geführt. Giftige Briefe waren zwischen den beiden Kandidaten gewechselt worden, und ein Duell konnte nur mit Mühe abgewendet werden. Und auch nach seinem Erfolg am Wahltag war es damit nicht vorbei, denn in Westminster war FitzRoy von Sheppard persönlich angegangen worden, der vor dem United Service Club in Pall Mall auf der Lauer gelegen hatte und nun mit einer Pferdepeitsche herumfuchtelte und brüllte: »Kapitän FitzRoy! Ich werde Sie nicht schlagen, aber betrachten Sie sich als ausgepeitscht!« Das war zu viel für FitzRoy. Mit seinem Regenschirm – der einzigen Waffe, die er zur Hand hatte – ging er auf Sheppard los und schlug ihn damit zu Boden.[6] Es war ein unrühmlicher Zwischenfall von der Art, über die man in Westminster nach außen hin die Nase rümpfte, ihn klammheimlich aber genoss. Schadenfroh berichteten die Zeitungen über den bösen Ausgang einer der erbittertsten Wahlkampagnen in der langen und fürwahr wechselvollen Geschichte des britischen Parlaments.

Aber FitzRoys politische Karriere kam nach dem eher kläglichen Start in Schwung. Er hatte sich der Konservativen Partei Robert Peels angeschlossen und zählte schon bald John Gladstone, den Vater des späteren Premierministers, zu seinen Freunden. Er tat sich bei der Ausarbeitung eines Gesetzentwurfs zur Verbesserung der Ausbildung von Seeleuten der Handelsmarine durch Einführung eines Prüfungssystems hervor und wurde ausgewählt, um Erzherzog Friedrich von Österreich auf einer Rundreise durch Großbritannien zu begleiten. Im Jahr 1843 – FitzRoy wurde bereits als möglicher Minister im Kabinett gehandelt – äußerte Lord Stanley den Wunsch, er möge das Amt des Gouverneurs von Neuseeland übernehmen. FitzRoy geriet dadurch in ein Dilemma, denn falls er den Posten antrat, musste er dafür die finanzielle Sicherheit seines Abgeordnetenmandats und seiner Stellung im Trinity House aufgeben. Doch »so weit entfernt und schlecht besoldet der Posten« auch sein mochte, trat FitzRoy ihn dennoch an, aus reinem Pflichtgefühl. Die Entscheidung erwies sich als Fehler. »Einen dornigeren Weg hätte er nicht wählen können«, schrieb ein Journalist später darüber.[7] Nachdem er erneut um die

halbe Welt gesegelt war, musste er bei seiner Ankunft in Neuseeland feststellen, dass die dünn besiedelte Insel nahezu bankrott
war und von erbitterten Auseinandersetzungen zwischen den ein-
heimischen Maori-Stämmen und den westlichen Siedlern erschüttert wurde. Zwei Jahre mühte er sich, Lösungen für diese Probleme zu finden, doch was er auch versuchte, erwies sich als Fehl-
schlag. Angesichts einer täglich sich verschlechternden Lage
wurde er schließlich 1845 von Stanley zurückgerufen – das traurige Ende eines noblen Unterfangens.

Um die Dinge geradezurücken, hatte FitzRoy noch vor Ort
eine Denkschrift über seine Erfahrungen verfasst, die nun unter
Politikern zirkulierte – William Gladstone las sie gerade –, doch
damit waren die Probleme für ihn nicht gelöst. Seine Heimreise
trat er auf dem Handelsschiff *David Malcolm* an, dessen Kapitän
Cable sich als nachlässig und bequem erwies. Von Neuseeland aus
waren sie über den Pazifik nach Osten gesegelt, dann nahm Cable
Kurs auf die Magellanstraße. FitzRoy musste es scheinen, als wären seit seinen Fahrten im Walboot und seinen Klettertouren dort
Ewigkeiten vergangen. Doch die Erinnerungen an diese Zeiten
waren noch sehr lebendig. »Die Magellanstraße ist sprichwörtlich
stürmisch, nass und ungemütlich«, schrieb er,

> doch in den seltenen Perioden schönen Wetters lassen sich auf
> der ganzen Welt keine grandioseren Landschaften finden – ein-
> drucksvolle Kombinationen von hohen, schneebedeckten Bergen,
> *ausgedehnten* Gletschern, Wäldern in allen erdenklichen Farben
> und Schattierungen, gewaltige Steilhänge, zahlreiche Wasser-
> fälle und zu ihren Füßen eine *tiefblaue See*.[8]

Das Wetter jedoch blieb launisch. Kapitän Cable hatte beinahe
die ganze Länge der Wasserstraße durchmessen und war an ihrem
östlichen Ende in die Bucht Mercy Harbour eingelaufen. Dort

ließ er den leichtesten Anker werfen und gab nicht mehr Kette als unbedingt nötig, dann zog er sich unter Deck zurück. FitzRoy war skeptisch. Zum Glück führte er ein Paar Sympiesometer mit sich. Später schrieb er dazu:

> Nachdem er so vor Anker gegangen war, wobei er die Masten und Rahen beließ wie beim Einlaufen, hätte er sich am 11. April, wie gewöhnlich, schlafen gelegt, obgleich die beiden Sympiesometer des Verfassers *diesem* anzeigten, dass ein Sturm aufzog, und mit *großer* Anstrengung gelang es ihm, diesen Kapitän namens *Cable* dazu zu bewegen, Rahen herabzulassen, Segel zu bergen und außerdem einen zweiten Anker bereit zu machen. Dann richtete es sich der Skipper auf seine Weise unter Deck gemütlich ein – und war schon bald so fest eingeschlafen, dass er in dieser Nacht nicht mehr gesehen ward.[9]

Wie sich bald zeigen sollte, war FitzRoys Umsicht entscheidend. Nachdem Cable sich zurückgezogen hatte, hielt FitzRoy Ankerwache. Seine Sorge galt dabei nicht allein dem Schiff: Unter Deck schlief Mary mit ihren drei Kindern. FitzRoy beobachtete, wie der Luftdruck weiter beständig abnahm. Er wusste, was im Anzug war. Folglich übernahm er das Kommando und ließ den zweiten Anker ausbringen. »Die Nacht war wunderschön, klar und mondbeschienen«, erinnerte er sich. Alle dachten, er müsse sich irren. Doch um zwei Uhr morgens schlug das Wetter um, wie so oft. Von Westen her erklang ein Brüllen, dann raste »eine weiße, dichte Wand aus Wasser, so hoch, dass sie bis zu den unteren Rahen reichte«, auf das Schiff zu und erschütterte es. Ein paar schreckliche Minuten lang legte sich die *David Malcolm* in einem furchterregenden Winkel zur Seite, nur einen Steinwurf entfernt von den Granitfelsen der Küste. »Wäre das Schiff unvorbereitet davon getroffen worden«, bemerkte FitzRoy, »wäre nach menschlichem Ermessen keine Seele gerettet worden; allein Gottes Vorsehung hätte einen in einem derart trostlosen, wilden und grausamen Land zu retten vermocht.«[10]

So konnte die *David Malcolm* die Magellanstraße unversehrt verlassen, wenn auch nicht dank Kapitän Cable. FitzRoy fand, sie seien mit knapper Not entkommen, und er schrieb die Errettung seiner Familie göttlicher Vorsehung zu.

In den Jahren seit der Reise mit der *Beagle* hatte FitzRoy eine Art christlicher Wiedergeburt erlebt. Obgleich er stets fromm gewesen war, hatte es ihm in der Jugend doch an Glaubenskraft gefehlt. »In früheren Jahren machte mir eine gewisse Neigung zu schaffen, die geoffenbarte Geschichte der Bücher Mose anzuzweifeln, wenn nicht gar abzutun«, gestand er in seinem *Beagle*-Reisebericht. Damals sei er »unsicher« gewesen und habe sich »eingebildet«, das Alte Testament »könnte bloß mythologisch oder sagenhaft« sein. Inzwischen jedoch hatte sich FitzRoy zu einem überzeugten Christen gewandelt. Seinen Freunden war dieser Wandel nicht entgangen. Andersgläubige behandelte er mit zunehmender Intoleranz und verwarf rundheraus Theorien wie die des Geologen Charles Lyell, der in seinen *Principles of Geology* (dt. *Grundsätze der Geologie*) die Auffassung vertreten hatte, die Erde sei nicht erst vor einigen Tausend Jahren entstanden, sondern vielmehr uralt.

Seine Freunde führten diesen Sinneswandel auf Marys Einfluss zurück. Und wie einst, als er die Phrenologie zu seiner Sache gemacht hatte, zeigte FitzRoy auch jetzt die Neigung, eine Überzeugung aus vollem Herzen zu vertreten. »War er einmal von etwas überzeugt«, so schrieb ein Journalist später über FitzRoys Charakter, »konnte ihn nichts in dieser Überzeugung erschüttern oder davon abbringen.«[11] Mit dem ganzen Eifer des Bekehrten nutzte er daher die Schlusskapitel des *Narrative*, um für die Darstellungen des Alten Testaments den Nachweis ihrer Richtigkeit zu erbringen. Was er auf seinen Reisen beobachtet hatte, suchte er mit dem in Verbindung zu bringen, was er in der Bibel las. So erklärte er, es gebe mindestens dreiundzwanzig unterschiedliche Rassen auf der Erde, die so klar voneinander geschieden seien wie verschiedene Gesteinsformationen. Die schwarzen, roten und braunen Völker, denen er begegnet war, seien die fluchbeladenen Nachkommen von Kusch, dem Enkel Noahs, während die stolzen, prosperierenden, weißen Rassen Europas die von Gott bevorzugten Nachkommen von Sem und Jafet waren. Als strenger Schriftgläubiger führte FitzRoy alles auf das Alte Testament zurück. Die Dinosaurier zum Beispiel seien deshalb ausgestorben, weil sie zu groß und unbeholfen gewesen seien, um über die Planke an Bord von Noahs Arche zu gehen – eine Auffassung, über die Darwin später seinen Spott ergoss.

Doch 1846 war das Verhältnis von Darwin und FitzRoy noch ungetrübt. Als Darwin erfuhr, dass sein alter Freund zurück in London sei, schrieb er ihm sogleich eine Nachricht: »Ich kann nicht umhin, Ihnen nach Ihrer schlimmen Heimfahrt zu Ihrer glücklichen Ankunft zu gratulieren. Ich hoffe, dass Ihre Gesundheit nicht gelitten hat und Sie so stark & kräftig sind wie eh und je […]. Ich bin mir bewusst, wie wenig wahrscheinlich es ist, dass Sie ein wenig Zeit übrig haben, doch sollten Frau FitzRoy und Sie selbst, so Sie sich in der Stadt aufhalten, die Neigung verspüren, ein paar Tage auf dem Land zu verbringen, so wäre das meiner Frau & mir ein wirkliches Vergnügen – wir haben ein recht bequemes Haus in einer sehr ruhigen, zurückgezogenen, luftigen Gegend des Landes.«[12]

Die Aussicht, Darwin in seinem Haus in Downe im grünen Kent zu besuchen, muss FitzRoy immer reizvoller erschienen sein, je weiter der Juli fortschritt. Inzwischen waren die Temperaturen noch weiter gestiegen, das Gras in den Parks war verbrannt und der Erdboden hart wie Schiffszwieback. London stöhnte unter der Hitze. Viele blieben lieber in ihren Häusern oder flohen aus der gleißenden Sonne in den Schatten der Ulmen, die die Mall und den Birdcage Walk säumten. Mit zwei Millionen Einwohnern war London die größte Metropole auf dem Planeten; seit dem Eismarkt im Jahr 1814 hatte sich die Zahl verdoppelt. Die Menschen badeten im Serpentine-Teich oder wateten bei Niedrigwasser in der Themse. Es war die Art von Wetter, die Luke Howard, der Wolkenklassifizierer, als einen »coup de soleil« bezeichnete.[13]

Im Lauf der Jahre hatte Howard seine Wetterstudien fortgesetzt und im Rahmen von zwei weiteren Büchern, *Climate of London* (Londons Klima) und *Seven Lectures on Meteorology* (Sieben Vorträge über Meteorologie), veröffentlicht. Darin hatte er erstmals die These vertreten, dass die Großstädte inzwischen eine Größe erreicht hatten, die zur Bildung eines »Mikroklimas« führte. Howard begründete das mit der Feststellung, dass die Hitze, die durch die Dichte der Herdfeuer und rauchenden Schornsteine in der Hauptstadt erzeugt wurde, in ihrer Gesamtheit die Temperatur in der Stadt um 1,579 °F (0,877 °C) gegenüber den ländlichen Regionen im Umland ansteigen ließ. Und er war auch der Auffassung, dass die schiere Menge der menschlichen Körper, die dort auf engem Raum zusammengedrängt waren, einen Anstieg der Temperatur bewirkte. Zur Erläuterung griff er zu einer Analogie:

Wer schon einmal mit seiner Hand über die Oberfläche eines Bienenstocks hinter Glas gestrichen hat, sei es im Sommer oder im Winter, wird, vielleicht überrascht, bemerkt haben, wie sehr die kleinen Körper der Bienen in ihrer Gesamtheit dazu imstande sind, den Raum, der sie enthält, aufzuheizen: sodass wir sie bei warmem Wetter dabei beobachten, wie sie den Stock mit ihren Flügeln belüften und gelegentlich, wenn sie nicht beschäftigt sind, es vorziehen, sich, wie unsere Städter, am Eingang aufzuhalten.[14]

Für Howard war London ein Bienenstock in Riesenmaßstab, und am 31. Juli 1846 taten es die Londoner den Bienen gleich und fächelten sich an den Eingängen Luft zu. Der Monat endete mit Gewittern, die am Horizont im Süden wie Hofhunde knurrten. Unter den Leidtragenden war auch Beaufort. Am 1. August wachte er früh auf, weil er »einen Anflug von Cholera« verspürte. Weil er nicht wieder einschlafen konnte, rief er seinen Arzt, der ihm Opium und Kalomel in Tablettenform verschrieb, die ihn »völlig zur Ruhe brachten«. Betäubt schlief Beaufort den ganzen Vormittag hindurch, während eine Dunstglocke über der Stadt hing, die sich erst gegen zehn Uhr verzog, als die Sonne durchbrach und sogleich mit größter Intensität zu scheinen begann. Die Temperatur stieg auf 32 °C. Über Greenwich war der Himmel erfüllt von den Schleiern der Cirrostraten, und tief über den Dächern jagten Wolkenfetzen dahin. Der Wind frischte merklich auf und ließ die Bäume rauschen und die Fensterscheiben in den Rahmen klappern. Von ferne rollten Donner. Gegen 15 Uhr, als Beaufort eben aus seinem Schlummer erwachte, hatte sich der Himmel ganz verdunkelt. Minuten später brach ein Sommersturm von spektakulärer Wucht los.

Seit Jahren hatte London nichts dergleichen erlebt. Es goss in Strömen, während Blitze über den düsteren Himmel zuckten. Das Gewitter schien endlos zu dauern und nahm an Wucht immer mehr zu. Im Nu waren die Gossen überschwemmt, und die Wassermassen fluteten die Straßen und füllten jede Senke im Boden. Es schien, als wäre die Stadt einem Angriff ausgesetzt. Auf der Themse wurde ein Dampfer vom Blitz getroffen. Der Stromschlag lief durch das ganze Schiff, riss steuerbords das Schaufelrad vom Rumpf und verfehlte den Kapitän auf der Brücke nur um Haaresbreite. Ein anderer Einschlag traf ein Haus am Mornington Crescent, wo der Strom durch den Schornstein lief und eine Bedienstete zu Boden warf. Südlich von London, in Norwood, kam ein

Trupp von Heuschnittern auf einer Wiese nicht so glimpflich davon: Alle vier waren auf der Stelle tot.

Im Green Park barst ein eisernes Siel unter der Last des Wassers, und die Fluten strömten die Mall hinunter in den St James's Park, wo sie eine Herde von Schafen mitrissen. Während die Wasser weiter anstiegen, kam eine zweite Sturmfront heran, die »einen Hagelsturm, wie er seit Menschengedenken nicht gesehen ward«, mit sich brachte. Nicht nur die Wucht des Hagels war erschreckend, sondern ebenso die Größe der Hagelkörner. Größer und schwerer als Murmeln, waren manche so groß wie eine Halfpenny-Münze und glichen lebensgefährlichen Eisscherben. In einem Bericht der *Times* hieß es später, ein Hagelkorn habe über vierzig Gramm gewogen. Es schien beinahe, als wären alle Kiesel vom Strand in Brighton über der Hauptstadt niedergegangen. Im Schutz ihrer Wohnungen hörten die Menschen auf den Widerhall der Eisklumpen, die gegen die Scheiben klirrten. Zwei Stunden lang gingen Regen und Hagel nieder. Erst um Viertel nach sechs trauten sich die ersten Londoner wieder nach draußen. Überall herrschte Chaos. Mit Milchkannen schöpften Bewohner das Wasser aus ihren Häusern und gossen es zu den Fenstern hinaus.

Die Schäden wurden in den folgenden Tagen von den Londoner Gazetten gemeldet: »Furchtbarer Gewitter- und Hagelsturm«, »Vernichtendes Gewitter« und »Der große Sturm von letztem Samstag«. Die Berichte schilderten in großer Breite das Unheil, das die vereinigten Kräfte von Elektrizität, Wind, Wasser und Hagel angerichtet hatten. So waren auf einer Strecke von drei Kilometern entlang der Wandsworth Road alle Fensterscheiben, die nach Süden wiesen, in Scherben gegangen. Im neuen Parlamentsgebäude waren 7000 Butzenscheiben geborsten, in der schicken Burlington Arcade 2736 Fenster und Oberlichter eingeschlagen worden und weitere 14000 in einer Fabrik im Stadtteil Millbank.

Im Buckingham Palace wäre es beinahe zu einem kulturellen Unglück noch größerer Ordnung gekommen, als ein Oberlicht in der Gemäldegalerie barst. Über einen Meter hoch stieg das Wasser in einem Raum, der Kunstschätze von Cuyp, Parmigianino, Steen und van Dyck enthielt.

Noch Wochen später war die Presse voll von immer neuen Schadensmeldungen. Beaufort war in seinem Haus das Schlimmste erspart geblieben, innerhalb von zwei Tagen hatte der Glaser »unsere kleinen Schäden« repariert. Er konnte von Glück sagen, doch das Leid anderer ließ ihn nicht unberührt. »Trauriger Bericht von den Verwüstungen des Sturms, zerstörte Gewächshäuser, überschwemmte Fußböden, geborstene Siele etc. etc.«, trug er in sein Notizbuch ein. Eine Woche später machte er sich immer noch Gedanken über die Angelegenheit: »Es heißt, der Hagelsturm oder besser gesagt: der Sturm von Eisklumpen habe in London Glasscheiben im Wert von 100 000 Pfund zerstört«, notierte er.[15] Das war eine enorme Summe, beinahe so viel, wie Isambard Kingdom Brunel gerade in den Bau des Dampfers *Great Britain* investiert hatte, des ersten schraubengetriebenen Dampfschiffs aus Eisen.

Bei der Berichterstattung tat sich besonders eine neue, sensationshungrige Wochenzeitung hervor, die *Illustrated London News*. Kaum vier Jahre nach ihrer Gründung hatte sie sich bereits einen Namen gemacht mit flott geschriebenen Reportagen zum aktuellen Tagesgeschehen, die mit bewegenden Bildern illustriert waren. Der Sturm war für die Illustrierte ein gefundenes Fressen, zwei volle Seiten widmete sie ihm. Blickfang war ein Holzschnitt, der den Sturm von einem erhöhten Standpunkt auf der Heide von Blackheath nahe Greenwich zeigte. In der Tiefe liegt London mit seinen Straßen, Dächern und Türmen, trotzig ragt in der Ferne die Kuppel von St. Paul's Cathedral auf, wie in Herbert Masons berühmter Fotografie von London im Luftangriff 1940.

London, von Blackheath aus gesehen,
in: *Illustrated London News*, 1846

Dieser Holzschnitt des Künstlers Frederick James Smyth ist
eine ausgezeichnete Darstellung von extremem Wetter. Über der
schwarzen Silhouette Londons zuckt ein Blitz, Regen peitscht in
schrägem Winkel auf die Stadt, und aus einem Schornstein quillt
seitwärts Rauch. Im Vordergrund der Komposition hat Smyth
eine Gestalt platziert, die sich von dem allgemeinen Chaos abhebt
und dem Blick des Betrachters einen Anhaltspunkt gibt. Weit
vornübergebeugt, um dem Wind standzuhalten, hält der Mann
eine Hand fest an den Kopf gepresst, um zu verhindern, dass
sein Hut auf Nimmerwiedersehen fortgeweht wird. Ein Hund
schleicht rechts neben ihm her, und die beiden kämpfen sich auf
einem Weg voran, den der Regen in tiefen Morast verwandelt hat.
Nicht weit entfernt sind die Häuser am Stadtrand zu erkennen –
ihre Hoffnung auf Unterschlupf.[16]

Die *Illustrated London News* verfügte 1846 über einen meteorolo-
gischen Korrespondenten in Blackheath. Wenn es um Ratschläge,
Berichte und Reportagen in Sachen Wetter ging, wandte sich die
Redaktion immer öfter an James Glaisher, den gewissenhaften

Oberinspektor der Abteilung für Magnetismus und Meteorologie am Königlichen Observatorium in Greenwich. Glaishers Wohnhaus an der Dartmouth Terrace lag nur ein paar Minuten zu Fuß entfernt von der Stelle, die Smyth bei seinem Holzschnitt als Standpunkt gewählt hatte. War Glaisher vielleicht die Gestalt, die in dem Bild zu sehen ist? Falls ja, so verändert das die Aussage der Illustration. Dann wäre sie ein Bild von Glaisher, wie er nach Erledigung seiner täglichen Pflichten an der Sternwarte nach Hause eilt unter einer wild bewegten, unbeständigen Atmosphäre, deren Verständnis er sein ganzes Leben widmen sollte.

Im Jahr 1846 war Glaisher siebenunddreißig Jahre alt, gertenschlank und groß gewachsen, so scharfäugig wie Loomis und so fleißig wie Beaufort. Am Morgen vor dem Sturm war er im Observatorium gewesen und hatte die Cirrostraten ebenso wie die niedrig ziehenden Wolkenfetzen bemerkt. Er hatte verzeichnet, dass der Regen nachmittags um zehn nach drei eingesetzt hatte, von Blitzen und Donner begleitet. Und er hatte die Hagelkörner beim Observatorium – »nicht sonderlich groß« – und später zu Hause in Blackheath untersucht. Nach Vermessung mehrerer Exemplare war er zu dem Ergebnis gekommen, dass die Körner beziehungsweise Eisbrocken im Durchschnitt so groß waren wie eine Haselnuss. Später war ihm der Schreck in die Glieder gefahren, als der Einschlag eines Blitzes in der Nähe sein Haus erzittern ließ. Als am Abend der Regen nachgelassen hatte, beobachtete er, wie sich ein »unheimlicher Nebel« über die Stadt legte. »So dicht war der Nebel«, schrieb er, »dass die Lampen in Blackheath aus einer Entfernung von wenigen Schritten nicht zu sehen waren.«[17]

Abgesehen davon, dass er ein eifriger Beobachter war, besaß Glaisher noch weitere Charakterzüge, die ihn als ausgezeichneten Wissenschaftler qualifizierten: Er war vernunftorientiert, gewissenhaft und enorm fleißig. So beschäftigte ihn im August 1846 die

Arbeit an den Schlussfolgerungen, die aus einem gewaltigen meteorologischen Forschungsvorhaben zu ziehen waren. Dabei ging es um die Bildung von Tau und den Durchfluss irdischer Strahlung. Unter dem Titel »On the Amount of Radiation of Heat, at Night, from the Earth, and from Various Bodies Placed on or Near the Surface of the Earth« (Über die Menge der bei Nacht von der Erde sowie von verschiedenen Körpern, die sich auf oder nahe der Erdoberfläche befinden, abgestrahlte Wärme) lieferte Glaisher damit eine der eingehendsten Untersuchungen des Taus, seit W. C. Wells 1814 seinen einschlägigen »Essay on Dew« (Versuch über den Tau) veröffentlicht hatte, in dem er zum ersten Mal zeigte, dass Tau durch die Kondensation von Wasserdampf an Gegenständen entstand und nicht vom Himmel fiel. Glaisher nun hatte es sich zum Ziel gesetzt, diesen Vorgang genauer zu untersuchen, und drei Jahre lang jede freie Minute darauf verwandt. Bevor er damit anfing, hatte er zunächst monatelang nach dem besten Thermometer gesucht und dabei alle möglichen Längen, Größen, Röhrenformen und Farbausführungen ausprobiert, ehe er sich für ein geeignetes Modell entschied. Mit mehreren Exemplaren ausgerüstet, verbrachte Glaisher dann Nacht für Nacht auf dem Gelände des Observatoriums, um den unmerklichen Transfer der Wärme von der Erde in die Luft zu beobachten. Alles wurde von ihm gemessen: die Länge der einzelnen Grashalme, der Luftdruck, die Temperatur in der Luft und am Boden, die Windrichtung, die Luftfeuchtigkeit, der Taupunkt und der Bedeckungsgrad des Himmels.

Glaisher war mit Leib und Seele bei der Sache. Er berücksichtigte jede Variable, hielt den Atem an, wenn er Ablesungen vornahm, um eine Kontamination des Thermometers zu vermeiden, und stellte seine Leselampe in genügender Entfernung davon auf, um keine Störung hervorzurufen. Aus Monaten wurden Jahre, in denen er immer mehr Messdaten sammelte. Allmählich dehnte er dabei das Feld seiner Untersuchungen aus. So untersuchte er langes Gras, kurzes Gras und das Erdreich unter dem Gras, um jede mögliche Veränderung auf die jeweiligen Auswirkungen hin zu überprüfen. Dann ging er daran, das Gras mit verschiedenen Materialien abzudecken: Wolle, Flachs, Blei, geschwärztem Zinn, Holzkohle, Glas, Kaninchenfell, Kreide und Baumwolle. Als Nächstes verlegte er sein Interesse auf Farben, um herauszufinden, wie unterschiedlich sie Wärme absorbierten. Er entdeckte, dass Schwarz am meisten Wärme absorbierte, gefolgt von Gelb, Scharlachrot, Orange, Weiß, Grün, Purpurrot, Dunkelblau und Hellblau. Stundenlang lag er dafür im Gras auf der Wiese vor der Sternwarte, und besondere Freude machte es ihm, dabei zuzusehen, wie sich der Tau auf einzelnen Grashalmen bildete.[18] Die Arbeit fesselte ihn, aber er wurde auch krank davon. Die Feuchtigkeit, der er sich ständig aussetzte, verursachte ihm rheumatische Beschwerden, die ihn jahrelang plagen sollten.

Doch Glaisher war es das Risiko wert gewesen. Im August 1846 nun legte er letzte Hand an ein Referat, das zu Neujahr in der Royal Society vorgetragen werden sollte – für ihn die erste Gelegenheit, als Nachwuchswissenschaftler in dieser elitären Runde Eindruck zu machen. Der Aufsatz war sein intellektuelles Debüt, und wie es im Fall von Nichtmitgliedern der Gesellschaft üblich war, würde nicht Glaisher selbst referieren, sondern der Text sollte in seinem Namen verlesen werden – in diesem Fall von seinem Vorgesetzten am Observatorium in Greenwich, dem Königlichen Astronomen George Airy.

Airy war acht Jahre älter als Glaisher, und einen illustreren Vorgesetzten hätte man sich nicht denken können. Was ihm an körperlicher Größe fehlte, machte er durch seine überragende geistige Statur wett: Auf der ganzen Welt gab es kaum jemanden, der eine vergleichbare intellektuelle Gabe aufzuweisen hatte. In Northumberland geboren und in Suffolk aufgewachsen, hatte

Airy bereits im Alter von fünfzehn seinen Lehrer damit verblüfft, dass er »ohne sonderliche Mühe« 2394 lateinische Verse auswendig hersagen konnte. Es war nur die erste Kostprobe seiner überragenden geistigen Begabung. Airy war ein ruhiger, lernbegieriger Mensch mit einer Vorliebe für lange Wanderungen durch die Moore, er mochte Volkslieder und Lyrik, und er war ein ausgezeichneter Mathematiker. Sobald er alt genug war, schrieb er sich in Cambridge ein, wo er eine Fülle von Preisen einheimste, und so überraschte es niemanden, als er 1823 sein Mathematikstudium als *Senior Wrangler*, das heißt mit dem besten Examen aller Kandidaten, abschloss. Es folgte ein rascher Aufstieg auf der akademischen Karriereleiter: Mit fünfundzwanzig wurde er auf den Lucasischen Lehrstuhl für Mathematik an der Universität Cambridge berufen und nur zwei Jahre später zum Plumian Professor für Astronomie und zum Direktor des Observatoriums von Cambridge. Im Jahr 1835 dann gab er dem jahrelangen Werben der politischen Elite in London nach und tauschte seine Stellung in Cambridge mit der Leitung des Königlichen Observatoriums, wo er den betagten John Pond als Königlichen Astronomen ablöste. Unverzüglich war er mit der für ihn typischen Tatkraft ans Werk gegangen und hatte frischen Wind in die Arbeit der Sternwarte gebracht. Airy war von kompromissloser Effizienz, und wenn es einen Zug gab, der ihn vor allem kennzeichnete, dann war es seine Ordnungswut. Ein Biograf hat über ihn geschrieben:

> In allem ging er methodisch und planvoll vor, und selbst in den unbedeutendsten Dingen duldete er nicht, dass sich Unordnung in die tägliche Arbeit des Observatoriums einschlich. So verbrachte er zum Beispiel einmal einen ganzen Nachmittag damit, das Wort »leer« auf große Papptafeln zu schreiben und sie dann auf eine große Anzahl leerer Verpackungskisten zu nageln, weil er bemerkt hatte, dass es zur Vertauschung dieser Kisten

mit anderen Materialien gekommen war. Und einen Mitarbeiter wollte er mit dieser Arbeit nicht beauftragen, denn dann hätte er ihn von dessen gewöhnlichen Pflichten abziehen müssen.[19]

Auch für Glaisher war Airy ein Respekt einflößender Vorgesetzter, aber indem er sich bereit erklärt hatte, sein Referat vorzutragen, wurde er für ihn auch zu einem wichtigen geistigen Verbündeten. Glaisher bot sich damit ein Zugang zu einflussreichen Kreisen, die ihm bis dahin verschlossen geblieben waren – ein persönlicher Triumph, der ihm ganz und gar nicht in die Wiege gelegt war.

Geboren wurde James Glaisher am 7. April 1809 in Rotherhithe am Südufer der Themse. Er war noch jung, als seine Familie nach Greenwich zog, wo im alten königlichen Palast die Tudor-Könige Heinrich VIII., Maria I. und Elisabeth I. geboren worden waren. Das Bild der Kleinstadt war geprägt von den hübschen Straßen im Stil der georgianischen Ära und den Marineschulen, die sich vom Ufer des Flusses in die Stadt erstreckten. Das wissenschaftliche Wahrzeichen des Ortes jedoch stand hoch oben im Park von Greenwich. In den 150 Jahren seit seiner Errichtung war das Königliche Observatorium zur ersten Adresse des geistigen Lebens in Großbritannien geworden. Wie eine Burg der Wissenschaft erhob sich der Klinkerbau mit seinen Glaskuppeln über die Wipfel der Bäume im Park. Als zwanzigjähriger Besucher tritt uns Glaisher hier erstmals entgegen, wie er mit leuchtenden Augen durch die ihn fantastisch anmutende Sammlung der Quadranten und Sextanten des Observatoriums streift.

Doch seine Lehrjahre verbrachte er in einem anderen Klima. Als frischgebackener Mitarbeiter des Ordnance Survey wurde er 1829 aus dem Londoner Osten nach Irland versetzt, wo er im feuchten, windigen Hügelland der Grafschaften Limerick und Galway zwei Jahre lang damit beschäftigt war, mit seinen Theodoliten Winkelmessungen zur Triangulation vorzunehmen. Wie vor ihm Beaufort und FitzRoy fand auch Glaisher die Arbeit in luftiger Höhe inspirierend. Jahre später führte er sein aufkeimendes Interesse an der Atmosphäre auf diese Periode zurück:

> Oft war ich wochenlang in Nebel gehüllt, zuerst auf dem Bencor in Galway und später dann auf dem Gipfel des Keeper in der Nähe von Limerick. [...] bei der Erfüllung meiner Pflichten war ich oft gezwungen, für lange Zeit über oder in den Wolken zu bleiben. Das brachte mich darauf, die Farbe des Himmels zu studieren, die zarten Tönungen der Wolken, die Bewegung der milchigen Massen und die Formen der Schneekristalle.[20]

Das feuchte Klima forderte jedoch seinen Tribut. Nach zwei Jahren kehrte Glaisher nach England zurück, um sich von einer erlittenen Unterkühlung zu erholen. Auf Arbeitssuche fand er an der Sternwarte von Cambridge eine Stellung als mathematischer Assistent für Airy. So begann mit seinem Arbeitsantritt 1833 eine Beziehung zwischen den beiden, die fast vierzig Jahre Bestand haben sollte. Zunächst arbeitete er im Oktagon-Saal der Sternwarte an einem Mauerquadranten – einem auf ein Stützrad montierten, drehbaren Fernrohr –, mit dem er die Position von Sternen auf ihrem Durchgang am Himmel bestimmte, wobei er mit zwei weiteren Assistenten ein Team bildete. Aber selbst in dieser Phase verlor er sein Interesse an der Atmosphäre nicht. »Oft habe ich zwischen meinen astronomischen Beobachtungen mit großem Interesse die Form der Wolken studiert, und oft, wenn eine Wolkenbank auf einmal die Sterne den Blicken entzog, habe ich mir gewünscht, die Ursache für ihre rasche Bildung zu verstehen und die Vorgänge, die sich dabei in ihrer Umgebung abspielen.«[21]

Glaishers Erfolg beruhte auf seiner Genauigkeit. Airy, für seine Pingeligkeit berüchtigt, war schwer zufriedenzustellen, doch im

Lauf der Zeit gewann Glaisher sein Vertrauen. Kaum hatte Airy 1835 die Berufung zum Königlichen Astronomen erhalten, sorgte er dafür, dass auch Glaisher aus Cambridge geholt wurde. Er sollte damit zu einer Mannschaft gehören, mit der Airy das Observatorium von Greenwich, das sich seiner Ansicht nach in einem »komischen Zustand« befand, einer Verjüngungskur unterziehen wollte. Vier Jahre darauf war der Umbruch in vollem Gange. Airy machte Glaisher zum Oberinspektor der neu eingerichteten Abteilung für Magnetismus und Meteorologie. Für Glaisher war das eine entscheidende Wendung, denn damit wurde seine Begabung ganz in den Dienst der Meteorologie gestellt. Airy überging bei seiner Nominierung eine Fülle besser qualifizierter Kandidaten, und für Glaisher bedeutete der Posten die Krönung einer fabelhaften Karriere.

Als Oberinspektor unter Airys Leitung wurde Glaisher der erste staatliche Meteorologe, den Großbritannien je gehabt hatte. So hatten Airy und Glaisher freie Hand, Neues auszuprobieren. Zunächst entwickelten sie einen Zeitplan, nach dem tägliche Beobachtungen durchzuführen waren. Ihr Ziel war die Erhebung von Daten in zuvor nicht gekanntem Umfang, und Glaisher machte sich daran, dafür die zuverlässigsten Instrumente zu finden, während Airy eine Liste der erforderlichen Beobachtungen aufstellte. Seine Anweisungen waren bis ins Detail zu befolgen. Mit Ausnahme der Sonntage sollten die Ablesungen Tag und Nacht zu jeder vollen Stunde entsprechend der Göttinger Mittleren Zeit von Glaisher oder einem seiner Mitarbeiter vorgenommen werden. Erfasst werden sollten die Windrichtung, die Himmelsbedeckung, der Wolkentyp, die Strömungsvarianz, die Windstärke und die Kraft der Sonneneinstrahlung. Airy und Glaisher legten sogar einen unveränderlichen Standort für die Instrumente fest, in vier Fuß Höhe über dem Boden und im Schatten, um die Einheitlichkeit der Messungen zu gewährleisten. Vom ersten Tag der

Messungen im Winter 1840 an verlief alles mit der Präzision eines Uhrwerks. Aber die Sammlung der Ausgangsdaten war erst der Anfang. Glaisher dazu 1844:

> So strapaziös die Beobachtungen auch sein mögen, denn sie erfordern die wachsamste Sorge in Bezug auf den Zustand der Instrumente, verlangen sie anschließend jedoch so umfangreiche Berechnungen, dass die Beobachtung im Vergleich dazu bloß eine Kleinigkeit ist. Aus ihnen werden der mittlere, tägliche, monatliche und jährliche Stand jedes einzelnen Instrumentes abgeleitet, und zwar mit einer Genauigkeit, die sich auf keinem anderen Weg erreichen lässt als durch die vollständige Zurückführung auf regelmäßige Beobachtungen, die je nach Erfordernis zu jeglicher Zeit bei Tag oder Nacht gemacht werden.[22]

Die täglichen Messungen erbrachten eine ständig wachsende Menge von Angaben über die Atmosphäre. Einen Eindruck von Airys wissenschaftlichem Ansatz und seinem geradezu fanatischen Glauben an reduktive Wissenschaft (die vollständige Zurückführbarkeit von Theorien auf Beobachtungen und von Naturgesetzen auf kausale Ereignisse) gewinnt man, wenn man erfährt, dass es Airys Gewohnheit war, Glaisher und seine beiden Mitarbeiter Edwin Dunkin und John Hind nicht wie üblich bei ihren Nachnamen zu nennen, sondern »A«, »B« und »C«, entsprechend den Kürzeln in den Beobachtungsprotokollen.

Mitte der 1840er-Jahre begann Glaisher dann mit seinen Studien zum Tau. Da er ohnehin genötigt war, die ganze Nacht hindurch Instrumente abzulesen, ergab sich das praktisch als Nebenbeschäftigung, um die freien Stunden sinnvoll zu nutzen. Hinzu kam die Lust, die Ergebnisse in einem Aufsatz aus eigener Feder zusammenzufassen. Nach mehr als einem Jahrzehnt unter Airy war Glaisher so weit, sich selbst einen Namen zu machen. Zwei

Aufsätze über Astronomie hatte er bereits publiziert, und seit 1843 tauchte der Name »Mr Glaisher« von Zeit zu Zeit in den Zeitungen auf. Bekannt machte ihn ein Artikel über die Abteilung für Magnetismus und Meteorologie an der Sternwarte, der 1844 in der *Illustrated London News* erschien.[23] Glaisher selbst hatte ihn verfasst, eine sachliche Darstellung des täglichen Betriebs in seiner Abteilung. Voller Stolz schrieb er über ihre »neuartigen Mittel, wissenschaftliche Ergebnisse von allergrößtem Interesse und allergrößter Bedeutung zu gewinnen und aufzuzeichnen«. Das war eigentlich harmlos, doch der Artikel führte zu einem Streit zwischen Airy und der Redaktion, als der Königliche Astronom darauf pochte, alle offiziellen Verlautbarungen aus Greenwich hätten allein von ihm und nicht von seinen Untergebenen zu kommen. Glaishers Name hätte überhaupt nicht erwähnt werden sollen.

Eine triviale Angelegenheit, aber sehr bezeichnend. Seit seiner Jugend hatte Glaisher ein Gespür dafür gehabt, wann sich ihm eine Gelegenheit bot, und dann griff er zu. Den eigenen Namen in der *Illustrated London News* gedruckt zu sehen, bei einer Auflage von 50 000 Exemplaren, war ein Coup. Damit begann eine jahrzehntelange Verbindung zwischen dem ehrgeizigen Oberinspektor und der aufstrebenden Wochenzeitung. Bald darauf wurde Glaisher zum inoffiziellen Korrespondenten für Meteorologie, trug auf Verlangen Kommentare und Zitate bei und kam schließlich 1846 der Bitte nach, den Text für den *Illustrated London Almanac* (einen Ableger der Illustrierten) zu schreiben. Alles kam nun zusammen: Glaisher hatte eine herausgehobene Stellung, Spielraum für neue Ideen und ein öffentliches Profil. Vom mathematischen Assistenten war er zum Mitarbeiter und Oberinspektor aufgestiegen, nun war er auch noch Korrespondent, und das war längst nicht das Ende seiner Karriere.

Bis 1830 waren meteorologische Berichte die Domäne der Almanache und Bauernkalender, die sich jedes Jahr zu Hunderttausenden verkauften und vollgestopft waren mit meteorologischem Nonsens für ein dankbares, wenig anspruchsvolles Publikum. Gelegentlich traf eine der Prognosen für brütend heiße Sommer, milde Winter, Eismärkte, Stürme oder Nebel sogar ein, so zum Beispiel 1838, als »Zadkiel« – hinter dem exotischen Pseudonym verbarg sich der prosaische Name Richard Morrison – zutreffend vorhersagte, dass der 20. Januar 1839 der kälteste Tag des Jahres werden würde. Ein Glückstreffer, der »Zadkiel« augenblicklich als »Wettergenie« berühmt machte und Morrison zu einem steinreichen Mann: Auf diese eine Vorhersage gründete seine gesamte Karriere.

Glaishers Eintritt in den Wetterjournalismus hingegen markierte einen Wandel. Seine Anschauungsweise entsprach den Trends der Zeit, denn Anfang der 1840er-Jahre war das Vertrauen in Zahlen und rationale, quantifizierbare Wahrheiten gewachsen. »Es gibt kein solide begründetes Wissen«, erklärte die *Edinburgh Review* ihren Lesern 1838, »das nicht auf Beobachtung und Experiment gegründet wäre, die wiederum unmittelbar auf Tatsachen basieren oder von ihnen durch mathematische Überlegung abgeleitet sind.«[24] Endlich schien die Menschheit im Begriff, René Descartes' Vision einer *mathematica universalis* Wirklichkeit werden zu lassen: ein vollständiges Verständnis der Natur auf dem Wege der Mathematik. Eines der einflussreichsten Bücher der 1830er-Jahre war *On the Connexion of the Physical Sciences* (Über die Verbindung der physikalischen Wissenschaften) von Mary Somerville gewesen, das 1834 erschien. Die Mathematik war für Somerville eine reine Wissenschaft, die in ihrer Anwendung so eindrucksvoll war, dass ihr etwas geradezu Spirituelles anhaftete. »Das mächtige Instrument der menschlichen Kraft selbst hat seinen Ursprung in dem natürlichen Aufbau des menschlichen Verstandes und beruht auf wenigen grundlegenden Axiomen, die bereits außerhalb davon in Ihm vorhanden waren, als Er ihn nach Seinem Bilde schuf«, schrieb sie. An anderer Stelle ließ sie sich über den Moment aus, in dem sie diesen Zauber zum ersten Mal verspürt hatte: »Ich konnte kaum glauben, dass ich einen solchen Schatz besaß, als ich mich des Tages erinnerte, an dem ich zum ersten Mal das geheimnisvolle Wort Algebra sah.«[25]

Anfang der 1820er-Jahre hatte der belgische Mathematiker und Astronom Adolphe Quetelet in Paris begonnen, das Gauß'sche Gesetz der zufälligen Abweichungen, das üblicherweise zur Korrektur von Beobachtungsfehlern bei der Standortbestimmung von Sternen am Nachthimmel eingesetzt wurde, auf andere Felder anzuwenden. Ausgehend von statistischem Datenmaterial, versuchte er eine mathematische Darstellung von gesellschaftlichen Problemen wie Kriminalität oder Krankheit und gelangte auf diesem Weg schließlich zum Begriff der »Standardabweichung«. Zwanzig Jahre später waren Zahlen aus der Wissenschaft nicht mehr wegzudenken. Sie galten als unumstößliche Tatsachen. Die erste Volkszählung wurde in Großbritannien 1841 durchgeführt, und bald darauf gab es Pläne für einen anspruchsvolleren Zensus, der 1851 stattfinden sollte.

Im Jahr 1846 hatte der französische Geometer Urbain Le Verrier die Wissenschaftswelt mit einer beispiellosen Entdeckung in Erregung versetzt. Seit einiger Zeit hatte er sich, ebenso wie, unabhängig von ihm, der britische Mathematiker John Couch Adams in Cambridge, mit auffälligen »Störungen« der Umlaufbahn des Planeten Uranus beschäftigt. Man nahm an, dass diese Unregelmäßigkeiten auf die Existenz einer Masse hindeuteten, die sich irgendwo jenseits des Uranus innerhalb des Sonnensystems befinden musste. Auf Grundlage ihrer Berechnungen hatten sowohl Le Verrier als auch Couch Adams Vorhersagen veröffentlicht. Ende September 1846 dann sandte Le Verrier ein Schreiben an die Königliche Sternwarte zu Berlin, in dem er darum bat, den Nachthimmel in einem von ihm genau bezeichneten Sektor nach einem unbekannten Planeten abzusuchen. Johann Galle, Astronom an der Berliner Sternwarte, erhielt den Brief und fand noch in derselben Nacht tatsächlich einen noch nicht verzeichneten Stern nur ein Grad von der errechneten Position entfernt. Der »Stern« stellte sich im Folgenden als Planet heraus, der später den Namen Neptun erhielt. In Paris war Arago so verblüfft von dieser Leistung, dass er erklärte, Le Verrier habe einen Planeten »mit der Spitze seiner Feder« entdeckt.

Le Verriers Erfolg war ein Beweis für die Macht der Mathematik. Sie ließ sich ebenso gut dafür nutzen, die Staatsausgaben zu regulieren, wie zum Aufspüren von Straftätern oder zur Überwindung von Krankheiten. Präzision wurde geradezu zu einem öffentlichen Schauspiel. Charles Babbage, den seine Freunde unbarmherzig dafür neckten, dass er jedes Problem auf eine mathematische Formel reduzierte, begeisterte seine Zuschauer mit Vorführungen seiner »Analysemaschine« zur Lösung logischer Probleme. Und eine der letzten Anweisungen, die Airys Vorgänger John Pond 1833 gab, betraf die Anbringung einer großen Metallkugel an einer Stange vor dem Observatorium. Von da an sauste sie jeden Tag mittags um ein Uhr mit einem donnernden Knall zu Boden, sodass die Schiffe auf der Themse ihre Uhren danach stellen konnten. Ponds Zeitkugel wurde im Alltag von Greenwich zu einem vertrauten Geräusch.

Auch Glaisher war von der Mathematik fasziniert. Jeder Plan, den er machte, jedes Experiment, das er ausführte, und jeder Aufsatz, den er veröffentlichte, war gespickt mit Zahlen. So verkörperte er geradezu die damalige Vorstellung vom Wissenschaftler, der, allein mit einem Blatt Papier, einem Stift und einer Tabelle sorgfältig erhobener Zahlen ausgerüstet, imstande war, die Wahrheit aufzudecken. Mitte des 19. Jahrhunderts bauten die Forscher und Gelehrten an einer gewaltigen Festung der Wissenschaft, deren jeder Stein aus einer makellos schönen Zahlenreihe bestand.

Glaisher konzentrierte sich dabei naturgemäß auf meteorologische Fragen. Seine Arbeiten aus dieser Zeit zeigen eine substanzielle Verbesserung der Art und Weise, wie Informationen über die Atmosphäre gesammelt wurden. Dabei waren erst zwanzig Jahre vergangen, seit John Frederic Daniell eine gallige Einleitung zu seinen *Meteorological Essays* geschrieben hatte, in der er sich über die Methoden mokierte, mit denen die Herren von der Royal Society ihre Daten erhoben. Er sei entsetzt, so Daniell, dass unter der Leitung der führenden wissenschaftlichen Gesellschaft ein derart katastrophales Verfahren statthabe. Untaugliche Instrumente, nachlässige Beobachter, Messungen, die zu beliebigen Zeiten vorgenommen würden:

> Die Sorglosigkeit, die in diesem Bereich an den Tag gelegt wird, ist seit Langem schon Gegenstand ernster und öffentlicher Klagen, und es gibt kaum eine Person, welche Gelegenheit gehabt hätte, die Aufzeichnungen zurate zu ziehen, von der nicht gesagt worden ist, sie hätten sich dieses Vertrauens als nicht würdig erwiesen. Die Herren Dalton, Thompson und Howard haben ihre Unzufriedenheit zum Ausdruck gebracht, und letztgenannter Gentleman hat sich genötigt gesehen, die Frage zu stellen, ob, »falls diese gelehrte und hoch ehrenwerte Körperschaft den Gegenstand des Wetters ihrer Aufmerksamkeit nicht länger für wert halte, es nicht besser wäre, die entsprechenden Aufzeichnungen gleich ganz aus ihren Berichten zu streichen«.[26]

Und Daniell setzte seine Kritik noch weiter fort. Die Ablesungen würden »durch nichts bestimmt, als wann der Beobachter eine Mütze Schlaf nehmen will«, das Quecksilber in den Thermometern sei noch nie zum Kochen gebracht und es sei auch kein Versuch unternommen worden, etwa in der Röhre befindliche Luft oder Feuchtigkeit daraus zu entfernen. Die Gesellschaft verlasse sich auf eine Wetterfahne, die auf einem Nachbargebäude angebracht sei, und die Abschätzungen der Windgeschwindigkeit würden mit einer derartigen Lässigkeit durchgeführt, dass von den 730 Beobachtungen, die er untersucht habe, 669 das gleiche Ergebnis aufgewiesen hatten. Am erschütterndsten aber, so hob Daniell hervor, sei seine Entdeckung gewesen, dass der Regenmesser unter die Abdeckhaube des Schornsteins geklemmt sei, sodass an windigen Tagen praktisch kein Niederschlag gemessen werde.

Im Vergleich dazu zeugten die Vorkehrungen, die Airy und Glaisher am Observatorium getroffen hatten, von einer neuen, exakten Herangehensweise an das Messen, die die früheren Verfahren zur historischen Anekdote werden ließ. Jahrzehntelang hatten die Zeitungen, wann immer sie von einem extremen Wetterereignis berichteten, die stereotype Formulierung »seit Menschengedenken« verwendet. Damit war es nun unweigerlich vorbei. Gefragt waren Zahlen. Keine These wurde ernst genommen, wenn sie nicht mit Statistiken untermauert war. Keine Theorie ohne Formel.

Irgendwann im Jahr 1846 stieß Glaisher bei Durchsicht des vierteljährlich veröffentlichten Verzeichnisses der Geburten, Eheschließungen und Sterbefälle auf einen Fehler. In dem kurzen Abschnitt, den der Bericht meteorologischen Angaben widmete, hieß es, die mittlere Temperatur in York habe um 5 °F über der von London gelegen. Verdutzt schrieb Glaisher daraufhin an den Registrar General George Graham, den obersten Standesbeamten, und erklärte, dies sei eine »physikalische Unmöglichkeit«. Nach einiger Zeit erhielt Glaisher Antwort: Graham dankte ihm für seinen Hinweis und teilte mit, in seiner Behörde verstünde niemand etwas von Meteorologie. Glaisher packte die Gelegenheit beim Schopf. Postwendend machte er den Vorschlag, alle regionalen Wetterberichte zur Auswertung künftig an ihn weiterzuleiten. Eine entsprechende Vereinbarung wurde getroffen, und Airy gestattete Glaisher, sich in seiner Freizeit mit den Statistiken zu befassen.

Glaisher machte sich mit Elan an die Arbeit. Zunächst schrieb er an die gegenwärtigen Korrespondenten in den einzelnen Regionen, war von den Antworten, die er erhielt, aber nicht überzeugt. Sie gingen, so klagte er, »gänzlich unpraktisch« vor. »Sie haben keine Ahnung von den Tatsachen der Natur«, hätten »eigenartige Ansichten«, und »nur wenige von ihnen kümmern sich um die Eigenschaften ihrer Instrumente oder darum, die nötigen Korrekturen vorzunehmen, um ihre Beobachtungsergebnisse zu vereinheitlichen«. Folglich tat Glaisher genau das, was Airy auch getan hätte: Er gab allen den Laufpass. Das Jahr 1847 nutzte er für einen völligen Neuanfang. Mit der Autorität seiner Stellung in Greenwich wandte er sich an Mitglieder der führenden gelehrten Gesellschaften des Landes, trat an Mitglieder der Royal Society sowie der Royal Astronomical Society heran und überzeugte sogar Airy persönlich, in seiner Wohnung im Observatorium den neu entwickelten Erhebungsbogen für ihn auszufüllen – eine amüsante Umkehrung ihrer Beziehung.

Glaisher widmete sich seinem neuen Steckenpferd mit der gleichen Begeisterung, wie sie Loomis jenseits des Atlantiks zum Ausdruck gebracht hatte, als er von einem »meteorologischen Kreuzzug« sprach. An freien Tagen reiste er in die entlegensten Gegenden des Königreichs, um Korrespondenten zu treffen, und wann immer er Zeit hatte, bemühte er sich auch um Neuanwerbungen. Stück für Stück wuchs sein Netzwerk, von Southampton im Süden bis Glasgow im Norden, von Lowestoft im Osten bis Liverpool im Westen. Ermöglicht wurden seine Reisen durch den Fortschritt der Eisenbahn. Nur zwei Jahrzehnte zuvor hätten Glaishers Reisen Wochen in Anspruch genommen. Nun jedoch nahm er eine Droschke bis zu einem der Londoner Endbahnhöfe, stieg in den Zug und war binnen Stunden an seinem Ziel. Dort traf er sich mit seiner Verbindungsperson, prüfte deren Instrumente, berechnete die exakte geografische Position ihres Standorts und zeigte ihr, wie man die Ablesungen vornahm. In manchen Fällen brachte er auch bessere neue Instrumente mit, um untaugliche Apparate zu ersetzen. Noch ein kurzes Händeschütteln – und schon saß er wieder im Zug, der ihn am selben Tag nach Greenwich zurückbrachte.

Zunächst wurden die Formulare nur dazu genutzt, die vierteljährlichen Berichte für den Registrar General zu verfassen. Im August 1848 jedoch bot sich eine Gelegenheit, die Glaisher wie üblich sogleich ergriff. Zwei Jahre zuvor hatte Charles Dickens die Fleet Street in Aufregung versetzt, als er persönlich eine Tageszeitung gründete, die *Daily News*, und selbst den Posten des Herausgebers übernahm. Die Aussicht, dass der damals berühmteste britische Schriftsteller nunmehr tagtäglich dem der Regierung Peel treu ergebenen *Morning Chronicle* Konkurrenz machen würde, um wie in seinen Romanen soziale Missstände anzuprangern, war faszinierend. Zwar legte Dickens die Herausgeberschaft schon bald nieder, um sich ganz auf die neuen Folgen seines jüngsten Fortsetzungsromans, *Dombey and Son* (dt. *Dombey und Sohn*), zu konzentrieren, aber die *Daily News* blieb innovativer Berichterstattung auch weiterhin verpflichtet. Als im Spätsommer 1848 »regnerisches, ungemütliches Wetter« die Ernte zu verderben drohte, schrieb einer der Redakteure an Glaisher, ob er ihm einen aktuellen Wetterbericht liefern könne. Glaisher konnte mehr als das: Gestützt auf sein reibungslos funktionierendes Meteorologennetzwerk, war er imstande, probeweise einen Wetterdienst zu liefern – etwas, das es noch nie gegeben hatte.

Der Schlüssel dazu war die britische Version des elektromagnetischen Telegrafen. Auch wenn er technisch anders aufgebaut war als Morses Apparat, hatte er im Vereinigten Königreich eine ebensolche Sensation ausgelöst. Die *Illustrated London News*, wie immer darauf bedacht, die neuesten technischen Erfindungen herauszustellen, hatte die Arbeiten zur Verlegung des Telegrafen, den William Cooke und Charles Wheatstone entwickelt hatten, durch das ganze Land begleitet. Im Mai 1844 veröffentlichte das Blatt einen ausführlichen Artikel über die neue Telegrafenstation von Slough, der illustriert war mit Holzschnitten des Stationsgebäudes und Bildern, auf welchen eifrige Bedienstete ihre harte Arbeit verrichten. Neun Monate später wurde die Station von Slough selbst zur Sensation, als sie in einem Mordfall eine wichtige Rolle spielte. Unter der Schlagzeile »Mord in Salt Hill« beschrieb die *Illustrated London News* »ein außerordentliches Beispiel für die Arbeit der neu verfügbaren Kraft des Elektromagnetismus«. Denn nach der Flucht des Verdächtigen aus Slough wurde eine Botschaft zum Bahnhof Paddington gekabelt:

> Ein Mord ist gerade in Salt Hill begangen worden, und der Tatverdächtige wurde dabei beobachtet, wie er eine Fahrkarte erster Klasse für den Zug nach London löste, der Slough um 19 h 42 min verlassen hat. Er trägt die Kleidung eines Quäkers und darüber einen braunen Überzieher, der ihm fast bis zu den Füßen reicht; er sitzt im letzten Abteil des zweiten Erster-Klasse-Waggons.[27]

Als der Zug in Paddington ankam, wurde der Verdächtige von Polizisten verhaftet. Nichts hätte spektakulärer zum Ausdruck bringen können, wie sich die Zeiten geändert hatten. Ein Mensch mochte so schnell sein, wie er wollte – mit dem elektrischen Strom konnte er es nicht aufnehmen. Es folgte ein Telegrafenfieber ganz wie in Amerika. Auch hier kam es zu einer Fernschachpartie, diesmal zwischen einem Major Kennedy und seinem Partner Staunton, die in der Station Portsmouth saßen, und dem »berühmten« Herrn Walker mit Partner im Londoner Stadtteil Vauxhall. Das Blatt schloss seinen Bericht mit der Feststellung:

> Unsere Vorväter hätten weit weniger erstaunliche Effekte der Zauberei zugeschrieben. Aber die Erfindung ist nicht bloß erstaunlich, sondern auch überaus nützlich. Sie wird eingesetzt, um Züge telegrafisch anzukündigen und Botschaften zwischen Bediensteten der Telegrafenfirma hin und her zu schicken. Für die Zahlung einer geringen Summe kann sich die Öffentlichkeit ihrer zu Geschäftszwecken bedienen. Es lassen sich kaum all die Zwecke vorstellen, für die man ihn verwenden kann, aber es ist ohne Weiteres einzusehen, dass der elektrische Telegraf für die Übermittlung aller möglichen wichtigen Nachrichten eingesetzt werden kann und dass er künftig in einem gewissen Maß die gegenwärtige Art des Postverkehrs ersetzen wird.[28]

Drei Jahre später nun waren Glaisher und die *Daily News* übereingekommen, mithilfe der Elektrizität eine Folge von Wetterberichten auf die Reise zu schicken. Die Zeitung kam für die Kosten auf, Glaisher kümmerte sich um die Daten. Morgens um neun wurden an neunundzwanzig Telegrafenstationen überall im Land gleichzeitig Messungen vorgenommen und die Ergebnisse dann nach London übermittelt, wo sie von Glaisher ausgewertet und am folgenden Tag in der *Daily News* veröffentlicht wurden. Die Berichte waren einfach gehalten: Angegeben wurde der Name des Orts, die herrschende Windrichtung und die allgemeine Wetterlage. Das erste Bulletin erschien am 31. August 1848. Es war der erste telegrafisch übermittelte Wetterbericht in der Geschichte.[29]

Lage des Windes und des Wetters

[Die Wetterlage in den nächsten zwei Monaten wird
Folgen von solcher Wichtigkeit haben, dass wir mit der
Gesellschaft des elektrischen Telegrafen Anstalten für
einen täglichen Bericht getroffen haben.]

Um 9 Uhr gestern Morgen waren der Wind und das
Wetter an den unten aufgeführten Orten wie folgt

Chelmsford	— W	—	Heiter
Colchester	— WSW	—	Heiter
Derby	— NO auf N	—	Heiter
Gloucester	— OSO	—	Heiter

etc.

Die *Daily News* beabsichtigte damit die Bauern während der
Erntezeit zu beruhigen. Mit Beginn des Herbstes hatten die Berichte ihre Schuldigkeit getan und wurden wieder abgesetzt. Ohne
sich dessen bewusst zu sein, hatte die Zeitung damit jedoch etwas
Neuartiges ins Leben gerufen: die Wetterberichterstattung. Weil
sie praktisch und neu war, kam diese Idee gut an. Wie sich zeigte,
hatte es den Lesern in London gefallen, beim Frühstück die Wet-
tertabelle zu studieren. So konnten sie feststellen, ob ihre Freunde
oder Verwandten in Brighton in den Regen geraten waren oder
sich in Deal in der Sonne aalten. Noch Wochen nach der Einstellung von Glaishers Berichten erhielt die Redaktion Zuschriften
von Lesern, die sich erkundigten, ob die Bulletins wiederaufge-

nommen würden. Einer der Fragesteller war kein anderer als Airy selbst. Ob er auf Glaishers Bitten hin schrieb, ist ungewiss, jedenfalls stellte er fest, er habe die Informationen nützlich gefunden. Er hatte begonnen, sie auf einer Karte einzutragen, und er habe just ein Schreiben aufsetzen wollen, um eine Idee zu loben, die »wahrscheinlich zu Ergebnissen von großem wissenschaftlichem Nutzen führen« würde, als die Rubrik abrupt eingestellt worden war.

Als die einer bedeutenden Persönlichkeit in der britischen Wissenschaft hatte Airys Stimme Gewicht, und so konnte die *Daily News* seine Wortmeldung nicht einfach übergehen. Vielmehr erhielt er eine Antwort, in der man ihm die Entscheidung mitteilte, das Vorhaben wiederaufzunehmen, diesmal jedoch in veränderter Gestalt, um es über einen längeren Zeitraum aufrechterhalten zu können. Zu diesem Zweck sollte der Telegraf durch die Eisenbahn ersetzt werden. So erstaunlich er auch sein mochte, war der Telegraf doch noch zu kostspielig für eine tägliche Nutzung, und die Zahl und Länge der Leitungen waren überdies begrenzt. Im Vergleich dazu war die Eisenbahn die bessere Alternative. Das landesweite Schienennetz war 1848 auf fast 8000 Kilometer Länge ausgebaut worden, und die *Daily News* hatte sich die Zusage der Eisenbahngesellschaften Great Northern, Great Western, South Western, South Coast, Lancaster & Carlisle sowie York, Newcastle & Berwick gesichert, Berichte kostenlos nach London zu liefern.

Airy und Glaisher stellten eine Liste mit fünfzig Bahnhöfen quer durch das Land auf, und Glaisher übernahm es dann, mit den Bahnhofsvorstehern in Verbindung zu treten. Wenige Wochen später befand er sich wieder auf Reisen, diesmal mit einem Formular im Gepäck, auf dem Angaben zu Ort, Zeit, Windrichtung, Windstärke (windstill, sanfte Brise, steife Brise, stürmischer Wind, Sturm oder Orkan) und Art des Wetters (wolkenlos, teilweise bewölkt, bedeckt, neblig, Schauer, Regen, starker Regen, Schnee, Hagel oder Gewitter) eingetragen werden sollten. Anscheinend war die Kommunikation zwischen den einzelnen Behörden nicht gut, denn hätte Airy mit seinem Freund Beaufort darüber gesprochen, wäre er über dessen viel weiter ausgereifte Skala der Windstärke und seinen Wettercode unterrichtet worden. Diese Abstimmung unterblieb, aber immerhin war ein Anfang gemacht.

Im folgenden Sommer ging es los: Der erste Bericht erschien am 14. Juni 1849 in der *Daily News* unter der Überschrift »Meteorologische Tafel, welche die Wetterlage an jedem der folgenden Orte um 9 Uhr am gestrigen Morgen zeigt«. Unterdessen hatte Glaisher in Greenwich damit begonnen, mit den alten Angaben mehr zu tun, als sie bloß zu archivieren.

> Sobald ich die Meldungen erhalte, untersuche ich zunächst jede für sich; als Zweites teile ich sie in Gruppen auf, ergänzt um die Beobachtungen eines mir bekannten guten Beobachters, und anschließend vergleiche ich jedes Ergebnis aus jeder Meldung mit dem entsprechenden Ergebnis des vereinheitlichten Werts, wobei ich unterschiedliche Höhen [des Standorts] usf. in Rechnung stelle. Sodann bilde ich Gruppen entsprechend der geografischen Breite und weiter entsprechend der geografischen Länge, auf welche Weise ich gewöhnlich etwaige Fehler entdecke, und ich denke, dass mir nur sehr wenige entgehen. Danach dann gehe ich dazu über, sie zu kombinieren.[30]

Wie vor ihm Loomis in Amerika begann auch Glaisher damit, die Daten auf einer Umrisskarte der Britischen Inseln einzutragen. Er verwendete lange Pfeile mit schmaler Spitze, um die Windrichtung abzubilden, sowie weitere Symbole (über die er sich nicht näher auslässt), um den Luftdruck und die Temperatur an den verschiedenen Orten einzutragen. Ab Juli 1849 fertigte Glaisher diese Karten Tag für Tag an, das ganze Jahr hindurch. Obgleich sie nie veröffentlicht wurden, waren das vermutlich die ersten auf aktuellen Angaben beruhenden Wetterkarten. Nur ein Jahr nach den von ihm zusammengestellten ersten telegrafischen Wetterberichten taten sie ein Übriges, um seinen Status als Pionier der Wetterberichterstattung zu festigen – weltweit.

Glaisher war zu diesem Zeitpunkt längst der Rolle als Mitarbeiter Airys entwachsen und hatte sich eine eigene Reputation erworben. Im Januar 1849 war er zum Mitglied der Royal Society gewählt worden; Airy, Herschel und Charles Babbage hatten die Nominierung unterschrieben.[31] Darin wurden seine meteorologischen Aufsätze in den *Philosophical Transactions* hervorgehoben sowie seine generell herausragende Stellung als Meteorologe. Für Glaisher war es die Krönung eines bemerkenswerten Jahrzehnts. Seinen neuen Status nutzte er sogleich und legte der Gesellschaft einen Antrag auf Geldmittel vor, um damit sein Netzwerk von Wetterbeobachtern für die Erstellung des Jahresregisters sowie der amtlichen Wetterstatistiken ausbauen zu können. Diese Arbeit hatte er in den vergangenen vier Jahren nicht nur geleitet, sondern auch ganz aus eigener Tasche finanziert. Die Meteorologie, so argumentierte er in seinem Antrag, erlebe eine Revolution. In der Vergangenheit habe sie im Schatten der etablierteren Felder von Physik, Chemie und Biologie gestanden, aber dem sei nicht länger so. »Innerhalb der letzten zwei Jahre hat die Aufmerksamkeit für diese sehr vernachlässigte Wissenschaft deutlich zugenommen«, bemerkte er.[32]

Das war zweifellos richtig. Die ganze Wissenschaftswelt schien sich auf einmal mit der Meteorologie zu beschäftigen. So beherrschten 1848 Berichte über die neuesten Forschungsvorhaben und Experimente zum Thema Wetter die Jahrestagung der British

Association for the Advancement of Science. Drei der Grundsatz-
referate waren der Meteorologie gewidmet, darunter ein Vortrag
des deutschen Gelehrten Heinrich Dove über den Zusammenstoß von Luftmassen. Im selben Jahr hatte Henry Piddington, ein
Seemann bei der East India Company, ein Buch über die Theorien von Redfield und Reid veröffentlicht, *The Sailor's Horn-Book
for the Law of Storms* (Signalbuch des Seemanns über die Gesetze
der Stürme). Klar, einleuchtend und überzeugend geschrieben,
war das Buch nicht an Akademiker gerichtet, sondern als Nachschlagewerk für Seeleute konzipiert und verkaufte sich gut. Und
Piddington leistete damit noch einen weiteren Beitrag. Im Bemühen, die Begrifflichkeiten zu vereinheitlichen, ersetzte er die unterschiedlichen Namen, die für Sturmwinde im Umlauf waren –
Schirokko, Fallwind, Samum, Sumatra –, durch allgemeingültige
Bezeichnungen. Sein Vorschlag, für Wirbelstürme den Begriff
»Zyklon« (in Anlehnung an das altgriechische Wort »kyklonein«:
herumwirbeln) zu verwenden, machte unter Seeleuten bald Schule.
Unterdessen war in den Vereinigten Staaten ein Ende der Sturm-
Kontroverse nicht abzusehen: Während Espy und Redfield einander nach wie vor in den Fachzeitschriften beharkten, war mit
Robert Hare ein weiterer Kontrahent in den Ring gestiegen, der
streitlustig seine Ideen über den Einfluss der elektrischen Energie verfocht.

Auch andernorts tat sich etwas. So richtete die British Association 1841 im Königlichen Observatorium zu Kew im Westen Londons eine Wetterwarte ein. Unter der Leitung von Francis Ro-
nalds war man in Kew nicht minder geschäftig als bei der Konkurrenz in Greenwich und sammelte mithilfe von Drachen und
elektrischen Geräten alle Arten von Messdaten über die Atmosphäre. Im Jahr 1849 veröffentlichte William Reid eine aktuali-
sierte Version seines Handbuchs unter dem Titel *Progress on the
Law of Storms* (Fortschritte in Bezug auf das Gesetz der Stürme),

und im selben Jahr erhielt Espy in Amerika endlich die Chance, Regen zu machen. Der Ort für sein Experiment war der Bezirk Fairfax im Bundesstaat Virginia, wo er einen fünf Hektar großen Fichtenwald in Brand setzte und auf Regen wartete – vergeblich. Danach hörte man in der Presse so gut wie nichts mehr von Espys Regenmacherei, auch wenn er privat das Scheitern des Experiments mit dem Einfluss von Störfaktoren zu rechtfertigen suchte.

Ungefähr zur gleichen Zeit wurde in Amerika ein anderes Forschungsvorhaben auf den Weg gebracht. Während im August 1846 London von dem großen Hagelsturm heimgesucht wurde, hatte Präsident Andrew Jackson in der Hauptstadt Washington die Smithsonian Institution eröffnet. Es war eine »Einrichtung zur Förderung und Verbreitung von Wissen unter den Menschen«, deren Gründung durch die Stiftung von einer halben Million Dollar seitens eines britischen Philanthropen ermöglicht wurde. Zum ersten Sekretär des Smithsonian wurde Joseph Henry berufen, der Star der amerikanischen Naturwissenschaft, und Henry gab kurz danach den Start des Smithsonian Meteorological Project bekannt – das erste große Forschungsvorhaben der neuen Institution. Als Berater für das ehrgeizige Projekt gewann Henry Loomis und Espy, und gemeinsam wurden Pläne geschmiedet für ein weiter ausgedehntes Netz von Wetterbeobachtern als je zuvor. Tausend Dollar wurden zur Finanzierung bereitgestellt, und bald darauf trafen von überall aus den Vereinigten Staaten Ergebnisse per Telegraf ein. Die Daten waren ergiebig genug, um damit eine tägliche Wetterkarte Nordamerikas zu erstellen, die in der Eingangshalle des Instituts gezeigt wurde. Die Neuheit entwickelte sich binnen Kurzem zu einer Touristenattraktion.

Die Meteorologie war in Mode gekommen. Statt wie früher das Steckenpferd einiger Exzentriker zu sein, warf sie nun vor allem das Problem auf, all die unterschiedlichen Forschungsarbeiten zu koordinieren. Die gelegentlich eingerichteten Unterausschüsse der Royal Society waren mit dieser Aufgabe sichtlich überfordert, aber alle Versuche, eine eigene meteorologische Gesellschaft zu gründen – darunter auch eine Initiative von Thomas Forster im Jahr 1823 –, waren bis dahin fehlgeschlagen. Das Problem war allgemein bekannt, und im April 1850 schließlich wurde etwas dagegen unternommen, als Glaisher an einem Treffen von Meteorologen im Hartwell House in Buckinghamshire teilnahm. Die Zusammenkunft dauerte drei Tage und endete mit der Gründung der British Meteorological Society. Mitteilungen über die Gründung zirkulierten schon bald in der Presse, und für den 7. Mai wurde ein erstes Treffen anberaumt. »Gentlemen, deren Wunsch es ist, die Wissenschaft zu fördern, können als Mitglieder aufgenommen werden, wenn sie diesen Wunsch schriftlich an Herrn Glaisher in Blackheath richten«, gab *Jackson's Oxford Journal* bekannt.[33] Glaisher ließ sich nicht selbst zum Vorsitzenden wählen, sondern sprach sich für Samuel Whitbread aus, ein Mitglied der Royal Astronomical Society. Hingegen wurde er zum Sekretär der Gesellschaft ernannt, für Glaisher die ideale Rolle: Er zog die Fäden und kümmerte sich um die Details.

Sein Ruf war inzwischen über das Königreich hinausgedrungen. Als Joseph Henry herausfinden wollte, auf welche Weise man in Großbritannien Wetterdaten erhob, wandte er sich direkt an Glaisher. Der empfand das als eine kolossale Ehre und schrieb voller Begeisterung noch am selben Tag zurück. In seinem Brief gab er einen ausführlichen Bericht über seine diversen Erfolge im Lauf der letzten Jahre und fügte ein paar Exemplare seines Erhebungsbogens für Wetterdaten bei. Dazu schrieb er Henry:

> Unter den Papieren, die ich Ihnen sende, werden Sie auch ein paar Exemplare der Ankündigung einer neuen Gesellschaft finden, die ein paar Gentlemen und ich gegründet haben […]. Beim Treffen des Rates dieser Gesellschaft vor ein paar Tagen

war es mir ein Vergnügen, den Brief zu verlesen, mit dem Sie mich beehrt haben, und es wurde beschlossen, ein Formular zur Erhebung von Beobachtungen, das ich entworfen habe und das sich nun in den Händen des Druckers befindet, Ihnen zuzusenden, und der Rat hat seinen Wunsch zum Ausdruck gebracht, mit der Smithsonian Institution so eng wie möglich zusammenzuarbeiten.[34]

Den ganzen Frühling 1851 hindurch hatten sich die Londoner auf den 1. Mai gefreut, denn in diesem Jahr versprach er etwas ganz Besonderes: Seit Langem schon war dieser Termin als Beginn der Weltausstellung in London festgelegt worden, und eigens aus diesem Anlass sollte im Hyde Park der Crystal Palace of Industry eröffnet werden. Von Tag zu Tag stieg die Spannung, wovon die *Illustrated London News* anschaulich berichtete:

Nie dämmerte ein hellerer Morgen als an diesem auf ewig unvergesslichen Maifeiertag. Der Himmel war blau, die Sonne schien in vollem Glanze, die Luft war frisch und kühl und doch angenehm, ganz wie ein Dichter sich einen Frühlingsmorgen wünschen mag. London mit seinen Zigtausenden war früh auf den Beinen; um sechs Uhr, die Stunde, zu welcher die Parktore geöffnet werden sollten, strömten aus allen Richtungen der Metropole und ihren umliegenden Bezirken Kutschen mit bunt angetanen Gesellschaften herbei, während gleichzeitig ganze Heerscharen von Fußgängern in mächtiger Phalanx auf den Schauplatz zumarschierten.[35]

Der Crystal Palace war am Südrand des Hyde Park errichtet worden, ein glitzerndes Gebäude aus gusseisernen Pfeilern und kristallenen Wänden. Es stand, wie ein Journalist schrieb, da wie eines der »großartigsten Denkmäler des menschlichen Fortschritts auf dem gesamten Globus«. In seinem Innern wartete ein Labyrinth aus Boulevards und Wandelgängen darauf, erkundet zu werden »von den Reichen, für die Geld keine Rolle spielt, und den Ehrenwerten, die sich um jeden Shilling sorgen«. Die Wandelgänge schmückten Skulpturen, Juwelen, Kunstgegenstände, Töpferwaren, Dampfmaschinen, fotografische Ausrüstung, Musikinstrumente und vieles andere. Nie zuvor hatte man eine derartige Zurschaustellung menschlichen Genius gesehen. Erasmus Darwin und Richard Lovell Edgeworth hätten ihre helle Freude daran gehabt, durch die Gänge zu flanieren und inmitten des schillernden Trubels Zelte zu bewundern, die wie Regenschirme aufsprangen, und Schaukelbetten, die ihre Benutzer sacht in den Schlaf wiegten.

Auch William Reid, wegen seines Organisationstalents stets ein gefragter Mann, war als Vorsitzender des Exekutivausschusses allgegenwärtig im Crystal Palace. Glaisher war ebenfalls zugegen; ihm war das Amt des Berichterstatters der Abteilung für naturkundliche Instrumente übertragen worden. Mit der ihm eigenen Sorgfalt durchstreifte er die Gänge und nahm die ausgestellten Apparate in Augenschein – und kam zu dem Ergebnis, dass nur sehr wenige von ihnen den vorgeschriebenen Normen entsprachen. Am 8. August dann trat Glaisher selbst ins Rampenlicht der Weltausstellung, als er die erste Tageswetterkarte Großbritanniens vorstellte, deren Daten per Telegraf übermittelt worden waren. Besucher erhielten damit einen Blick auf das Wetter im ganzen Land: eine weitere Premiere für Glaisher. Seine Experimente fingen an, die Art und Weise zu verändern, in der die Menschen die Atmosphäre betrachteten.

Einer der von Glaishers Arbeit beeindruckten Besucher war Prinz Albert, der ihn für das folgende Jahr um einen Vortrag bat. Den begann Glaisher mit den Worten: »Seit Jahren betreibe ich die Wissenschaft der Meteorologie und bin lange schon der Überzeugung, dass ein weithin gültiges, allgemeines System der gleichzeitigen, einheitlich ausgewerteten Beobachtung die Grundlage für ihre Etablierung als eine Wissenschaft sein muss.«[36] Wie recht er doch hatte.

Kapitel 8

Anfänge

Wer Anfang 1852 auf einer Straße im Westen Londons zufällig einen Blick auf Robert FitzRoy erhaschte, der sah einen Mann in der Blüte seines Lebens, von Kopf bis Fuß ein distinguierter Gentleman. Obgleich er vom Alter her längst die Lebensmitte erreicht hatte, war sein leuchtend kastanienbraunes Haar noch nicht ergraut, und aus seinem Gesicht sprach die gleiche jungenhafte Vitalität wie eh und je. Halsbinde, Weste und darüber ein dunkler Gehrock zeugten davon, dass er sich auch sein Modebewusstsein bewahrt hatte. Im voraufgegangenen Sommer war er – »herausragend in wissenschaftlicher Navigation« – in die Royal Society aufgenommen worden; die Nominierung unterschrieb unter anderem der frischgebackene Admiral Ihrer Majestät, Francis Beaufort.[1] Ein weiterer, diesmal gesellschaftlicher Erfolg schloss sich an, als er (ohne Wahl) in den exklusiven Athenaeum Club aufgenommen wurde und dabei eine sechzehnjährige Wartefrist übersprang. FitzRoy war ein Mann von Bedeutung, dessen Erscheinen bei gesellschaftlichen Anlässen in den Zeitungen vermerkt wurde. Und obgleich er mit Mary und ihren inzwischen vier Kindern samt drei Hausbediensteten eher am Rande der Stadt wohnte, befand er sich doch oft im Zentrum des Geschehens. Bekannt und respektiert, bewundert und gut vernetzt, erfreute sich FitzRoy zudem hervorragender Gesundheit. Und dennoch stand nicht alles zum Besten.

Am 15. März 1852 saß FitzRoy an seinem Schreibtisch und versah ein leeres Blatt Papier mit einer schwungvollen Überschrift: »Privat und vertraulich: FitzRoys Curriculum Vitae, seine Posten in der Vergangenheit, seine Gesundheit und seine Bereitschaft für künftige Pflichten. Denkschrift.«[2]

Damit begann er eine tausend Wörter lange Zusammenfassung seiner beruflichen Laufbahn. Seine Erfahrungen skizzierte er in knappen, prägnanten Sätzen, und er sprach seine bisherigen Erfolge an: die erste Auszeichnung, die Beförderung zum Leutnant der *Thetis*, zum Kapitän der *Beagle*, die Goldmedaille der Geografischen Gesellschaft, die Wahl ins Unterhaus.

Dann erreichte er schwierigeres Terrain.

> Im April 1843 machte Lord Stanley Kapitän FitzRoy den Vorschlag, als Gouverneur nach Neuseeland zu gehen, und er dachte, es sei seine Pflicht, dieses beschwerliche Amt auf sich zu nehmen, so weit entfernt und schlecht besoldet es auch sein mochte. Er gab seinen Sitz im Parlament auf – und daneben weitere Stellungen (obgleich auf Lebenszeit erhalten, falls er in England blieb) – und fuhr mit seiner Familie auf einem Handelsschiff nach Neuseeland.
>
> Sein dortiges Vorgehen erregte bei der – damals sehr mächtigen – New Zealand Company derartigen Anstoß, dass sie 1846 seine Abberufung erwirkte.

Das war eine klare und zutreffende, ungeschönte Darstellung einer schmerzlichen Erinnerung. Der Unterton ist nicht schwer herauszuhören: Durch die Annahme des von Stanley angebotenen Postens hatte er seine sichere Stellung zu Hause eingebüßt. Tatsächlich ist die ganze Denkschrift von diesem allgemeinen Eindruck geprägt, dass die Dinge einen ungünstigen Verlauf genommen hatten. Sie ist komplexer, als es zunächst erscheinen mag, und es stellt sich die Frage, weshalb er sie überhaupt verfasst hat.

Weshalb schrieb ein so bekannter Mann wie FitzRoy einen Lebenslauf? Wenn man ihn mit dem Abstand von anderthalb Jahrhunderten liest, hat man das Gefühl, hier schreibe ein Mann, der sich von seinem persönlichen Wert zu überzeugen versucht. Auch der Gebrauch der dritten Person, damals ein verbreitetes Stilmittel, ist dennoch bezeichnend. Strebte er damit nach Objektivität? Ermöglichte ihm das, sich mit quälenden Fragen auseinanderzusetzen?

FitzRoy hatte Grund genug, ratlos zu sein. War er einst reich genug gewesen, um ein schickes Anwesen auf dem Land zu erwerben, zu bauen oder zu unterhalten und daneben auf großem Fuß zu leben, stand er 1852 weit schlechter da. Dabei war er kein Mensch, der sein Geld leichtfertig ausgab; der Löwenanteil seiner Verluste ging auf das Konto seiner öffentlichen Pflichten, etwa den Aufenthalt in Neuseeland oder den Ankauf von zusätzlichem Proviant und Nachschub auf der Reise mit der *Beagle*. Sein Vertrauen in die selbstverständliche Ehrenhaftigkeit der Behörden hatte ihn ruiniert. Hatte er stets darauf gesetzt, seine Auslagen in vollem Umfang erstattet zu bekommen, musste er im Oktober 1834 zu seinem Entsetzen feststellen, dass die Regierung nicht die Absicht hatte, ihm auch nur einen Shilling zu zahlen. Dieser unerwartete Tiefschlag, der nicht nur seine Finanzen erschütterte, sondern auch sein Anstandsgefühl verletzte, hatte FitzRoy in eine tiefe Depression gestürzt. Eingeschlossen in seine Kajüte, hatte er sein Abschiedsgesuch aufgesetzt, und dem Schiffsarzt gegenüber machte er düstere Andeutungen, es seinem Onkel, Lord Castlereagh, nachtun zu wollen, der sich den Hals mit einem Feldmesser aufgeschlitzt hatte. Es dauerte Tage, bis seine Offiziere ihn zur Vernunft brachten und er sich halbwegs gefasst hatte. Schließlich nahm er wieder seinen Platz auf dem Achterdeck ein und zeigte sich, wie Darwin in einem Brief bemerkte, »gewohnt kühl und regungslos«.[3]

Aber damit war die Sache nicht vergessen. Seit Castlereaghs dramatischem und sehr öffentlichem Selbstmord, als FitzRoy ein siebzehnjähriger Kadett gewesen war, hatte sich ein schrecklicher Schatten über sein Leben gelegt. Seine ganze Einstellung zum Leben beruhte auf seinem Vertrauen in die Bedeutung seiner Abstammung. Ihr verdankte er seine Stellung, seine Beziehungen, seine Urteilskraft und seine Haltung.

Auch seine Tatkraft und seine Intelligenz waren angeboren, Gaben, die ihm über eine illustre Reihe von Königen, Lords und Premierministern hinweg vererbt worden waren. Doch mit der gleichen Logik ließ sich vermuten, dass er ebenso anfällig für Gemütsstörungen und psychische Erkrankungen sein würde wie Castlereagh. FitzRoy wird Shelleys berühmtes Gedicht »The Mask of Anarchy« (dt. »Die Maske der Anarchie«) gekannt haben, das Castlereaghs Ruf als schwer durchschaubare Persönlichkeit begründete, die ihre wahren Gefühle hinter einer Maske diplomatischer Gewandtheit verbarg. In der zweiten Strophe heißt es:

> I met Murder on the way –
> He had a mask like Castlereagh –
> Very smooth he looked, yet grim;
> Seven bloodhounds followed him.

> Ich traf den Mord unterwegs –
> Er ging maskiert wie Castlereagh –
> Sehr glatt sah er aus, aber finster;
> Sieben Bluthunde folgten ihm.

Die Ähnlichkeit zwischen FitzRoy und seinem Onkel mütterlicherseits, im Aussehen wie im Charakter, wurde oft bemerkt – für FitzRoy vermutlich kein schmeichelhafter Vergleich, denn die Aussicht, ein im Kern schwaches Gemüt geerbt zu haben, musste ihn beunruhigen. Hinter der glänzenden Fassade schlummerte ein ruheloser Dämon.

In den zurückliegenden Jahren hatte sich dieser Dämon mehrfach bemerkbar gemacht. Nach seinem Scheitern in Neuseeland war FitzRoy, von der Politik enttäuscht, in die Marine zurückgekehrt. Angesichts seiner Reise mit der *Beagle* stand er dort nach wie vor in hohem Ansehen und hatte folglich sogleich die Leitung der Docks von Woolwich übertragen bekommen, und es dauerte nicht lange, bis sich auch ein Schiff für ihn fand. Verglichen mit der *Beagle* war die *HMS Arrogant* ein anderes Kaliber. Technisch war sie mit ihrem Propellerantrieb und voller Takelung eine Kreuzung von Dampf- und Segelschiff. FitzRoy gefiel die neue Technik, und voller Vorfreude ließ er das Schiff ausrüsten. Zu ihrem Kommandanten ernannt, machte er dann mit der *HMS Arrogant* ihre Jungfernfahrt nach Lissabon. Verglichen mit der Magellanstraße war das ein ruhiger Törn quer durch den Golf von Biskaya, doch musste er dafür Mary mit den Kindern in London zurücklassen. Jahre zuvor hatte Darwin ihm von dergleichen abgeraten. »Ich höre mit Erstaunen, dass Sie auch nur erwägen, ein Schiff zu übernehmen, wenn ich bedenke, dass Sie dafür Ihre Familie zurücklassen müssen, aber Sie sind nun einmal ein unbeugsamer Mann.«[4]

Seine Worte waren vorausahnend gewesen. In seinem Lebenslauf führt FitzRoy aus, was dann geschah:

Nachdem er die *Arrogant* in jeder Hinsicht erprobt und sich selbst dabei ziemlich erschöpft hatte, sah sich Kapitän FitzRoy im Februar 1850 genötigt, den Folgen der Erschöpfung sowie den Sorgen um häusliche Angelegenheiten, die ihn seit einiger Zeit umtrieben, Rechnung zu tragen.

In Lissabon beriet er sich mit Kommodore Martin und gab sein Schiff auf, um seine häuslichen Angelegenheiten in Ordnung zu bringen und seine gewöhnlich tadellose Gesundheit wiederzuerlangen. Nach nur einer Woche der Luftveränderung, in Verbindung mit absoluter Ruhe, fühlte er sich bereits wie ein anderer Mensch, und nachdem er die ihn belastenden Schwierigkeiten ausgeräumt hatte, genügten einige Monate in England, um seine Gesundheit völlig wiederherzustellen, die seitdem, wie stets in allen früheren Abschnitten seines Lebens, erstaunlich gut gewesen ist.

Damit stellte FitzRoy in wesentlich günstigerem Licht dar, was für ihn eine unangenehme Erinnerung war, und er erzählte nur die halbe Wahrheit. Denn in Lissabon hatte er, durch einen Brief Marys über finanzielle Nöte aus der Fassung gebracht, einen erneuten Zusammenbruch erlitten. Als altgedientem Marineoffizier musste ihm dabei klar sein, dass die Aufgabe seines Kommandos ein unumkehrbarer Entschluss war. Auf der Warteliste standen mehr als genügend Kandidaten, die alle fähig und bereit waren, an seine Stelle zu treten.

In seiner Denkschrift umschiffte FitzRoy diesen Umstand, vermied es, auf die Krise an Bord der *Beagle* einzugehen, und war sichtlich bemüht, die Angelegenheit in Lissabon als Einzelfall darzustellen. Und dennoch drängte sich die Frage auf: War Fitz-Roy, der berühmte Seefahrer, der in einigen der ungemütlichsten Gegenden des Globus ausgezeichnet zurechtgekommen war, nicht imstande, seine Nerven im Griff zu behalten?

Freunde sahen FitzRoys Jähzorn schon lange mit Besorgnis. Darwin hatte FitzRoys seltsames Verhalten bald nach Beginn der Reise mit der *Beagle* bemerkt. Seiner Schwester schrieb er: »Noch nie zuvor bin ich einem Mann begegnet, den ich mir als Napoleon oder Nelson hätte vorstellen können.«[5] Er hatte sich an FitzRoys »höchst bedauerliche Laune« gewöhnt und gelernt, ihm morgens, wenn sie am übelsten war, aus dem Weg zu gehen. FitzRoys

Nähe machte ihn beklommen. So charmant und mitreißend er sein konnte, so einschüchternd und verletzend war er bei anderer Gelegenheit. Darwin kam er vor wie ein Löwe, der in der Stadt in ein Haus eingesperrt war: Nie konnte man wissen, wann er brüllen würde. Ihren schlimmsten Streit hatten sie nach ihrer Rückkehr von der Fahrt mit der *Beagle* gehabt, als FitzRoy Darwin vorwarf, er habe in seinem Reisebericht die Verdienste der Besatzung nicht gebührend gewürdigt. Bei einem Besuch war FitzRoy deshalb explodiert, und anschließend notierte ein nachdenklicher Darwin: »Ich kann nicht aufhören, mich über seinen Charakter zu wundern, er trägt so gute & großherzige Züge und wird doch durch einen höchst unglücklichen Jähzorn ganz verdorben. Irgendetwas in seinem Kopf stimmt nicht, es gibt keine andere Erklärung dafür, wie er die Dinge sieht.«[6]

Sein Jähzorn lag wie ein unauslöschlicher Makel auf FitzRoys im Übrigen so glanzvoller Persönlichkeit. Die ihn am besten kannten, wusste um diesen Widerspruch. Unter seiner Besatzung wurde er für »Eifer, Tatkraft und Selbstaufopferung« bewundert. »Am meisten beeindruckt« waren seine Leute »von seiner außerordentlichen Kaltblütigkeit und seinem überragenden seefahrerischen Können, wenn in gewissen schwierigen Situationen die Sicherheit des Schiffes und aller an Bord von ihm abhing«. Aber derselbe Mann, der so viel auszuhalten vermochte, konnte schon wegen einer Nichtigkeit die Fassung verlieren. Darwin erschien er talentiert, hervorragend und tragisch zugleich. In zwei Jahrzehnten war er vom Musterschüler zum respektierten Schiffskommandanten, vom gefeierten Weltumsegler zum vielversprechenden Politiker aufgestiegen, doch nun, mit sechsundvierzig Jahren, als man denken mochte, er strebe dem Zenit seiner glanzvollen Laufbahn zu, war er ohne Anstellung und über seine Zukunft im Ungewissen. Seine Denkschrift schloss er mit den Sätzen:

Kapitän FitzRoys Gesundheit ist zurzeit tadellos. Er ist bereit, jede Aufgabe zu übernehmen. Sein Alter ist sechsundvierzig. Er spricht Französisch, Italienisch und Spanisch, hat (als tote Sprachen) Latein und Griechisch gelernt und sich eingehend mit verschiedenen wissenschaftlichen sowie beruflichen Themen beschäftigt.

Doch kurz darauf nahmen die Dinge für ihn eine traurige Wendung: Marys Gesundheit war zerrüttet. Sechzehn Jahre lang war sie der emotionale Ruhepol in seinem Leben gewesen, doch nun ging es rapide bergab mit ihr. Im März 1852 schrieb FitzRoy an seine Schwester, Mary leide unter einer Erkältung und »Schmerzen in der Herzgegend, in ihrer linken Seite und im Rücken«. Eine Besserung trat nicht ein, und Anfang April war klar, dass das Ende nahte.

Die Todesanzeige erschien im *Morning Chronicle*: »Am Montag, dem 5ten April am Norland Square, Mary Henriette, die geliebte Frau von Kapitän Robert FitzRoy, R.N.« Freunde spendeten Trost, darunter Sir Thomas, zweiter Baron Gladstone of Fasque im schottischen Aberdeen, der FitzRoy das Buch *House of Mourning* (Haus der Trauer) zusandte. Eine Woche später erhielt er dessen Antwort – vielleicht der anrührendste und aufschlussreichste unter all seinen Briefen:

Ich trauere nicht wie einer, der ohne Hoffnung ist. Meine geliebte Gattin war eine so aufrichtige und in ihrem Glauben so feste Christin, dass ich sie errettet – und auf ewig glücklich – weiß, während ich mir gerade ebenso sicher bin, dass ich, wenn ich ihrem gesegneten Beispiel folge und mit Ernsthaftigkeit an meiner eigenen Errettung arbeite, ihr früher oder später nachfolgen werde. Inwiefern ihrer Seele die Kenntnis irdischer Dinge erlaubt ist, können wir noch nicht sagen – aber die Macht des

Schöpfers und Herrschers über alles ist unbegrenzt – Erstaunt stehen wir vor dem Geheimnis der elektrischen Wirkkraft – und was für ein winziger Bruchteil der unendlichen Schöpfung des Allmächtigen ist das, was allein schon unser Verständnis übersteigt.

Sie war mein Segen, und ihr Vertrauen auf den Ratschluss unseres Erlösers war unerschütterlich. Sie verfügte über eine profunde Kenntnis Seiner Heiligen Schrift, die jene vieler Geistlichen übertraf – und wie sehr sie die Bibel schätzte, zeigte sie in ihrem unbeirrbaren Festhalten an der Wahrheit – ihrer Beständigkeit – und der christlichen Reinheit ihres Lebens.

Weiter teilte FitzRoy Gladstone mit, dass Mary seit dem vergangenen Herbst von ihrer Krankheit gewusst, es aber für sich behalten hatte. Seit Februar hatte sie überdies ohne sein Wissen damit begonnen, »einige überaus anrührende Briefe« an ihre Kinder zu schreiben, »wie von jenseits des Grabes«. Einzig das Kindermädchen habe von ihrer Krankheit und diesen Briefen gewusst. Er schloss seinen Brief mit einem Wunsch:

Gebe Gott, dass ihre Kinder und ihr hinterbliebener Gatte aus ihrem Beispiel solchen Nutzen zu ziehen vermögen, dass sie alle ihr später einmal nachfolgen und nicht ein Haupt fehle von denen, die sie so zärtlich geliebt hat.[7]

Nur neun Tage nach Marys Tod gab sich FitzRoy keine Mühe, gegenüber einem intellektuell und gesellschaftlich Gleichrangigen seine Gefühle zu verbergen. Die schockierende Entdeckung, dass Mary ihre Krankheit vor ihm geheim gehalten hatte, war der erschütternde Beweis ihres tief moralischen Charakters, ihrer angeborenen Güte und der Reinheit ihres Glaubens. Anstatt nach dem Arzt zu rufen, war sie in Sorge um seine Karriere gewesen und hatte selbst angesichts ihres bevorstehenden Todes noch das Wohl ihrer Kinder über das ihre gestellt. Es war das höchste Opfer. Der letzte Satz ist am aufschlussreichsten: So voller Liebe ist seine Hoffnung, »dass sie alle ihr später einmal nachfolgen und nicht ein Haupt fehle«, dass er meint, für seine Offenheit um Entschuldigung bitten zu müssen.

Düsternis legte sich um FitzRoy. Monate vergingen, in denen er, nunmehr Witwer und verantwortlich für vier Kinder, seine Karriere schleifen ließ. So wies er ein Angebot von Beaufort ab, eine Studie der Gezeiten in Großbritannien zu leiten. Ein volles Jahr verging, ehe er eine neue Stellung antrat, diesmal als Erster persönlicher Sekretär des Oberkommandierenden der britischen Armee, Lord Hardinge. Für einen Mann von FitzRoys Talenten eine bürokratische, geisttötende Funktion, die er noch dazu dem Netzwerk seiner Familienbeziehungen – Hardinge war sein Onkel mütterlicherseits – zu verdanken hatte, nicht seinen Fähigkeiten.

Für einen Hungerlohn führte er fortan Hardinges Terminkalender, eine aufreibende, undankbare Arbeit. Darwin, der ihn Anfang 1854 traf, notierte: »Ich sah FitzRoy erst kürzlich, & er sah sehr gut aus & war sehr herzlich zu mir. Armer Kerl. Ich fürchte, neben all seinem übrigen Unglück ist er ziemlich arm; immerhin führt er nun nicht mehr den Haushalt.«[8] Darwins Urteil war scharfsichtig wie stets. Immerhin hielt FitzRoy seine Familie damit über Wasser. Bald darauf fand er auch privat eine gewisse Balance wieder, als er seine Cousine Maria Isabelle Smyth heiratete. Ob es sich dabei um eine Zweckgemeinschaft handelte oder um eine Liebesbeziehung, ist schwer zu sagen, doch enthob ihn die Verbindung zumindest seiner häuslichen Sorgen, und er konnte sich nach einer attraktiveren Arbeit umschauen. Irgendeine Gelegenheit würde sich gewiss bieten, und dem war auch so.

Zum Ende des Sommers 1853 war in Brüssel eine Seekonferenz einberufen worden. Ihr Organisator war ein Leutnant der US-Armee namens Matthew Maury, der seit einiger Zeit schon für diese Zusammenkunft warb. Maury war hartnäckig; monatelang hatte er die Regierungen Europas mit Nachrichten vom Fortschritt seines Vorhabens bombardiert. Seit einem Jahrzehnt hatte er sich in den Vereinigten Staaten für eine neue Form der angewandten Meteorologie starkgemacht und dabei sein Organisationstalent unter Beweis gestellt. Nun wollte er sein System ausdehnen und suchte Unterstützung. Im Wesentlichen ging es ihm um die Erstellung von Windkarten, die auf soliden Beobachtungsprotokollen basierten. In seinem Büro in Washington, D. C., war er auf den Gedanken gekommen, dass Schiffslogbücher als Datenquelle bislang überhaupt nicht berücksichtigt worden waren. Stapelweise gerieten Angaben zu Wind und Strömungsverhältnissen in den Ablagen der Schreibstuben und Archive einfach in Vergessenheit, und Maury hatte es sich zum Ziel gesetzt, herauszufinden, ob er diese Informationen in eine aufschlussreiche Form von praktischem Nutzen bringen konnte. Genau die gleiche Idee hatte Beaufort vierzig Jahre früher Edgeworth auseinandergesetzt.

Inzwischen waren Maurys Windkarten in den Vereinigten Staaten berühmt. Für jeden Sektor des Meeres zeigten sie die typische Geschwindigkeit und Stärke des Windes für einen bestimmten Monat im Jahr. Für Steuerleute und Kapitäne bedeuteten die Karten einen Durchbruch. Bis dahin war man einfach in möglichst gerader Linie auf das angesteuerte Ziel losgesegelt. Maurys Karten zeigten, wie hirnrissig das war. Genau wie ein Reisender über Land auf dem Weg von Manchester nach Sheffield einen Bogen um die Pennines machen würde, um sich den beschwerlichen Weg über die Berge zu ersparen, musste ein Seemann auf der Reise von Rio nach Montevideo ein Interesse daran haben, Gebiete zu meiden, in denen laut Maurys Karten Gegenwind herrschte oder, schlimmer noch, Flaute. Seit Jahrhunderten waren Seeleute dafür auf ihre Erfahrung angewiesen – sie navigierten auf gut Glück und Gottvertrauen. Mit Maurys Karten waren sie nun imstande, die der jeweiligen Jahreszeit entsprechend klügste Route zu planen, wie Reisende zu Land das schon lange anhand von Landkarten taten. Die Folge davon waren kürzere Segelzeiten und deutlich steigende Gewinne. Das musste auch den Europäern gefallen, und Maury war ein eloquenter Fürsprecher seiner Arbeit. Um seine ehrgeizigen Pläne verwirklichen zu können, benötigte er noch mehr Logbuchdaten, und zu diesem Zweck war er bei allen seefahrenden Nationen des christlichen Abendlandes vorstellig geworden. Es sei, so argumentierte er, nicht länger zu verantworten, dass Messergebnisse sinnlos verstreut blieben. Die Zeit sei vielmehr gekommen, sie zusammenzustellen und einem sinnvollen Nutzen zuzuführen.

Im Verlauf der Konferenz im August und September 1853 hatte Maurys Plan Gestalt angenommen. Insgesamt zehn Staaten – Großbritannien, Frankreich, Belgien, Dänemark, die Niederlande, Norwegen, Portugal, Russland, Schweden und die Vereinigten Staaten – hatten Teilnehmer entsandt. Das Vereinigte Königreich wurde von Frederick Beechey, einem altgedienten Kapitän, und Henry James, dem Direktor des Ordnance Survey, vertreten. Da die britische Regierung ungern einem Amerikaner die Führung überlassen wollte, waren Beechey und James angewiesen worden, sich auf nichts festzulegen. Doch ungeachtet dieses Pessimismus war man gut vorangekommen. Maury zeigte sich als diplomatischer Verhandlungsführer, dessen Begeisterung die Übrigen ansteckte. So einigten sich die zehn teilnehmenden Nationen auf ein Basisformular für Logbucheinträge aller »mitwirkenden Handelsschiffer, unter welcher Flagge auch immer«.[9] Zu festgelegten Zeiten sollten die Schiffsführer jeden Tag ihre Position bestimmen und den Luftdruck, die Temperatur, die Windstärke und die Windrichtung messen. Beechey und James kehrten zufrieden nach London zurück und schlossen ihren Bericht an die Admiralität mit der Feststellung, dass jemand benötigt werde, um sich des neuen Vorhabens anzunehmen. Wie üblich hatte man in Whitehall die Royal Society darum gebeten, einen Ausschuss einzusetzen, der dazu Stellung nehmen sollte, und war zu diesem Zweck an verschiedene Persönlichkeiten herangetreten: Beaufort wurde konsultiert und ebenso Airy, denn das Hydrografische Amt und die Königliche Sternwarte waren die ersten Anwärter darauf, die Verantwortung für die neue Aufgabe zu übernehmen.

Maurys Vorhaben einer bestimmten Behörde zu unterstellen, war nicht selbstverständlich. Das Hydrografische Amt war das logische Dach für alles, was mit dem Meer zu tun hatte, aber Beauforts Behörde war überlastet. Airy in Greenwich war es nicht minder, aber die Verantwortung an eine Institution wie die Royal Society, die British Association oder die Meteorological Society zu übertragen, bedeutete, die Sache der Kontrolle durch die Regierung zu entziehen. Als James an Airy mit der Bitte um dessen Ansicht dazu herantrat, erwiderte der in gewohnt unverblümter Weise: »Hinsichtlich der Auswahl und Auswertung ausgedehnter meteorologischer Beobachtungen halte ich es für absolut unerheblich, welcher Regierungsbehörde diese unterstellt werden, denn diese Arbeit wird sich von der jedes anderen Amtes unterscheiden. [...] allein auf die Wahl des *Mannes* kommt es an.« Dann kam er auf den springenden Punkt: »Was mich selbst betrifft, habe ich theoretisch nichts dagegen, die Sache zu übernehmen, und unter gewissen Umständen wäre ich auch willens, das zu tun, aber dazu wären gewisse Regelungen erforderlich, die zum gegenwärtigen Zeitpunkt nicht getroffen werden können.«[10]

Auch FitzRoy antwortete James und Beechey. Hatte sich Airy bedeckt gehalten, war seine Antwort geradezu enthusiastisch. Ein Entwurf dieses Briefes, geschrieben am 5. November 1853, befindet sich im Nationalarchiv in Kew. Er wimmelt von durchgestrichenen Sätzen, unterstrichenen Wörtern und Randnotizen. FitzRoy kommt zu dem Ergebnis, dass ein Marineoffizier geeignet sein *könnte*, äußert aber Bedenken hinsichtlich dessen möglicherweise unzureichender Bildung. Er ist der Auffassung, dass ein Kandidat über eine ganze Bandbreite von Fähigkeiten und praktische Erfahrung verfügen sollte. So müsste er bewandert sein auf »so verschiedenen Feldern wie Gezeiten, Strömungen, Winden, Temperatur, Magnetismus, Elektrizität und der Atmosphäre. Gebraucht würde ein Arago – ein Whewell – ein Rennell – ein Reid – ein Sabine – und ein Faraday und ein Herschel, vereint unter Humboldt.«[11]

An dieser Stelle nehmen FitzRoys Notizen eine bezeichnende Wendung: »Sie könnten einen diensteifrigen, vertrauenswürdigen Offizier auswählen […], der sich auf Jahre hinaus ganz dem großen Ziel, das Sie im Auge haben, zu widmen imstande ist.« Dann nimmt er Fahrt auf: »Dieser Offizier müsste den beschwerlichen Karren zuverlässig ziehen […] und über mehr Erfahrung verfügen und es eher gewohnt sein, für andere zu denken, als üblicherweise ein Leutnant oder Kapitän der Marine.« Man spürt förmlich, wie FitzRoys Puls mit jedem Wort, das er schreibt, schneller geht.

> Ein Kapitän von beträchtlicher Dienstzeit sollte ausgewählt werden. […] ein energisch veranlagter Offizier, der in oder in der Nähe von London wohnt – könnte das Material tagsüber sammeln und am Abend auswerten – in seinem Wohnhaus – er könnte allein arbeiten und sich bei Bedarf selbst Mitarbeiter suchen, vorausgesetzt, sein Salär wäre beträchtlich genug und jedenfalls geeignet, ihn zur Aufgabe anderer einträglicher Beschäftigungen zu bewegen.[12]

Obgleich FitzRoy dann noch ein paar Namen nennt, ist doch unverkennbar, dass ihm nur ein einziger vorschwebte: sein eigener.

In der Tat schien FitzRoy für die neue, noch nicht definierte Rolle besonders geeignet. Seine Tage auf dem Vordeck der *Beagle* verschafften ihm gegenüber jeder Landratte einen uneinholbaren Vorteil. Er war auf der Insel Hoorn an Land gegangen, hatte sein Schiff durch die stürmische Bucht von Biskaya gesteuert und jeden Winkel der Magellanstraße kartiert. Kaum einer kannte das Wetter so gut wie er. Als er Jahre später in Oxford den dramatischen Bericht eines Herrn Rowell hörte, der beobachtet hatte, wie eine Windböe einen Leiterwagen von der Straße emporgehoben und über eine Hecke geschleudert hatte, konnte er erwidern: »Ich habe so etwas auch schon erlebt. Ich habe erlebt, wie der Wind ein Boot in die Luft gehoben und zerschmettert hat.«[13]

Aber FitzRoy verfügte nicht nur über praktische Erfahrung, sondern er war auch Wissenschaftler: Sein Geschick im Umgang mit Instrumenten und seinen Hang zur Genauigkeit hatte er vielfach unter Beweis gestellt. Im Winter 1853 machte sich Admiral Beaufort deshalb für die Nominierung seines Freundes stark. Je länger das Verfahren dauerte, bei dem Vorschläge auch im Unterhaus debattiert wurden, desto deutlicher zeigte sich, dass FitzRoy der beste, wenn nicht der ideale Kandidat war. Er kannte sich mit dem Getriebe des Staatsapparats ebenso aus wie mit den Häfen, und er genoss den Respekt der Seeleute. Im Frühling 1854 waren sich alle einig, dass der Posten an FitzRoy gehen sollte.

Doch zuvor musste die Regierung das nötige Geld lockermachen. Schließlich stellte die Admiralität 3200 Pfund bereit. Die Abstimmung darüber führte zu einer denkwürdigen Szene im Unterhaus, als John Ball, ein frisch gewählter Abgeordneter für den Wahlkreis Carlow in Irland, das Wort ergriff, um seinen Hoffnungen für das neu eingerichtete Gremium Ausdruck zu verleihen.

Ich bin überzeugt, die Zustimmung wird in künftigen Jahren noch größer ausfallen, denn kein Zweig der Wissenschaft hat in den letzten Jahren so rasche Fortschritte gemacht wie die Meteorologie. Ich hoffe also, dass die Beobachtungen, die verschiedene Personen zu Lande wie zu Wasser machen, gesammelt werden, denn wenn das geschieht, so erwarte ich, dass wir, ungeachtet des wechselhaften Klimas in diesem Land, in einigen Jahren bereits in dieser Metropole die Wetterlage 24 Stunden im Voraus kennen werden. [Unterbrechung – Gelächter. Der Abgeordnete Ball fährt fort:] Die Wissenschaft hat in jüngster Zeit weit erstaunlichere Dinge geleistet als dies, und deshalb ist meine Erwartung längst nicht so lachhaft, wie manche ehrenwerte Gentlemen anzunehmen scheinen.[14]

Kein Wunder, dass Balls Kollegen lachten. Die neue Behörde wurde nicht eingerichtet, um das Wetter vorherzusagen, denn das wäre einer Torheit gleichgekommen. Vielmehr handelte es sich dabei um ein Kartendepot, dessen Aufgabe es war, Karten herauszugeben, um die Kosten der Schifffahrt zu senken. Denn gewissen Kabinettsmitgliedern in London war nicht entgangen, welchen Erfolg Maury in Amerika hatte. Die Vorstellung, in diesem Bereich ließen sich eine Viertel- oder gar eine halbe Million Pfund jährlich einsparen, war unwiderstehlich, und genau dafür wurde FitzRoy berufen.

Auf der anderen Seite des Ärmelkanals verfolgte man derweil ehrgeizigere Pläne. Nach der Brüsseler Konferenz beauftragten die Niederlande den Mathematikprofessor Christophorus Buys Ballot, ein meteorologisches Institut aufzubauen. Am 31. Januar 1854 wurde das Koninklijk Nederlands Meteorologisch Instituut in Utrecht offiziell eingeweiht und begann sogleich mit der Herausgabe von Karten. In Frankreich war man sogar noch vorausschauender. Dort war Urbain Le Verrier, der bereits erwähnte

Entdecker des Planeten Neptun, von Kaiser Napoleon III. zum neuen Direktor der Pariser Sternwarte ernannt worden, nachdem Arago einen Monat nach der Brüsseler Konferenz verstorben war. Le Verrier, ein ehrgeiziger und aufbrausender Autokrat, ergriff die Gelegenheit, um frischen Wind in die Arbeit des Observatoriums zu bringen und Frankreich Ehre zu machen, einem Land von »hervorragendem wissenschaftlichem Geist«.[15]

Eines seiner Hauptanliegen war die Meteorologie. Le Verrier war bewusst, dass Frankreich gegenüber Großbritannien und Amerika weit ins Hintertreffen geraten war. Im Dezember 1854 veröffentlichte er daher seinen »Großen Vorschlag«. Darin legte er einen umfassenden Plan dar: Ausgestattet mit besseren Instrumenten, sollte das Observatorium täglich einen Wetterbericht in der Presse veröffentlichen, basierend auf Wetterdaten, die er mittels eines von ihm eingerichteten Telegrafennetzes jeden Tag aus den verschiedenen Landesteilen einzuholen gedachte. »Indem wir verschiedene Stationen für meteorologische Beobachtungen durch Telegrafenleitungen verknüpfen, sollte es möglich sein, von einem Augenblick auf den anderen die Richtung und Geschwindigkeit eines sich fortpflanzenden Sturmes zu kennen und mehrere Stunden im Voraus an der Küste auftretende starke Winde, insbesondere die gefährlichsten, anzukündigen.«[16]

Darin kam, vorsichtig formuliert, eine ganz neue, forsche Haltung der Franzosen zum Ausdruck. Denn es war noch keine zehn Jahre her, da hatte Arago erklärt: »Kein aufrichtiger, um seinen guten Ruf besorgter Gelehrter wird es jemals wagen, das Wetter vorherzusagen, ganz gleich, welche Fortschritte die Wissenschaft noch macht.«[17] Nun hingegen sprach sich Le Verrier nur ein paar Monate nach seinem Amtsantritt genau dafür aus. Mit einem Sturmwarnsystem würde sich Frankreich an die Spitze setzen, und es wäre eine weitere Feder, mit der Le Verrier sich schmücken könnte.

Dabei vertraute er auf eine Technologie, deren Fortschritt Arago sich nicht einmal vorstellen konnte. Denn inzwischen war Europa von einem regelrechten Spinnennetz von Telegrafenleitungen überzogen. Am weitesten war man in dieser Hinsicht in Großbritannien, wo nur zehn Prozent der Bevölkerung weiter als zehn Meilen von der nächsten Station entfernt wohnten. In Frankreich, Belgien und Italien stand man den Briten kaum nach und investierte eifrig in den Ausbau dieser Infrastruktur. Von einer Wandertour auf dem Kontinent schrieb Charles Dickens 1854 nach Hause: »Von den Dingen, die ich unterwegs sah, hat mich kaum etwas so fasziniert wie der elektrische Telegraf, der wie ein Sonnenstrahl geradewegs durch das alte, grausame Herz des Kolosseums schnitt. Und selbst auf dem Gipfel der Alpen, im ewigen Schnee und Eis, war er noch da, seine Masten mit Verhauen aus großen Balken gegen die über die Berge fegenden Winde geschützt – um nicht zu reden davon, dass er auch auf dem Grund des Meeres lag, als wir den Kanal überquerten.«[18] Die unter Wasser verlegte Verbindung durch den Ärmelkanal war 1850 eröffnet worden. Fünfzig Kilometer Draht, »ein zehntel Zoll im Durchmesser und eingeschlossen in eine Hülle aus Guttapercha [eine dem Kautschuk ähnliche, formbare Substanz, die aus der Milch des Guttaperchabaums gewonnen wird und sich gut als Isolationsmaterial eignet] von der Dicke eines kleinen Fingers«.[19] Das Kabel verlief zwischen Dover und Kap Gris-Nez auf dem Meeresgrund und verband London in Sekundenschnelle mit den Hauptstädten auf dem Kontinent.

FitzRoy behielt seinen französischen Rivalen Le Verrier genau im Auge, aber in Großbritannien war man an Sturmwarnungen noch nicht interessiert, als er am 1. August 1854 sein neues Amt antrat. Seine Funktion war die eines meteorologischen Statistikers in der Abteilung für Meteorologie des Board of Trade, der Handelsbehörde. Ein Jahr zuvor hatte Airy in seinem Antwortschreiben an James festgestellt: »Auf der ganzen Welt gibt es keine Wissenschaft, die dermaßen von unverdauten Fakten überflutet wäre wie die Meteorologie«[20], und FitzRoys Aufgabe bestand darin, Ordnung in dieses Durcheinander zu bringen. Sein Salär betrug 600 Pfund jährlich, und zum Jahresende hatte er einen Stab von drei Mitarbeitern um sich versammelt: den Zeichner Pattrickson und die Schreiber Babington und Townsend. Zunächst verfügten sie über kein eigenes Büro und quartierten sich vorübergehend in der Regent Street 15 ein. Erst im folgenden Frühling bezogen sie ihr dauerhaftes Domizil in der Parliament Street 2, hundert Meter von Westminster entfernt. FitzRoy war wieder im Geschäft.

In Whitehall, nicht weit von FitzRoys neuem Büro, ging Beauforts Zeit im Hydrografischen Amt ihrem Ende zu. Fleißig, weise und vorausschauend hatte Beaufort sechsundzwanzig Jahre lang seine unbändige Neugier auf jeden Flecken des Globus gerichtet. Die schieren Zahlen seiner Lebensleistung waren unglaublich: 1437 Karten hatte er gezeichnet und mehr als hundert Vermessungsprojekte und Studien durchgeführt. Jeder Meter der britischen Küste war unter seiner Ägide vermessen worden, ebenso die Küsten Neuseelands, Australiens, Griechenlands und Argentiniens. Das alles war stets mit penibler Sorgfalt und Liebe zum Detail geschehen, und im Lauf der Jahre wurde Beaufort von vielen konsultiert wie ein wandelndes Lexikon, ein unerschöpflicher Quell rasch verfügbarer Information. Als Prinz Albert nach dem geeigneten Standort für ein neues Haus (das spätere Osborne House) auf der Isle of Wight suchte, schrieb er an Beaufort. Als der Schulleiter des Internats Rugby eine Frage zur Topografie der Bucht von Tunis hatte, schrieb er an Beaufort. Und als Airy auf einer Karte den Weg nachverfolgen wollte, den Agathokles im Punischen Krieg genommen hatte, schrieb er an Beaufort. Der Mann schien alles zu wissen und jeden zu kennen.

Noch immer legte er seinen Heimweg zu Fuß zurück, selbst als er einmal am Schreibtisch einen Schwächeanfall – vermutlich einen Herzinfarkt – erlitt. Doch sein Alter machte sich bemerkbar. Sein Gehör ließ nach, und immer wieder plagten ihn Rückenbeschwerden. Am 27. Mai 1854 wurde Beaufort achtzig. Im März hatte er seinen Abschied eingereicht, doch das Gesuch war abgelehnt worden, denn angesichts des Kriegs auf der Krim hielt man seine Dienste für unersetzlich. So machte Beaufort weiter und erlebte auch den Dienstantritt seines Schützlings FitzRoy; es muss eine Freude für ihn gewesen sein, zu erleben, wie FitzRoys Talente nunmehr einem nützlichen Zweck dienten. Aber besser als irgendein anderer muss er auch um die enorme Herausforderung gewusst haben, die dessen Aufgabe bedeutete. Seit Jahren hatte er sich über schwachköpfige Politiker beklagt, wenn sie wieder einmal das Budget seiner Behörde kürzten. Als er 1851 erfuhr, dass erneut der Rotstift regierte, schrieb er: »Ich will hier nicht Ihre kostbare Zeit mit Binsenweisheiten der Art vergeuden, wie sich die Kosten, welche die Vermessungsprojekte dem Land verursachen, zu den Kosten durch den Verlust von Schiffen und Ladung verhalten, aber ich ersuche Sie dringend, die kleine Summe, die Sie einzusparen gedenken, gegen das große Unheil abzuwägen, das daraus entstehen kann.« Auch FitzRoy sollte diese Erfahrung machen, und er wusste genau, wovon Beaufort sprach, als er sagte: »Es ist die natürliche Neigung des Menschen, das zu unterschätzen, was er nicht versteht.«

Die Silvesternacht 1854 endete farbenprächtig. Der *Manchester Guardian* berichtete darüber:

> In abergläubischen oder schwärmerischen Zeiten hätte man in dem großen Spektakel aus Licht und Farben, das den letzten Sonnenuntergang des alten Jahres begleitete – mit wild zerklüfteten Wolken, aus denen es Feuer zu regnen schien, einem in

Purpur gehüllten Regenbogen und den zarten Pastelltönen im fernen Westen –, und anschließend im stillen Mondschein, als die Glocken schlugen, um den Anbruch des neuen Jahres 1855 zu künden, und dem grauen, stürmischen Morgen vielleicht Vorzeichen gesehen einer rätselhaften Gleichgestimmtheit der unbewegten Natur mit gegenwärtigen oder künftigen Ereignissen.[21]

Es war eine Zeit des Beginnens und Endens, sich schließender Kreise und neu begonnener Vorhaben. Während FitzRoy in den Schreibstuben in Parliament Street die Arbeit aufnahm, setzte Beaufort sein letztes Schreiben auf, in dem er sich an seine Vermessungsbeamten rund um den Globus wandte und sie anwies, ihre Berichte nunmehr an seinen Nachfolger, den Kapitän John Washington, zu richten. Ende Januar dann waren die letzten Briefe abgeschickt, die letzten Karten gezeichnet, die letzten Pläne ausgeführt. Beaufort verließ sein Büro, schloss die Tür hinter sich und trat nach Whitehall hinaus, wo er sich ziemlich verloren vorkam. Er stapfte durch den Schnee, der seit zwei Wochen auf London fiel und die Stadt wieder in eine wundersame Winterlandschaft verwandelt hatte. Wer die schmale Gestalt des alten Mannes sah, hätte nicht geahnt, was für ein Gigant der, der da im Dunst verschwand, geworden war.

Seit dem 13. Januar fiel der Schnee, sanft zunächst, doch mit jedem weiteren Tag immer dichter und heftiger. Inzwischen hatten die Briten eine geradezu romantische Zuneigung zum Schnee entwickelt. Das geisterhafte London im Schnee, eine Idee, die Charles Dickens in seinen Weihnachtsgeschichten und die *Illustrated London News* in ihren weihnachtlichen Sonderausgaben aufgriffen, hatte Vorstellungen aufkeimen lassen von weißer Weihnacht, Gentlemen, die übers Kopfsteinpflaster schlitterten, Gassenjungs, die sich quer über die Straße mit Schneebällen bewarfen, roten Nasen und fröstelnd aneinandergeriebenen Händen, dem wohligen Kontrast zwischen dem frostigen Draußen und der warmen Stube mit dem prasselnden Kamin, ein Bild, das sich auch aus dem Gegensatz von Privatsphäre und öffentlichem Raum speiste. Doch im Vergleich zu all den übrigen verschneiten Wintern der viktorianischen Epoche war der des Jahres 1855 noch etwas frostiger. Tagelang kletterten die Temperaturen nicht über den Nullpunkt. Darwin schätzte, das vier Fünftel der Vögel in seinem Garten den Tod gefunden hatten. Der Schnee lag wie frisch gefallen auf dem Boden. Glaisher fand den Anblick faszinierend. Die Kristalle waren nicht in einem heftigen Treiben niedergegangen wie bei einem Schneesturm, sondern waren vereinzelt aus einem unbewegten, kalten Himmel gefallen. »Ich kann mich nicht an eine solche Vielzahl von Kristallen erinnern, wie sie mir jüngst unter die Augen gekommen sind.«[22]

Hätte sich Airy nach der Konferenz von Brüssel nicht so zurückhaltend geäußert, wer weiß, vielleicht hätte Glaisher den Posten bekommen können, den nun FitzRoy bekleidete. In Großbritannien jedenfalls war er der bekannteste und vielleicht auch fähigste Meteorologe. Doch Anfang 1855 war sein Arbeitspensum derart angewachsen, dass selbst er mit der zusätzlichen Funktion überfordert gewesen wäre. Neben seinen Aufgaben an der Sternwarte und seiner Arbeit für die Meteorologische Gesellschaft war er vollauf beschäftigt mit der Erhebung und Auswertung der Wetterdaten für das *Annual Register*, und hinzu kamen immer neue Anfragen: So war im Vorjahr die Gesundheitsbehörde mit der Bitte an ihn herangetreten, einen Aufsatz über den Zusammenhang zwischen der Qualität der Luft und den jüngsten Choleraepidemien zu schreiben. Und seine seltenen Mußestunden widmete er der Beschäftigung mit zwei neuen Hobbys, der Fotografie und der Mikroskopie. Diese Interessen wurden zum Ausgangspunkt für ein neues aufregendes Forschungsprojekt.

Es begann eines Tages Anfang Februar. Glaisher war durch das benachbarte Abbey Wood weiter nach Osten gewandert, eine ordentliche Strecke von seinem Zuhause in Blackheath. Dabei war ihm das Funkeln des Schnees aufgefallen, und mit seiner Coddington-Lupe – einem leichten, leistungsstarken Vergrößerungsglas, das vor allem von Insekten sammelnden Naturkundlern geschätzt wurde – in der Hand hatte er sich hingekniet und den Schnee genauer untersucht. Er fand den Boden übersät mit feinen Kristallen, die, anscheinend ohne Verbindung zueinander, wie Juwelen glitzerten. Glaisher fand, sie sahen aus »wie Kugeln aus feiner weißer Baumwolle, die hier und da Knoten haben«. Durch seine Lupe erkannte er, dass jeder Schneekristall einem wunderschönen sechszackigen Stern glich und dass alle sechs Arme von einem gemeinsamen Mittelpunkt oder Kern ausgingen. Da begann es auf einmal erneut zu schneien.

Die Luft war ruhig, der Schnee lag auf dem Boden, und der Himmel war bedeckt. Sie hatten gewiss einen Durchmesser von vier zehntel Zoll [1 Zentimeter] und ließen sich leicht voneinander unterscheiden. Die Temperatur lag bei 32 °F. Nachdem ungefähr eine Viertelstunde lang Schnee gefallen war, mischte sich eine andere Art von sehr komplexen Kristallen darunter. Manche dieser Letzteren zeigten die ganze Strenge, aber auch die harmonischen Verhältnisse von geometrischen Figuren, andere wiederum die abstruse Pracht des Waldfarns, und wieder andere wiesen eine Kombination von Kleeblattformen auf, und manche hatten Federblätter von ungleicher Größe, drei davon groß und voll entwickelt, von farnartiger Gestalt, die anderen drei hingegen kaum mehr denn Nadeln. Die Luft hatte sich während der Dauer des Schauers merklich abgekühlt und war am kältesten, als diese abwechslungsreichen Figuren niedergingen. Gegen Ende des Schauers traten dann wieder verstärkt flauschige

Gruppen von Sternen auf, die Luft war weniger kalt, und eine halbe Stunde später, als der Schauer vorbei war, machte die Sonne Anstalten, den trüben Dunst zu durchbrechen.[23]

Schneekristalle hatten schon vor Glaisher viele Menschen fasziniert. Im Jahr 1662 hatte Robert Hooke bei einem der ersten Treffen der Royal Society eine Reihe von Tuschzeichnungen von Schneekristallen vorgeführt. Seiner Ansicht nach handelte es sich dabei um Eissplitter, Fragmente von voll ausgebildeten Kristallen, die sich aus den Wolken gelöst hatten. In seinem *Treatise on Meteorology* hatte George Harvey 1834 eine weitere Serie von Zeichnungen veröffentlicht. Im Februar 1855 nun machte sich Glaisher daran, sein scharfes Beobachtungsvermögen darauf zu verwenden.

Schneekristallzeichnungen von Cecilia Glaisher, 1855

Nach Blackheath zurückgekehrt, studierte er die Kristalle unter seiner Lupe und zeichnete, was er sah. Am 8. Februar gelangen ihm »Zeichnungen von einigen der bemerkenswertesten« Exemplare, und den ganzen Tag hindurch beobachtete er sie immer

wieder, um herauszufinden, ob einzelne Kristalle ihre Form bei-
behielten oder sich vermischten und miteinander verschmolzen.
Nach Einbruch der Dunkelheit war er immer noch bei der Arbeit:
»Als ich lange nach Mitternacht draußen war, funkelten die Kristalle im Schnee wie Glimmer in einem Stück Granit, und jedes
Spinnengewebe, jedes Blatt und jeder vorstehende Ast war mit
zahllosen Myriaden von Kristallen beladen, die allem Bemühen
Hohn zu sprechen schienen, ihre Gestalt im Einzelnen festzustellen oder sie nach Klassen zu ordnen.«[24]

Glaishers neue Forschungen brachten die verborgene Schönheit einer Welt zutage, die mit bloßem Auge nicht zu sehen war.
In den folgenden Tagen kehrte er wieder und wieder zu dieser
Arbeit zurück und beschrieb, klassifizierte und zeichnete einzelne Exemplare vom Fenster seiner Wohnung aus. Und genau wie
er mit seinen Studien des Taus zehn Jahre zuvor hatte zeigen wollen, dass die Natur eine Ordnung hatte, so ging es ihm auch nun
darum, zu beweisen, dass der Schnee, der sich an den Hauswän-
den auftürmte, von den Dächern rutschte oder an den Ästen
hing, keine willkürliche Anhäufung von Partikeln war, sondern
eine vollkommene Anordnung von geometrischen Gebilden.
Am 16. Februar streifte er erneut draußen herum. Jede einzelne
Schneeflocke schien ihm wie ein Crystal Palace in Miniatur, in
dessen Wandelgängen, Bögen und Strukturen das Licht auf viel-
fältige Weise sich brechen oder spiegeln konnte, wenn es auf sie
traf. Was er sah, hielt er in gekonnten Zeichnungen fest. Über
eine bestimmte Schneeflocke schrieb er: »Ihr Durchmesser betrug ungefähr 0,05 Zoll [0,2 Millimeter]. Sie glitzerte hell und
war sehr gut kristallisiert. Insgesamt wirkte sie ganz wie in der
Zeichnung, und vor allem die Trauben von Prismen rund um den
äußeren Rand der Figur erregten Aufmerksamkeit; der Kern erschien als glänzender Fleck.«[25]

Glaisher arbeitete mit der Lust eines Fossilsammlers. Da er

keine Möglichkeit hatte, die tatsächlichen Kristalle aufzubewahren, blieb ihm gar nichts anderes übrig, als sie zu zeichnen, so gut er konnte. Dazu notierte er die jeweils höchste und niedrigste Temperatur, Art und Höhe der Schneedecke und den Ort der Beobachtung. Im Lauf seiner Studien stieß er so auf eine Fülle verschiedener Gestalten und Muster und auf eine ganze Bandbreite geometrischer Formen, darunter sechseckige, rautenförmige und rechteckige Prismen sowie strahlenförmige Kristalle. Und weit entfernt davon, willkürlich zu sein, zeigten sie eine verblüffende Symmetrie. Einen solchen Kristall beschrieb Glaisher wie folgt:

> [Er] zeigt einen aus zwei Sechsecken bestehenden Kern, der so um den Mittelpunkt angeordnet ist, dass alle Winkel zweimal vorhanden sind. Aus sechs von ihnen gehen die Hauptstrahlen der Figur aus, über die kristalline Platten von größtmöglicher Transparenz hinausragen. Aus diesen Platten sprießen blättrige Büschel, welche die gesamte Struktur krönen. Der untere Teil jedes Strahls nahe beim Kern dient als Achse für ein längliches Prisma, von dessen Spitze zu beiden Seiten Blätter von schöner Form ausgehen. Unmittelbar aus den Winkeln des unteren Sechsecks gehen eine Reihe kürzerer Strahlen aus, welche die Achsen ähnlich länglicher Prismen bilden, an deren Spitzen sich wiederum je drei weitere befinden, das eine von ähnlicher, die anderen zwei von andersartiger Form. Eine grazilere Gestalt lässt sich nicht denken, welche Wirkung durch die zierliche und bewundernswerte Ausführung der Zeichnung noch verstärkt wird.[26]

Glaishers Lob galt seiner sechsundzwanzigjährigen Frau Cecilia, die ihn zu Hause bei seinen Experimenten unterstützte. Cecilia war eine talentierte Künstlerin, die sich noch im selben Jahr mit ihren Fotografien der Blätter britischer Farne einen Namen machte. In ihren Zeichnungen zeigte sie ein bis dahin beispielloses natürliches Gespür und Geschick für die Wiedergabe ihres Gegenstandes. Bald stapelten sich ihre Zeichnungen in Glaishers Arbeitszimmer: eine Vielfalt von Kristallen, die es hinsichtlich Verschiedenartigkeit, Schönheit und Reichtum an mikroskopischen Details mit jeder großen Sammlung der viktorianischen Ära aufnehmen konnte. Glaisher fasste seine ertragreichen Studien gleich in mehreren Texten zusammen, zunächst in einem Aufsatz für die Gesellschaft für Naturgeschichte in Greenwich, dann in einem Artikel für die *Illustrated London News* und später noch einmal für die britische Meteorologische Gesellschaft unter dem Titel »On the Severe Weather at the Beginning of the Year 1855, and on Snow and Snow Crystals« (Über das strenge Wetter zu Beginn des Jahres 1855 sowie über Schnee und Schneekristalle).

Mit Cecilias Unterstützung wurde das Schneekristall-Projekt ein Erfolg. Wenn man den Bericht heute liest, kann man sich vorstellen, welchen Verlust es für Glaisher bedeutet haben muss, als im März Tauwetter einsetzte. Wie ein Freund am Totenbett beobachtete er, wie die Kristalle ineinanderschmolzen, zerflossen und zu Boden fielen wie einstürzende Eispaläste.

Aufgrund der hohen Temperaturen veränderte sich die Gestalt der Kristalle rapide: Sie kollabierten auf die denkbar merkwürdigste, kaleidoskopartige Weise, wobei als Erstes die oberen Prismengruppen zusammenfielen, als Zweites die nächstunteren Gruppen und so fort. Wenn ich sage »kollabieren«, so meine ich das unvermittelte Zusammenschmelzen von drei oder mehr Prismen in ein einziges, eine Veränderung, die sich in einem einzigen Augenblick vollzog …

Gegen Mittag hatte es nahezu aufgehört zu schneien. Die Temperatur erreichte 37 °F [2,8 °C]. Hähne krähten in Erwartung der bevorstehenden Änderung, die Vögel, die seit sechs Wochen still gewesen waren, antworteten einander aus den Bäumen, Eiszapfen von zwei Fuß Länge, die ich 16 Tage lang betrachtet hatte, schmolzen rasch: Die ganze Natur mit Ausnahme der Vögel schien ohne Bewegung, als wartete sie auf das Eintreten eines Wandels, und, was selten zu sehen ist, von den Bäumen tropfte Feuchtigkeit, während der Schnee noch wie Reif auf ihren Ästen und gebogenen Zweigen lag. Eine halbe Stunde später stieg die Temperatur auf 38 °F [3,3 °C], und eine vollständige Schmelze setzte ein.

Um drei Uhr stand das Thermometer bei 35,5 °F [2 °C], Schnee fiel in kleinen, leichten Flocken, überall tropfte Wasser, die Vögel sangen fröhlich, und im Übrigen herrschte völlige Stille.[27]

Unterdessen hatte sich FitzRoy mit der gleichen Energie an die Arbeit gemacht, wie er sie zwei Jahrzehnte zuvor in die Vorbereitungen für die Reise der *Beagle* investiert hatte.

Er begann mit den Häfen. Ihm war klar, dass es vor allem darauf ankam, Verbindung mit den Kapitänen der Handelsmarine aufzunehmen, und zu diesem Zweck sandte er zunächst ein Rundschreiben an die Schifffahrtsbüros und Spediteure. Darin stellte er den wirtschaftlichen Nutzen seines Vorhabens heraus: »Es hat sich gezeigt, dass Leutnant Maurys Karten und Segelanweisungen die Dauer der Fahrten amerikanischer Schiffe um ein Drittel verkürzt haben. Wenn sich die Fahrten von und nach Indien auch nur um ein Zehntel verkürzen ließen, käme das einer Ersparnis von 250 000 Pfund jährlich, allein an Frachtkosten, gleich.«[28]

Da FitzRoys kleine Dienststelle nicht durch bürokratische Hürden behindert wurde, entwickelte sie sich schnell zu einem tüchtigen Zweig der Regierung. Er ließ Instrumente beschaffen, schickte sie zur Eichung nach Kew und koordinierte anschließend ihre Verteilung durch die Handelsmarine oder die Admiralität. Mitte 1855 waren bereits fünfzig Handelsschiffe und zwei Kriegsschiffe voll ausgerüstet, und weitere folgten bald darauf. FitzRoy reiste viel, um sich überall im Land mit Schiffsführern, Schiffsmaklern und Marineoffizieren zu treffen. Und da es nicht seine Art war, geduldig auf das Eintreffen der ersten Ergebnisse zu warten, ließ er seine Zeichner in der Zwischenzeit schon einmal mit historischen Daten arbeiten. Dazu unterteilte er die Meere in Quadrate von zehn Grad Kantenlänge und ließ darin »Windrosen« einzeichnen, eine sternförmige Rose für jeden Quadranten. Auf einen Blick ließen sich aus der Karte Angaben zu den durchschnittlichen Windverhältnissen für eine Periode von drei Monaten ablesen. FitzRoys Windrosen stellten eine simple Neufassung einer alten Idee dar und unterschieden sich geringfügig von Maurys Windkarten, indem sie die Weltmeere in ein Schachbrett mit leicht verständlichen Daten verwandelten. So wurden schnellere Routen nach Indien, Amerika und China auf einen Blick erkennbar. Damit entsprachen sie genau den Erwartungen, welche die Admiralität 1854 zum Ausdruck gebracht hatte.

FitzRoys Mitteilungen an seine Mitarbeiter aus dieser Zeit sind gespickt mit praktischen Anweisungen, die er in seiner großen, schwungvollen Handschrift aufs Papier warf: Ermahnungen, hart zu arbeiten, ordentlich zu sein und pünktlich zur angegebenen Stunde zu erscheinen. Daraus spricht unverkennbar der Mann, der einmal auf dem Vordeck eines Schiffes der britischen Marine gestanden und seinen Leuten zugerufen hatte:

Herr Pattrickson –
Es tut mir leid, dass aufgrund meiner ungenügenden Aufmerksamkeit, was das Ausfüllen der Datenbücher angeht, einige in ihrem Erscheinungsbild wirklich <u>schändlich</u> sind – so exakt auch ihr Inhalt hoffentlich sein mag.

…

Herr Pattrickson –
Erinnere an frühere Dienststellenregelungen und jüngste
Änderungen!

...

Herr Pattrickson –
In Erinnerung an meine Bemerkungen über Dienststellen-
regelungen habe ich nunmehr mitzuteilen, dass, im Falle meiner
Abwesenheit für mehr als einen Tag, entweder Sie oder Herr
Babington hier sein sollten.[29]

FitzRoy war so streng wie immer. In Briefen beklagte er sich,
»die Dienststelle hat nur drei junge Männer, keine Seeleute, sodass allein ein Minimum an Arbeit getan werden kann«.[30] Zum
Glück für den britischen Staat ergab, was in FitzRoys Augen ein
Minimum war, trotzdem ein ganz beachtliches Pensum. Unablässig trieb er seine Untergebenen an, oft genug mit dem Hinweis, dass sie damit nur ihre Pflicht gegenüber dem Gemeinwe-
sen erfüllten. Für FitzRoy waren seine Stunden in der Parliament
Street sakrosankt. An dieses Prinzip hielt er sich so penibel, dass
er in dieser Zeit alle persönlichen Dinge gewissenhaft vermied
und private Briefe erst nach fünf Uhr schrieb, ehe er nach Hause
ging.

Aus FitzRoys Arbeitsauffassung sprach seine innerste Überzeugung, seinen Dienst stets nach besten Kräften zu leisten. Wie
schon auf der *Beagle* erwarb er sich rasch die Achtung seiner Untergebenen. Die Handelsbehörde überzeugte er davon, ihnen
mehr Freizeit zu gewähren, und stellte sich schützend vor sie, als
sie – unsinnigerweise, wie er fand – zur Ableistung der Beamten-
prüfungen gezwungen werden sollten. Ende 1855 hielt FitzRoy in
einer Notiz den Arbeitsablauf in seiner jungen Dienststelle fest:
eine strenge Hierarchie – FitzRoy, dann Pattrickson, dann Ba-

bington, dann Townsend, jeder mit seinen spezifischen Aufgaben betraut, um der riesigen Flut von Daten Herr zu werden.[31]

Gegen Ende des ersten Jahres machte er sich Gedanken darüber, ob das Formular zur Erhebung der meteorologischen Angaben seinen Zweck erfüllte. In seiner gegenwärtigen Form war es nach der Brüsseler Konferenz von Beechey verfasst worden, aber FitzRoy kam zu dem Schluss, dass es die Beobachtungen nur einschränkend wiedergab. Seine Dienstanweisungen missachtend, entwarf er einen Ersatz. Beechey, der das bald genug herausfand, tobte. Henry James wurde in die Auseinandersetzung hineingezogen und schrieb FitzRoy: »Ich habe die von Ihnen vorgeschlagene Neufassung des meteorologischen Meldebogens etc. gelesen, und wäre sie anlässlich der Brüsseler Konferenz vorgeschlagen worden, hätte ich sie ohne Zögern übernommen.« So aber, erklärte James, solle er mit dem bestehenden Meldebogen weiterarbeiten.

FitzRoy reagierte bockig und sandte ihm am folgenden Tag eine ganze Liste von Einwänden. Beecheys Formular sei ungeeignet: Glaisher sei dieser Meinung, desgleichen Major Sabine und der Hydrograf Washington. Er fügte eine zweite Neufassung des Meldebogens bei, doch eine Woche später erwiderte James unmissverständlich: »Ich bin eindeutig der Meinung, dass Sie am besten und sichersten verfahren, indem Sie wieder den Brüsseler Meldebogen verwenden, schlicht und einfach.« FitzRoy ärgerte sich darüber und kritzelte an den Rand: »Weshalb? Wenn er doch fehlerhaft ist?«[32]

Die Affäre war ein erstes Anzeichen, dass FitzRoy nicht gewillt war, seine Anweisungen widerspruchslos auszuführen. Gewohnt, sich seine eigenen Gedanken zu machen, musste er feststellen, dass die Bürokraten in Whitehall auch den besten Ideen eine kalte Dusche verpassen konnten. Obwohl er gegenüber James beteuerte, er wolle nichts neu erfinden, verhielt er sich doch keineswegs wie ein verschlafener Beamter, sondern hinterging seine Vorgesetzten mitunter sogar in dem Bemühen, seinen Willen durchzusetzen, etwa wenn er Maury ermunterte, ihm heimlich zu schreiben, um Pläne privat erörtern zu können. Ihr Schriftwechsel blieb unentdeckt, aber der Eindruck, FitzRoy sei nicht hundertprozentig vertrauenswürdig, mag eine Rolle gespielt haben, dass man ihm in Whitehall die Beförderung versagte, als Beechey 1857 starb. FitzRoy hatte sich Hoffnungen auf Beecheys Stellung als leitender Marinebeamter der Handelsbehörde – und vermutlich das damit verbundene Jahresgehalt von 1000 Pfund – gemacht, doch obgleich er dafür genau an der richtigen Stelle saß, ging der Posten an seinen alten Freund und Untergebenen auf der *Beagle*, Bartholomew Sulivan. Derart übergangen zu werden, muss FitzRoy getroffen haben. Seit seinem Dienstantritt war er eifrig bemüht gewesen, auch sein Ansehen in der Gesellschaft wiederherzustellen. Mit seiner Familie war er in den Stadtteil South Kensington umgezogen, wo sie am eleganten Onslow Square einen stuckverzierten weißen Neubau bezogen, Teil einer Häuserzeile, die der gefragte Architekt Charles Freake entworfen hatte. Es war eine der beliebtesten Adressen im London jener Zeit, und 1000 Pfund im Jahr waren das Mindeste, was FitzRoy brauchte, um seiner Familie diesen Lebensstil zu bieten. Eigentlich konnte er sich das nicht leisten.

Mit seiner Produktivität beeindruckte er die Leute nach wie vor. Während er das Netz der mit ihm korrespondierenden Kapitäne immer weiter knüpfte, wandte er seine Aufmerksamkeit nun auch dem zweiten Zweck zu, für den sein Amt geschaffen worden war. Denn obgleich der hauptsächliche Grund für die Bewilligung der Geldmittel 1854 die Herausgabe der zeitsparenden Karten gewesen war, wurde dabei auch von Stürmen gesprochen. Sabine hatte geschrieben:

Es ist, sowohl für die Zwecke der Navigation als auch für jene der allgemeinen Wissenschaft, sehr wünschenswert, dass die Kapitäne der Schiffe Ihrer Majestät und die Kapitäne der Handelsschiffe richtige und gründliche Unterweisung erhalten, auf welche Weise sie *in allen Fällen* zwischen den rotierenden Stürmen, die zutreffend als *Zyklone* bezeichnet werden, und gewöhnlichen Stürmen unterscheiden können.[33]

FitzRoy war die kurze Passage aufgefallen. Sie dehnte seinen Zuständigkeitsbereich aus, sodass er auch Fragen der Wissenschaft einschloss. Eine reizvolle Aufgabe, wie er fand, denn das Wetter unter wissenschaftlichem Blickwinkel zu untersuchen ermöglichte ihm nicht nur, seine intellektuelle Neugier zu befriedigen, sondern verschaffte ihm auch ein gewisses Maß an religiöser Erfüllung. Das Leben der Menschen auf See ließ sich auf diese Weise verbessern und Gottes Schöpfung zugleich besser verstehen: Beauforts Beispiel vor Augen, wusste er sich an der Spitze eines Amtes, das sowohl Schnittstelle zwischen verschiedenen Behörden war als auch Brutstätte für neue Forschungsprojekte.

FitzRoy war in Meteorologie gut bewandert. In den Jahren, die er auf den Weltmeeren verbracht hatte, war er allen Arten von Wetter und vor allem Stürmen begegnet. Seine ursprüngliche Überzeugung, der Mond habe auf das Wetter entscheidenden Einfluss, gab er 1836 auf, als er an Bord der *Beagle* am Kap der Guten Hoffnung Besuch von John Herschel erhielt, der ihn eines Besseren belehrte. Im Lauf der Jahre hatte er sich mit den Arbeiten von Espy, Redfield, Reid und Piddington vertraut gemacht. Und seit seiner Berufung an die Spitze des Meteorologischen Amtes hatte er sich noch weiter in die Materie vertieft. Dabei hatte es ihm ein Werk besonders angetan: *Das Gesetz der Stürme* (1857) von Heinrich Wilhelm Dove, das er sogar ins Englische übersetzte.

Im März 1858 knüpfte er wieder an seine Korrespondenz mit

Herschel an. Er schrieb ihm, dass er gerade mit großem Gewinn seinen Artikel über Meteorologie für die *Encyclopaedia Britannica* gelesen habe, »von dessen Existenz ich leider zu meiner Schande bislang nichts gewusst hatte«. In seinen Briefen an Herschel gab sich FitzRoy überaus respektvoll, bezeichnete sich selbst als einen rein »praktischen Menschen«[34] und ersuchte Herschel, ihn liebenswürdigerweise gelegentlich mit der einen oder anderen Information zu versorgen. Er wirkt darin fast wie ein eifriger Schüler, der auch nach Unterrichtsschluss noch an den Lippen seines Lieblingslehrers hängt. Im Lauf des Jahres nahm ihr Briefwechsel an Intensität zu, Herschel schien er Freude zu bereiten, und die beiden Männer tauschten sich auch über private Ansichten aus. So bedauerte FitzRoy zum Beispiel den Gebrauch des Wortes »Meteorologie«, weil er es zu schwer auszusprechen fand: »Ich wünschte, man könnte ›Mitrologie‹ sagen.«[35] Auch ließ er sich ein wenig doppelzüngig darüber aus, was er von Maury hielt: »Ich stimme ganz mit Ihrer (privaten und streng vertraulichen) Meinung von Leut. Maury überein. Er hat sehr eifrig (mit Unterstützung eines großen Stabes) Fakten (oder Daten, einige davon sehr zweifelhaft) gesammelt und hat andere Menschen dazu angehalten, Gleiches zu tun.«[36]

In den Briefen an Herschel deutet sich erstmals an, was später unverkennbar wurde: Ende der 1850er-Jahre arbeitete FitzRoy, entgegen seinen anderslautenden Beteuerungen, daran, sich einen Namen als Wissenschaftler zu machen.

Die Befugnis dazu hatte FitzRoy. Er stand in engem Kontakt mit der Sternwarte von Kew, die ihn mit geeichten Thermometern, Barometern und Hygrometern versorgte. Bemüht, die Qualität der Instrumente zu verbessern, entwickelte FitzRoy ein Barometer neuen Typs – später als FitzRoy-Barometer bekannt geworden –, bei dem er die herkömmliche numerische Skala durch eine mit beschreibenden Begriffen ersetzte, um das Ablesen des

Instruments so einfach wie möglich zu machen. Dieses Modell ging bald in Produktion. Ebenso nützlich war sein *Barometer and Weather Guide* (Handbuch zu Barometer und Wetter), eine fünfundzwanzig Seiten umfassende Broschüre, die sich in ihrer klaren, direkten und leicht verständlichen Darstellung an Piddingtons *Sailor's Horn-Book* und Reids *Law of Storms* anlehnte. Absichtlich so kurz wie möglich gehalten, »um die Tragbarkeit nicht zu beeinträchtigen oder den Preis in die Höhe zu treiben«, bot das Handbuch FitzRoy Gelegenheit, alles, was er gelernt hatte, an einem Ort zusammenzufassen.

Genau wie Forster in *Researches About Atmospheric Phenomena* verbreitete sich FitzRoy in seinem Handbuch ausführlich über die Möglichkeit einer Wetterprognose. »So schwierig es ist, das Wetter genau vorherzusagen, lässt sich doch viel nutzbringende Voraussicht gewinnen, wenn man das, was die Instrumente anzeigen, mit dem Erscheinungsbild der Atmosphäre kombiniert.«[37]

Das Handbuch war kein zurückhaltend formuliertes Werk der Wissenschaft; seine Bedeutung erhielt es unter anderem durch den Umstand, dass FitzRoy es in seiner Funktion als leitender Beamter für meteorologische Statistik verfasst hatte. Zum ersten Mal wagte sich eine staatliche Stelle damit auf das Feld der Wetterprognose vor – ohne Billigung seitens höherer Stellen und vermutlich von dort auch unbemerkt. FitzRoys Ratschläge waren klar, einfach und von jedem Kapitän leicht zu verstehen. Der Abschnitt über Wolken hätte von Thomas Forster geschrieben sein können:

Weich oder zart erscheinende Wolken künden schönes Wetter an, mit mäßiger oder leichter Brise; scharf umrissene, ölig erscheinende Wolken Wind. Ein trüber blauer Himmel ist windig, ein hellblauer klarer Himmel hingegen ist Zeichen für schönes Wetter. Im Allgemeinen gilt: Je *weicher* die Wolken erscheinen, desto weniger Wind (aber vielleicht mehr Regen) steht zu erwarten; und je schärfer umrissen, »schmieriger« gerollt, getürmt oder zerklüftet, desto stärker wird der kommende Wind sein. Auch ein leuchtend gelber Himmel bei Sonnenuntergang kündet Wind, ein blassgelber Nässe – und so lässt sich anhand des Vorherrschens von roter, gelber oder grauer Färbung das kommende Wetter recht annähernd vorhersagen und mithilfe von Instrumenten nahezu exakt.

Kleine, tintig erscheinende Wolken künden Regen an, helle Fetzenwolken, die rasch vor schweren Wolken dahinziehen, Wind und Regen, treten sie allein auf, dann nur Wind.[38]

Man kann sich bildlich vorstellen, wie ihm diese Gedanken an einem frischen, heiteren Morgen vor Feuerland durch den Kopf schießen, während die Mannschaft über das Deck läuft, die Wanten hinaufklettert und aus dem Krähennest Kommandos ertönen. Salz und Gischt des Lebens auf See hat FitzRoy auch in seiner Sammlung von Gedichten oder »Sprüchen« eingefangen:

> When the glass falls low,
> Prepare for a blow.
> When it rises high,
> Let all your kites fly.[39]

> Fällt tief das Glas,
> Sei auf Böen gefasst.
> Ist es hoch gestiegen,
> Lass die Drachen fliegen.

FitzRoys Broschüre fand regen Anklang. Ein Exemplar erreichte Maury in Amerika, der daraufhin schrieb, es sei »ein kapitaler kleiner Wetterführer«.[40] Drei Jahre nach Beginn seiner meteorologischen Arbeit war FitzRoy in Schwung gekommen. Sein Netzwerk funktionierte, er gab Wetterkarten heraus, hatte ein Barometer entwickelt und ein Buch veröffentlicht. Whitehall mochte Beaufort verloren haben, aber man hatte FitzRoy gewonnen.

Für Beaufort gab es keinen Grund, seinen Ruhestand in London zu verbringen. Wegen des besseren Wetters und der schöneren Aussicht zog er an die Südküste nach Brighton um. Vom Fenster seines Schlafzimmers blickte er über den Ärmelkanal, und vielleicht stiegen dabei Erinnerungen in ihm auf an seine vielen Fahrten, die hier ihren Anfang oder ihr Ende genommen hatten. Mehr als dreißig Jahre zuvor hatte auch Constable wegen des gesundheitlichen Zustands seiner Frau die Reise von London nach Brighton – »ein Piccadilly am Meer« – unternommen. Die klare, frische Luft, die wellige Landschaft, die weiten Strände und das bewegte Wasser waren ihm dort zu Gegenständen seiner Kunst geworden. Eine Reihe von Ölgemälden entstanden, darunter *Seascape Study with Rain Clouds* (Ansicht der See mit Regenwolken), das einen Wolkenbruch zeigt, dessen Sturzregen eindrucksvoll über dem Meer niedergeht. Ein anderes Bild stellt die Küste an einem grauen, düsteren Tag mit vielen Chiaroscuro-Effekten dar, wo das Licht durch Lücken in den Wolken hervorscheint. Draußen in der Bucht liegt eine Brigg vor Anker. Zwei Gestalten spazieren Arm in Arm über den Kieselstrand. Doch das Großbritannien der georgianischen Epoche, wie es Constable gemalt hatte, war längst dem geschäftigen Treiben der Ära Viktorias gewichen.

Bei einem Spaziergang am Strand in seinen letzten Lebensjahren wäre Beaufort Constables Schilderung der einsamen Brigg sicherlich vertraut gewesen. Das Schiff in der Bucht mochte für jedes der vielen stehen, auf denen er gefahren war: die gestrandete *Vansittart*, die kämpfende *Phaeton*, die *HMS Woolwich* mit der Windstärkeskala oder die *Frederickssteen* auf der Reise nach Karamania. Oder es erinnerte ihn an eines seiner Vermessungsschiffe:

die *Beagle*, die *Sulphur*, die *Rattlesnake* oder eines der hundert anderen, die Beaufort ausgewählt, bemannt und, mit seinem Auftrag
versehen, rund um den Globus geschickt hatte. Über ein halbes
Jahrhundert lang hatte er seine Wettertagebücher geführt, endlose
Kolonnen von Aufzeichnungen der Temperatur, des Luftdrucks,
des Windes und des Niederschlags. Mit seinen Freunden in London korrespondierte er weiterhin und behielt sich einen wachen,
heiteren Geist. Am 27. Mai 1857 wurde er dreiundachtzig. Gegen
Ende desselben Jahres jedoch ließen seine Kräfte rapide nach. Zur
Adventszeit wurde seine Familie nach Brighton gerufen, um Abschied zu nehmen. Körperlich sehr geschwächt, war sein Verstand
rege wie eh und je, und er bewies »wunderbare Klarheit, Gedächtnis, Geist und Lebendigkeit im Gespräch über ein Buch, das er
gerade las«. Am 15. Dezember unterhielt er sich mit seinen Ärzten
über die Verdienste eines guten Historikers. Am folgenden Abend
dann sagte er seinen Kindern, er fühle sich müde. Er gab jedem
einen Kuss und legte sich zur Ruhe. In der Nacht starb er friedlich im Schlaf.[41]

Die Nachrufe waren überschwänglich, freundlich und wahr.
Was er hinterließ, war enorm. Ohne ordentliche Schulbildung
war er bis in die Spitze des britischen Staatsapparats aufgestiegen,
wo er mit Freunden wie Airy, Sabine, Whewell und Herschel auf
einer Stufe stand, und seine Weisheit wurde gerühmt. Eine Stiftung wurde eingerichtet, die den Namen Beaufort Testimonial
Prize (Beaufort-Gedächtnispreis) erhielt. Die Ehrung sollte jeweils dem bei den jährlichen Prüfungen für Leutnants und Kapitäne am höchsten eingestuften Kandidaten in der Disziplin Navigation zuerkannt werden. Um Beauforts Persönlichkeit Rechnung
zu tragen, war als Preis keine Goldmedaille vorgesehen, sondern
»ein Instrument oder Werk fachlicher Art, das einem Marineoffizier von praktischem Nutzen sein kann«. Zur Auswahl standen:

1. ein Satz der besten Teleskope, von Ross, Dolland oder einem anderen Optiker von bewährtem Ruf,
2. ein Sextant von Troughton, Cray oder einem anderen bekannten Hersteller,
3. eine goldene Uhr mit Ankerwerk oder ein Taschen-chronometer,
4. ein geografischer Atlas wie etwa Keith Johnsons *Political and Physical Atlas*,
5. ein Satz Bücher von einschlägigen Autoren, hauptsächlich zu Themen, die mit dem Marinedienst in Verbindung stehen.[42]

Mit der Zuerkennung des Preises wurden drei Kuratoren betraut, einer davon Beauforts alter Schützling: der Star der Marineprüfungen überhaupt, der kürzlich zum Konteradmiral berufene Robert FitzRoy.

Auch andere Angehörige der alten Generation traten ab. Am 12. Februar 1857 war William Redfield gestorben, einer der Gründer und der erste Präsident der American Association for the Advancement of Science. Die Nachricht erschütterte seinen Freund William Reid. Zwanzig Jahre lang hatten die beiden in ständiger Verbindung gestanden, hatten Hunderte von Briefen gewechselt und darin bis zuletzt sich über Stürme ausgetauscht. Nach Erhalt der Nachricht schrieb Reid an Redfields Sohn John: »Den ganzen Tag schon hatte ich das Gefühl, als ob ein schwerer Verlust mich betroffen habe, und nun ist mir bewusst, dass es kein Trugbild war.«[43] Reid selbst starb im folgenden Jahr, das Ende eines Lebens, in dem er als Gouverneur von Bermuda, den Inseln über dem Winde und Malta amtiert hatte. »In seinen Bemühungen um die Verbesserung der Landwirtschaft und der Bildung sowie zur Förderung der Lebensbedingungen ließ er nie nach«, schrieb Redfields Sohn, »und so hat er den Titel des ›Guten Gouverneurs‹ wohl verdient, den ihm Dickens in *Household Words* zugesprochen hat.«[44]

Nach Redfield und Reid verstarben 1860 auch Thomas Forster und ihr großer Widersacher, James Espy. Vor allem Espys Beiträge zu der aufkeimenden Wissenschaft waren von entscheidender und tief greifender Bedeutung gewesen, doch seinen Traum, zum Newton der Atmosphäre zu werden, hatte er nie verwirklichen können. Bei aller Brillanz war er behindert worden durch sein streitsüchtiges Festhalten an einer Theorie, die in ihrem Anspruch zu weit ausgriff und in ihrer Anwendung zu vage gewesen war. So erinnerte man sich an ihn vor allem als den Regenmacher – eine bedauerliche Schmähung, die er sich aber selbst zuzuschreiben hatte. Luke Howard, der Vater der modernen Meteorologie, überlebte sie alle. Hoch in den Achtzigern, gebrechlich und von nachlassendem Gedächtnis, bewahrte er sich sein Interesse am Himmel. Robert, sein Sohn, der ihn in ihrem Haus in Tottenham im Norden Londons pflegte, hat uns eine Schilderung seines betagten Vaters hinterlassen, wie er »morgens, mittags und abends« zum Himmel hinaufblickte und beobachtete, wie die Wolken nach Hampstead hinüberzogen, selbst als er sich längst nicht mehr an ihre Namen erinnern konnte. Er starb 1864 mit einundneunzig Jahren.

Howards Verdienste um die Meteorologie waren profund. Über ein halbes Jahrhundert lang hatte er sich nicht nur mit Wolken beschäftigt, sondern sein Studium auch auf Strahlung, städtische Wärmeinseln und Windströmungen ausgedehnt. Fünfzig Jahre zuvor hatte er bei einem Vortrag in Tottenham sogar die These geäußert, dass die Erddrehung Winde von ihrer Richtung ablenken könne. Seinem Publikum hatte er erklärt, dass die Erde, während die Luft nach Norden oder Süden ströme, die ganze Zeit »unter ihr hinweggleitet«.[45] Hätten Espy oder Redfield das bedacht, wer weiß, vielleicht hätte das ihr Denken in Bezug auf Stürme beeinflusst. So jedoch musste die Meteorologie bis 1856 auf eine Entscheidung der Sturm-Kontroverse warten. Vorgetragen wurde sie von einem stillen, aber hervorragenden Mathematiker aus Nashville, Tennessee: William Ferrel. In seinem Aufsatz »Winds and Currents of the Ocean« (Winde und Strömungen des Meeres) legte Ferrel dar, weshalb der Wind sich um die Mitte eines Sturmes dreht. Verursacht wird das, so zeigte Ferrel, durch die Erdrotation, welche Luft ablenkt, die auf ein Zentrum niedrigen Drucks zuströmt. Ergänzte man Espys Theorie um den Einfluss der Erdrotation, ergab sich ein zutreffendes Bild der Luftzirkulation in der Atmosphäre. Ferrel gründete seine Berechnungen auf die Arbeiten des französischen Mathematikers Gustave de Coriolis, der den Ablenkungseffekt der Erddrehung berechnet hatte. Ferrels Leistung bestand darin, diesen Effekt zum ersten Mal mit der Bewegung von Winden in Verbindung gebracht zu haben. Seltsamerweise folgte daraus, dass Espy und Redfield jeder zur Hälfte recht gehabt hatten. Wie Espy argumentiert hatte, strömten die Winde tatsächlich nach oben, und gleichzeitig drehten sie sich auch um einen Mittelpunkt, wie Redfield behauptet hatte. Weder Redfield noch Espy jedoch erlebten, wie ihre Theorien, über die sie den größten Teil ihrer Zeit als Wissenschaftler in erbittertem Streit miteinander gelegen hatten, auf diese Weise vereinigt wurden. Vielleicht war das auch gut so.

Die abgetretene Generation hinterließ ihren Nachfolgern die Meteorologie als eine Disziplin, in der einst unvorstellbare Fortschritte auf theoretischem wie praktischem Gebiet gemacht worden waren. In London baute FitzRoy sein Wetterbeobachtungsnetz immer weiter aus, während auch Glaisher in Greenwich seine Anstrengungen verstärkte. In Paris hatte Le Verrier inzwischen ein Netz aus vierundzwanzig Wetterstationen aufgebaut, von denen dreizehn ihre Berichte dreimal täglich per Telegraf an die Pariser Sternwarte übermittelten. Diese Berichte wurden dann in überregionalen Tageszeitungen wie *La Patrie* veröffentlicht. Abseits der Öffentlichkeit ging Le Verrier noch einen Schritt weiter und versorgte Napoleon III. von einem eigenen Büro im Élysée-Palast aus regelmäßig mit Voraussagen zur wahrscheinlichen Wetterentwicklung. Und in Amerika stand ihm Joseph Henry in nichts nach. Seit 1856 ließ er in der Eingangshalle der Smithsonian Institution telegrafisch übermittelte Daten zur Wetterlage auf einer Karte darstellen. Die Karte war ein Wunder der Wissenschaft. Sie zeigte, beinahe in Echtzeit, das Wetter an jeder Telegrafenstation in den Vereinigten Staaten. An den einzelnen Standorten waren farbige Kärtchen – weiße für schönes Wetter, blaue für Schnee, schwarze für Regen, braune für Bewölkung – an Klammern befestigt; Pfeile markierten die Windrichtung. Nach der ersten Aktualisierung morgens um zehn wurde die Karte in regelmäßigen Abständen den ganzen Tag über auf den neuesten Stand gebracht, und als Zeichen für den jüngsten Fortschritt in der Meteorologie zog man an Tagen, an denen im Institut ein Vortrag stattfand, vor dem Eingang eine Wetterflagge auf.

Was die Meteorologie anging, war Amerika, wo man mittels des Morse-Telegrafen Nachrichten über Stürme kreuz und quer durch das Land kabelte, Ende der 1850er-Jahre zur führenden Nation weltweit aufgestiegen. Manchen ging das alles zu schnell. In einem Leitartikel der *New York Times* hieß es 1858, es könne »keinen Zweifel daran geben, dass der Telegraf dem Verstand und der Moral der Menschen schweren Schaden zufügt«. Bissig fuhr der Autor fort:

> Telegrafische Meldungen sind zwangsläufig oberflächlich, unvermittelt, ungefiltert und zu schnell für die Wahrheit. Und sind sie nicht zu schnell, um den Verstand der Menschen die

Wahrheit erkennen zu lassen? In zehn Tagen erhalten wir die Post aus Europa. Wozu brauchen wir da Nachrichtenfetzen in zehn Minuten? Wie trivial und läppisch ist die Telegrafenkolumne? Hier hat es geschneit, dort geregnet, ein Mann wurde getötet, ein anderer gehängt.[46]

In der Parliament Street in London, wo FitzRoy schon an seinem nächsten Plan arbeitete, hegte man solche Bedenken nicht. Die Handelsschifffahrt verzeichnete einen Boom, seit Peel die Navigationsgesetze 1849 kassiert und damit der britischen Wirtschaft die Möglichkeit gegeben hatte, ungehindert die Früchte weltweiten Handels einzufahren. Mitte des 19. Jahrhunderts wimmelte es an den britischen Küsten von Schiffen: Walfänger mit Kurs auf Neuseeland oder die Südsee, Kauffahrer auf dem Weg nach Indien oder in die Karibik, Emigranten, die Liverpool mit dem Ziel Kalifornien oder Australien verließen. Die Nachfrage nach Schiffen war so groß, dass viele von minderer Qualität waren, und in allen Häfen kursierten Geschichten über lasche Sicherheitsvorkehrungen, unerfahrene Eigner und Geschäftsleute, die das schnelle Geld machen wollten. Die Folgen blieben nicht aus. Für die Jahre 1857 und 1858 verzeichnete ein amtlicher Bericht einen durchschnittlichen Verlust von 850 Menschenleben und Sachschäden in Höhe von 1,5 bis 2 Millionen Pfund jährlich durch Schiffbruch an den britischen Küsten.

Im folgenden Jahr kam FitzRoy zu der Überzeugung, dass die Wissenschaft weit genug fortgeschritten war, um diesem Übel abzuhelfen. Die Lösung bestand seiner Ansicht nach darin, den wachsenden Bestand an Wetterdaten für einen anderen Zweck zu nutzen:

Es ist offensichtlich, dass der bloße Anblick des Himmels selbst den fähigsten Seemann oft trügt, aber das gilt nicht für sehr schlechtes Wetter. Denn glücklicherweise gibt die Natur, wenn sie ernstlich zürnt und die Absicht hegt, einen stärkeren Sturm als gewöhnlich aufziehen zu lassen, dies zuvor zu erkennen. So sehr ist das eine Tatsache, dass kein Sturm oder Wind, der heftig genug wäre, große Gefahr heraufzubeschwören, sich unseren Küsten oder unseren Schiffen auf See nähern kann, ohne sein Erscheinen auf dem Barometer kundzutun. Stets hat die Natur eine Warnung gegeben, und wenn der Mensch sie nicht beachtet, muss er die Folgen tragen.[47]

Kapitän Thomas Taylor hätte nur zu gut gewusst, wovon FitzRoy sprach.

Kapitel 9

Gefährliche Wege

I m Herbst 1859 erlebte England einen Indianersommer, und von einem Klimawandel war die Rede. Seit zwei Jahren wurden steigende Temperaturen verzeichnet, und der vergangene Sommer war ebenso heiß gewesen wie der unvergessene Juli 1846. Dreizehn Jahre später waren die Temperaturen bis auf ungewöhnliche 34 °C geklettert, wie FitzRoy in seinen Aufzeichnungen vermerkte. Die Ernte wurde in brütender Hitze eingebracht, und als das Parlament Anfang September wieder zusammentrat, dauerte das hochsommerliche Wetter unverändert an. Die Zeitungen machten sich einen Spaß aus den Politikern, wie sie wegen der unbarmherzigen Kleiderordnung unter ihren Zylinderhüten und nachtschwarzen Gehröcken langsam gebraten wurden.

Einen Steinwurf entfernt machte man sich in FitzRoys Amt vor allem über den Zustand der Themse Sorgen. Zwei Jahre Trockenheit hatten den Wasserstand weit unter das Optimum fallen lassen. Übel riechende Dämpfe stiegen von der Oberfläche auf, denn der Strom war stark mit Abwässern versetzt. FitzRoy schrieb dazu: »Nur wenige Londoner haben vergessen, in welchem Zustand die Themse sich 1859 befand. Ein Mangel an Wasserzufluss in den Jahren 1858 und 1859 sowie starke Verdunstung führten zu einem Zustand ihres Wassers, der dem Auge wie der Nase widerwärtig war, wenn nicht sogar Seuchen verursachte.«[1]

Das heiße Wetter hielt bis zum 20. Oktober an, als die Temperatur über Nacht schlagartig in den Keller rauschte. Das war alles andere als ein sanfter Übergang vom Sommer zum Herbst. Durch das Parlamentsviertel fegte ein Graupelsturm. Die plötzliche Abkühlung war zu viel für die neu gegossene Glocke »Big Ben«, die nur einen Monat nach ihrer Einweihung einen Riss bekam und fortan seltsam gedämpft klang.

Zu Hause am Onslow Square las FitzRoy seine Instrumente ab. Der plötzliche Temperatursturz alarmierte ihn. Das Quecksilber war auf −5,5 °C gefallen, »eine Kälte, wie sie den ganzen Winter hindurch kaum einmal übertroffen wird«. Aber nicht nur die Temperatur war gefallen, sondern auch der Luftdruck, und zwar in beängstigendem Maße. Am 22. Oktober kam Marias Familie aus Yorkshire nach London. Sie seien, so erzählten sie, mit dem Zug durch einen heftigen Schneesturm gefahren. Kurz darauf kam ein Freund vorbei und erklärte ihm, sein Barometer sei auf einen beunruhigend niedrigen Stand gefallen. »Was hat das zu bedeuten?«, fragte er. »So niedrig, wie das Thermometer steht, werden wir von viel Schnee und Wind im Norden hören«, erwiderte FitzRoy ihm.[2]

Einer, der den vielen Sonnenschein in jüngster Zeit genossen hatte, war Thomas Taylor, Kapitän des Klippers *Royal Charter*. Den letzten Monat hatte er damit verbracht, sein Schiff von Melbourne aus durch die warmen Gewässer der Tropen nach Hause zu steuern. Mit ihrem schlanken, eleganten Rumpf war die *Royal Charter* das jüngste Exemplar einer experimentellen Baureihe dampfgetriebener Klipper. Ihre eiserne Hülle mit dem scharf geschnittenen Bug fuhr wie ein Messer durch die Wogen. Bei einer Größe von knapp 2800 Tonnen, angetrieben von zwei 200-PS-Maschinen und ausgestattet mit feuerfesten, wasserdichten Abteilungen, gehörte die *Royal Charter* zu den Besten ihrer Schiffsklasse. Blieb der Wind aus, ließ Kapitän Taylor die Dampfmaschinen mit Kohlen anfeuern, und obgleich die Maschinen nicht sonderlich leistungsstark waren, genügte der Antrieb dieser kleinen, pulsierenden Herzen tief im Innern des eisernen Rumpfes doch, um wieder in Gewässer mit besserem Wind zu gelangen.

Gebaut von Gibbs, Bright & Company in Sandycroft, war die *Royal Charter* der ganze Stolz ihrer Reeder. Sie wurde auf der Route von Liverpool nach Melbourne eingesetzt, und nachdem sie eine Überfahrt in der Rekordzeit von 59 Tagen zurückgelegt hatte, warb die Reederei in Anzeigen mit dem Slogan »Dampfen Sie von Liverpool nach Australien in weniger als 60 Tagen«[3] um potenzielle Kunden. Die fanden sich hauptsächlich in der aufstrebenden Mittelschicht, weil viele damals glaubten, ihren Traum von einem Leben in Wohlstand auf den berühmten Ballarat-Goldfeldern nahe Melbourne verwirklichen zu können. Innerhalb eines Jahrzehnts waren Tausende aus allen Ländern Europas an die australische Südküste geströmt. Auch unter den rund fünfhundert Passagieren, die im August 1859 in Melbourne an Bord der *Royal Charter* gingen, befanden sich viele Heimkehrer, deren Traum in Erfüllung gegangen war. So hatte die *Royal Charter* Gold im Wert von mindestens 300 000 Pfund an Bord: Barren und Münzen, die unter Deck im Tresor eingeschlossen lagen, wenn sie nicht in Hosentaschen und Geldgürtel gestopft oder auf dem Boden von Schrankkoffern verstaut waren. Der genaue Wert ist nie ermittelt worden, betrug aber vermutlich eher das Doppelte. Für viele Passagiere ging mit der Rückfahrt nach Liverpool eine lange Reise zu Ende. Aus ihren Heimatgemeinden waren sie ihrem Traum in ein unvorstellbar weit entferntes Land gefolgt. Jeder der Heimkehrer hatte eine Geschichte zu erzählen. Unter ihnen befand sich auch der fünfzehnjährige Charles Thomas, der nach Hause geschrieben hatte: »Mutter, bete für eine gute Brise, und ich werde nach Wind pfeifen.«[4]

Die *Royal Charter* legte am 26. August ab. Nachdem sie Melbourne verlassen hatte, blähte der Wind ihr die Segel, während sie durch die Südsee nach Osten segelte. Sie umrundete Kap Hoorn, fuhr die südamerikanische Küste hinauf und passierte den Äquator. Nach der Durchquerung des Atlantiks erreichte sie Mitte Oktober die britischen Gewässer südlich von Irland. Während in London das Wetter wie berichtet umschlug, legte sie am 24. Oktober in Queenstown bei Cork an. Fünfzehn Passagiere gingen von Bord, und kurz darauf stach die *Royal Charter* wieder in See. Nach neunundfünfzig Tagen näherte sich die Reise ihrem Ende, und an Bord waren alle voller Erwartungen. Unter den Salonpassagieren wurde eine Sammlung für Kapitän Taylor veranstaltet, der beim Abendessen hatte vernehmen lassen, er hoffe, in vierundzwanzig Stunden in Liverpool zu sein. Als freundlicher, umgänglicher Kapitän hatte Taylor in den zwei Monaten ihrer Reise mit vielen Passagieren der ersten Klasse gute Bekanntschaft geschlossen. Im Scherz meinte er nun, er hoffe, bald wieder leeseits von Frau Taylor zu sein.

Geplänkel dieser Art gehörte zum guten Ton auf der *Royal Charter*, die den neuen Trend der luxuriösen Seereisen verkörperte. Auf See schimmerte das Schiff wie ein hell erleuchtetes Wohnhaus. Für die 75 Guineen, die eine Passage erster Klasse kostete, konnte ein Passagier an Deck Gin Tonic schlürfen, zum Abendessen zwischen Roastbeef, Lamm und Schwein wählen und abends im tropischen Mondschein Walzer tanzen. Bei einem Verhältnis von einem Besatzungsmitglied zu vier Passagieren glitt die *Royal Charter* ein halbes Jahrhundert vor der *Titanic* wie ein schwimmendes Hotel durch die Wellen. Auf der Brücke stand kein Cook oder FitzRoy, sondern ein neuer Typ von Kapitän: eine galante Mischung aus Schiffsführer und Manager eines schicken Geschäfts. Mit der Kommerzialisierung der Seereisen war die Überfahrt von Melbourne nach Liverpool unverkennbar zu einer Show geworden, die man genoss.

Nach zwei Jahrzehnten im Dienst war Taylors Bilanz als Kapitän tadellos. Seit ihrer Jungfernfahrt war er auf der *Royal Charter* gesegelt und kannte sie in- und auswendig. Das Einzige, was geeignet war, ihm Sorgen zu bereiten, als er sie am 25. Oktober durch die Irische See Richtung walisische Küste steuerte, war das trübe Wetter. In Dublin, keine hundert Kilometer entfernt, war so dichter Nebel vor der Küste aufgezogen, dass die Lotsen in ihren Booten Mühe hatten, ihre Schiffe zu finden, und nur mithilfe der Nebelglocke manövrieren konnten. FitzRoy vermerkte diesen Umstand später und erinnerte sich an den alten Matrosenreim:

> When morning mists come *from the hills*,
> And the huntsman's horn is free,
> Fine weather reigns: but, woe the time,
> When the mists are *from the sea*.[5]

> Wenn früh vom Berge Nebel wallt
> und Jägers Horn erschallt,
> herrscht schönes Wetter; aber weh,
> wenn Nebel kommt von See.

Der Dunst erstreckte sich von Dublin über die ganze Irische See bis zur walisischen Küste, wo die Atmosphäre etwas klarer war. Am Nachmittag gabelte Taylor ein Lotsenboot auf, und gegen 13:30 Uhr passierten sie Holyhead. Erregung machte sich auf dem ganzen Schiff breit, denn am Eingang zum Hafen von Holyhead lag die von Brunel entworfene *SS Great Eastern* vor Anker, mit 18 914 Tonnen ein wahrer Koloss von einem Schiff. Während die Passagiere sich über die Reling lehnten, um das Schiff besser sehen zu können, ging hinter ihnen die Sonne im milchigen, orange getönten Dunst der Atmosphäre unter.

Einer der Hafenarbeiter in Holyhead hatte ein Auge auf das Wetter gehabt. Am Morgen hatte die Sonne geschienen, und die Atmosphäre war so klar, dass er in der Ferne sogar die schneebedeckten Gipfel der kambrischen Berge hatte ausmachen können, die sich wie die Knöchel einer geballten Faust über das Land erhoben. Am Nachmittag dann frischte der Wind auf, und der Himmel zog sich zu. Als die Sonne um sechs Uhr unterging, war der Himmel bedeckt von »einer einförmig trüben Masse Dunst«.[6]

An Bord der *Royal Charter* meinte einer der Matrosen, das werde eine »üble Nacht«. Ob Taylor eines seiner drei Barometer konsultierte, ist nicht bekannt. Ebenso wenig weiß man, ob er Fitz-Roys *Barometer and Weather Guide* zur Hand oder zumindest gelesen hatte. Das war gut möglich. Auf jeden Fall musste ihm seine jahrelange Erfahrung auf See gewarnt haben, achtzugeben auf untrügliche Zeichen: den unvermittelten Druckabfall, die auffrischende Brise, den Dunst über dem Meer, das Abziehen der Seevögel landeinwärts. Nach neunundfünfzig Tagen auf See nur noch eine Tagesreise vom Ziel entfernt, entschied sich Taylor, während die Tischrunden im Salon auf sein Wohl tranken, weiterzusegeln.

So ließ die *Royal Charter* Holyhead und die *Great Eastern* hinter sich und umrundete die Nordwestspitze der Insel Anglesey. Fitz-Roy bemerkte später dazu: »Die Grundregel der Seemannskunst besagt, dass bei entgegenkommendem Wind das Zentrum eines Sturms sich zur Rechten oder seitlich rechts befindet. Aus diesem Grund sollte man nach links segeln, sofern der nötige Raum dazu vorhanden ist und die Umstände es zulassen.« Taylor wusste das offenbar nicht. Mit jeder Welle, die sein Schiff durchpflügte – und die Wogen gingen nun immer höher –, segelte er weiter ins Verderben. Ein Reporter der *Times*, der das Geschehen an Bord der *Great Eastern* beobachtete, registrierte den Umschwung des Wetters:

> Über dem Berg stieg ein schwarzer Dunstschleier auf, der mit
> bedenklicher Geschwindigkeit an Höhe gewann und bald
> den ganzen Himmel bedeckte. Seegang und Wind nahmen zu,

während das Glas fiel, und noch vor acht wehte von Osten her ein schwerer Sturm mit heftigen Böen und starken Regenschauern. Im Lauf der Nacht wurde der Wind immer stürmischer und wehte nun mit heftigen Orkanböen, die mit schrillem Brausen Masten und Takelage erzittern ließen. Es war furchtbar anzuhören, vor allem wenn man bedachte, dass das Glas noch immer fiel und dass das, was wir sahen, nur der Anfang des Orkans war.

Unterdessen umschiffte die *Royal Charter* im stürmisch auffrischenden Wind die nördliche Spitze von Anglesey. Taylor ließ die Segel trimmen und die Maschinen anheizen. Mit fünf bis sechs Knoten Geschwindigkeit schlingerte das Schiff durch die schwere Dünung, während es ächzend an den Felsen der Schären vorbeidampfte. Gegen halb sieben fegte der Orkan von Südosten her über die *Royal Charter*. Mangels einer besseren Idee behielt Taylor seinen Kurs bei, während seine Chancen, es nach Liverpool zu schaffen, von Minute zu Minute abnahmen. Inzwischen war es Nacht geworden, und inmitten der Wellenberge war das Schiff in der Finsternis praktisch nicht auszumachen. Nicht weit entfernt von ihrer Position meinte ein Beobachter an der Küste, einen Moment lang einen blauen Schein aufblitzen zu sehen. Später vermutete man, dass es sich dabei vielleicht um ein erstes Notsignal der *Royal Charter* gehandelt habe oder aber um einen Hilferuf von einem der Küstenlotsen.

Das Abfeuern der Lichtsignale markierte den Beginn des zwölfstündigen Kampfes der *Royal Charter* mit dem Sturm, ein verzweifeltes Ringen der Ingenieurskunst des 19. Jahrhunderts mit den Urgewalten des Wetters und der See. Gegen 20 Uhr heulte der Wind mit Geschwindigkeiten von 150 Kilometern pro Stunde. Haushohe Wellen erschütterten das Schiff, hoben es beängstigend steil in die Höhe und ließen es im nächsten Moment in ebenso tiefe Abgründe stürzen. Gegen 22 Uhr drehte der Wind von Südost auf Ostnordost. Nachdem die *Royal Charter* in den letzten Stunden nicht vom Fleck gekommen war, sondern alle Mühe gehabt hatte, ihre Position zu halten, segelte sie nun geradewegs in den Sturm hinein. Mit der Gewalt einer Lawine erfasste er sie, und seine Orkanböen versperrten ihr nun nicht mehr nur den Weg, sondern trieben sie mit jedem Stoß nach achtern auf die Felsenküste Angleseys zu.

Um 23 Uhr befahl Kapitän Taylor, den Backbordanker auszubringen, weil er hoffte, dem Schiff damit Halt auf dem Meeresgrund zu geben. Rasselnd schossen die Eisenketten durch die Klüsen ins Dunkel der Nacht und verschwanden in der Tiefe, aber zum Entsetzen der Matrosen fassten die Ankerflügel keinen Halt. Noch immer trieb das Schiff rückwärts, und unter ihm nahm die Wassertiefe stetig ab: Statt zwanzig Faden ergaben die Lotungen nun nur noch sechzehn. Alle wussten, was das zu bedeuten hatte: Der Anker hielt nicht wie erhofft am Grund, sondern das Schiff schleifte ihn mit sich, während es immer weiter achteraus trieb.

Als Reaktion darauf ließ Kapitän Taylor nun auch den Steuerbordanker fallen. Damit krallte die *Royal Charter* sich am Meeresgrund fest wie ein Kletterer an einer Felswand. Taylor hoffte, dass die Trossen halten würden, bis der Sturm abflaute. Der Gedanke war logisch, denn inzwischen kämpften sie seit sechs Stunden mit den Elementen, und vernünftigerweise konnte ein Kapitän annehmen, das Schlimmste überstanden zu haben. Doch inzwischen wehte der Wind mit einer konstanten Geschwindigkeit von 120 bis 130 Kilometern pro Stunde, und gelegentliche Orkanböen fegten mit unerbittlichen 150 Kilometern pro Stunde über Deck. Sie peitschten das Wasser zu furchterregenden Wogen auf, die das Schiff von einer Seite auf die andere warfen und selbst die einfachsten Arbeiten beinahe unmöglich machten. Zwei Stunden lang hing die *Royal Charter* so an ihren beiden Ankern, deren Gewicht, unterstützt von der Kraft der beiden Dampfmaschinen, den Naturgewalten widerstehen sollte: für das Schiff die äußerste Belastungsprobe. Zunächst schien es, als hielte es stand, aber um halb eins in der Nacht riss der Backbordanker an der Klüse ab. Befreit von dem enormen Druck, schoss die Trosse in die Höhe und schien einen Moment lang in der Luft zu schweben, während das Schiff einen Ruck nach hinten machte, dann stürzte sie nieder und verschwand in den Fluten.

Es war der erste empfindliche Schlag. Unter Deck war Kapitän Taylor bemüht, die Passagiere zu beruhigen, und trank im Salon Kaffee mit ihnen. Doch tatsächlich verlor das Schiff mehr und mehr an Boden. Nach einer weiteren Stunde hielt auch die Kette des Steuerbordankers der Dauerbelastung nicht mehr stand und riss ab. Damit trieb die *Royal Charter* ohne jeden Halt rückwärts, wehrlos den Winden aus Nordost ausgesetzt, die sie mit unverminderter Wut vor sich hertrieben. Die Maschine hatte dem kaum etwas entgegenzusetzen, das Steuerruder hatte jede Funktion verloren, die *Royal Charter* war außer Kontrolle. Achtern lagen die Felsbuchten der Küste, die berüchtigt waren für Schiffbrüche. Gegen 3:30 Uhr lief sie auf.

Dabei schien es zunächst, als hätte Kapitän Taylor zum ersten Mal in dieser Nacht Glück gehabt, denn sie waren nicht auf einen Felsen geprallt, sondern auf eine Sandbank aufgelaufen. Der eiserne Rumpf war intakt, und obgleich die Sicht so schlecht war, dass Taylor keine Ahnung hatte, wo sie sich befanden, war er zuversichtlich genug, um den im Salon versammelten Frauen zu erklären: »Meine Damen, wir sind an Land, hoffentlich auf einem Sandstrand, und ich bete zu Gott, dass wir alle an Land gehen können, wenn es hell wird.«[7] Bis dahin würde es gar nicht mehr lange dauern. Zwei Stunden vergingen, dann, gegen halb sechs, als erstes trübes Morgenlicht die Szenerie erhellte, stellte die Besatzung verblüfft fest, dass sie nur ein paar Meter von den Klippen entfernt lagen. Sie waren nicht auf offener See auf eine Sandbank aufgelaufen oder gegen eine der zerklüfteten Felsinseln geschleudert worden, sondern lagen unmittelbar vor der Küste, anderthalb Kilometer nördlich des Fischerdorfes Moelfre.

Das rettende Ufer unmittelbar vor Augen, machten sie eine furchtbare Entdeckung: Die Kluft zwischen Reling und Klippe schien unüberwindlich. Und selbst jetzt, Stunden nachdem er losgebrochen war, nahm der Sturm an Heftigkeit noch zu. Es war ein albtraumhaftes Schauspiel, wie ein Bild von Turner. Leuchtkugeln wurden in den brausenden Himmel abgefeuert. Taylor hatte angeordnet, die Masten zu kappen, und nun stürzten sie kreuz und quer auf das Deck. In der aufgewühlten Dünung tanzten Trümmer. Taylor hoffte inständig, es möge Ebbe sein, sodass sie fest auf dem Grund saßen, während sich die Wasser verliefen. Doch wie schon so oft in den letzten zwölf Stunden kam es anders, als er dachte. Die Flut hatte eingesetzt, und bald würde der Rumpf vom steigenden Wasser angehoben werden und freikommen.

Inzwischen hatten sich die Einwohner von Moelfre auf der Klippe versammelt, aber es gab nichts, was sie tun konnten. Ein Matrose aus Malta namens Joseph Rogers erbot sich, eine Leine an Land zu bringen. Kaum einer gab ihm eine Chance. Wenn er nicht gleich ertrank, würde er doch unweigerlich auf den Felsen zerschmettert werden. Aber mit einer unglaublichen Mischung aus Glück, Zähigkeit und Mut schaffte es Rogers bis an die Küste, wo es ihm gelang, sich festzuklammern. Später wurde das als »schwimmerische Tat des Jahrhunderts« gefeiert. Die Dorfbewohner bildeten eine Kette und zogen ihn schließlich an Land. Das Tau wurde zu einem Bootsmannsstuhl geknüpft, und in Minutenschnelle begann ein riskanter Pendelbetrieb zwischen Felskuppe und Vordeck.

Die Zeit lief ab für die *Royal Charter*. Inzwischen strömte die Flut herein. Mit jeder Welle wurde das Schiff ein bisschen mehr aus dem sandigen Bett gehoben. Schließlich kam sie frei, und für den Bruchteil einer Sekunde krängte und knarrte sie ein letztes Mal. Dann drehte sie sich mit einem Ruck nach hinten, schoss auf einem Wellenkamm nach hinten und kippte dann in jähem Sturz auf ein Kalksteinriff in der Brandung. Nach den vielen Stunden heroischen Kampfes war ihr Ende ganz schnell gekommen. Am Schluss der Geschichte der *Royal Charter* stehen eine Reihe tragischer Szenen. Im Salon sprach ein Priester mit den Versammelten Gebete. Ein Passagier, der in Moelfre geboren und aufgewachsen war, kletterte an Deck und musste feststellen, dass er einmal um den ganzen Erdball gereist war, nur um in Sichtweite seines Heimatortes Schiffbruch zu erleiden. Auf der Back stand ein fassungsloser Taylor und mochte das alles nicht glauben. Ein Augenzeuge berichtete, er habe in seinen letzten Minuten »Tränen vergossen und war verzweifelt«, ein anderer behauptete, er habe hervorgestoßen: »Noch ist Hoffnung!«[8] Aber die *Royal Charter* zerschellte auf den Felsen wie eine Nussschale unter einem Hammerschlag.

Es war ein Bild des Grauens. Passagiere sprangen in die tosende See und versuchten verzweifelt, sich gegen den tödlichen Sog der Brandung zu behaupten, viele von ihnen zusätzlich beschwert von dem Gold in ihren Taschen. Gegen die Kälte der winterlichen Nacht mit Mänteln, warmen Hosen und schweren Stiefeln geschützt, hatten die Männer kaum eine bessere Chance zu überleben als die Frauen in ihren Schnürleibern, Kniestrümpfen und bestickten Abendkleidern. Keine Frau und kein Kind überlebte den Schiffbruch. Insgesamt erlebten nur einundvierzig Menschen das Ende des Sturms später am Nachmittag, die meisten davon gerettet im Bootsmannstuhl. Einige wenige hatten auch das Glück, lebend ans Ufer geschleudert zu werden, von wo sie in Sicherheit gebracht wurden. Von den Übrigen ertranken einige, aber die meisten starben beim Aufprall auf die Felsen. Ihre Körper wurden aufgerissen, zertrümmert und oft bis zur Unkenntlichkeit entstellt. Mehr als 450 Tote spülte die schaurigste Flut, die Anglesey je gesehen hatte, schließlich an Land.

Aus dem gesamten Königreich kamen Schaulustige. Einer mit Namen W. F. Peacock fand den ganzen Strand zwischen Moelfre und Amlwch von Trümmern übersät. Vorsichtig bahnte er sich einen Weg durch das Feld der Zerstörung, »hier über einen Spalt hüpfend, dort über eine Mulde«, las Bruchstücke aus Mahagoni auf, ein Stück Tau, eine »unförmige Scherbe« Bleiglas, »das spitzenbesetzte Röckchen eines Kindes, ein Stück von einer guten Flanellweste, die einmal purpurrot gewesen sein musste, nun aber alle Farbe verloren hatte, den fleckigen, schlaffen Sou'wester eines ertrunkenen Matrosen«.[9] Der Anblick dieser ruinierten, ganz alltäglichen Gegenstände erschütterte ihn. Ihre Gewöhnlichkeit gemahnte ihn, wie nah man einer Katastrophe stets war. Neben den zerfetzten, aufgedunsenen Leichenteilen wurde in diesen Tagen aber auch etwas ganz anderes an die Strände im Westen von Anglesey gespült: Gold. Manchmal steckte es in Nuggets oder Münzen in den Taschen der Leichen, manchmal auch lag es einfach zwischen den Steinen am Ufer. Viele goldene Uhren wurden geborgen, die fast ausnahmslos irgendwann zwischen sieben und acht Uhr stehen geblieben waren. Von dem stolzen Schiff hingegen fand sich kaum ein Teil.

Die britische Presse reagierte auf den Untergang der *Royal Charter* mit Entsetzen. In der *Illustrated London News* erschien zwei Wochen nach dem Unglück ein Holzschnitt des Schiffbruchs von Frederick James Smyth, demselben Künstler, der 1846 auch den Hagelsturm über London dargestellt hatte. Er zeigt das Schiff mit schwerer Schlagseite im Dunkel der Nacht inmitten einer tobenden See, die Atmosphäre ringsum wild bewegt. Auch Charles Dickens besuchte den Schauplatz der Katastrophe. Ihr dramatischer Verlauf, das verhängnisvolle Schicksal, die Geschichten vom heldenhaften Mut Einzelner wie Joseph Rogers wirkten zwangsläufig stark auf die Fantasie des Schriftstellers. Er schrieb einen langen, gefühlvollen Text darüber, den er im Rahmen seiner Essayreihe *Uncommercial Traveller* (dt. *Reisender ohne Gewerbe*) veröffentlichte. In den Mittelpunkt stellte er dabei die Reaktionen der Anwohner vor Ort, insbesondere des Dorfgeistlichen, Reverend Stephen Roose Hughes, der die Bestattung der Leichen organisierte und in mehr als tausend Schreiben mit den Angehörigen der Opfer in Verbindung trat, um Trost zu spenden.

Viele Dorfbewohner, bemerkte Dickens, schienen bis ins Mark getroffen und standen unter Schock.

> Da standen sie unter dem bleigrauen Morgenhimmel, von Mitleid ergriffen, mühsam sich gegen den Wind behauptend, der ihnen oft Atem und Sicht nahm, wenn von den unaufhörlich sich bildenden und wieder auflösenden Wellenbergen Graupel und Gischt ihnen entgegenschlugen, während die Wolle, die zur Ladung des Schiffes gehörte, mit dem Schaum heranwehte und zurückblieb, wenn der Schaum geschmolzen war. Sie sahen, wie das Rettungsboot von einem der Trümmerhaufen des Wracks ablegte, erst waren drei Männer darin, aber im nächsten Moment kenterte das Boot, und dann waren es bloß noch zwei, und wieder wurde es von einer gewaltigen See erwischt, und da war es bloß noch einer, und noch einmal wurde das Boot herumgeworfen und trieb kieloben, und jener, der seine Arme durch die geborstenen Planken gestreckt hatte und winkte wie um Hilfe, die ihn unmöglich erreichen konnte, verschwand in der Tiefe.[10]

Man nimmt an, dass Kapitän Taylor einer der Männer in dem Rettungsboot war.

Die Verheerungen des Sturms beschränkten sich aber nicht auf die walisische Nordküste. Überall berichteten die Zeitungen über die entstandenen Schäden: Küstenboote, die auf Hafenmolen geschleudert wurden, Takelage, die der Wind in Fetzen gerissen hatte, und Crews, die um ihr Leben kämpften. Im Hafen von Minehead in Somerset hatte der Sturm alle Fischerboote gegen die Hafenmauern geschmettert und in einen einzigen Schutthaufen verwandelt. 300 Kilometer entfernt am anderen Ende des Landes, in Great Yarmouth in Norfolk, wurde die Heringsschaluppe *James and Jessie* in die Unterkonstruktion des Britannia-Piers gerammt. Vielleicht am spektakulärsten war die Zerstörung der berühmten, von Brunel gebauten Eisenbahnverbindung zwischen Dawlish und Teignmouth entlang der Küste Devons. Hier hatte die Urgewalt von Wind und Wasser eine doppelte Schutzmauer aus Sand und Kieseln stellenweise einfach fortgespült. In der *Illustrated London News* hieß es dazu: »Es scheint [...], als habe Herr Brunel seligen Angedenkens die Wirkung der Wellen bei Springflut in Verbindung mit starken östlichen Winden erheblich unterschätzt. Denn bei dem jüngsten Sturm wurde das Wasser mit einer solchen Wucht dagegengeworfen, dass die Schlusssteine, von denen jeder ungefähr eine Tonne wog, wie Korken herumgeworfen wurden und riesige Trümmer der geborstenen Mauer auf die Schienen gewälzt wurden. Das Bersten des Bauwerks soll ein entsetzliches Schauspiel gewesen sein, bei dem Gischt, Schaum und Trümmerteile mit fürchterlichem Getöse in die Luft gewirbelt wurden.«[11]

Überall war es ein Ringen zwischen viktorianischer Ingenieurskunst und den rohen Gewalten der Natur gewesen, und in jedem einzelnen Fall hatte die Natur obsiegt. Der Britannia-Pier, die Eisenbahnverbindung von Dawlish, die *Royal Charter*, sie alle standen sinnbildlich für das wissenschaftsgläubige, zivilisierte Großbritannien, und alle waren sie in einer einzigen Nacht zerstört worden.

In London war FitzRoy von den Berichten über die Tragödie entsetzt. Den ganzen Sommer bereits hatten ihn Schiffbrüche beschäftigt. Bei einem Treffen der British Association hatte er erreicht, dass eine Resolution verabschiedet wurde, die ein staatlich finanziertes Sturmwarnprogramm forderte. Die Idee war auf Zustimmung gestoßen, aber noch ehe etwas in dieser Richtung unternommen werden konnte, war die *Royal Charter* gesunken.

Es war eines jener Ereignisse, die politische Prioritäten auf den Kopf stellen, und FitzRoy witterte seine Chance. Fieberhaft machte er sich an die Untersuchung des Orkans. Als Dickens Ende 1859 über die Felsen vor Moelfre kletterte, trug FitzRoy der Royal Society bereits erste Ergebnisse vor. Er habe, so erklärte er den Mitgliedern, Angaben von »Leuchttürmen, Sternwarten und zahlreichen Privatpersonen« eingeholt, und demnach habe sich der Sturm, wie erwartet, als »ein voll ausgewachsener, horizontaler Zyklon« erwiesen, der nordwärts über das Land gezogen war.[12] Zum Abschluss kam FitzRoy auch auf den Punkt zu sprechen, der ihm am wichtigsten war: »Ein weiteres Ergebnis von großer Bedeutung ist, dass Kommunikation mittels Telegraf Orte vor dem Sturm warnen kann, von denen er noch Hunderte Meilen entfernt ist und die *keinerlei andere Warnung erhalten.*«[13]

Persönlich machte er sich bei jeder Gelegenheit für seine Sturmwarnungspläne stark. So legte er der Handelsbehörde am 5. Dezember einen entsprechenden Vorschlag vor, der auf der Empfehlung der British Association beruhte. Am 17. Dezember erhielt er grünes Licht dafür. Fünf Jahre nachdem er mit der systematischen Aufzeichnung von Wetterdaten begonnen hatte, trat seine Arbeit damit in eine neue Phase ein. Das folgende Frühjahr verbrachte er damit, Pläne für die praktische Umsetzung seines Warnsystems zu schmieden und an der weiteren Untersuchung des Sturms zu arbeiten, der bereits der »*Royal Charter*-Orkan« genannt wurde.

Dabei ging FitzRoy ähnlich vor wie Redfield und Reid zwanzig

Jahre zuvor: Zunächst bemühte er sich, den genauen Verlauf des Orkans nachzuverfolgen. Innerhalb von Wochen trug er dazu ein ganzes Arsenal an Daten zusammen. Der Orkan war gegen Mittag auf die britische Südküste getroffen und hatte gegen 18:30 Uhr die Küste von Wales erreicht. Dabei entsprach sein Verlauf ganz dem, was zu erwarten war. FitzRoy ließ seinen Zeichner Babington Karten anfertigen, die stundenweise das Vorrücken des Sturms darstellten und die dabei verzeichnete Änderung von Luftdruck und Temperatur anzeigten. Solche Karten zeichnete Babington unter FitzRoys Anleitung seit 1857, und inzwischen waren sie als »synoptische Karten« bekannt. Die Bezeichnung »synoptisch« hatte FitzRoy von den synoptischen Evangelien entlehnt, also den Evangelien nach Matthäus, Markus und Lukas, die das Leben Jesu mit weitgehend vergleichbarer Gliederung, aber aus je unterschiedlicher Perspektive schildern. Nur wenn ein Christ sie gemeinsam studierte, erschloss sich ihm das Leben Jesu in vollem Umfang, und FitzRoy übernahm dieses religiöse Detail bezeichnenderweise für seine meteorologische Arbeit. So zeigten die synoptischen Karten gleichzeitig Luftdruck, Temperatur und Geografie, und im Lauf der Jahre hatte Babington nach verschiedentlichen Experimenten deutliche Fortschritte damit gemacht. Ende 1859, zum Zeitpunkt des *Royal Charter*-Orkans, verfügte er bereits über einen Vorrat von »vielen Hundert«, »so als ob ein Auge im Weltraum *in einem Moment* auf den *gesamten* Nordatlantik herabblickte«, wie FitzRoy schrieb.[14]

Die synoptischen Karten des *Royal Charter*-Orkans zeigten, wie die Winde sich gegen den Uhrzeigersinn um eine »windstille Stelle« in der Mitte gedreht hatten. FitzRoy kam zu der Auffassung, dass die Gefahrenzone sich über einen Raum von 30 bis 80 Kilometern zu beiden Seiten des Zentrums erstreckt hatte. Innerhalb dieser Zone hatten die Winde »in aufeinanderfolgenden Wirbeln« – wie Wellen sich auf einem Teich ausbreiten – mit Geschwindigkeiten von 90 bis 160 Kilometern pro Stunde geweht. Das hatte zur Folge, dass, als die *Royal Charter* vor Anglesey gegen nordöstliche Böen kämpfte, gleichzeitig ein nördlicher Wind über die Irische See gefegt war, während Orkanböen aus Nordwest in Dublin die Ziegel von den Dächern rissen.

Was FitzRoy besonders interessierte, war der deutliche Kontrast zwischen warmer und kalter Luft, den er selbst auch gespürt hatte. Die schlagartige Luftveränderung hatte in Doves *Gesetz der Stürme* eine wichtige Rolle gespielt; Dove vertrat die These, dass Stürme entlang der Grenzen zwischen Luftmassen aufträten. FitzRoy war von dieser These fasziniert. Wohin er auch sah, überall fand er Belege für das Auftreten antagonistischer Luftmassen. Beispielsweise schreibt ein Korrespondent aus Irland, Kapitän Boyd: »Am 19ten war ich in Belfast, wo die Hitze drückend war, die Luft stickig und leichter Regen fiel. Es war wie ein schwüler Maitag. Die folgenden drei Tage war ich dann auf Reisen an der Ostküste, wo mich beißender Nordwind, Schnee und Hagelschauer durchschüttelten.«[15]

Der Temperatursturz schuf genau die Bedingungen, wie sie Dove für einen Sturm beschrieben hatte. Dabei stellte er sich die warmen und kalten Luftmassen wie Armeen am Himmel vor. Je größer der Anstieg oder Abfall der Temperatur ausfiel, desto stärker wurden die widerstreitenden Kräfte und der aus ihrem Zusammenstoß resultierende Tumult.

FitzRoy hoffte, seine Forschungsergebnisse auf der Sitzung der British Association im Juni 1860 vorstellen zu können. Ein paar Wochen zuvor erhielt er Post von einem amerikanischen Schiffskommandanten, William Johns, dem Kapitän der *William Cumming*. Johns hatte FitzRoy eine andere Geschichte zu berichten. Danach war er in der Nacht des Orkans in einer Entfernung von rund fünfzehn Kilometern zur *Royal Charter* unterwegs gewesen. Anders als Taylor verfügte Johns in seiner Kajüte jedoch über einen

auch unwillentlicher, Komplize. Die Bruchlinien, die sich in ihrer Freundschaft gebildet hatten, traten nun offen zutage. Der fromme Christ FitzRoy wurde von einem seiner ältesten Freunde in den Grundfesten seines Glaubens erschüttert.

Am 23. Oktober, als die *Royal Charter* eben britische Hoheitsgewässer erreichte, äußerte sich Darwin in einem Brief an seinen engsten Freund Joseph Dalton Hooker über die Erfolgsaussichten seines Buches. Wenige Tage später wurde der Satz für die erste Auflage von 1250 Exemplaren fertiggestellt. Anfang November, während FitzRoy sich mit dem Studium der Schiffskatastrophe beschäftigte, wurden die ersten druckfrischen Exemplare an ausgewählte Wissenschaftler in Großbritannien und Europa verschickt. Am 24. November kam das Buch offiziell heraus. Die gesamte Auflage war bereits am ersten Tag verkauft. Zu denen, die ein Vorabexemplar erhalten hatten, gehörte auch FitzRoy. Seit Langem hatte er den Verdacht gehegt, dass Darwin insgeheim radikale Theorien ausbrütete, aber was er nun herausfand, übertraf seine schlimmsten Befürchtungen. Er las das Buch mit Abscheu. Dann schrieb er Darwin: »Mein guter alter Freund, ich zumindest *kann nichts* ›Adelndes‹ an dem Gedanken finden, der Nachkomme eines Affen zu sein, und sei es der *älteste*.«

Für FitzRoy, dessen Selbstwertgefühl sich aus seiner illustren Abstammung speiste, war die Vorstellung einer Evolution ein Gräuel. In den folgenden Wochen nutzte er jede sich bietende Gelegenheit, um *Origin of Species* – ein Buch, das sich als beängstigend populär erwies – zu verunglimpfen. Eines seiner Foren dafür waren die Leserbriefspalten der *Times*. Unter dem bärbeißigen Pseudonym »Senex« (Greis) lästerte er über Darwins Theorien. Angesichts seines typischen Stils fiel es Darwin nicht schwer, die wahre Identität von »Senex« zu erraten. Dem Geologen Charles Lyell schrieb er:

Ich weiß nicht mehr, ob Sie die *Times* lesen: falls nicht, schicke ich hiermit einen köstlichen Brief. Er ist, da bin ich sicher, von FitzRoy, denn er hat mir vor ein paar Tagen geschrieben, Weltbevölkerung habe sich nicht vergrößert & in seinen Reisen finde sich Kieselsteintheorie. Ein Jammer, dass er nicht seine Theorie zum Aussterben der Mastodonten etc. – weil die Tür der Arche zu klein gewesen sei – hinzugefügt hat. Welche Mischung aus Dünkel & Torheit, & die größte Zeitung der Welt druckt es![21]

Für den 30. Juni 1860, den Tag nach FitzRoys Vortrag »Über britische Stürme«, war in Oxford eine Debatte »Über die intellektuelle Entwicklung Europas unter Berücksichtigung der Ansichten von Herrn Darwin« angekündigt, die im Museum für Naturgeschichte der Universität Oxford stattfinden sollte. Sie wurde zum großen Schlagabtausch über Darwins Theorie, denn zum ersten Mal seit der Veröffentlichung von *Origin of Species* hatte sich die gesamte Wissenschaftsgemeinde an einem Ort eingefunden, neben weiteren Professoren, Tutoren und Gelehrten der Universität. Auch Reverend Charles Dodgson (später sollte er unter dem Pseudonym Lewis Carroll *Alice im Wunderland* schreiben) war gekommen. Inmitten der urzeitlichen Exponate des Museums fand die Debatte über eine Theorie, die die Weltanschauung der Menschen radikal infrage stellte, einen angemessenen Schauplatz.

Die Diskussion wurde zum Showdown zwischen Naturwissenschaft und Religion. Obgleich Darwin nicht anwesend und der einführende Vortrag von John William Draper nach allgemeiner Ansicht todlangweilig war, nahm das Drama im Anschluss daran schnell seinen Lauf. Samuel Wilberforce, Bischof von Oxford und ein mächtiger, herrischer und stimmgewaltiger Anwalt der Amtskirche, hatte sich Gerüchten zufolge entschlossen, diese Debatte als seine Gelegenheit zu nutzen, um Darwins Ideen in aller Öffentlichkeit zu verurteilen. Sein Widersacher war der Biologe

Thomas Huxley, der für seine pointierte Verteidigung von *Origin of Species* in der Presse bereits den Spitznamen »Darwins Bulldogge« erhalten hatte.

Nach Drapers Vortrag erhob sich Wilberforce wie erwartet. Leidenschaftlich attackierte er eine halbe Stunde lang die Grundlagen von Darwins Theorie. Gebe es einen einzigen Beleg für die Entwicklung einer Art aufgrund von natürlicher Auslese? »Nicht einen, wie wir ohne Furcht versichern.« Und sei es etwa glaublich, dass eine Rübe danach strebt, ein Mensch zu sein? Schließlich wandte er sich direkt an Huxley und endete mit einem letzten Affront: Sei es mütterlicherseits oder väterlicherseits, dass Huxley von einem Affen abstammte? Huxleys ebenso kühne Entgegnung ist in die Geschichtsbücher eingegangen:

> [Was die Frage betrifft,] ob ich lieber einen elenden Affen zum Großvater hätte oder einen Mann, der, reich begabt von Natur und über hervorragende Einflussmöglichkeiten verfügend, diese Gaben und diesen Einfluss doch für nichts Besseres nutzt, als Spott in eine sehr ernsthafte wissenschaftliche Diskussion zu tragen – so erkläre ich, ohne zu zögern, meine Präferenz für den Affen.[22]

Danach geriet die Debatte zum Tumult. Unter denen, die aufsprangen, um ihre Empörung kundzutun, war auch FitzRoy. Was er genau sagte, ist nicht überliefert, aber zwei Wochen später wurde Darwin zugetragen, FitzRoy habe inmitten der Menge gestanden, eine Bibel über seinem Kopf geschwenkt und gerufen, er »bedauere«, dass dieses Buch keine logische Anordnung von Tatsachen sei. In einem Brief an seinen Mentor John Stevens Henslow zeigte sich Darwin davon nicht im Mindesten überrascht: »Ich denke, sein Verstand ist oft am Rande des Irrsinns.«[23]

Das Urteil des alten Freundes war vernichtend, dabei befand

sich FitzRoy in einem furchtbaren Dilemma. Seit der Rückkehr mit der *Beagle* hatte ihm sein christlicher Glaube Halt gegeben. Mehr noch, dieser Glaube war untrennbar verbunden mit seinen Erinnerungen an Mary. Was ihm auf den ersten Blick als geistiger Verrat durch Darwin erscheinen musste, war weit mehr, nämlich ein verletzender Angriff auf das Andenken seiner toten Frau. In den folgenden Jahrzehnten sollten zahllose Wissenschaftler zu ihrer eigenen Deutung von *Origin of Species* gelangen. Herschel, Lyell, Huxley und viele andere – jeder von ihnen nahm einen eigenen Standpunkt dazu ein. Für viele wurde die Infragestellung ihrer religiösen Überzeugung zur zentralen Herausforderung ihres Lebens. Aber kaum einen stürzte sie in ein schwierigeres moralisches Dilemma als Robert FitzRoy.

In Oxford trat der Zwiespalt in FitzRoys Persönlichkeit offen zutage. Seinem Wesen nach war er ein leidenschaftlicher Vorkämpfer des Fortschritts und zugleich ein hartgesottener Konservativer. Seine ganze Karriere hindurch war er für Neuerungen eingetreten: Blitzableiter auf der *Beagle*, die Wetterlogbücher, Dampfantrieb auf der *Arrogant*, das Sturmwarnsystem. Alle trugen sie den Stempel des Pioniers. Und doch war FitzRoy auch der Vergangenheit fest verbunden: in seiner Beziehung zu Mary, seiner Erziehung, seinem Vertrauen auf die Hierarchie, die Unwandelbarkeit von Rang und Stellung.

Dem Widerstreit dieser gegensätzlichen Kräfte ausgesetzt, befand sich FitzRoy in einer immer ungemütlicheren Lage. Darwin der Dreistigkeit zu bezichtigen, wie er das in Oxford getan hatte, war das eine. Aber wenn man *Origin of Species* als unbefugtes Eindringen der Wissenschaft in das Gebiet der Vergangenheit ansah – ein Feld, das die Kirche seit einem Jahrtausend als ihre Domäne betrachtete –, so folgte daraus logischerweise, dass auch die Prognosen, die FitzRoy selbst im Sinn hatte, ein unbefugtes Eindringen auf das Gebiet der von Gott bestimmten Zukunft war.

Prognose und Evolution waren wissenschaftliche Zwillinge. Die eine entriss der Kirche die Vergangenheit, die andere die Zukunft. Die eine kam von Darwin, die andere von FitzRoy. Der Konflikt der beiden in Freundschaft und Wissenschaft gleichermaßen vereinten wie entzweiten Männer ließ sich nicht lösen. Für den Rest ihrer Tage blieben die beiden alten Freunde durch ihre Überzeugung entzweit.

Dreißig Jahre nach ihrer Gründung blieb die British Association ein ideales Forum für die Erprobung wissenschaftlicher Ideen. Zustimmung oder Ablehnung von dieser Seite konnte den Ausschlag geben, ob eine Theorie sich durchsetzte oder nicht, wie Espy hatte erfahren müssen. Inzwischen verfügte man über diverse Netzwerke, die am Boden eifrig Daten sammelten. Doch es gab einen Ort, der nach wie vor im Dunkeln lag: die obere Atmosphäre.

Um diesem Mangel abzuhelfen, war auf dem Jahrestreffen der Association in Leeds 1858 ein Ausschuss gebildet worden, der den Auftrag erhielt, Aufstiege mit dem Heißluftballon zu organisieren. Ausgerüstet mit den erforderlichen Instrumenten, um in großer Höhe Messungen vorzunehmen, sollten Wissenschaftler mithilfe der Ballonfahrten die Beobachtung der Atmosphäre in einen neuen Bereich ausdehnen. Für diese Aufgabe wurde eine illustre Gruppe von Wissenschaftlern auserkoren: der scheidende Vorsitzende der Royal Society, Lord Wrottesley, dazu Michael Faraday, Charles Wheatstone und Dr. Lee, ein alter Freund von Glaisher. Man gab dem Ausschuss den hochfliegenden Titel »Ballonkomitee«. Herschel und Airy sagten schriftlich ihre Unterstützung zu, und im Mai 1859 wurden bei einer Zusammenkunft im Burlington House in Piccadilly auch Glaisher und FitzRoy als Mitglieder aufgenommen. Für die Meteorologie bedeutete das einen kühnen Schritt nach vorn, der das Abenteuer der Entdeckungsfahrt mit dem kühlen Rationalismus der Wissenschaft verband. Wie einst die Vermessungsschiffe, die Beaufort ausgesandt hatte, sollte nun der Korb eines Ballons zu einem Ort gelehrter Forschung gemacht werden. Was dabei herauskommen würde, wusste allerdings niemand so recht.

Ballonfahrten waren in der ersten Hälfte des 19. Jahrhunderts hoch in Mode. Der Start eines Ballons war ein Schauspiel, das sich niemand entgehen ließ, und in Erzählungen wurden Ballonfahrten zu modernen Legenden stilisiert, ein Sinnbild für die höchste Form von Freiheit. Erstaunlicherweise kam man angesichts des unterhaltsamen Spektakels so gut wie nie auf die Idee, den Heißluftballon auch für wissenschaftliche Experimente zu nutzen. In dieser Hinsicht war der letzte bedeutsame Aufstieg 1804 von dem jungen französischen Physiker Joseph Louis Gay-Lussac unternommen worden, der in seinem Wasserstoffballon *Coutelle* vom Conservatoire des Arts in Paris bis auf eine Höhe von über 7000 Metern emporgestiegen war. An Bord hatte er Barometer, Thermometer, Hydroskope, Kompasse, um das Magnetfeld der Erde zu untersuchen, und Flaschen, um Luftproben zu nehmen. Er hatte sich vorgenommen herauszufinden, ob es in großer Höhe wirklich so bitterlich kalt war, wie gesagt wurde, und (so hoffte er) zu widerlegen, dass die Höhenluft den Kopf wie einen Kürbis anschwellen und das Blut aus der Nase schießen ließ – Luke Howard hatte berechnet, dass in einer Höhe von rund 11 000 Metern die Luft eine siebenmal so hohe Ausdehnung haben würde wie am Boden.[24] Zum Glück war Gay-Lussac wohlbehalten zurückgekehrt. Von den Augenzeugen seines Triumphs war inzwischen kaum noch jemand am Leben; auch Gay-Lussac war 1850 als hochgeehrter Mann der Wissenschaft gestorben.

Eines der wissenschaftlichen Vermächtnisse, die auf seinen Aufstieg zurückgingen, war ein Gesetz über die Abnahme der Temperatur mit zunehmender Höhe. Nach Gay-Lussacs Berechnungen betrug sie 1 °C pro 174 Meter Höhenaufstieg, eine Formel, die über ein halbes Jahrhundert lang unwidersprochen blieb, obgleich, wie gesagt, kaum jemand zu meteorologischen Ballonfahrten aufgestiegen war, um sie zu überprüfen. Einer, der es versucht hatte, war der unermüdliche Thomas Forster. Im April 1831 hatte er das nötige Geld für eine Ballonfahrt aufgetrieben, die er im folgenden Jahr in einem wie stets lebhaften Reisebericht unter dem Titel *Annals of Some Remarkable Aerial and Alpine Voyages* (Annalen einiger bemerkenswerter Reisen durch die Luft und in den Alpen) schilderte. Die Beschreibung seines eigenen Aufstiegs war das wichtigste Kapitel eines Buches, das einen munteren Abriss der kurzen Geschichte der Ballonfahrt bot, von ihren viel umjubelten Anfängen in den 1780er-Jahren bis zur Blüte ihrer Kunst in den ersten Jahrzehnten des 19. Jahrhunderts. Nach Jahren der aufmerksamen Beobachtung des Himmels war die Aussicht, zu ihm emporzusteigen, für Forster das reinste Vergnügen. Zwar hatte er bereits von den Gipfeln der Alpen die Wolken unter sich betrachten können, aber sein jüngstes Vorhaben versprach, ein völlig neues Erlebnis zu bieten. Am 30. April 1831 kletterte er in den Ballonkorb und stieg dann langsam in die »zarte und stille Atmosphäre« über Moulsham bei Chelmsford in Essex auf.

In Richtung des Flusses Maldon sahen wir, wie über den sumpfigen Landen Wolken schwebten, die unverkennbar einmal Cumuli gewesen waren, nun aber zu Straten oder weißem Abendnebel abgesunken waren und sich dabei derart über den Boden hinzogen, dass wir sie zunächst für Rauch hielten. Weiter oben waren Cumuli in der Luft, noch höher hinauf viel nimbusförmiger Dunst und Schleierwolken. Nun steigerten sich die Schönheit und die Weite der Aussicht, und die Felder waren bezaubernd, die hier und da im leuchtenden Gelb des blühenden Grünkohls, im Grün des jungen Weizens oder im tiefen Braun der Brachen unter uns lagen, wie ein Schachbrett durchzogen von Baumreihen, deren helles Laub und Blüten die dunklen Töne ihrer Äste belebten, und das ganze Land durchschnitten von Flüssen, Straßen und Dörfern.[25]

Hätte sich Forster nach Osten gewandt, wäre sein Blick unmittelbar über die Landschaft Constables geschweift, mit ihren verstreuten Dörfern, Gehöften und Äckern im Tal des Dedham. Der Ballon stieg bis auf 5000 Fuß (1500 Meter) und schwebte dann majestätisch auf der Strömung der Luft. Die Farbe des Horizonts war ein »köstliches Blau«, und Forster beugte sich weit über den Rand des Korbs, um geradewegs in die Tiefe unter ihm zu spähen. Stolz berichtete er, dabei keinerlei Schwindel empfunden zu haben, allerdings hätte es in seinen Ohren »geknackt«.

Auf die Erde zurückgekehrt, war Forster gleich zu mehreren Überzeugungen gekommen. Den Heißluftballon erklärte er zum Wunder seiner Epoche schlechthin und darin dem Dampfer weit überlegen: »Dieser neugeborene Leviathan der Tiefe ist nichts im Vergleich zu diesem Pegasus der Lüfte.«[26] Außerdem sprach er sich eindeutig gegen die Praxis aus, Speisen und Getränke zur Erfrischung mit auf die Fahrt zu nehmen – Champagner, Roastbeef, Käse und Schinken hatten sich als Proviant für Ballonreisende etabliert –, denn deren Genuss lenke vom eigentlichen, *philosophischen* Erlebnis ab. Das Problem war nur, dass Forsters Reise in keiner Weise wissenschaftlich gewesen war. Denn erstens hatte er die meisten Instrumente am Boden vergessen. Und zweitens waren die wenigen, die er tatsächlich dabeigehabt hatte, angesichts der faszinierenden Aussicht völlig in Vergessenheit geraten, während Forster über dem Korbrand hing und wie in Trance in die Tiefe spähte. Seine Reise hatte zu ein paar Seiten atemloser Prosa Anlass gegeben, doch vom wissenschaftlichen Standpunkt betrachtet war sie nutzlos gewesen. Insgesamt hatte er überhaupt nur zwei Messungen vorgenommen: die der Temperatur und des Luftdrucks vor dem Abheben.

Anschließend gab es in puncto wissenschaftlicher Ballonfahrten wenig zu verzeichnen, bis 1852 der neue Leiter des Observatoriums von Kew, John Welsh, an Bord eines Ballons unter dem Kommando von Charles Green bei verschiedenen Gelegenheiten insgesamt vier Aufstiege in unterschiedliche Höhen von bis zu 20 000 Fuß (6000 Metern) durchführte. Green war der bekannteste Aeronaut seiner Zeit, machte derlei Aufstiege seit vierzig Jahren und hatte dabei in seinen berühmten Ballons *Royal Vauxhall* und *Great Nassau* über fünfhundert Fahrten absolviert. Seinen größten persönlichen Erfolg feierte er 1836, als er mit einer Reise von den Vauxhall-Gärten in London bis nach Weilburg in Hessen (damals zum Herzogtum Nassau gehörig – daher der Name des Ballons) einen Streckenweltrekord aufstellte. Bei seinen Flügen hatte er viele Neuerungen eingeführt, darunter die Verwendung von Kohlegas zur Befüllung des Ballons, um den teuren und leicht entflammbaren Wasserstoff zu ersetzen. Für Welsh war Green der ideale Pilot. Er steuerte den Ballon, während Welsh sich auf seine Beobachtungsarbeit konzentrierte. Ihre vier Aufstiege waren ein Erfolg, aber verstärkten nur das Gefühl, dass noch vieles zu tun blieb. Sieben Jahre später nun stand die Crème de la Crème des wissenschaftlichen Establishments hinter dem Vorhaben des Ballonkomitees; die Zeit schien reif für einen erneuten Versuch. Logischerweise wandten sie sich als Erstes an Charles Green.

Im Juli 1859 hatte ein dreiköpfiger Unterausschuss, dem auch FitzRoy angehörte, ein Honorar von neunzig Pfund für Green bewilligt, um vom Gaswerk in Wolverhampton in der Grafschaft Staffordshire aus vier Aufstiege zu meteorologischen Zwecken durchzuführen. Wolverhampton war ein eher unscheinbarer Schauplatz für ein derart gewagtes wissenschaftliches Experiment, aber durch seine Lage im Zentrum des Landes war die Stadt gut zu erreichen, und überdies hatte das Ballonkomitee mit dem Besitzer des Gaswerks zur Lieferung des benötigten Gases ein günstiges Geschäft abgeschlossen. Als Datum für den ersten Aufstieg wurde der 15. August festgelegt, und Wrottesley, FitzRoy und Glaisher waren angereist, um beim Start zuzuschauen. Er wurde zum Fiasko. Alle Versuche, Greens alten Ballon *Great Nassau* aufzublasen, wurden zunichtegemacht durch heftige Windböen, die die Hülle an ihren Verankerungen reißen ließ wie ein scheuendes Pferd. Als es endlich doch gelang, den Ballon mit heißer Luft zu füllen, war es zu spät, um den Aufstieg zu beginnen. Am nächsten Tag versuchten sie es erneut, und diesmal gelang das Aufblasen bis mittags um halb zwei. Doch wieder erfasste Wind die Hülle; sie schlug und flatterte und riss schließlich ein. In Sekundenschnelle war das Gas entwichen. Um das Chaos, das er mit angesehen hatte, zu beschreiben, griff Glaisher in Ermangelung einer adäquaten Bezeichnung auf vertraute Begriffe zurück und sprach von einem »Luftschiffbruch«.[27] Dieser setzte den Ballonversuchen in jenem Sommer vorerst ein Ende.

Die Menschen damals hatten im Allgemeinen keine Ahnung, wie sie sich die obere Atmosphäre vorstellen sollten. Niemand wusste, wie weit sie reichte. Der junge Edgar Allan Poe hatte 1835 die Erzählung »The Unparalleled Adventure of One Hans Pfaall« (dt. »Die seltsamen Abenteuer eines gewissen Hans Phaall«) veröffentlicht, in der ein Mann einen Ballon baut und damit bis zum Mond fährt. Wenn auch die wenigsten das für möglich hielten, war niemand tatsächlich aufgestiegen, um das Gegenteil zu beweisen. Im Lauf der Jahrhunderte hatte es die unterschiedlichsten Schätzungen gegeben, wie hoch die Atmosphäre reichte. John Dalton hatte fünfzig Meilen vorgeschlagen, wohingegen FitzRoy annahm, die Grenze liege eher bei zehn. Die größte Höhe, in die ein Ballon aufgestiegen war, waren die von Gay-Lussac erreichten rund 7000 Meter. Diesen Rekord zu brechen, war ein Ziel des britischen Unternehmens. Aber es gab noch viele weitere ungeklärte Fragen, zum Beispiel, wie viele Schichten unterschiedlicher Luftströmungen übereinanderlagen und ob die Temperatur tatsächlich mit zunehmender Höhe abnahm, wie Gay-Lussac erklärt hatte. Und stimmte das Wetter in der oberen Atmosphäre mit dem Wetter weiter unten überein? Was würde passieren, wenn ein Ballon in Kontakt mit einer elektrisch geladenen Cirruswolke kam? Das hatte Forster 1831 große Sorgen bereitet, denn er befürchtete, der Ballon werde in diesem Fall explodieren und als Feuerkugel zu Boden stürzen.

Zwei Sommer vergingen, ehe auf dem Jahrestreffen der British Association 1862 ein neues Ballonkomitee eingesetzt wurde. Diesmal hatte FitzRoy zu viel zu tun, doch Airy, Herschel, David Brewster und John Tyndall von der Royal Institution wurden dafür gewonnen. Entschlossen, endlich voranzukommen, stellte der Ausschuss eine Liste mit dreizehn Zielen auf, deren wichtigstes darin bestand, die Temperatur der Luft und ihre hygrometrische Beschaffenheit auf verschiedenen Höhen zu bestimmen und festzustellen, ob Gay-Lussacs Formel für die Temperaturabnahme in Relation zur Höhe richtig war. Als meteorologischer Aeronaut wurde James Glaisher ausersehen.

Glaisher, inzwischen dreiundfünfzig, hatte keine Erfahrung mit Ballonfahrten und es bislang auch stets vorgezogen, nicht im Rampenlicht zu stehen. Aber es stellte sich heraus, dass er im Stillen ein Interesse an der Ballonfahrerei hegte. Bei John Welshs Aufstiegen hatte er sich unter den Zuschauern befunden und einmal die Kurvenbahn der Fahrt vom Dach der Sternwarte in Greenwich mit dem Fernrohr verfolgt. Nun bot sich ihm selbst die Gelegenheit. Zur Seite gestellt wurde ihm ein erfahrener Pilot, der dreiundvierzigjährige Henry Tracey Coxwell. Ein eigens in Auftrag gegebener Ballon, der *Mammoth*, wurde aus hochwertigem amerikanischem Stoff genäht; die Hülle hatte ein Fassungsvermögen von 2547 Kubikmetern. Aufgeblasen würde er damit einer der größten je aufgestiegenen Ballons sein. Wenn man Glaishers Bericht darüber liest, den er 1871 unter dem Titel *Travels in the Air* (Reisen durch die Luft) veröffentlichte, spürt man, wie an diesem Punkt zum allerersten Mal eine gewisse Beklommenheit in Glaishers Stimme mitschwingt, die nicht mehr die kühle Sicherheit seiner Aufsätze über den Tau und die Schneekristalle hat. Während der Termin seines »Luft-Debüts« heranrückte, sorgte er sich wegen seiner Beobachtungen, wegen des Tempos, mit dem er sie würde ausführen müssen, und wegen des Risikos, bei einer unsanften Landung einen Teil seiner Ergebnisse einzubüßen. Um seine Nerven zu beruhigen, konstruierte Glaisher in Greenwich eine Art Flugsimulator. »Ich hatte unwillkürlich Angst, im entscheidenden Moment nicht bereit zu sein, um ein Phänomen zu beobachten, das vielleicht kein menschliches Auge zuvor erblickt hatte«, schrieb er dazu.

Glaisher tat alles, um sich vorzubereiten. Als Schutz für sein wachsendes Arsenal an Messinstrumenten erfand er eine simple Schnelllösevorrichtung, die es ihm ermöglichte, im Notfall die Thermometer, Hygrometer und Barometer in wenigen Augenblicken abzunehmen und in einer gepolsterten, bruchsicheren Kiste zu verstauen. Er beabsichtigte, die Temperatur zu messen und außerdem den Taupunkt mit Daniells Hygrometer und einem zweiten, kondensierenden Hygrometer. Zum Bestand gehörten außerdem Verdunstungsthermometer und Trockenkugelthermometer, Quecksilber- und Aneroidbarometer, Phiolen, um Luftproben zu nehmen, und Ozonpapier, um den Sauerstoffgehalt der Luft zu prüfen. Nebenbei plante er, ein aufmerksames Auge auf die Wolken und die Luftströmung zu haben und Tests durchzuführen, um die elektrische Geladenheit der Atmosphäre zu untersuchen. Und damit war die Liste längst nicht zu Ende. Was ihm bevorstand, war nicht weniger als ein geradezu akrobatisches Jonglieren mit Dutzenden von Instrumenten auf engstem Raum.

Am 17. Juli 1862 war es so weit. Nach mehreren abgebrochenen Starts ging es los, aber es war ein mühseliger Anfang. Über Wolverhampton fegte ein stürmischer Wind aus westsüdwestlicher Richtung. »Die Lage war für einen Novizen in keiner Weise erfreulich«, stellte Glaisher mit typischem Understatement fest.[28] Gegen halb zehn am Vormittag war der *Mammoth* voll aufgeblasen. Glaisher und Coxwell kletterten in die Gondel und lösten um 9:42 Uhr die Leinen zum Boden. Es folgte eine Schrecksekunde, als der Ballon in seitlicher Richtung über den Startplatz geweht wurde. Dabei geriet der Korb in starke Schieflage, während der Ballon Geschwindigkeit aufnahm, was Glaisher, der fieberhaft mit den Instrumenten hantierte, in arge Bedrängnis brachte. »[Es] wäre gewiss fatal gewesen, wenn uns ein Schornstein oder erhöhtes Gebäude im Weg gestanden hätte.«[29]

Aber dem war nicht so. Wie dramatisch der Start verlaufen war, zeigt sich daran, dass Glaisher – wie sonst beinahe nie in seiner Karriere – keine genaue Angabe zum Zeitpunkt machen kann (»ungefähr um 9:43 Uhr«). Doch sobald der *Mammoth* an Höhe gewann, kehrte er zur gewohnten Genauigkeit zurück. Binnen fünf Minuten hatten die Wolken den Ballon geschluckt, und Glaisher war vollauf damit beschäftigt, rasch und mit Bedacht seine Messungen vorzunehmen. Zwanzig Jahre zuvor hatte Ruskin geschrieben: »Der Meteorologe hat seine Freude am Königreich der Luft wie nur ein Geist von einer Ordnung, die höher ist als jede andere.«[30] In Glaishers Bericht drückt sich diese Freude in Zahlen aus.

Erreichten um 9:49 Uhr die Wolken in einer Höhe von 4467 Fuß. Weiter steigend, verließen wir diese Wolkenschicht in einer Höhe von 5802 Fuß um 9:51 Uhr wieder, wurden aber, auf einer

Höhe 7980 Fuß, erneut von einer Cumulostratus eingehüllt. Um 9:55 Uhr schien die Sonne strahlend auf uns und ließ das Gas sich weiter ausdehnen, wodurch der Ballon die Form einer vollkommenen Kugel annahm. Nun bot sich uns eine grandiose Aussicht, doch leider konnte ich keine Zeit darauf verwenden, ihre Einzelheiten oder ihre Schönheit wahrzunehmen, da ich noch immer damit beschäftigt war, meine Instrumente in die gewünschte Anordnung zu bringen, und wir hatten eine Höhe von über 10 000 Fuß erreicht, ehe sie betriebsbereit waren. Die Wolken waren zu diesem Zeitpunkt um 10:02 Uhr sehr schön, und um 10:03 Uhr auf einer Höhe von 12 709 Fuß hörten wir eine Gruppe Musikanten. Um 10:04 Uhr wurde die Erde durch eine Lücke in den Wolken sichtbar. In einer Höhe von 16 914 Fuß befanden sich die Wolken, sowohl Cumulus als auch Stratus, weit unter uns, obgleich sie sich in einiger Entfernung in gleicher Höhe wie wir selbst zu befinden schienen; der Himmel über uns war vollkommen wolkenlos und von kräftigem Preußisch-blau.[31]

Während sie emporstiegen, wandte sich Glaisher von einem Instrument zum nächsten, las Messwerte ab, sah gelegentlich auf, um sich am Anblick der Wolken zu erfreuen, ehe er seine Arbeit fortsetzte. Endlich lagen die Antworten auf die vielen ungeklärten Fragen in Reichweite. Die Meteorologie stieg zu neuen aufregenden Höhen auf.

Nachmittag

Während der Nachmittag fortschreitet, beginnt die Wolkenbasis dichter zu werden. Starke konvektive Strömungen wirbeln kleine Pakete feuchter Luft höher in die Atmosphäre, wo sie zu Eis kristallisieren. Die Cumuluswolken mit ihren Blumenkohlköpfen sind miteinander verschmolzen, und rasch wächst ein Cumulonimbus heran. Unter den richtigen Bedingungen kann ein Cumulonimbus capillatus sich kilometerhoch über der Landschaft auftürmen, wobei sein Ambosskopf an die Grenze zwischen Troposphäre und Stratosphäre stößt. Als das am höchsten reichende Gebilde auf der Erde steckt der Cumulonimbus auch hinter der englischen Redensart »to be on cloud nine« (im Deutschen: »auf Wolke sieben sein«), denn im *International Cloud Atlas* von 1896 wurde ihm die Nummer 9 zugewiesen.

In der extrem kalten Luft im Innern des Cumulonimbus bildet sich aus den Eiskristallen, wie man sie in Cirruswolken findet, ein riesiges »Dach«. An Tagen wie diesem können Regentropfen durch kräftige Aufwinde von unten förmlich in die Wolke gesaugt und im Zickzack auf und ab gewirbelt werden, wobei sich konzentrische Ringe aus Eis bilden, die später als Hagel niedergehen. Heute jedoch fallen die Eiskristalle in gerader Bahn. Während sie in wärmere Luftschichten weiter unten eintauchen, schmelzen sie. Es ist der Beginn eines Regenschauers.

Die größten Regentropfen fallen am schnellsten, kollidieren und zerfallen in Bruchteile. Diese Vorreiter fallen uns manchmal auf, wenn sie wie ein Warnsignal aufs Pflaster klatschen, ehe der eigentliche Schauer niedergeht. Die Größe der Regentropfen variiert. Die kleinsten haben einen Durchmesser von einem Bruchteil eines Millimeters, die größten sind richtige Brummer mit einem Durchmesser von fünf Millimetern, die mit einer Geschwindigkeit von neun Metern pro Sekunde zur Erde fallen.

Während die Regentropfen fallen, durchqueren sie Strahlen von Sonnenlicht, brechen das Licht, und am Boden in einem Kilometer Entfernung sieht jemand, der mit dem Rücken zur Sonne steht und in einem Winkel von 42° nach oben schaut, einen Regenbogen.

Jeder Betrachter sieht dabei einen anderen Regenbogen. Jeder Regenbogen ist einzigartig und verändert sich ständig, während seine Farben, wie das Blau des Himmels, eine flüchtige Kombination sind, die von der Größe der Regentropfen abhängt, durch welche das Sonnenlicht fällt. Kein echter Regenbogen weist je die berühmten sieben Farben – Rot, Orange, Gelb, Grün, Blau, Indigo und Violett – auf, sondern stets nur eine Mischung von Farben, die sich zudem beim Zusehen verändert.

Große Regentropfen von ein bis zwei Millimeter Durchmesser rufen Regenbögen mit leuchtenden, intensiven Grüntönen und kräftigen Rottönen hervor, die aber so gut wie kein Blau enthalten. Durchschnittlich große Regentropfen von einem halben Millimeter Durchmesser erzeugen Bögen mit weniger Rot, dafür aber mehr Rosa, während kleine Regentropfen von 0,1 Millimeter und darunter breite Bögen mit ganz schwacher Färbung hervorrufen. Sie werden darum weiße Regenbögen genannt und sind so gut wie nie zu beobachten.

Fast immer ist über dem Regenbogen ein zweiter Bogen zu sehen, in einem Winkel von 51°. Viel schwächer als beim ersten Regenbogen, treten die Farben beim zweiten in umgekehrter Reihenfolge auf, beginnend mit Violett ganz außen bis hin zu Rot. Einmal hat jemand, der während eines Gewitters einen Regenbogen sah, beobachtet, wie die Grenzen zwischen den Farben jedes Mal verschwanden, wenn es donnerte, so als ob der Regenbogen durchgeschüttelt würde. Ob die Schwingungen der Luft die Regentropfen für den Bruchteil einer Sekunde zusammenschmelzen ließen und damit die atmosphärische Palette zerstörten, hat niemand zu sagen vermocht.

Teil 4

GLAUBEN

Kapitel 10

Blendend hell

m 18. August 1862 führten James Glaisher und Henry Coxwell ihren zweiten Aufstieg im Ballon durch. Im Unterschied zum ersten Mal verlief alles glatt. Kurz nach ein Uhr mittags öffnete Coxwell den Verschlusshaken, und sie stiegen gemächlich aufwärts. Glaisher beobachtete, wie Wolverhampton unter ihnen entschwand, bis es wie eine Spielzeugstadt aussah. Nach zehn Minuten schwebten sie durch eine hoch aufragende Cumuluswolke. Als sie über die obersten Schwaden hinausgelangten, öffnete sich über ihnen »ein schöner tiefblauer Himmel«. Glaisher war begeistert von dem, was er sah: »Leichtes Federgewölk (Cirrus) schwebte über unseren Häuptern, während andere, tiefer befindliche Massen im blendenden Lichte strahlten und ihre Schatten in scharfer Silhouette auf den unteren Schichten abzeichneten.« Einen Moment lang hängte er seinen Kopf über den Rand der Gondel und spähte nach unten. Er sah, wie der Umriss des *Mammoth* sich als Schatten auf einer Wolke in der Nähe abzeichnete und »von einem regenbogenähnlichen Farbenkreise umgeben« schien. Als sie zweieinhalb Stunden später wieder im Sinkflug waren, entdeckte Glaisher eine Wolke, von der er annahm, dass es sich um dieselbe Cumuluswolke handelte, durch die sie über Wolverhampton aufgestiegen waren. Sie stand genau nördlich von ihnen, und Glaisher meinte, sie folge ihnen. »Der König aber […] war ein Cumulus von so grotesken gewaltigen Formen, dass ich mich nicht erinnere, je einen ähnlichen Anblick gehabt zu haben«, befand er.[1]

Zwei Wochen später, am 5. September, stiegen Glaisher und Coxwell erneut über Wolverhampton auf. Der Tag war feucht und kühl und damit nicht gerade ideal zum Ballonfahren. Doch angesichts der windigen Herbstmonate, die bevorstanden, wollten sie, wenn möglich, unbedingt noch einen Aufstieg in große Höhen unternehmen. Beim vorigen waren sie bis auf fast 24 000 Fuß (7300 Meter) gelangt – etwas höher als Gay-Lussac bei seinem berühmten Rekordflug. Sie hatten dabei keinerlei Beschwerden verspürt und planten, bei ihrem neuerlichen Flug noch höher emporzusteigen.

Erneut starteten sie um 13 Uhr von Wolverhampton, und zehn Minuten später gewannen sie rasch an Höhe. Was sie erlebten, als sie durch die Wolkendecke stießen, beschrieb Glaisher so: »Über unsern Häuptern hatten wir den strahlenden Azur des Firmaments, und unter uns lag ein unabsehbares Wolkenmeer in Gestalt von Hügeln, Gebirgsketten und aufragenden Spitzen, auf denen eine Schneedecke lag.« Auch diesmal widmete sich Glaisher eifrig dem Ablesen seiner Instrumente und war in ständigem Wechsel mit seinen Barometern, Thermometern und Hygrometern beschäftigt. Am Boden hatte die Temperatur 15 °C betragen, in einer Höhe von 1600 Metern lag sie bei 2,5 °C, auf 3200 Metern Höhe am Gefrierpunkt und auf 6500 Metern bei eisigen −14 °C. Hier unterbrach Glaisher seine Vermessungsarbeit kurzzeitig, um eine fotografische Platte zu belichten. Das Sonnenlicht war so blendend hell, dass bereits eine ganz kurze Belichtung genügt hätte, um eine Aufnahme der Aussicht zu machen. Doch der Versuch schlug fehl, vielleicht, weil die Gondel schwankte. Der *Mammoth* stieg nun erheblich schneller als zuvor und begann im Wind zu schlingern. Kurz darauf bewegte er sich in einer spiralförmigen Drehung aufwärts statt wie bisher in gerader vertikaler Bahn.

Während sich ihre Geschwindigkeit immer noch beschleunigte, verschwanden die niedrig dahinziehenden Wolken immer mehr aus ihrem Blick. In acht Kilometern Höhe betrug die Temperatur nur noch −17 °C; es war kälter als auf einem schottischen Berg an einem frostklaren Wintertag. Eingemummt in dicke Mäntel, Schals und Handschuhe, sahen Glaisher und Coxwell auch eher aus, als befänden sie sich auf einer Bergwanderung und nicht auf einer Ballonfahrt in die obere Atmosphäre. Als sie die 20 000-Fuß-Marke passierten, wurde die Kälte empfindlich. Kurz darauf fingen Glaishers Instrumente an, nicht mehr richtig zu funktionieren. Das Daniell-Hygrometer versagte, auf dem Verdunstungsthermometer bildete sich kein Tau mehr, und andere Instrumente waren eingefroren. Um noch weiter aufzusteigen, warfen sie weitere Sandsäcke ab, die sie als Ballast zur Höhenregulierung an Bord hatten. Der *Mammoth* machte einen Satz nach oben und stieg jetzt mit einer Geschwindigkeit von 300 Metern alle zwei bis drei Minuten.

»Bis jetzt hatte ich meine Bemerkungen ohne Schwierigkeit niedergeschrieben«, erinnerte sich Glaisher später.[2] Doch was ihm bislang wie selbstverständlich von der Hand gegangen war, wurde nun zu mühseliger Arbeit. Die letzte Runde von Ablesungen führte er um 13:51 oder 13:52 Uhr durch, und dass er diese Angabe nicht präzise machen konnte, ist bezeichnend. Das Barometer registrierte einen Druck von 10,8 Zoll, das Trockenthermometer zeigte eine Temperatur von −20,5 °C an.[3] Während des Aufstiegs hatten sich Glaisher und Coxwell, Rücken an Rücken, ganz auf ihre jeweiligen Aufgaben konzentriert, der eine kümmerte sich um seine Instrumente, der andere steuerte den Ballon. Um 13:54 Uhr jedoch wandte sich Glaisher Hilfe suchend zu Coxwell um. Aber sein Pilot war mit etwas ganz anderem beschäftigt. Glaisher war entsetzt über das, was er sah, denn Coxwell war aus dem Korb geklettert und zog sich an den Korbseilen zu dem Reifen hinauf, der sich anderthalb Meter über dem Korbrand befand. Infolge der spiralförmigen Aufwärtsbewegung des Ballons hatte die zum Ablassen des Gases lebenswichtige Ventilleine begonnen, sich im Kreis zu drehen, und sich dabei am Ring verheddert.

Während Coxwell über ihm in den Seilen hangelte, wurde Glaisher von einer seltsamen Empfindung betroffen. Einer seiner Arme versagte den Dienst, und als er den anderen gebrauchen wollte, war auch der wie gelähmt. Im nächsten Moment hatte er auch die Kontrolle über seinen übrigen Körper verloren: Sein Kopf sank ihm auf die Schulter, als wäre sein Hals aus Gummi, und als er ihn heben wollte, erreichte er bloß, dass er zur anderen Seite kippte. Reglos lehnte er mit dem Rücken am Rande der Gondel.

> Coxwells Gestalt verschwamm mir zum Schatten, und als
> ich versuchte, mit ihm zu sprechen, versagte selbst die Zunge
> den Dienst. Gleich darauf umhüllte mich dichte Finsternis;
> der Sehnerv hatte seine Kraft verloren. Dennoch besaß ich die
> vollste geistige Klarheit, und mein Hirn war ebenso tätig als
> jetzt, da ich diese Zeilen schreibe. Ich dachte, ich hätte einen
> Erstickungsanfall, und glaubte, nur ein augenblickliches Verlassen
> der todbringenden Regionen könnte mich retten. Zugleich
> drängte sich eine Menge anderer Gedanken heran, plötzlich
> aber verdunkelte sich mein Bewusstsein, wie wenn ein tiefer
> Schlaf mich umfinge.[4]

Glaisher befand sich in einer gefährlichen Lage. Der *Mammoth* hatte einen Bereich der Atmosphäre erreicht, der heute als Todeszone bezeichnet wird; in dieser Höhe ist der Sauerstoffgehalt der Luft so niedrig, dass ein Organismus ohne Hilfsmittel nicht überleben kann. An der Grenze zur Stratosphäre versagte Glaishers Körper den Dienst. Um 13:56 Uhr auf einer Höhe von 29 000 Fuß (8700 Meter), die der Höhe des erst kürzlich per Triangulation vermessenen höchsten Bergs der Welt entsprach, des Deodunga oder, wie er später genannt wurde, Everest, wurde Glaisher ohnmächtig.

Minuten vergingen, ehe Glaisher sich wieder rührte. Was ihn weckte, war Coxwells Stimme, die aus einiger Entfernung zu sprechen schien. Er verstand die Wörter »Temperatur« und »Beobachtung«. Dann hörte er Coxwell erneut: »Versuchen Sie es jetzt! Versuchen Sie es!« Schließlich dämmerte ihm, dass Coxwell ihn aufzuwecken versuchte. Allmählich kam er zu sich. Er erkannte »undeutlich« die Instrumente. Dann sah er hinter seinem Instrumententisch die beruhigende Gestalt Coxwells.

»Ich war ohnmächtig geworden«, sagte Glaisher.

»Allerdings, und es hätte nicht viel gefehlt, so wäre auch ich es geworden«, erwiderte Coxwell.[5]

Glaisher bemerkte, dass Coxwells Hände fast schwarz waren. Er zog eine Flasche Brandy hervor und rieb sie damit ein. Inzwischen waren seine Lebensgeister zurückgekehrt, und er wandte sich seinem Tisch zu: »Um 2 Uhr 17 Minuten nahm ich meine Beobachtungen wieder auf, verzeichnete einen Barometerstand von 11,53 Zoll und eine Temperatur von minus 2 °F.«[6] Mit kühlerem Understatement hätte er seinen wissenschaftlichen Triumph nicht zum Ausdruck bringen können.

Ungefähr zehn Minuten waren vergangen, seit Glaisher bewusstlos geworden war. Wie seine Ablesungen zeigten, sank der *Mammoth* inzwischen rapide. Erst jetzt hatte Coxwell Gelegenheit, Glaisher zu berichten, was in den Minuten seiner Bewusstlosigkeit passiert war. Die Geschichte war dramatischer, als er sie sich hätte ausdenken können. Vielleicht war es Glaishers Glück, dass er sie nicht bewusst erlebt hatte. Nachdem Coxwell – in einer Höhe, die Glaishers Berechnungen zufolge 35 000 Fuß oder sieben Meilen (10 850 Meter) betrug – den Reifen erreicht hatte, war es ihm gelungen, die Ventilleine zu entwirren. Dann hatte er nach unten geschaut und gesehen, wie Glaisher zurückgelehnt im Korb saß, Kopf und Arme hingen herab, wie er Glaisher sagte. Er habe »ruhig und friedlich« ausgesehen, und Coxwell hatte überlegt, dass er vielleicht schon tot war. Eine berühmt gewordene Lithografie, *Mr Glaisher Insensible at the Height of Seven Miles* (Herr Glaisher bewusstlos in sieben Meilen Höhe), hielt diesen Moment später für die Ewigkeit fest: ein Schreckensbild zweier hilflos dahintreibender Männer. Der bewusstlose Glaisher hängt halb über den Korbrand, als könnte er im nächsten Moment hinausrutschen. Wäre er tatsächlich aus dem Korb gefallen, hätte das für beide den Tod bedeutet, denn während Glaisher die sieben Meilen bis auf den Erdboden irgendwo in Staffordshire gestürzt wäre, hätte Coxwell ein noch schlimmeres Schicksal bevorgestanden. Durch den plötzlichen Gewichtsverlust wäre der Ballon nämlich noch weiter in die Höhe geschossen und hätte Coxwell ins Nirgendwo mit sich gerissen. In der Lithografie ist seine Lage noch prekärer als die von Glaisher: Rittlings hockt er auf dem Metallreifen, mit dem Rücken gegen ein Seil gelehnt, mit der rechten Hand sich an einem weiteren Seil festhaltend, während er verzweifelt versucht, die Ventilleine zu erreichen.

Aber mit seiner unglaublich mutigen Luftakrobatik hatte er Erfolg, denn er bekam die Leine zu fassen und entwirrte sie. Doch damit waren seine Probleme noch längst nicht gelöst, denn als er sich in die Gondel zurückfallen ließ, bemerkte er erst, wie sehr er sich überanstrengt hatte. Er fühlte sich wie gelähmt. Er fand nicht einmal die Kraft, um auch nur einen Arm zu heben und die Ventilleine zu ziehen. Mit letzter Kraft hatte er daher versucht, die Leine mit den Zähnen zu packen. Es klappte. Zwei oder drei Mal musste er den Kopf senken, »bis der Ballon einen Satz nach unten machte«.[7]

In zehn Minuten war der *Mammoth* auf 10 000 Fuß gesunken, eine bequeme Höhe für Ballonfahrten. Wären Glaisher oder

Coxwell die Gefahren bekannt gewesen, denen man den menschlichen Organismus mit derartigen Druckschwankungen aussetzt, hätten sie auch gewusst, dass sie nach wie vor in großer Gefahr schwebten. Aber Glaisher hatte keine Ahnung davon. Nach seiner kurzen »Unempfindlichkeit« hatte er seine Beobachtungen wiederaufgenommen. Es war, als hätten sie nicht mehr als eine kleine Unannehmlichkeit ertragen müssen. Um 14:40 Uhr schließlich gingen sie auf einer Wiese in der Grafschaft Shropshire (westlich von Wolverhampton) nieder. Nachdem sie ihren Ballon und die Ausrüstung an einem sicheren Ort verstaut hatten, machten sie sich auf den Weg in das nächstgelegene Dorf – es war Cold Weston, fünfzehn Kilometer von der Kleinstadt Ludlow entfernt –, wo sie sich im Pub ein Bier genehmigten.

Dieser dritte Aufstieg im *Mammoth* machte Glaisher berühmt. Einige Wochen später erschien sein Bericht über die Ballonfahrt in der *Times* und fesselte die Leser im ganzen Land. Nicht die wissenschaftlichen Einzelheiten allerdings faszinierten die Menschen, sondern die Geschichte der mutigen Aeronauten und die Vorstellung, was passiert wäre, wenn auch Coxwell nicht durchgehalten hätte. Der ganze Bericht war von paradoxen Sachverhalten durchsetzt. Da war zunächst die seltsame Kälte; obgleich doch jeder die Wärme der Sonne spürt, schien es umso kälter zu werden, je näher man ihr kam. Auch in ästhetischer Hinsicht erschien das Ganze paradox, denn die Welt, die Glaisher beschrieb, war voller Schönheiten – die majestätischen Cirruswolken, das tiefe Blau des Himmels, die Klarheit der Luft. Und doch drohte hier größte Gefahr: Zwar tötete die obere Atmosphäre weder schnell noch gewaltsam, aber sie lullte die Sinne ein, bis der Mensch einer tödlichen Erstarrung zum Opfer fiel. Sie verwirrte den Geist und ließ die Glieder erschlaffen. Glaishers Beschreibung der ihn allmählich ergreifenden »Unempfindlichkeit« war zugleich alarmierend, bestürzend und faszinierend. Mit seinen Worten:

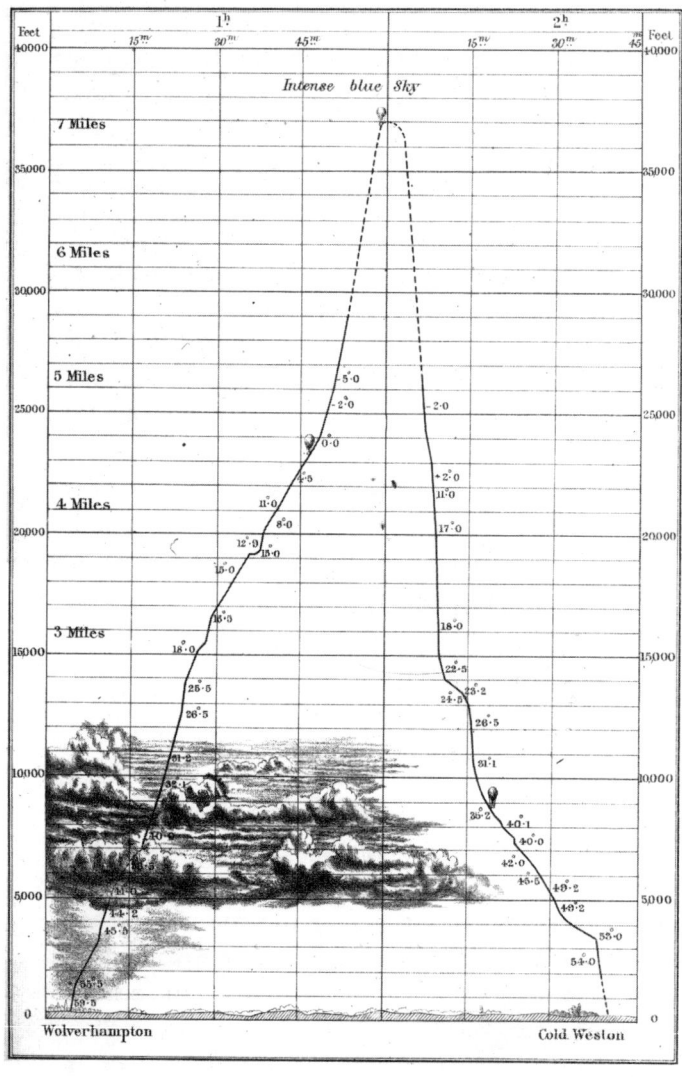

Flugkurve eines Ballonaufstiegs im Jahr 1862

Langsam und sanft verrinnt die Quelle des Lebens, nachdem schon längst eine wohltätige Bewusstlosigkeit den Luftsegler umhüllt hat. Nicht anders nähert sich das Ende dem Gebirgssteiger, welcher ohnmächtig und unempfindlich der Lethargie nachgibt, um in den Armen eines Schlafes ohne Erwachen zu entschlummern.[8]

Vor allem aber wurde Coxwells enormer Mut gerühmt. Es war klar, dass sie in den sicheren Tod irgendwo im Weltraum gesegelt wären, wenn er es nicht geschafft hätte, das Ventil zu öffnen. Von ihrem Anfang bis zum Schluss enthielt die Geschichte alles, was man mit typisch britischer Selbstbeherrschung verband. Der vielleicht großartigste Tribut an die Wissenschaft war Coxwells findige Methode, Glaisher mit den Schlüsselwörtern »Temperatur« und »Beobachtung« wieder zu Bewusstsein zu bringen. »Der Mut, den Männer der Wissenschaft beweisen, hat ein eigenes Kapitel in den Geschichtsbüchern verdient«, erklärte *The Times* dazu in einem Leitartikel:

> Sie sind einsam, besonnen, ruhig und passiv [...]. Die Luftreise, welche die Herren Coxwell und Glaisher gemacht haben, verdient es, mit den größten Taten unserer Experimentatoren, Entdecker und Reisenden auf eine Stufe gestellt zu werden [...]. Sie haben gezeigt, welche Begeisterung die Wissenschaft hervorzurufen und welchen Mut sie zu verleihen vermag.[9]

Aber das war natürlich nur der menschliche Aspekt der Geschichte. Denn hinter dem gefeierten Wagemut stand eine echte wissenschaftliche Entdeckung. Seit Jahrhunderten hatten die Menschen über die Ausdehnung der Atmosphäre spekuliert. Der beste Vorschlag dazu war von Johannes Kepler bereits im 17. Jahrhundert gekommen. Ausgehend von der Dauer der Dämmerung, hatte er berechnet, die Atmosphäre müsse bis in eine Höhe von sechzig bis achtzig Kilometern reichen. Diese Theorie hatte zwei Jahrhunderte lang Geltung behalten, bis John Dalton zu Beginn des 19. Jahrhunderts aufgrund einer genaueren Berechnung die Höhe mit siebzig Kilometern angegeben hatte. Nun schien das Rätsel durch Coxwell und Glaisher gelöst. Damit hatten sie zugleich, wie vor ihnen Kolumbus oder Marco Polo, die Grenzen der bewohnbaren Welt genauer bestimmt.

Nach der dritten Reise wurden Glaishers Ballonfahrten zu nationalen Ereignissen. Über jeden Aufstieg wurde in den Gazetten vorab und hinterher mit der gleichen Begeisterung berichtet wie über große Sportveranstaltungen. Seine Fahrten machten Glaisher berühmt, durch sie wurde er zu einem der in der Öffentlichkeit bekanntesten Wissenschaftler des Landes, und sie verschafften dem meteorologischen Experimentieren eine Aufmerksamkeit, wie das seit Franklins Experimenten mit Blitzen vor mehr als einem Jahrhundert nicht der Fall gewesen war. In den folgenden Jahren beklagten sich viele seiner Kollegen über Glaishers Prominentenstatus und äußerten hinter vorgehaltener Hand, Glaishers Ego sei aufgeblasen mit heißer Luft wie der *Mammoth* mit Kohlengas.

Zu denen, die Glaishers Fahrten am eifrigsten verfolgten, zählte Admiral FitzRoy. Der »wahrlich heroische Aufstieg«[10] elektrisierte ihn, und sogleich bat er Glaisher brieflich um Zusendung einer Kopie des Beobachtungsprotokolls. Als er sie erhielt, schrieb er die Daten daraus ab, als ließe sich auf diese Weise der Nervenkitzel des Aufstiegs gleichsam nachvollziehen. Obwohl er in der Öffentlichkeit nichts darüber verlauten ließ, erklärte Glaisher FitzRoy privat, dass es Coxwell gewesen sei, der das Barometer auf seinem niedrigsten Stand abgelesen hatte. Es hatte zwischen sieben und acht Zoll angezeigt, und wenn das stimmte, bedeutete es, dass sie in eine Höhe von vielleicht 36 000 Fuß (10 800 Meter) aufgestiegen waren. »Es gab keine Feuchtigkeit, keine Wolken, sondern sie befanden sich weit über beidem: Sie waren einem rätselhaften Raum ohne Wärme und Luft näher gekommen, als irgendein rechtschaffener Mensch je vorgedrungen war – und in den eine aussichtslose, wiewohl verdienstvolle Exkursion zu wagen ihre kühne Unternehmung wahrscheinlich jeden anderen abhalten wird, selbst im Interesse der Wissenschaft.« Glaisher war der gleichen Meinung. Er gestand FitzRoy, froh zu sein, dass die Aufstiege in größte Höhen nunmehr vorüber seien. Mit seinem üblichen Understatement schrieb er: »Die Grenze liegt ganz klar bei fünf Meilen. Sobald elf Zoll erreicht sind, gebietet die Vorsicht, öffne das Ventil.«[11]

Die Tatsache, dass Coxwell das Ventil nicht bei Erreichen der elf Zoll geöffnet hatte, war aber nicht nur für eine denkwürdige Geschichte gut gewesen, sondern hatte auch aufsehenerregende wissenschaftliche Erkenntnisse erbracht. So hatte Glaisher etwa genug Daten gesammelt, um Gay-Lussacs Theorie, die Lufttemperatur nehme beim Aufstieg in die Höhe alle 174 Meter konstant um 1 °C ab, in Zweifel zu ziehen. Stattdessen hatte sich ihm ein viel komplexeres Bild abwechselnd warmer und kalter Zonen und Luftinseln geboten. Diese Entdeckung gab Anlass zu einer Reihe neuer Forschungen, mit denen sich die Meteorologen Jahrzehnte beschäftigen sollten und die schließlich zur Bestimmung der unterschiedlichen Luftschichten führten. Schon 1862 war Glaisher sich der Bedeutung der Reise in dieser Hinsicht bewusst. »Diese Erkenntnis ist von größter Wichtigkeit«, erklärte er FitzRoy. »Sie berührt Effekte der Refraktion, Wollastons Dampfkessel-Theorie, die Thermo-Elektrizität usw., usf. Es müssen weitere Experimente gemacht werden. Ich bin acht Mal oben gewesen, und wenn ich im nächsten Jahr weitere acht Mal aufgestiegen und wohlbehalten zurückgekehrt sein werde, um meine neue Geschichte zu erzählen, dann mögen sich andere dieser Sache annehmen.«[12]

Das Verhältnis von Glaisher und FitzRoy war herzlich, aber es entwickelte sich nie eine Freundschaft daraus. Trotz ihrer bemerkenswerten Ähnlichkeiten waren sie doch völlig verschiedene Charaktere. Beide waren erfahrene Wissenschaftler in ihren Fünfzigern, beide Fellows der Royal Society, beide hatten sie dem Ballonkomitee der British Association angehört. Als angesehene Meteorologen bekleideten beide ein Amt an der Spitze ihres Berufsstandes. Doch bis zu den Ereignissen vom Sommer und Herbst 1862 war es der alte Seebär FitzRoy gewesen, den man mit Abenteuer und Entdeckungsreisen in Verbindung brachte. Dem hatte Glaisher bis dahin nichts Gleichwertiges entgegenzusetzen. Und hätte FitzRoy 1862 nicht so viel zu tun gehabt, wäre nicht er für den Platz des Meteorologen an der Seite von Coxwell infrage gekommen? Der Gedanke mag spekulativ erscheinen, aber es ist verlockend, für einen Moment sich vorzustellen, wie der berühmte Kapitän der *Beagle*, inzwischen ein Admiral, in seinem Uniformrock an Bord eines Ballons durch den Himmel über den Midlands schwebt. Natürlich ist es nie dazu gekommen, denn als Glaisher 1862 in ungekannte Höhen aufstieg, war FitzRoy vollauf mit einem eigenen Experiment beschäftigt.

FitzRoy war nicht der erste Europäer, der ein Sturmwarnsystem aufbaute. In dieser Hinsicht war ihm der niederländische Meteorologe Christophorus Buys Ballot zuvorgekommen, dessen Warndienst am 1. Juni 1860 den Betrieb aufnahm. Ballot, der 1854 zum Direktor des neu gegründeten Koninklijk Nederlands Meteorologisch Instituut in Utrecht ernannt wurde – im selben Jahr, in dem FitzRoy die Leitung des Meteorologischen Amtes übertragen wurde –, hatte sich als fähiger Organisator und origineller Denker erwiesen. An vier Orten in den Niederlanden – kleiner als Großbritannien und mit einer deutlich kürzeren Küste – ließ er meteorologische Beobachtungsstationen errichten: in Den Helder,

Groningen, Vlissingen und Maastricht. Von Hause aus Mathematiker, hatte Ballot seine ersten Jahre im neuen Amt damit verbracht, die von diesen Stationen erhobenen Daten zu analysieren, und 1857 war es ihm gelungen, eine einfache Regel zur Bestimmung der Windrichtung aufzustellen. Sie beruhte auf der »Abweichung des barometrischen Drucks« vom errechneten Durchschnittswert. War der Druck in Den Helder an einem bestimmten Tag höher als der Durchschnittswert aus den Vorjahren, lag eine positive Abweichung des Luftdrucks vor, war er niedriger, gab es eine negative Abweichung des Drucks.

Ballots Theorie lieferte eine Formel von eleganter Einfachheit, wie Wissenschaftler sie liebten. Er hatte herausgefunden, dass der Wind von Westen kam, wenn die in einer der beiden südlichen Stationen – Maastricht oder Vlissingen – festgestellte Abweichung des gemessenen Luftdrucks vom Durchschnittswert höher ausfiel als der in einer der beiden Stationen im Norden – Groningen oder Den Helder – gemessene Wert. Verhielt es sich umgekehrt, kam der Wind von Osten. Bei einem Treffen der British Association im Jahr 1863 erläuterte er diese Gleichung:

> Genauer gesagt kann man feststellen, dass die Windrichtung nahezu im rechten Winkel zur Achse der größten Differenz der Luftdruckwerte [dem Luftdruckgradienten] steht. Wenn Sie sich daher in Richtung des Windes aufstellen (oder in der Richtung des elektrischen Stroms), wird der atmosphärische Druck zu Ihrer Linken am geringsten sein.[13]

Das Buys-Ballot'sche Gesetz ist Seeleuten noch heute vertraut. »Wenn du auf der nördlichen Halbkugel mit dem Rücken zum Wind stehst, ist der Luftdruck zu deiner Linken niedriger.«

Ausgehend von einer ähnlichen Analyse der barometrischen Werte, hatte Ballot auch die vermutliche Stärke des kommenden Windes errechnet. Anhand seiner Gleichungen war es ihm so gelungen, am 1. Juni 1860 die erste amtliche Sturmwarnung per elektrischem Telegrafen herauszugeben. Unterdessen arbeitete Le Verrier in Frankreich an einem ähnlichen Sturmwarndienst. An Airy – und nicht etwa an FitzRoy – hatte er geschrieben, um sich zu erkundigen, ob die Briten daran interessiert seien, Informationen über aktuelle Stürme auszutauschen. Das war ein heikles Thema. Als alte Rivalen in den Wissenschaften waren Briten und Franzosen es gewohnt, unabhängig voneinander zu arbeiten, in der Hoffnung, auf diese Weise Erfindungen oder Entdeckungen für die eigene Nation reklamieren zu können. Zuletzt war dies bei der Entwicklung der Fotografie und bei der Entdeckung des Planeten Neptun der Fall gewesen; in beiden Fällen hatten die Franzosen die Nase vorn gehabt, doch auch britische Wissenschaftler hatten sich mit der Materie befasst. Aber beim Wetter verhielt es sich anders, denn es kannte keine Landesgrenzen, und ein Sturm, der durch die Straßen von Paris fegte, war oft genug zuvor über die Britischen Inseln hinweggegangen oder umgekehrt. Angesichts dieser Sachlage entschloss man sich bei allem Misstrauen in Paris und London zu einer pragmatischen Allianz.

Dabei waren weder Le Verrier noch FitzRoy geborene Diplomaten. Während FitzRoy mit den heimlichen Initiativen, die er im Meteorologischen Amt startete, immer wieder das Misstrauen der Politiker in Westminster erregte, war Le Verrier berüchtigt für sein autokratisches, oft schikanöses Regiment in der Pariser Sternwarte. In den 1860er-Jahren quittierten entnervte oder überforderte Mitarbeiter dutzendweise den Dienst oder wurden von Le Verrier hinausgedrängt, was seinen Ruf als »hervorragender und widerwärtiger Astronom« weiter festigte. Das Bündnis zwischen dem eitlen, dominanten Le Verrier und dem stolzen und zugleich geheimniskrämerischen FitzRoy war daher von vornherein nicht reibungsfrei, sondern zwang die beiden in den folgenden fünf Jahren bis 1865 dazu, einander wohl oder übel zu tolerieren. Während sie höfliche, ausweichende Briefe wechselten, behielt jeder den anderen genau im Auge.

Einstweilen beschränkte man in Paris die meteorologischen Ambitionen darauf, einen täglichen Wetterbericht in der Presse zu veröffentlichen und das von Le Verrier herausgegebene *Bulletin météorologique* weiterzuentwickeln, eine jeden Tag erstellte internationale Übersicht der Temperaturen, Windverhältnisse und Luftdruckwerte, die als Rundbrief an Observatorien in ganz Europa verschickt wurde. FitzRoy hatte ehrgeizigere Ziele. Am 6. Februar 1861 gab er seine erste Wetterwarnung heraus, die Stürme an der Nordostküste ankündigte. Wie geplant waren die zugrunde gelegten Daten per Telegraf in der Parliament Street eingetroffen, wurden im Meteorologischen Amt ausgewertet, und das Ergebnis wurde prompt an die Küstenstationen zurückgekabelt, um rechtzeitig die Sturmkegel aufziehen zu lassen. Alles hatte reibungslos funktioniert. FitzRoy hatte richtig erkannt, dass sich eine Serie von Stürmen über dem Atlantik zusammenbraute, die von dort Richtung britische Küste ziehen würden. Nur in South Shields an der nordöstlichen Küste hatten einige Fischer die Warnsignale nicht beachtet und prompt Schiffbruch erlitten.

Ein weit dramatischerer Bericht traf aus Whitby ein, einer kleinen, abgelegenen Hafenstadt, die nicht an das Telegrafennetz angeschlossen war und deshalb auch von keiner Warnung erreicht werden konnte. Der Sturm hatte große Teile der Fischereiflotte in den felsigen Untiefen rund um den Hafen erwischt, weshalb das erst wenige Monate zuvor angeschaffte Seenotrettungsboot, bemannt mit den »besten handverlesenen Seeleuten« der Stadt, zu Wasser gelassen wurde, um den Küstenschiffern zu Hilfe zu kommen. Fünf Mal kehrte das Boot mit geretteten Fischern an Bord in den Hafen zurück, doch beim sechsten und letzten Einsatz wurde es mitsamt seiner erschöpften Crew von einer Sturzsee zum Kentern gebracht. In einem Leserbrief an die *Times* schrieb der Vikar von Whitby, William Keane: »Dann mussten viele Tausend – nur einen Steinwurf entfernt, aber machtlos – mit ansehen, wie diese starken Männer in den reißenden Brechern um ihr Leben rangen, bis einer nach dem anderen, insgesamt 12 von 13, unterging und nur einer überlebte.«[14]

Zu Recht wurde die Tapferkeit der Seenotretter von Whitby in der Presse gefeiert. Und auch ein Kommentar zu »Admiral Fitz-Roys Sturmwarnungen« fand sich darin, denn es war niemandem entgangen, dass er den Orkan korrekt vorhergesagt hatte. In einem Leitartikel der *Times* wurde FitzRoy für seine Arbeit beglückwünscht, und auch ein Brief, den er an die Zeitung geschrieben hatte, wurde veröffentlicht. Darin erklärte er optimistisch: »Jeder befahrene Abschnitt unserer Küste hätte, bereits drei Tage ehe der Orkan losbrach, darüber informiert werden können. Das Ereignis wurde mit ebensolcher Gewissheit vorhergesagt wie eine Finsternis und hätte sich durch deutlich sichtbare Signale wie etwa Feuerfackeln anzeigen lassen.«

Das war starker Tobak. Seine Sturmwarnungen hatten zwar gut funktioniert, aber die Behauptung, jeder aufziehende Sturm, der das Land bedrohte, lasse sich drei Tage im Voraus ankündigen, war sehr optimistisch, wenn nicht vermessen. Die *Times* jedoch griff sie auf. Wenn es überhaupt ein Problem gab, so argumentierte die Zeitung, dann bestand es darin, die Fischer davon zu überzeugen, FitzRoys Warnungen Glauben zu schenken: »Vielleicht ist es müßig, der Crew eines Schiffes zu sagen, dass es in drei Tagen einen Wirbelsturm geben werde. Vermutlich würden sie der Information nicht trauen oder, noch wahrscheinlicher, sich nicht darum kümmern.« Es war, mehr als alles andere, eine Frage des Vertrauens: Die Leute mussten der Wissenschaft glauben. Was den Journalisten betraf, war die Frage in wissenschaftlicher Hinsicht geklärt. Voll Zuversicht schloss er: »Noch können wir nicht vorhersagen, wie eine Jahreszeit generell werden wird, aber es hat den Anschein, als könnten wir tatsächlich einen Sturm vorhersagen, ehe er eintrifft, und sogar feststellen, aus welcher Richtung der Wind wehen wird. Wenn wir aber wirklich an diesem Punkt angekommen sind – und es gibt offenbar keinen Grund, daran zu zweifeln –, sollte der Rest leichtfallen.« Im *United Service Magazine* vertrat man die gleiche Auffassung:

Das sind also ein paar Grundsätze unserer wissenschaftlichen Wetterkunde, und das ist das System unseres Meteorologischen Amtes; und die immensen Vorteile dieser Einrichtung liegen auf der Hand, wenn wir bedenken, dass ungefähr 200 000 Schiffe mit mehr als einer Million Seeleuten die Weltmeere befahren, und alle sind sie Stürmen ausgesetzt, die sie seit ewigen Zeiten heimsuchen, ohne dass sie ihnen ausweichen könnten. Das war ein erbärmliches Los, und es scheint, die Vorsehung habe in jüngster Zeit ein Erbarmen mit uns. Mögen die Araber den Berglöwen als ihren Herrn anerkennen und ihm gestatten, ihre Herden zu dezimieren, ohne dass sie sich dem widersetzen, unsere Seefahrer jedoch haben nun, der Wissenschaft sei Dank, eine faire Chance in ihrem Kampf mit den Kapriolen des Windes und den Wechselfällen des Himmels. Wenn der Wind »blaset, wo er will«, dann sagen uns Wissenschaft und Beobachtung, wo das sein wird, und der elektrische Telegraf hat den Sturm bezwungen.[15]

FitzRoy verließ sich bei der Berechnung seiner Sturmwarnungen auf Doves Theorie über den Zusammenprall kalter und warmer Luftmassen, durch den die »Gyration« oder Kreisbewegung der Atmosphäre ausgelöst werde. Dove und FitzRoy waren Freunde geworden, und die zweite Auflage von *Gesetz der Stürme* hatte der Deutsche seinem britischen Kollegen in Anerkennung von dessen langjähriger Unterstützung gewidmet. Für FitzRoy war Dove die wissenschaftliche Autorität, auf die sich seine Sturmwarnungen stützten, und bei der Beschäftigung mit dessen Ideen war er auf seine eigene Formel gestoßen:

> Große Veränderungen oder Stürme werden *gewöhnlich* durch ein Fallen des Barometers um mehr als einen halben Zoll angezeigt sowie durch eine Differenz der Temperatur von mehr als 15 °F. Annähernd ein 10tel eines Zolls pro Stunde ist das volle Maß bei einem Sturm mit sehr starkem Regen. Je schneller solche Veränderungen eintreten, desto größer ist das Risiko einer gefährlichen Turbulenz in der Atmosphäre.[16]

Mit seinen Sturmwarnungen hatte FitzRoy im Februar 1861 einen vielversprechenden Anfang gemacht, und in der Folge änderte sich die Art seiner Arbeit. Bis dahin war das Meteorologische Amt hauptsächlich eine Statistikbehörde gewesen, doch im Lauf eines Jahres entwickelte sie lebhafte Betriebsamkeit. FitzRoy war bewusst, dass der Schlüssel zu einem erfolgreichen Warnsystem in der genauen und sorgfältigen Auswertung der täglichen Wetterdaten bestand, die ihm von den Beobachtungsstationen übermittelt wurden. Der Übergang von der Beschäftigung mit dem aus Aufzeichnungen und Logbüchern gewonnenen historischen Datenmaterial zur tagtäglichen Verarbeitung aktueller Daten war ein bedeutender Schritt. Der Faktor Zeit spielte nun eine entscheidende Rolle. Sollte FitzRoy auch nur einer der rund zwanzig Stürme und Orkane entgehen, die pro Jahr über Großbritannien hinwegzogen, würde das Menschenleben kosten. Und da sich das britische Wetter nicht an die Dienststunden eines Amtes hielt, wurde das Ganze zu einer Beschäftigung rund um die Uhr.

Seit seinen Tagen auf der *Beagle* hatte FitzRoy stets in hohem Maß persönliches Verantwortungsgefühl gezeigt. Gleich nach ihrem Auslaufen hatte er damals seine Schiffsoffiziere zu sich gerufen und ihnen erklärt, es sei ihm »noch kein Unfall, wie man so sagt, bekannt geworden, der sich auf einem Schiff ereignet hat und der sich nicht auf den Fehler eines diensthabenden Offiziers hat zurückführen lassen«, und es sei seine feste Überzeugung, dass dies fast ausnahmslos der Fall war. Er hatte sie gewarnt: »Sollte jemals auf der *Beagle* ein Segel entzweigehen, eine Spiere verloren gehen, ein Mann von einem Mast oder einer Rah stürzen oder eine See auf Deck genommen werden, so wird der zu diesem Zeitpunkt verantwortliche Offizier die Schuld daran tragen.«[17] Seinerzeit hatte die Standpauke die Offiziere verunsichert, doch rückblickend waren sie der Ansicht, dass darin der entscheidende Faktor für die makellose Sicherheitsbilanz des Schiffes zu sehen war. Drei Jahrzehnte später nun verlangte FitzRoy von sich und seinen Mitarbeitern die gleiche beständige Wachsamkeit, nur diesmal nicht im Hinblick auf Meere von Wasser, sondern auf Meere von Luft.

Im August 1861 beschloss FitzRoy, sein Sturmwarnsystem von ursprünglich 50 auf 130 Beobachtungsstationen an verschiedenen Standorten auszudehnen. Und da er seine täglichen Auswertungen der Wetterdaten nicht einfach in der Ablage verschwinden lassen wollte, entschloss auch er sich, sie an Tageszeitungen zu verschicken, um sie als Vorhersagen für den folgenden Tag veröffentlichen zu lassen. Die erste erschien am 1. August 1861 in der *Times* als lapidare Ergänzung der inzwischen üblichen Wetterkarte. Sie lautete:

Wahrscheinliche allgemeine Wetterlage
für die nächsten zwei Tage im
Norden – Mäßiger westlicher Wind; heiter.
Westen – Mäßiger südwestlicher; heiter.
Süden – Frischer westlicher; heiter.

Für FitzRoy war das ein logischer Schritt. Später wies er darauf hin, dass der Abdruck dieser Vorhersagen kein zusätzliches Geld kostete, und da die Information nützlich sein mochte, konnte man sie ebenso gut hinzusetzen. Die Argumentation war nachvollziehbar, barg aber die Gefahr, Kontroversen hervorzurufen, denn FitzRoy hatte für diese Entscheidung keine Erlaubnis erhalten. Eine triviale Angelegenheit, möchte man meinen, aber in Wirklichkeit war dem nicht so. Denn zum ersten Mal in der Geschichte lieferte FitzRoy damit wissenschaftlich fundierte Wetterprognosen von amtlicher Seite. Das lief auf ein wissenschaftliches Experimentieren in aller Öffentlichkeit hinaus, weil es für die Aufstellung der Prognosen kein theoretisches Gerüst gab, für die Wahrscheinlichkeit der Richtigkeit einer Vorhersage keinerlei Erfahrungswerte, und zudem hatte die Sache keine behördliche Unterstützung – wirklich ein gewagter Schritt. In Greenwich hatte Airy unmissverständlich jede Art von Vorhersage untersagt. Nun tat FitzRoy das genaue Gegenteil.

Recht bald war er darum bemüht, zumindest in begrifflicher und philosophischer Hinsicht die Verwirrung, die diese Ankündigungen ausgelöst haben mochten, durch Prägung eines neuen Ausdrucks – *forecast*, Prognose – zu beheben. »Es handelt sich weder um Prophezeiungen noch um Vorhersagen. Der Begriff Prognose gilt allein für eine *Meinung*, die das Ergebnis wissenschaftlicher Kombination und Berechnung ist.« Bei jeder Gelegenheit hob er das hervor. »Wie Sturmsignale sind solche Mitteilungen über erwartetes schlechtes Wetter lediglich als *Warnung* zu verstehen, die voraussichtliche Störungen irgendwo über diesen Inseln anzeigen, ohne dass sie im Mindesten verbindlich wären oder willkürlich auf die Bewegungen von Schiffen oder Personen Einfluss zu nehmen suchten.«[18]

Ursprünglich waren Sturmwarnungen zum Nutzen von Seefahrern und Küstenbewohnern gedacht gewesen. Mit seinen Prognosen konnte nun jedermann von der Wetterkunde profitieren. Während FitzRoy den ganzen stürmischen Winter 1862/63 hindurch weiterhin seine Sturmwarnungen herausgab, wurden die Prognosen für die Leser der sechs Gazetten, die sie druckten, mehr und mehr zu einer beliebten Neuerung – für Geschäftsleute, die eine Tagesreise nach London unternahmen, nicht weniger als für Familien, die sich auf den Urlaub an der See vorbereiteten. Bei Freunden des Pferderennsports erfreuten sie sich ganz besonderer Beliebtheit, denn damit erhielten mondäne Rennbesucher Gelegenheit, ihre Garderobe rechtzeitig auf das Wetter einzurichten. Im Vorfeld des Derbys in Epsom im Juni 1862 schrieb *The Era* dazu: »Mit welchem Eifer wurde allenthalben die meteorologische Kolumne in der Tageszeitung studiert, in der Admiral Fitz-Roy die Wetterprognose bekannt gibt, und mit welcher Befriedigung stellten erfahrene Leser der Prognosen fest […], dass es ein bemerkenswert schöner Tag werden sollte und Regenschirme zu Haus gelassen werden konnten.«

Ein Artikel in der Wochenzeitung *Once a Week* kommentierte FitzRoys Erfolg: »In diesen Tagen neuer Theorien brauchen wir nicht erstaunt über den Aufstieg neuer Wissenschaften zu sein. Mindestens ein bis zwei von ihnen werden jedes Jahr durch Hypothese und Experiment aus der Taufe gehoben. Die Gesellschaftswissenschaft steckt noch in den Kinderschuhen, während die Ethnologie, die vergleichende Philologie und einige weitere kaum die Wiege verlassen haben. Die Meteorologie allerdings wächst heran wie ein junger Riese.« Der Artikel zitierte FitzRoys Erklärung, insgesamt 5500 Beobachtungsmonate aus den Logbüchern von 800 Handelsschiffen seien in seine Arbeit eingeflossen. Hinzu komme eine wachsende Menge von Daten aus anderen Quellen:

Die Leuchtturmwärter an unseren Küsten messen die Menge des Nebels, an vielen Orten registrieren selbsttätige Anemometer die Richtung des Windes, während ein paar einfache Berechnungen dessen Stärke zeigen. An unseren großen Sternwarten wird täglich die Menge des Taus verzeichnet, der Grad an Wärme oder Kälte sorgfältig festgestellt, der Ozongehalt der Atmosphäre bestimmt und die Elektrizität sowie der Magnetismus in Rechnung gestellt. Aus diesen Statistiken speist sich unsere junge Wissenschaft.

Noch größer jedoch, so fuhr der Bericht fort, sei die Bedeutung der Meteorologie als angewandte Wissenschaft. In diesem Zusammenhang wurden FitzRoys Prognosen gelobt, da sie nicht nur für Seeleute lebenswichtig seien – von sechsundfünfzig befragten Hafenmeistern, so der Artikel, unterstützten sechsundvierzig die Sturmwarnungen, sieben hätten »keine Meinung dazu« und nur drei waren nicht begeistert davon –, sondern immer mehr auch zu einem Bestandteil des Alltags würden.

Selbst einfache Menschen können, wenn sie einen Blick auf die öffentlichen Wetterberichte werfen, ihre Thermometer und Barometer konsultieren und ein Auge auf das Aussehen des Himmels haben, mit etwas Übung ganz leicht das Wetter zumindest einen Tag im Voraus vorhersagen. Wir dürfen also, bei diesem Wachstum der Meteorologie, spekulieren, dass Bauern der Gefahr von Hagel und Blitzschlag künftig so wenig Wert beimessen, dass sie sich dagegen nicht mehr versichern werden. Ja, selbst so vertraute Dinge wie Regenschirme und Galoschen werden allmählich vielleicht außer Dienst genommen und auch Regenmäntel in den Ruhestand geschickt.[19]

Ungefähr zu der Zeit, als der Artikel erschien, wurde FitzRoys Tochter Laura eines Sonntagmorgens an die Tür ihres Hauses am Onslow Square gerufen. Da sie ihre Eltern vom morgendlichen Gottesdienst zurückerwartete, nahm sie an, sie seien es, riss die Tür auf – und musste zu ihrer Verlegenheit feststellen, dass draußen die Boten der Königin warteten, »die gekommen waren, um sich im Hause des Admirals nach dem Wetterbericht und Sturmwarnungen für den folgenden Tag zu erkundigen, da Ihre Majestät die Absicht hatte, nach Osborne auf der Isle of Wight überzusetzen«.

FitzRoys Tochter erinnerte sich später gern an diese Szene zurück. Inzwischen hatte die Beschäftigung mit dem Wetter ihrem Vater sogar eine gewisse Berühmtheit eingetragen. Im März 1862 hatte er in der Royal Institution einen Vortrag über seine Prognosen gehalten, der so beifällig aufgenommen wurde, dass die *Morning Post* sich beklagte, er zerstöre die hergebrachten Vorstellungen von Wissenschaft. Das alte Sprichwort »so unbeständig wie der Wind ist, wie man uns sagt, kein zutreffender Vergleich mehr, denn die Winde werden von unumstößlichen Gesetzen bestimmt [...]. Einen Mann als ›wetterwendisch‹ zu bezeichnen, ist nicht länger ein Vorwurf, und der Verdacht, ein Minister hänge seine Fahne nach dem Wind, ist so unhaltbar, dass der Vorsitzende der Handelsbehörde inzwischen einen Stab von Staatsbeamten unterhält, deren erklärte Aufgabe es ist, ihm zu sagen, aus welcher Richtung der Wind weht.«[20] Am 8. November desselben Jahres hatte FitzRoy mit seinen Prognosen dann sogar seinen ersten Auftritt in der satirischen Wochenzeitung *Punch*. Unter der Überschrift »Der Sturm kommt« hieß es dort: »Da Admiral FitzRoy, der neue Beamte für das Wetter, das Eintreffen des jüngsten Sturms mit so weithin sichtbarem Erfolg prophezeit hat, ist es nur recht und billig, ihn hinfort allgemein als den Ersten Admiral des Blasens zu bezeichnen.«

FitzRoy war es recht, wenn er so gesehen wurde: als Wegbereiter, der anderen half und sein Talent für humanitäre Belange einsetzte. Angesichts der Ausdehnung des Aufgabenbereichs seiner Behörde waren weitere Mitarbeiter eingestellt und das Budget des Meteorologischen Amtes aufgestockt worden. Inzwischen waren zehn Beamte für ihn tätig, darunter auch seine erfahrenen Assistenten Babington und Pattrickson. Längst waren die Beschäftigung mit Windkarten und die Ausgabe von Messinstrumenten nur noch von untergeordneter Bedeutung. Der größte Teil der Zeit und der Ressourcen des Amtes wurde auf die Auswertung des Datenmaterials verwendet. Ohne Frage erfüllte das Meteorologische Amt eine Aufgabe von großer Wichtigkeit, und FitzRoy, stets der Praktiker, war voller Ideen und Pläne. »Steine mögen behauen und Ziegel angehäuft werden, aber wenn man beim Aufbau eines Gebäudes kein Ziel vor Augen hat, wie unbefriedigend muss die elende Plackerei dem Geist dann sein, und wenn sie auch vom wissenschaftlichen Vertrauen in künftige Ergebnisse getragen sein mag.« Niemand konnte im Ernst von ihm erwarten, sich mit der Rolle des »Statistikers«[21] zufriedenzugeben.

Der Schlüssel zum Erfolg des ganzen Unternehmens war der elektrische Telegraf. In den 1850er-Jahren war das Telegrafennetz von konkurrierenden privaten Gesellschaften immer weiter über Großbritannien und Irland ausgedehnt worden. Die ganze Vielfalt des britischen Wetters – eine frische Brise über Loch Lomond, böige Regenschauer vor Scarborough, Sonnenschein in Lowestoft oder blauer Himmel über Penzance – wurde dort in Zahlen verwandelt und anschließend in Sekundenschnelle an das Amt in der Parliament Street gekabelt. Pünktlich um neun Uhr morgens wurde abgelesen, gegen zehn lagen bereits dreißig bis vierzig Telegramme in der Empfangsstelle vor, und das an jedem Tag mit Ausnahme des Sonntags. In London wurden die Daten gelesen, vereinheitlicht, korrigiert, Irrtümer ausgeschieden und das Ganze in vorbereitete Formulare eingetragen, die FitzRoy zur Auswertung vorgelegt wurden. Gegen elf waren die Berichte fertig und gingen per Boten an *The Times*, um in der Mittagsausgabe zu erscheinen. Auch an Lloyd's, die *Shipping Gazette*, die Handelsbehörde und die Horse Guards wurden die Berichte verschickt. Am Nachmittag dann ging ein zweiter Schwung von Berichten und Prognosen an die Abendzeitungen, und während weiterhin immer neue Daten im Amt eintrafen, wurde eine letzte Runde von Berichten abgefasst und unmittelbar vor Dienstschluss um 17 Uhr an die Presse versandt, um in den Frühausgaben zu erscheinen. Das Ganze funktionierte reibungslos wie ein Uhrwerk, und FitzRoy war stolz darauf: »Diese Warnmeldungen werden so rasch übermittelt, dass sie überall an den Küsten, bereits eine halbe Stunde nachdem sie London verlassen haben, gezeigt werden.«[22]

Aus dem Nichts aufgebaut, war das System eine phänomenale organisatorische Leistung. FitzRoy hatte dazu das Vereinigte Königreich in sechs geografische Sektoren aufgeteilt: Schottland, Irland, Mittlerer Westen, Südwesten, Südosten und Ostküste. Für jede dieser Regionen wurden eigene Berichte und Prognosen erstellt, um die Sturmwarnungen genauer gestalten zu können. Auch sprachliche Probleme waren dabei zu lösen gewesen. »Da der in einer Zeitung verfügbare Raum begrenzt ist«, erklärte er, »und da manche Wörter von verschiedenen Menschen in *unterschiedlichem Sinne* benutzt werden, wird größte Sorge getragen, nur solche für diese kurzen, allgemeinen und doch ausreichend eindeutigen Sätze auszuwählen, die diesen Zweck befriedigend erfüllen.« Ein Problem, wie es ganz nach dem Geschmack von Francis Beaufort gewesen wäre.

FitzRoy war ehrgeizig, aber keineswegs blind für auftretende Schwierigkeiten. So waren die Meinungen über die ratsame Reaktion auf eine Sturmwarnung geteilt. Sollten die Schiffe im Hafen bleiben, sobald die Sturmtonnen aufgezogen wurden? »Sollten Fischer und Küstenschiffer müßig warten und Gelegenheiten verpassen?«, fragte er sich. »Keineswegs. Was die Warnsignale bedeuten, ist lediglich: ›Achtung! Seid auf der Hut.‹« Es war ein schwieriger Balanceakt. FitzRoys Pflicht war es, Warnungen auszusprechen, aber er trug nicht die volle Verantwortung dafür. Um das zu verdeutlichen, versuchte er, den Standpunkt eines wohlwollenden Zuschauers einzunehmen. Sturmwarnungen und Prognosen, so erläuterte er, seien in erster Linie eine Sache des Vertrauens. Statt Vorschriften zu machen, wolle er informieren und Verantwortung delegieren, in der Hoffnung, dass die Leute irgendwann seinem Urteil vertrauen würden. Dabei dachte er an eine der Fabeln Äsops, »Der Hirtenjunge und der Wolf«. »Man sollte Vorsicht walten lassen und nicht zu häufig oder zu ausgiebig warnen, damit der Warnruf ›Wolf!‹ nicht irgendwann auf taube Ohren stößt. Andererseits ist es besser, man riskiert, es gelegentlich zu übertreiben, damit nicht zuletzt die Gefahr ohne Warnung eintritt, welchem Fehler *Menschenleben* zum Opfer fallen können.«

Bei manchen Gelegenheiten funktionierten die Sturmwarnungen. Bei anderen erwiesen sie sich als falsch. Die täglichen Prognosen wurden zu einem Problem. Am 11. April 1862 berichtete *The Times*:

> Die Öffentlichkeit hat nicht versäumt, mit Interesse und, wie wir fürchten, einer gewissen Schadenfreude zu bemerken, dass wir es uns inzwischen an jedem Morgen angelegen sein lassen, das Wetter für die kommenden zwei Tage vorherzusagen. Den gelegentlichen Erfolg dabei wollen wir uns nicht als Verdienst anrechnen lassen, weisen aber auch jede Verantwortung für die nur allzu häufigen Fehler zurück, die mit solchen Voraussagen verbunden sind. In der letzten Woche scheint die Natur sich einen besonderen Spaß daraus gemacht zu haben, die Vermutungen der Wissenschaft über den Haufen zu werfen.[23]

Die Wortwahl war bezeichnend. Trafen die Prognosen ein, wurden sie als Triumph der Wissenschaft gefeiert. Taten sie es nicht, waren sie nicht mehr als Prophezeiungen und Voraussagen. Und je nachdem, galt FitzRoy mal als kühn, mal als tollkühn, mal als Visionär, mal als Narr, mal als Wohltäter, mal als Sturmprophet.

Um seine Kritiker zu überzeugen, strengte sich FitzRoy noch mehr an. »Mögen unsere Schlüsse sich als unzutreffend erweisen und unser Urteil als irrig, so ist doch gewiss, dass die Gesetze der Natur und die Zeichen, die sie dem Menschen gibt, unfehlbar wahr sind. Woran es mangelt, ist deren richtige Deutung«, stellte er dazu fest.[24] Ein hoher Anspruch, denn Wissenschaft im öffentlichen Raum, als Spektakel, hatte zwar seit den Experimentalvorlesungen von Humphry Davy und den Weihnachtsvorlesungen von Michael Faraday an der Royal Institution Tradition, aber damals waren zuvor vielfach erprobte Experimente vorgeführt worden, von denen man wusste, dass sie gelangen. FitzRoy konnte das nicht wissen; was er tat, war – wie Morses Vorführungen des elektrischen Telegrafen – »Ad-hoc-Wissenschaft«: Jede neue Tagesprognose war ein neues Experiment. Ob es Erfolg hatte, war überhaupt nicht ausgemacht. Manche gewannen dabei mehr und mehr den Eindruck, FitzRoy folge blindlings einer verwegenen Vision – einer Vision, die das Vertrauen der Öffentlichkeit in die Wissenschaft auf die Probe stellte.

FitzRoy arbeitete unterdessen mit einer Zielstrebigkeit und in einem Tempo, dass es selbst seine Kollegen verblüffte. Im August 1862 begann er während eines Urlaubs in Brighton, sein enormes Wissen über das Wetter in einem Buch zusammenzufassen. Bereits im Dezember lag eine druckfertige erste Fassung mit dem Titel *The Weather Book: a manual of practical meteorology* (Das Buch vom Wetter: Handbuch der praktischen Meteorologie) vor – eine intellektuelle Tour de Force. Auch wenn er auf eine ganze Reihe zuvor veröffentlichter Aufsätze zurückgriff, hatte er die Hälfte der rund 450 Seiten neu geschrieben. Angesichts der mühevollen, langwierigen Arbeit am Manuskript seines Reiseberichts fünfundzwanzig Jahre zuvor rieben sich Freunde verwundert die Augen, und einer von ihnen schrieb Darwin, er habe FitzRoy getroffen, »der dabei war, sein Buch fertigzustellen, wie er mir sagte, und abgespannt aussah, als nähme ihn die Arbeit ganz in Anspruch«.[25] Doch der Aufwand lohnte sich, und FitzRoy schickte Exemplare an die Royal Society und an Herschel mit der Bemerkung, er habe das Buch in seinen »sogenannten Ferien«[26] geschrieben.

The Weather Book war ein verständlich geschriebenes Werk der Wissenschaft. Nach dem Vorbild von Reid und Piddington hatte sich FitzRoy zum Ziel gesetzt, allen Lesern von Nutzen zu sein. Er kombinierte darin seine beiden Hauptthemen: aufmerksame Beobachtung und wissenschaftliche Theorie. Immer wieder hebt er hervor, dass eine einfache Verbindung dieser beiden es jedermann ermögliche, das Wetter vorherzusagen. Sein Stil ist klar, exakt und praxisorientiert:

> Die vermutlich löbliche Sorge, meteorologische Beobachtungen so korrekt und systematisch wie möglich anzustellen und aufzuzeichnen, hat zu der herrschenden Vorstellung geführt, dass es dabei vor allem auf *äußerste Präzision* ankomme und dass so viele Beobachtungen wie möglich angestellt werden sollten. Das sollte in Observatorien zweifellos der Fall sein, aber alle Orte, alle Beobachter und alle Aspekte der Zeit, des Klimas und der Umstände gleich zu behandeln und von jedem eine gleichartige Form der Aufzeichnung zu verlangen hieße in der Tat, alle in ein Prokrustesbett zu zwängen, und die Verwendung sehr empfindlicher Instrumente dabei käme wohl dem Schneiden von Wolle mit einem Rasiermesser gleich.[27]

Ein Glaisher, der Wolle vermutlich wirklich mit dem Rasiermesser schnitt, hätte so etwas nie im Leben geschrieben. *The Weather Book* behandelt der Reihe nach Themen wie Messinstrumente, Wetterweisheiten, den Fortschritt der Meteorologie, einen Abriss der verschiedenen Klimazonen auf der Erde, die Zusammensetzung der Atmosphäre und FitzRoys Vorhersagemethoden.

In einem der aufschlussreichsten Kapitel gegen Ende des Buches gestattet sich FitzRoy eine Reflexion über seine eigenen Erfahrungen. Dabei wird er autobiografisch. Unverkennbar der Schiffsoffizier, beschreibt er zum Beispiel einen Blitzschlag vor Korfu, den er bemerkenswert fand, weil der Blitz aus dem Wasser zu kommen schien statt vom Himmel. Auch seinem ersten Pampero im Jahr 1829 widmet er eine Reminiszenz, ebenso wie dem unsäglichen Kapitän Cable auf der Heimreise von Neuseeland. Keine dieser Erinnerungen allerdings ist so fesselnd wie seine Beschreibung eines elektrischen Sturms vor La Plata um 1830:

In keinem Teil der Welt gibt es zu gewissen Zeiten des Jahres mehr Blitze. Auf See vor La Plata an Bord der *HMS Thetis* schien der ganze Himmel (bei einer Gelegenheit) wie eine gewaltige Metallgießerei, so unablässig und vielgestalt zuckten die Blitze in jede Richtung, *selbst von der See nach oben.* Mehrfach schlug der Blitz ins *Wasser* zwischen diesem Schiff und einem anderen in einer Meile Entfernung ein. Das ganze Firmament wurde davon erleuchtet, auch wenn schwarze Wolken sämtliche Sterne verhüllten. Einen grandioseren Anblick hat der Verfasser nie gesehen. Zeitweilig ging dabei viel Regen nieder. Keines der beiden Schiffe wurde vom Blitz getroffen, obwohl die wild gezackten Blitzstrahlen während der ungefähr drei Stunden dieser illuminierten Finsternis von 21 Uhr bis Mitternacht aus jeder Richtung ins Wasser einschlugen.[28]

FitzRoy hing an diesen Erinnerungen lang vergangener Zeiten. Wie Beaufort, Constable oder Glaisher hatte ihn das Jugenderlebnis der Schicksalsgewalt der Natur tief beeindruckt, und auch später faszinierte ihn das Wetter immer wieder. Am 10. März 1863 ging er durch die in Nebel gehüllten Straßen Londons, und kaum hatte er sein Büro betreten, ergriff er eine Feder und schrieb seinem Freund, dem Chemiker John Hall Gladstone:

> Lieber Dr. Gladstone,
> ich wünschte, Sie wären heute Morgen hier gewesen. Noch nie bin ich bei Tag von einem so schweren, ungewöhnlichen Nebel ins Dunkel gehüllt worden. Er war von prachtvoller Farbe – Rotgelb – und von einer Konsistenz wie Erbsensuppe. Da Kohlenstoff so gesund ist, wird mir diese morgendliche Dosis gewiss guttun.[29]

The Weather Book erhielt wohlwollende Rezensionen. Vielleicht am überschwänglichsten äußerte sich das *Eclectic Magazine*: »Nur wenige Menschen haben mit so wenig Anmaßung so viel Gutes getan wie Konteradmiral FitzRoy, auf dessen Wetterprognosen man überall an unseren Küsten gespannt wartet.« Dann folgte ein Abschnitt, der dem »wissenschaftlichen Seemann« FitzRoy bestimmt gefallen hat:

> In der Klasse der Ungebildeten mag Admiral FitzRoy die Behandlung erfahren haben, die man dort regelmäßig Wohltätern zukommen lässt, wenn sie aus der Gleichmütigkeit ihrer Trägheit gerissen oder in der Ruhe ihrer Faulheit gestört werden, aber das von uns zitierte wissenschaftliche Journal spricht die Wahrheit, wenn es sagt: »Die Wissenschaft, deren Apostel dieser ausgezeichnete Mann trotz allem Sarkasmus ist, steckt noch in den Kinderschuhen. Niemand gibt das bereitwilliger zu als er selbst.

Sie mag uns bisweilen täuschen – daran besteht kein Zweifel –, aber wir dürfen hoffen, dass eine Zeit kommen wird, wenn sie mit vollkommener Sicherheit sprechen wird. Selbst heute schon, wenn Admiral FitzRoy in den Häfen sein Alarmsignal hissen lässt, ist ein Sturm wahrscheinlich, und die Vorsicht gebietet kleinen oder schwächeren Schiffen dann, sich nicht den Gefahren der Meere auszusetzen.«[30]

Der *London Intellectual Observer* hielt FitzRoys Handbuch für eine willkommene Ergänzung jeder wissenschaftlichen Bibliothek und drängte dessen Verlag, Longmans, »unverzüglich ein wohlfeiles *Weather Book*« herauszubringen. Weniger freundlich fiel eine Rezension im *Athenaeum* aus. Nachdem der Rezensent (FitzRoy mag seine Identität erraten haben) zunächst »Eifer und Energie« des Verfassers gelobt hatte, ging er zum Angriff über: Der Stil sei »eher weitschweifig«, und, wichtiger noch, der Verfasser unterlasse es,

die Fakten zu nennen, derer die Meteorologen am meisten bedürfen. Es ist ein Fehler eines Buches, dessen erklärte Absicht es ist, die Grundlagen einer neuen experimentellen Wissenschaft zu legen, dass es sich im Wesentlichen damit befasst, Folgerungen aus unbewiesenen Hypothesen abzuleiten, statt durch strenge Induktionen von beobachteten Fakten mit Sorgfalt Axiome aufzustellen. Viele unter denen, welche die Tag für Tag in den Zeitungen veröffentlichten Wettertabellen nicht studieren, mögen Admiral FitzRoys Behauptungen Glauben schenken, weil sie der Meinung sind, seine Prognosen seien im Allgemeinen zutreffend und legten damit verlässliches Zeugnis von der Richtigkeit seiner Theorien ab. Wir teilen ihre Meinung nicht, sondern sind mit Bedacht der genau entgegengesetzten Ansicht, dass seinen Spekulationen *prima facie* mit Misstrauen zu begegnen ist, weil wir seine Wetter-Prophezeiungen ganz besonders unglücklich finden.[31]

Die Rezension war der letzte Beitrag in einer Reihe kritischer Artikel, die im *Athenaeum* erschienen waren, ein Periodikum, das häufig Artikel des Londoner Wissenschaftlers und Publizisten Francis Galton veröffentlichte. Obgleich der Beitrag keinen Verfasser auswies, war Galtons Stil kaum zu verkennen.

In Paris wurden FitzRoys Anstrengungen von Le Verrier argwöhnisch verfolgt. Während die Briten seit drei Jahren Sturmwarnungen und Prognosen herausgaben, beschränkte man sich in Frankreich auf Wetterberichte und Prognosen für Einzelpersonen wie etwa die für den berühmten Fotografen Nadar am Tag eines geplanten Ballonaufstiegs. Auf der anderen Seite des Atlantiks war die ursprünglich so schwungvoll begonnene meteorologische Arbeit von Joseph Henry an der Smithsonian Institution durch den Bürgerkrieg zum Stillstand gekommen. Im Jahr 1863 waren das Vereinigte Königreich mit FitzRoy und die Niederlande mit Ballot die Vorreiter der angewandten Meteorologie. Le Verrier beabsichtigte, das zu ändern.

Gerüchte über ein französisches Sturmwarnsystem waren seit Längerem im Umlauf, und 1863 wurde es durch die Arbeit von Hippolyte Marié-Davy auch tatsächlich umgesetzt. Marié-Davy war Professor am Lycée Bonaparte in Paris und 1862 von Le Verrier für das Pariser Observatorium gewonnen worden. Er war intelligent und fleißig, und irgendwie gelang es ihm, mit Le Verrier auszukommen. Im August 1863 nahm unter seiner Leitung ein Sturmwarnsystem ähnlich dem britischen seine Arbeit auf: der Service météorologique international (Internationaler Wetterdienst). Tag und Nacht hatte Marié-Davy dafür die telegrafisch eingehenden Wetterdaten ausgewertet; ab dem Herbst 1863 schließlich veröffentlichte er seine eigenen Sturmwarnungen.

So schien es Ende 1863, als folgte ganz Europa der Führung FitzRoys. Aufgrund des Einflusses, den Le Verrier als Leiter des *Bulletin météorologique* hatte, schien es durchaus möglich, dass sich andere Länder – Portugal, Spanien, Italien, Deutschland und Russland – ihm anschließen würden. FitzRoy musste das als enorm befriedigende Bestätigung seiner jahrelangen unermüdlichen Anstrengungen erscheinen. Doch zu Hause in Großbritannien wuchs der Widerstand. Und erneut sollte ihm dabei ein Enkel von Erasmus Darwin die größten Schwierigkeiten bereiten.

Kapitel 11

Schlüsse

*I*m Oktober 1863 brachte die *Westminster Review* eine Rezension eines neu erschienenen Buches von Francis Galton.
Galtons *Meteorographica* war der *Review* wegen seines ungewöhnlichen Ansatzes aufgefallen, meteorologische Daten mithilfe neuartiger Druckverfahren auf Karten darzustellen. »Herrn
Galtons Werk ist gleichermaßen interessant und akribisch, und
es gelingt ihm darin zu zeigen, auf welche Weise sich meteorologische Karten für eine Veröffentlichung aufbereiten lassen«,
stellte der Rezensent fest. »Es steht zu hoffen, dass sein Werk den
Wunsch des Verfassers zu erfüllen vermag, das Meteorologische
Amt der Handelsbehörde dazu zu bewegen, dieser wichtigen Angelegenheit seine Aufmerksamkeit zuzuwenden.«[1]

FitzRoy konnte gar nicht umhin, Galtons jüngste Veröffentlichung zur Kenntnis zu nehmen. Die beiden verkehrten in denselben Kreisen der Londoner Gesellschaft, und unter den dorti-
gen Wissenschaftlern waren Galtons meteorologische Theorien
seit Längerem bekannt – Theorien, die sich nicht immer mit denen FitzRoys deckten. Galton war damals einundvierzig Jahre
alt, introvertiert, schlau und mit einer gesunden Portion Respekt-
losigkeit gegenüber etablierten Autoritäten ausgestattet, was ihn
genau zu der Art von kritischem Widersacher machte, die Fitz-
Roy nicht gebrauchen konnte. Sein Großvater war Erasmus Darwin gewesen, und Charles war ein Vetter zweiten Grades.

Unter den Enkeln Erasmus Darwins verfügte Galton über den schärfsten Verstand. Im Jahr 1822 in Birmingham geboren, hatte er schon als Kind Eindruck gemacht: Im Alter von nur einem Jahr beherrschte er bereits das lateinische Alphabet, sechs Monate später das griechische, und mit zweieinhalb hatte er sein erstes Buch gelesen. Mit vier ließ er an der hohen Meinung, die er von sich selbst hatte, keinen Zweifel:

> Ich bin vier Jahre alt und kann jedes englische Buch lesen. Ich kann alle lateinischen Substantive, Adjektive und aktiven Verben sowie 52 Verse lateinischer Dichtung auswendig aufsagen. Ich kann jede Summe addieren und mit 2, 3, 4, 5, 6, 7, 8 und 10 multiplizieren. Ich kann auch die Pence-Tabelle aufsagen. Ich lese ein wenig Französisch und kann die Uhr.[2]

Mit achtzehn schrieb er, ihn habe »eine Leidenschaft fürs Reisen ergriffen, als wäre ich ein Zugvogel«, und folglich verbrachte er daraufhin mehrere Jahre in der Wildnis Südafrikas, wo er hungrigen Löwen entkam und Elefanten, weiße Rhinozerosse und Giraffen jagte. Im Jahr 1852 kehrte Galton als gefeierter Entdeckungsreisender nach Großbritannien zurück, um sich als Wissenschaftler einen Namen zu machen und dabei womöglich noch ein paar alte Dickhäuter zu erlegen. Die Royal Geographical Society, seine neue Machtbasis, verlieh ihm 1853 die Goldmedaille für seine Expeditionen im südlichen Afrika und wählte ihn ein Jahr später in den Rat der Gesellschaft, dem auch Beaufort angehörte. Hier muss Galton auch FitzRoy zum ersten Mal begegnet sein. Ursprünglich verkehrten die beiden auf freundschaftlichem Fuß; FitzRoy war 1859 sogar einer der Unterzeichner des Antrags zur Aufnahme von Galton in die Royal Society.[3]

Zu diesem Zeitpunkt galt Galton unter britischen Nachwuchswissenschaftlern bereits als ein wenn auch eigenwilliger Hoffnungsträger. In der Regel arbeitete er allein und beschäftigte sich mit Erfindungen und Problemen mathematischer Art. Oft waren seine Forschungsinteressen skurril, etwa als er 1859 nach der Formel für die ideale Tasse Tee suchte. Nachdem er einen Teekessel zu Versuchszwecken mit einem Thermometer versehen hatte, untersuchte er folgende Variablen: *n (number)* für die Anzahl der verwendeten Unzen Wasser, *e (excess)* für den Temperaturüberschuss des Wassers gegenüber dem Kessel, *t* für den Temperaturanstieg im Kessel, nachdem das Wasser eingefüllt worden ist, und *C (capacity)* für die erforderliche Aufnahmekapazität. Nach eingehenden Forschungen fand er für die ideale Tasse Tee die Formel: $C + ne = (C + n)t$.[4] Glaisher wäre von dieser Art wissenschaftlicher Akribie hingerissen gewesen. Bei anderer Gelegenheit berechnete Galton die Gesamtsumme der bekannten Goldvorräte auf der Welt und fand heraus, dass sie in sein Wohnzimmer gepasst hätten und ihm dann noch 94 Kubikfuß freien Raumes geblieben wären. Ein scharfsinniger Essay, den er in späteren Jahren schrieb, trug den Titel: »Das Schneiden eines runden Kuchens nach wissenschaftlichen Grundsätzen«. Wollte man Galtons Philosophie auf ein Motto reduzieren, dann müsste es lauten: »Zähle, wann immer du kannst.«

Galton war gern an der frischen Luft, und seine meteorologische Initiation lässt sich vielleicht auf eine seiner Wanderungen zurückführen, die er 1860 bei Luchon in den Pyrenäen unternahm. Weil er unbedingt seinen neuen Schlafsack aus Schaffell ausprobieren wollte, ließ er seine Frau im Hotel zurück und wanderte in die Berge, um die Nacht im Freien zu verbringen.

Ein schwerer Sturm braute sich zusammen, aber ehe es Nacht wurde und bevor der Sturm losbrach, fand ich ein gutes Plätzchen auf einem kleinen Berg gut 300 Meter oberhalb von Luchon, wo ich mich in meinen Schlafsack verkroch und ihn erwartete. Es hätte nicht dramatischer sein können. Die Gewitterwolken und Blitze standen unmittelbar über mir, und es goss in Strömen. Dann zogen sie weiter und sanken dabei ungefähr auf meine Höhe, und schließlich verschwand das ganze Unwetter unten im Tal, und ich lag unter einem sternenübersäten Firmament.[5]

Wie vor ihm Beaufort, FitzRoy oder Glaisher war Galton fasziniert von der Schönheit des Wetterschauspiels, und wie sie suchte er es von da an zu verstehen. An den meteorologischen Tabellen, die in den Zeitungen veröffentlicht wurden, störte ihn dabei zunächst, dass sie sich »dem Verstand des Lesers nicht zu einem Bild fügen«. Im *Philosophical Magazine* kündigte er deshalb 1861 an, er arbeite an einem neuen Verfahren, das »nicht Listen trockener Zahlen, sondern wirkliche Karten bietet, auf denen meteorologische Beobachtungen bildlich und grafisch dargestellt werden, ohne dass dies auf Kosten der Einzelheiten ginge«. Was Galton vorschwebte, war eine Wetterkarte. Meteorologen erstellten solche Karten seit den Tagen von Elias Loomis; Glaisher hatte 1849 welche für den eigenen Gebrauch angefertigt, Espy seine Jahresberichte damit illustriert, in der Smithsonian Institution wurde eine Wetterkarte in der Eingangshalle gezeigt, und auch FitzRoy und Le Verrier hatten sich solcher Karten privat bedient. Galtons Idee war also nicht neu. Ihm ging es vielmehr darum, die Wetterkarte aus der Abgeschlossenheit der Studierstube in die Öffentlichkeit zu tragen, sodass die Wettertafeln in den Tageszeitungen durch Wetterkarten ersetzt würden. In seinem Artikel für das *Philosophical Magazine* skizzierte Galton seine Pläne und fügte als beispielhafte Illustration eine Karte bei, die mit beweglichen Lettern gesetzt war. Die Wolken darin waren schraffiert, eine Reihe von Hufeisensymbolen gaben Windstärke und Windrichtung an, und die Temperaturen waren als Zahlen eingetragen.

So weit zufrieden, ging Galton als Nächstes daran, mit realen Daten bestückte Karten anzufertigen. Wie Loomis zuvor entschloss er sich, dafür einen relativ begrenzten historischen Zeitabschnitt detailliert auszuwerten. Seine Wahl fiel auf den Dezember 1861 mit seinen extremen Wetterereignissen, und er nahm sich vor, das meteorologische Geschehen dieses Monats für ganz Europa darzustellen. An diesem Punkt machte ihm FitzRoy erstmals Schwierigkeiten, denn als Galton ihn um das entsprechende Datenmaterial für diesen Monat bat, verhielt sich FitzRoy nicht gerade kooperativ. Das mochte daran liegen, dass FitzRoy in Galtons Plänen eine versteckte Kritik an seinen eigenen Methoden sah. Oder aber er hatte nach seinen Erfahrungen in der Vergangenheit einfach keine Lust, einem weiteren Mitglied des Darwin-Clans zu helfen. Aus dem Amt in der Parliament Street jedenfalls erhielt Galton keine Unterstützung, und auch andernorts hatte er nur mäßigen Erfolg. Auf ein Rundschreiben an alle führenden Sternwarten und Meteorologen Europas, das er auf Englisch, Französisch und Deutsch verfasste, hatte er von Buys Ballot aus den Niederlanden sowie aus Belgien ermutigende Antworten erhalten, doch in Frankreich, der Schweiz, Dänemark, Schweden, Italien und Irland stieß er auf taube Ohren. So war er darauf angewiesen, viel Zeit in die Auswertung von Zeitungsberichten und individuelle Anfragen zu investieren, um an die benötigten Daten zu kommen. Als er schließlich genug Material für den Untersuchungsmonat zusammengetragen hatte und es auf seine Karten-Prototypen eintrug, war er verblüfft.

Inzwischen gehörten Wirbelstürme unter dem Namen »Zyklon« längst zum fest etablierten Bestand der Wetterkunde. Nachdem Ferrel darüber hinaus den Coriolis-Effekt, also die Einwirkung der Erddrehung auf die Sturmbewegung, erklärt hatte, verstand man auch, weshalb Wind sich um ein Zentrum mit niedrigem Luftdruck drehte, wie bereits Redfield bemerkt hatte. Mehr noch, die Luft strömte auf diesen Mittelpunkt zu und wurde dort wie in einem Schornstein hinaufgetrieben, wie schon Espy erklärt hatte. Mit all diesen Theorien war Galton vertraut, und je mehr Daten er zusammentrug, desto besser konnte er erkennen, wo diese Zyklone über Europa hinweggefegt waren.

Er sah aber noch etwas anderes, das noch niemandem vor ihm aufgefallen war. Auf seiner Karte für den 2. Dezember 1861 hatte er nämlich ein Wettersystem eingetragen, das sich entgegengesetzt zu einem Zyklon zu verhalten schien. Anstatt dass die Winde sich konzentrisch auf einen Mittelpunkt tiefen Luftdrucks zubewegten, strebten sie von einem Punkt hohen Luftdrucks zentrifugal nach außen und bildeten damit »eine Art Antizyklon«, wie Galton es ausdrückte.

Ende 1862 legte Galton seine Beobachtungen in einem Aufsatz unter dem Titel »A Development of the Theory of Cyclones«[6] (Ausarbeitung zu einer Theorie der Zyklone) dar, den er Weihnachten an die Royal Society schickte. Der Text war ein Geniestreich scharfsinniger Beobachtung. Galton hatte damit die zweite der beiden Hauptkräfte definiert, die auf der Makroebene das Geschehen in der Atmosphäre bestimmen. Heute gelten Zyklone und Antizyklone als komplementäre Kräfte, die dazu beitragen, die Luft in einem globalen Zirkulationssystem zu bewegen. Während Zyklone Luft in sich einsaugen und dann nach oben ausstoßen, blasen Antizyklone Luft nach außen und unten, wo die Luft wieder von Zyklonen angesaugt wird – ein endloses Wechselspiel, in dem die Luft hin und her bewegt wird. Galton war der Erste, der diese umfassende Vorstellung vom Geschehen in der Atmosphäre entwarf. In dem Aufsatz für die Royal Society veranschaulichte er seine Entdeckung mit einem Bild aus der Mechanik: Die beiden Kräfte verhielten sich wie zwei Gänge »und machen damit die Bewegungen des gesamten Systems zu einer harmonischen Wechselwirkung«. Nachdem Redfield, Reid, Piddington und FitzRoy Jahrzehnte gebraucht hatten, um die Zyklon-Theorie aufzustellen, war Galton das Gleiche für die Antizyklone in weniger als einem Jahr gelungen.

Zufrieden mit seiner Entdeckung, setzte Galton nunmehr seine Arbeit an den Dezember-Wetterkarten fort. Im Oktober 1863 trug die mühselige Arbeit Früchte: *Meteorographica* nannte er sein Werk, eine Kombination von Tabellen und Kurven meteorologischer Daten und dreiundneunzig Karten, die das Wetter auf dem europäischen Kontinent für jeden einzelnen Tag des Monats Dezember 1861 jeweils morgens, mittags und abends abbildeten. Regen, Schnee, wolkenloser Himmel beziehungsweise der Grad an Bewölkung an einem bestimmten Ort waren durch Symbole dargestellt, desgleichen der Luftdruck, die Temperatur und die Windrichtung. Nach zwei Jahren Arbeit führte er damit anschaulich den Beweis dafür, dass Wetterkarten sich dem breiten Publikum in einer lebendigen, leicht verständlichen Art vermitteln ließen. In der Einleitung zu seinem Buch ergriff Galton die Gelegenheit, um FitzRoy und seine täglichen Wetterberichte zu kritisieren, die er für »nicht zahlreich, ausführlich oder regelmäßig genug« hielt, »um eine zutreffende Kenntnis der Winde selbst der allgemeinsten Art zu liefern«.[7]

Damit hatte er noch zurückhaltend geäußert, was er wirklich dachte. Im Lauf der vergangenen zwei Jahre war seine Enttäuschung über FitzRoy stetig gewachsen. Er unterstellte ihm, Wetterdaten in großer Menge zu horten und keinen vernünftigen Gebrauch davon zu machen. Ein Blick auf seine Karten bestätigte ihm, wie wenig man vom Wetter wusste. Wenn Galton sich etwa eine von Le Verriers Wetterkarten anschaute, die im selben Herbst erstmals vom Pariser Observatorium veröffentlicht wurden, fiel ihm als Erstes die gewaltige Größe der Wettersysteme ins Auge. Der gesamte europäische Kontinent war zu klein, um eine einzige Phase des Wetters vollständig zu enthalten. Überall sah er Teile von Zyklonen, Antizyklonen, Wolkensystemen, Regengebieten, aber immer hatte er das Bedürfnis, über den Rand der Karte hinausblicken zu können, um festzustellen, was gleichzeitig über den Azoren oder der Ostsee vorging. Die »engen Grenzen dessen, was wirklich bekannt ist«, standen für ihn in krassem Gegensatz zum »kühnen Dogmatismus, wie er unter Meteorologen nur allzu üblich ist«.[8] Kaum einem konnte entgehen, dass Galton dabei FitzRoy und seine Prognosen im Auge hatte. Wie konnte FitzRoy es angesichts derart dürftiger theoretischer Kenntnisse und bei derart begrenztem Datenmaterial wagen, das Wetter vorherzusagen?

Bereits im Januar 1863 tauchten in den Leserbriefspalten der *Times* immer wieder Klagen über unzutreffende Prognosen auf. FitzRoy entschloss sich, persönlich darauf zu antworten, und verfasste eine versöhnliche, warmherzige, jede Schärfe vermeidende Erwiderung, die er als »der Wetterbeamte« unterzeichnete: »Ich muss kaum wiederholen, was so oft schon erläutert worden ist, dass nämlich die ›Prognosen‹ Ausdruck von Wahrscheinlichkeiten sind – und nicht unfehlbare Voraussagen.« Die Prognosen, so führte er weiter aus, seien der einzige »zuverlässige und zufriedenstellende« Weg, um vor Stürmen zu warnen, und im Lauf der Zeit habe sich ihre Zuverlässigkeit verbessert. »Es ist, wie ich gesagt habe, ein ›Wettlauf‹, um unsere Außenposten zu warnen, ehe der Sturm sie trifft, und das wird inzwischen allerdings oft erreicht. Noch vor einem Jahr wäre das nicht möglich gewesen, denn damals fehlte uns dazu das *savoir faire*.« Er schloss in humorvollem Ton:

Erlauben Sie mir, zum Abschluss dieses unfreiwilligen Schreibens hinzuzufügen, dass ungeachtet aller fairen oder unfairen Scherze oder der Kritik all jener, deren Hüte ruiniert wurden, weil sie ihren Schirm zu Hause gelassen haben, oder die aus vernünftigen Gründen anderer Meinung sind, »als gegenwärtig zum Ausdruck kommt«, der Wetterbeamte selbst, nach einem Leben der Praxis und des Studiums, die »Prognosen« mehr und mehr zu schätzen weiß als eine wissenschaftliche Grundlage, um die Tonne zu hissen.[9]

FitzRoys Brief wurde wohlwollend aufgenommen und rief sogar eine Verteidigung im Satiremagazin *Punch* hervor, nicht unbedingt ein naheliegender Verbündeter von Staatsbeamten, die in die Kritik geraten waren. Doch tatsächlich war die Situation komplizierter. Der Winter 1862/63 war für das Meteorologische Amt eine schwierige Saison gewesen. Und Wissenschaftlern bereitete FitzRoys Methode, oder sein Mangel an einer Methode, das meiste Kopfzerbrechen. Auch nach der Veröffentlichung seines *Weather Book* wussten viele noch immer nicht genau, wie die Prognosen zustande kamen. Wurden sie auf individueller Basis erstellt? Oder hatte FitzRoy ein einheitliches, wiederholbares Verfahren entwickelt?

Über theoretische Fragen herrschte unter Meteorologen nach wie vor kein Konsens. Und da es keine Methode gab, um eine Theorie mit Sicherheit als falsch auszuschließen, hielten Wetterkundler der unterschiedlichsten Couleur weiter an ihren altgewohnten Überzeugungen fest. FitzRoy musste wohl oder übel zwischen diesen verfeindeten Denkschulen lavieren. Sein *Weather Book* hatte ihn als Anhänger der Theorien von Reid und Redfield ausgewiesen, und er hatte sich darin die Ansichten von Dove zu eigen gemacht, aber darüber hinaus gab er sich zugeknöpft, was seine Methoden betraf, und berief sich, wie sein Brief an die *Times* zeigte, wenn nötig auf seine »praktische Lebenserfahrung«.

Ein typischer Angriff kam vom Londoner Korrespondenten des *Park Lane Express*, W. H. White. White hielt FitzRoy für den

König der Wetterpropheten, der alle Anhänger des Glaubens an ein vom Mond oder von den Planeten beeinflusstes Wetter aufgrund seiner Amtsstellung nur deshalb überflügelte, weil »landauf, landab staatliche Unterstützung und Protektion höheren Ortes« ihm den Rücken stärkte. Zwar räumte White ein, FitzRoy habe das Leben vieler »tapferer Seeleute« gerettet und den Verlust von viel Eigentum verhindert, aber seine Leistung werde dadurch geschmälert, dass er nicht »die geringste Ahnung« von einer einleuchtenden Methode habe.

> Wann immer es Gott also gefallen sollte, den Admiral aus dem Kreis der Menschen abzuberufen, wird die Theorie der Stürme mit ihm sterben, und anschließend werden die Menschen so unwissend sein, wie sie es waren, ehe der Admiral seine Laufbahn begann. Dieser Stand der Dinge ist bedauerlich, aber nichtsdestoweniger wahr. Viele der vom Admiral vorhergesagten Stürme sind überhaupt nicht aufgetreten, andere traten ohne jede Vorhersage ein, und das sind Tatsachen, die ganz klar belegen, dass diesem Verfahren der Vorhersage keine *Theorie* zugrunde liegt, auch wenn sein System viele bedeutende Ergebnisse gezeitigt hat – Ergebnisse, denen eine unbekannte und folglich unvorhergesehene Ursache zugrunde lag.[10]

Damit stand White nicht allein. Einer der entschiedensten und hartnäckigsten Kritiker FitzRoys war der Pamphletist »B«, ein bekennender Anhänger der Theorien Espys, der von Zyklonen nichts wissen wollte und FitzRoy immer wieder vorwarf, der »Zyklonenmanie« zu erliegen. Flugblatt um Flugblatt goss »B« seinen Hohn über FitzRoy aus und bediente sich dabei besonders gern bei Espys alten Polemiken. »Ich fürchte, Kapitän FitzRoy wird zur Wissenschaft der Meteorologie nicht viel beitragen, denn er kennt sich mit deren Elementen nicht aus. So stochert er, was den

Gegenstand des Wasserdampfs in der Luft betrifft, *völlig im Nebel*.«[11] Es wurde eines seiner Lieblingszitate, wenn »B« sich über FitzRoy mokierte. Wer sich in der Geschichte der Meteorologie auskannte, wusste natürlich, dass Espy derlei vernichtenden Spott über jeden geäußert hatte, der nicht seiner Meinung war, von Herschel bis Reid, aber in der Öffentlichkeit erschien FitzRoy damit allein als der ahnungslose, tölpelhafte Amateur, der es mit dem souveränen Meister der Theorie nicht aufzunehmen vermochte. Zusammengenommen verdeutlichen die Angriffe von White und »B« recht gut FitzRoys Dilemma. Ließ er sich über Theorie nicht aus, hagelte es Kritik, setzte er sich für eine Theorie ein, waren deren Gegner verschnupft.

FitzRoy hatte das seit Langem begriffen. In jüngster Zeit hatte er sich bemüht, seine Kritiker zu beschwichtigen, indem er sich selbst auf die Theorie verlegte. Im achtzehnten Kapitel seines *Weather Book* behandelte er physikalische Aspekte der Atmosphäre und stellte sein Konzept der »lunisolaren Wirkung« vor. Diese Idee ging unverkennbar auf FitzRoys Erfahrungen als Seemann zurück, der Tag und Nacht das Geschehen der Gezeiten beobachtet hatte. Die gleichen Prinzipien sah er nun auch in der Atmosphäre am Werk: »Wie auf Wasser und Land, so wirkt der Mond durch die allgemeine Gravitation auch auf jedes Luftteilchen«, schrieb er. »Daher müssen Sonne und Mond in der Erdatmosphäre Gezeiteneffekte hervorrufen, und deren Größenordnungen können im Verhältnis zu ihrer Tiefe und extremen Mobilität sehr groß sein.«[12] Bei der Suche nach einem allgemeinen Gesetz war FitzRoy bis ins 17. Jahrhundert zurückgegangen und hatte in der exakten Mathematik Newtons Anregungen gefunden. Die Idee war anspruchsvoll, und sie lieferte ihm ein eindrückliches Bild der unsichtbaren Atmosphäre:

Wenn die Welt sich um ihre Achse dreht, werden aufeinanderfolgende Wellen ausgelöst und vorangetrieben, sodass die Wirkung der einen bereits eintritt, ehe die der vorhergegangenen aufhört, und das Ergebnis davon ist eine *kontinuierliche Bewegung*: Ein stetiges Emporgehobenwerden der Atmosphäre wird vermieden durch ihr Überfließen zu beiden Seiten, in Ergänzung zur Wirkung der Sonnenwärme.[13]

Unterstützung suchte FitzRoy für seine Theorie bei Sir John Herschel zu gewinnen. Als er im Winter 1862/63 seine Überlegungen zur lunisolaren Wirkung zu einer Theorie auszuformulieren begann, überschüttete er seinen langjährigen Korrespondenten mit Fragen zu dem Thema. Am Weihnachtsabend 1862 schrieb er ihm: »Mögen Sie die Güte haben, alle früheren Kapitel meines Wetterbuches zu überspringen und einen Blick ins achtzehnte zu tun? Ich mag mir die Idee nicht aus dem Kopf schlagen, dass in dem neuen Teil mehr steckt als Unfug, solange Sie nicht Ihren Finger darauf gelegt [...] und solche Vorstellungen völlig verworfen haben.«[14] Dann wieder, am 10. März 1863: »Ich habe einen kurzen Aufsatz beigefügt – zum Teil mit Bezug auf mein 18. Kapitel, für das ich einen zusätzlichen Beweis anführe – und teile mit, dass es eine zweite, überarbeitete Auflage gibt, die Ihnen dieser Tage zugeht.« Und sechs Tage später: »Wären Sie nicht allein, würde ich zögern, Sie erneut mit dem Wust meiner Ideen zur lunisolaren Wirkung zu belästigen. Aber da ich das Gefühl habe, dass mein Manuskript (das ich Ihnen am Zehnten oder Zwölften geschickt habe) meine Ideen nur schlecht zum Ausdruck bringt, möchte ich Sie nun bitten, es zu verbrennen und durch beigefügten Aufsatz zu ersetzen.«[15]

Aber so eifrig FitzRoy sich auch bemühte, alle Anstrengungen blieben fruchtlos. Seine Ideen waren zu sehr vom alten »Lunarismus« beeinflusst, als dass Herschel damit etwas hätte zu tun haben wollen. Von Anfang an hielt er sie für nichts als einen Haufen unausgegorenen Unsinns, und schließlich schrieb er ihm das auch ganz unverblümt. FitzRoy hatte viele Qualitäten: Er war eifrig, clever, bahnbrechend, aufrichtig, praktisch und innovativ, auf seine Weise ein talentierter Organisator, der beseelt war von humanitären Motiven. Ein wissenschaftlicher Theoretiker jedoch war er ganz gewiss nicht. FitzRoy trug schwer an Herschels Urteil, aber er akzeptierte es. »Haben Sie herzlichen Dank für Ihre Stellungnahme«, antwortete er ihm. »Sie erspart es mir, mich durch einen Aufsatz bloßzustellen, den ich für die Royal Society zu schreiben beabsichtigte. Mein Buch zu ändern, ist es zu spät. Um Cäsars Urteil war es mir zu tun, nun bin ich zufrieden. Ich bin nicht geneigt, mich an eine andere Autorität zu wenden.«[16]

Nachdem sich seine Hoffnungen in die neue Theorie zerschlagen hatten, konzentrierte FitzRoy sich wieder auf die praktischen Fragen im Zusammenhang mit den Prognosen und Sturmwarnungen. Im Lauf der zurückliegenden drei Jahre waren die vom Parlament bewilligten Mittel zur Deckung der Kosten für die telegrafische Kommunikation drastisch gestiegen, von 3107 Pfund Sterling 1861 auf 5325 Pfund 1862 bis zu 7104 Pfund im Jahr 1864, was mehr als einer halben Million Pfund nach heutigem Wert entspricht. FitzRoy war der Ansicht, dass die dadurch geretteten Menschenleben diese staatlichen Ausgaben vollauf rechtfertigten, andere jedoch sahen sie mit wachsendem Unbehagen. Bei Einrichtung des Meteorologischen Amtes 1854 war argumentiert worden, die Windkarten würden zur Beschleunigung des britischen Seehandels führen und dem Land dadurch einen Nettogewinn eintragen. Nun jedoch, da immer weniger Zeit auf diese Karten verwendet wurde, während die Warnungen und Prognosen immer weitere Ressourcen beanspruchten, ohne von unmittelbarem finanziellem Nutzen zu sein, sah sich die Regierung in der kuriosen Situation, bei einer einfachen, ursprünglich profitorientierten Maßnahme draufzuzahlen. Einer, dem dieser Widerspruch auffiel, war Augustus Smith, der liberale Abgeordnete für den Wahlkreis Truro. Von Hause aus Anhänger des Freihandels, verfügte Smith als Geschäftsmann über ein untrügliches Auge für die Rentabilität eines Unternehmens – etwas, das FitzRoy völlig abging. Nach der erneuten Budgeterhöhung wurde Smith zu einem erklärten Gegner von FitzRoys Behörde: Im Mai 1864 argumentierte er im Parlament, dessen Prognosen taugten mit jedem Tag weniger, die Meteorologie sei bei Airy und Glaisher in Greenwich in kundigeren Händen, und die Franzosen betrieben eine erheblich wissenschaftlichere Einrichtung.

In einer Entgegnung auf Smith in der *Times* zeigte FitzRoy sich weniger diplomatisch als zuvor. So wies er in einem provokanten Schreiben an den Herausgeber, John Delane, darauf hin, dass sich die jüngsten Prognosen in statistischer Hinsicht deutlich verbessert hätten, dass das Meteorologische Amt ursprünglich nur deshalb eingerichtet worden war, weil Airy sich außerstande erklärt hatte, diese Arbeit auf sich zu nehmen, und dass der französische Wetterdienst tatsächlich nach dem Vorbild des britischen eingerichtet worden sei, was Smiths Behauptung, der französische sei besser, recht seltsam erscheinen lasse. Dann setzte FitzRoy noch eins drauf und schloss mit einer Spitze gegen Smith, zu dessen Geschäften auch die Konzession für die Häfen auf den Scilly-Inseln gehörte, wie FitzRoy wusste:

Mir wird berichtet, dass seit dem Beginn der Veröffentlichung unserer Wettermeldungen die Zahl der havarierten Schiffe im Westen Englands zurückgegangen ist und dass die ausgezeichneten Häfen auf den Scilly-Inseln seitdem viel seltener von Schiffen in Not angelaufen werden.[17]

Die Provokation war unübersehbar, und bereits am übernächsten Tag wies Smith FitzRoys »Andeutung« wütend zurück; sie schien ihm »ganz dem Geiste zu entsprechen, den der Admiral für gewöhnlich in seinem Denken und Tun zeigt; so beurteilt er natürlich andere nach seinen eigenen Maßstäben in derlei Angelegenheiten«.[18] Dabei ließen es die Kontrahenten bewenden – vorerst.

Außerhalb von Westminster war FitzRoy unterdessen zu einer notorischen Berühmtheit geworden, gleichsam als betriebe er ein teuflisches Spiel. Man kann darin die Anfänge unserer heutigen Einstellung zu Wetterprognosen erkennen, eine Mischung aus lieb gewonnener Vertrautheit und tiefem Misstrauen. Mitte der 1860er-Jahre kam der Reiz des Neuartigen noch hinzu. Im Oktober 1863 veröffentlichte W. G. Herdman in Liverpool ein Gedicht, »Aeolus Redivivus«, in dem FitzRoy die Hauptrollte spielte. Es begann ganz verträumt:

> I wish I was Admiral FitzRoy,
> Who up in the clouds calmly sits – high
> Ordering here, and ordering there
> The wind and the weather – foul and fair.[19]

> Ich wünschte, ich wäre Admiral FitzRoy,
> der hoch droben in den Wolken thront und dabei
> seine Befehle erteilt, frohgemut,
> dem Wind und dem Wetter – schlecht oder gut.

Herdman fuhr dann fort, FitzRoy im Himmel mit der Atmosphäre spielen zu lassen wie mit einer Armee von Zinnsoldaten. Vielen außerhalb der Kreise von Politik und Wissenschaft muss er damals so vorgekommen sein: als Pfuscher und Traumtänzer, der sprichwörtliche Jan Maat, den es nach Whitehall verschlagen hatte, wo er nun sein meteorologisches Spiel spielte, als wäre er Petrus persönlich.

FitzRoy wäre diese Vorstellung allerdings völlig abwegig erschienen, denn wie eh und je hielt er an seinem streng konservativen, evangelikalen Verständnis der Bibel fest. Nach wie vor glaubte er, durch wissenschaftliche Forschung zu spiritueller Erfüllung gelangen zu können. Für ihn gingen Frömmigkeit und wissenschaftliche Neugier Hand in Hand, statt einander ins Gehege zu kommen. Das hatte zu Zeiten eines Edgeworth, Beaufort oder Reid funktioniert, und lange Zeit funktionierte es auch für FitzRoy. Als er in seinem *Weather Book* über Glaishers Beobachtungen bei seinem Ballonaufstieg zu sprechen kam, geriet ihm der Text zu einer kleinen religiösen Meditation:

Alles durchdringend, allgegenwärtig, dem Menschen *noch* unverständlich, beinahe unumschränkt in seiner Macht, Schnelligkeit und Ausdehnung – und doch nur ein Werkzeug des Allmächtigen. Wahrhaftig wunderbar ist die Wirkung dieses dienstbaren Einflusses, wie er sich in diesen Formen studieren lässt, ebenso wie in anderen Verbindungen wie etwa dem Magnetismus und der Gravitation. Sie zeigen uns die Macht des Göttlichen, wie sie durch den Nebel der materialistischen Philosophie des Menschen aufscheint.[20]

Der »durch den Nebel« erhaschte Blick brachte die alte Anschauung auf den Punkt: Die Natur war das Prisma, durch welches sich Gottes Majestät und Mysterium erfahren ließen. Doch spätestens seit der Veröffentlichung von Darwins *Entstehung der Arten* war diese Weltanschauung ins Wanken geraten. Darwins sensationeller Beweis, dass Gott in der Natur praktisch keine Rolle spielte, stürzte viele Wissenschaftler in ein persönliches Dilemma. In der privaten Korrespondenz mit seinen Freunden Lyell und Hooker warf Darwin vielfach die Frage auf, wie weit die Leute ihm wohl zu folgen bereit wären. Die Antwort darauf fiel sehr unterschiedlich aus. John Herschel, John Stuart Mill und William Whewell etwa, drei der führenden Naturphilosophen ihrer Zeit, waren so ratlos angesichts von Darwins Thesen, dass sie öffentlich so gut wie nichts dazu verlauten ließen; privat allerdings bezeichnete Herschel die Theorie der natürlichen Auslese als das »Kraut-und-Rüben-Gesetz«[21]. Charles Kingsley, der Hofgeistliche von Königin Viktoria und Professor für Neue Geschichte an der Universität Cambridge, äußerte sich freimütiger über die Wirkung, die das Buch auf ihn hatte. An Darwin schrieb er: »Wenn Sie recht haben, werde ich viel von dem aufgeben müssen, was ich geglaubt & geschrieben habe.«[22] Noch forscher äußerte sich Francis Galton, der die Thesen seines Cousins als Befreiung empfand. In seiner Autobiografie bemerkte er dazu, dass mit der Veröffentlichung von *Entstehung der Arten* »ein neues Zeitalter in meiner eigenen geistigen Entwicklung sowie in der des menschlichen Denkens allgemein« begonnen habe. »Es riss auf einen Schlag eine Vielzahl dogmatischer Hindernisse ein und weckte den Geist der Rebellion gegen alle althergebrachten Autoritäten, deren unverbürgten Behauptungen durch die moderne Wissenschaft widersprochen wurde.«[23]

Im Gegensatz dazu schien FitzRoy fest in der Vergangenheit verankert. In religiösen Fragen hielt er an der buchstäblichen Richtigkeit der Heiligen Schrift fest. In seiner meteorologischen Arbeit tat er das Gegenteil, und so kam es, dass er einerseits nicht nur für das Studium, sondern sogar für die Vorhersage des Wetters eintrat, andererseits jedoch dem Glauben anhing, das Wetter sei das Werk der Vorsehung.

Dabei blieb die Frage nach Gottes Einfluss auf das Wetter ein heiß diskutiertes Thema. Erst 1860 hatte Bischof Wilberforce seinen Klerus angewiesen, vor der Ernte ein Gebet für trockenes, sonniges Wetter zu verlesen. In den beiden Jahrzehnten zuvor waren öffentliche Gebete gegen die Cholera, den Krimkrieg und den Indischen Aufstand gesprochen worden. Göttlichen Einfluss auf das Wetter geltend zu machen, ging allerdings noch einen Schritt weiter. Womöglich war das ein Schachzug von Wilberforce, durch den er die Kirche in der Auseinandersetzung mit Darwin zu verteidigen suchte. Auf jeden Fall löste Wilberforce damit eine Kontroverse aus. Charles Kingsley zum Beispiel reagierte vehement. Er verfasste eine Predigt, in der er Wilberforce den Vorwurf machte, die Bibel und Gottes Einfluss auf Naturereignisse absichtlich falsch darzustellen:

> Soll ich etwa, weil es hier zu lange geregnet hat, Gott darum bitten, den Lauf der Gezeiten zu ändern, die Gestalt der Kontinente, die Geschwindigkeit, mit der sich die Erde dreht, die Kraft, das Licht oder die Geschwindigkeit der Sonne und des Mondes? Denn um all das und nicht weniger bitte ich ihn, wenn ich ihn anflehe, den Himmel zu ändern, und sei es nur für einen einzigen Tag.[24]

Francis Galton nahm die Auseinandersetzung mit Interesse zur Kenntnis, da er selbst sich gerade mit einer ganz ähnlichen Frage beschäftigte. Von Haus aus kein Mann des schüchternen Respekts vor altehrwürdigen Einrichtungen und Ritualen, hatte er angefangen, sich mit der Praxis des Betens zu beschäftigen. Funktionierten Gebete? In gewohnt methodischer Weise ging er der Sache unter statistischem Blickwinkel auf den Grund. Seine Ausgangshypothese »Man fordert uns auf, besonderen Segen zu erbitten, geistlichen sowohl als weltlichen, weil wir ihn auf diese und nur auf diese Weise erlangen können«[25] bezog er unmittelbar aus *Smith's Dictionary of the Bible*. Dann überlegte er sich eine Methode, um diese Behauptung zu überprüfen. In einer Ausgabe des *Journal of the Statistical Society* entdeckte er eine Tabelle, in der die mittlere Lebenserwartung von Königen und Königinnen mit der von Angehörigen anderer Gesellschaftsschichten verglichen wurde. In seiner Analyse hob Galton hervor, dass es bei jedem Gottesdienst, unabhängig davon, ob protestantisch oder katholisch, üblich sei, für den Landesfürsten zu beten: »Gewähr ihm/ihr Gesundheit und langes Leben«. Wenn Beten funktionierte, so argumentierte Galton, dann müsste gerade ein derart gezieltes und beständiges Beten zu einem längeren Leben von Monarchen führen. Doch laut dem *Journal of the Statistical Society* war das nicht der Fall. Ein Mitglied des Königshauses lebte im Durchschnitt 64,04 Jahre, während Angehörige des Klerus, Anwälte, Ärzte und Aristokraten im Schnitt eher annähernd 70 Jahre alt wurden. Galton kam zu dem Schluss: »Souveräne sind unter all denen, die im Wohlstand leben, buchstäblich die kurzlebigsten. Das Beten ist folglich wirkungslos.«[26]

Zwar erblickte Galtons Aufsatz das Licht des Tages erst 1872, als er in der *Fortnightly Review* erschien und heftigen Widerspruch auslöste. Aber seine bloße Existenz ist bezeichnend. Hätte Galton einen ähnlichen Text drei Jahrhunderte früher geschrieben, wäre er dafür verbrannt worden. Zwei Jahrhunderte zuvor wäre er dafür ins Gefängnis gekommen und hundert Jahren zuvor in die Irrenanstalt. Nun jedoch fand ein derartiges Infragestellen der Macht und Lauterkeit von Religion Eingang in die zeitgenössischen Debatten. Galton schrieb nur, was viele andere dachten.

Das ganze Jahr 1863 hindurch setzte Glaisher seine Fahrten im Ballon mit immer größerer Regelmäßigkeit fort, sehr zur Freude der Presse, die mit Gusto über »des Herrn Glaishers« neunten, dreizehnten, fünfzehnten Ballonaufstieg berichtete. Seine Ambitionen als Aeronaut kannten offenbar keine Grenzen, aber manchen fing er an, damit auf die Nerven zu gehen. Im Juni erschien die erste Satire über ihn in *Punch*. Das Ballonfieber sei auch nicht besser, hieß es darin, als die neueste Manie für Untergrundbahnen. *Punch* nun enthüllte die bevorstehende Vereinigung der beiden Neuheiten: »Der vorgeschlagene Plan für eine Untergrund-Ballonbahn wird noch immer diskutiert.« Am 17. Oktober erschien eine ganze Reportage dazu, »The Sitific Count of MESSER-GLAISHERAROXWELL« (Die Wischiftliche Zählung der HERRNGLAISHERAROXWELL), eine köstliche Parodie. Der imaginäre Aufstieg startete »unter einem Bogen im Gaswerk der British Association«, doch binnen Kurzem war der Korb hoch genug gestiegen, um Glaisher mit seinen Messungen beginnen zu lassen.

Der Ballon befand sich in 200 005 Fuß Höhe über HM 59.3000, 1 Stunde Grund um 14 Uhr. Die Lufttemperatur betrug 0000000000000000000, etc., und Herr Coxwell schrumpfte auf zweieinhalb, als er schwankte und zu schneien ablehnte.

Die Aussicht zu diesem Zeitpunkt war wie riesige, harmonisch gruppierte Schwäne. Unten in der Ebene bewegten sich die Bäume mit großer Schnelligkeit, und nachdem wir HERRN COXWELLS Beulen befühlt hatten, wichen wir einem Bauernhaus aus und prallten auf den leichten Erdboden. Es war höchst schmerzhaft, bei Öffnung meiner Pakete darin die Trümmer des HERRN COXWELL ganz unverletzt zu finden. Was uns selbst angeht, trugen wir verschiedene Abschürfungen von der Größe des Äquinoktiums davon.

Wir gingen über Temple Bar nieder, sechs Meilen NW von –– Blackburn Esq., und unser größter Dank gilt dem Ballon, der in seiner vorzüglichen Gastfreundschaft seine Kutsche geschickt hatte, um uns an der Station abzuholen.[27]

Wie in jeder guten Satire steckte auch in dieser eine ernst gemeinte Frage: Was um Himmels willen sollte die ganze Ballonfahrerei? Weshalb wurde sie fortgesetzt, nachdem Glaisher das Dach der Welt erreicht hatte? Warum wurde die Öffentlichkeit mit diesen regelmäßigen Salven unverständlicher Statistiken bombardiert?

Dabei hatte Glaisher tatsächlich gute wissenschaftliche Gründe, um seine Ballonfahrten fortzusetzen. Bei einem Aufstieg im Süden Englands hatte er die »merkwürdige« Wolkenbildung am Himmel über der Themse beobachten können. »Die Wolken folgten dem Lauf des Stromes in all seinen Windungen, ohne davon abzuweichen«, was auf die Kraft der Wärmekonvektion schließen ließ. Überdies hatte er viele neue Daten zur Änderung der Temperatur in der Höhe gesammelt, desgleichen zur Anzahl gegensätzlicher Luftströmungen an einem Ort. Außerdem hatten seine Aufstiege in biologischer Hinsicht einige interessante Aufschlüsse über die Wirkung von »verdünnter Luft« (mit niedrigem Sauerstoffgehalt) auf den menschlichen Körper erbracht. Sein Ruhepuls von 76 Schlägen pro Minute stieg in einer Höhe von 3000 Metern auf 90 Schläge pro Minute und in noch größerer Höhe gar auf 110. Jenseits von 5000 Metern verfärbten sich seine Lippen blau, bei 5800 Metern waren seine Hände und Füße schwarzblau angelaufen. »In einer Höhe von vier Meilen [6400 Metern] klopfte mein Herz hörbar, und der Atem ward flach und matt.«[28]

Der wissenschaftliche Wert dieser Beobachtungen war beträchtlich, denn sie lieferten erste konkrete Anhaltspunkte für das Studium der Höhenkrankheit. Dem breiten Publikum war das allerdings nicht so leicht zu vermitteln. Zynischen Geistern mussten Glaishers Unternehmungen mindestens als Frivolität, wenn nicht als pure Eitelkeit erscheinen. Als durchsickerte, dass Glaisher bei seinem nächsten Aufstieg einen Hund und ein Kaninchenpaar mitnehmen wollte, war das für *Punch* ein gefundenes Fressen. Die Zeitschrift veröffentlichte einen angeblich von Glaishers

»aeronautischem Hund« geschriebenen Brief. Dieser »Terrier der Lüfte« war ein gelehrtes Tier, und aus seiner Perspektive stellte sich der Aufstieg als chaotisches Unternehmen dar. Vom Start an überfiel den Terrier der Lüfte eine unbändige Lust, die Kaninchen – »ein Paar von Dummköpfen« – aufzufressen, weshalb Glaisher und Coxwell alle Hände voll zu tun hatten, um sie getrennt zu halten. Gleich darauf begann der Terrier der Lüfte mit seinen Beobachtungen:

Um 14:45 Uhr nach GLAISHERS Uhr knurrte ich.

Um 14:46 Uhr nach derselben trat COXWELL mich.

Um 15:13 Uhr versuchte ich, GLAISHER in die Wade zu beißen, aber kam nicht ran.

Um 15:36 Uhr glaubte ich, den Mond zu sehen, und heulte.

Um 15:37 Uhr sagt COXWELL freundlich: »Treten Sie ihn!« GLAISHER ist ein alter Mann, aber auch ein weiser Mann, und ließ es bleiben. »Nein«, sagt er. »Lasst Hunde ruhig bellen und beißen und nach Belieben kratzen, heulen und reißen. Lasst Bären und Löwen tanzen und schnurren …« »Aber lasst den Hund nicht knurren!«, beendete COXWELL den Vers aus dem Stegreif.[29]

Für eine Idee oder ein Experiment ist Spott eine echte Bedrohung: Er kann ihm den Garaus machen, Unterstützung in Hohn umschlagen lassen. Wie Disraeli, Gladstone und der Italiener mit dem unverkennbaren Schnurrbart wurde Glaisher zu einer der Lieblingsfiguren von *Punch*, und FitzRoy, dem »Wetterbeamten«, erging es nicht besser.

Kürzlich hörten wir, wie Anfang Juni verschiedentlich vom Mai als dem »letzten Monat« gesprochen wurde. Wir fragten deshalb bei ADMIRAL FITZROY nach, der sogleich sein Barometer hervorzog, seinen Kegel hisste, seine Trommel schlug, selbst die Trompete blies und uns dann telegrafierte, dass Mai mitnichten der letzte Monat sei, sondern dass wir uns nun in einem anderen Monat befänden und dass es bis zum Ende des Jahres noch reichlich davon geben werde.[30]

Eine harmlose Neckerei, die aber nichts dazu beitrug, eine deprimierende Wahrheit zu verbergen: FitzRoy verlor mit jedem Tag an Autorität, und ein Leitartikel in der *Times* brachte das unmissverständlich zum Ausdruck. Der Text befasste sich mit FitzRoys jüngstem Jahresbericht, in dem er für seine Prognosen eine steigende Trefferrate reklamierte, doch der *Times*-Autor hatte seine Zweifel. Er begann mit einem Zitat von Aragos berühmter Warnung vor jeglicher Vorhersage, »ganz gleich, welchen Fortschritt die Wissenschaft macht«. Als Nächstes zog er die Wissenschaft selbst in Zweifel, denn, so seine Behauptung, nach wie vor seien die besten Anzeichen dafür, wie das Wetter werde, nicht die von Dove oder Reid angeführten, sondern die altbekannten Zeichen der Natur: ein Hof um den Mond, das Schreien von Eseln oder das Geschnatter der Enten. Dass es bessere Zeichen als diese gebe, davon, so fuhr der Artikel fort, müsse »Admiral FitzRoy die Öffentlichkeit erst noch überzeugen, und an dieser Aufgabe arbeitet er jahrein, jahraus mit löblicher Beflissenheit«.[31]

Als er den Artikel und das dürftige Lob darin las, muss FitzRoy geahnt haben, was ihm bevorstand. Oft kämen die Warnungen spät, oder der Wind blies aus der falschen Ecke, »aber es kann keinen Zweifel darüber geben: Wenn Admiral FitzRoy telegrafiert, wird mit ziemlicher Sicherheit etwas passieren, so oder so«. Auch was FitzRoys schriftliche Mitteilungen betraf, seien Verbesserungen sehr wünschenswert. Denn selbst für die gebildetsten unter seinen Lesern seien viele seiner erklärenden Sätze schlicht unverständlich. Der Verfasser pickte sich ein paar der fraglichen Passagen heraus, darunter eine – »Die Vorabkenntnis der dynamischen Folgen, die aus den statistischen Tatsachen hervorgehen, ermöglicht es, eine wirklich wissenschaftliche Berechnung der Wahrscheinlichkeiten vorzunehmen« –, die er als beispielhaft dafür anführte, »was wir als klar und grammatikalisch richtig zitieren können«. Noch lächerlicher jedoch sei FitzRoys undurchschaubare Metapher: »Fakten sind der Grund und Boden, Telegrafenleitungen die Wurzeln, das Zentralamt der Stamm; Prognosen sind die Äste und Warnsignale die Früchte dieses jüngsten Baumes der Erkenntnis.«[32] Dem Verfasser jedenfalls erschien dieses Bild nebulös und konfus und damit beinahe wie ein perfektes Abbild von FitzRoys Meteorologischem Amt selbst: pompös, ehrgeizig, überschätzt.

Diesmal kam keine Erwiderung von FitzRoy. Mit ihrer enormen Auflage war die *Times* die führende Stimme im geistigen Leben Großbritanniens. Zu erleben, wie das eigene Projekt, der eigene Schreibstil, die eigenen Ideen und Ambitionen auf diese Weise ins Lächerliche gezogen wurden, kam einer Demütigung gleich.

Die optimistischen Erwartungen, die seine Arbeit früher begleitet hatten, gehörten der Vergangenheit an. Im Herbst 1864 kürzte die Handelsbehörde den Etat seines Amtes, acht seiner wichtigsten Telegrafenstationen an der Südküste, in Wales und in Schottland fielen dem Rotstift zum Opfer. FitzRoy sah sich gezwungen, seine Vorhersagen mit weniger Datenmaterial als je zuvor zu erstellen. *Colburn's United Service Magazine* begann eine Reportage über das Meteorologische Amt mit einem wehmütigen Zitat von John Bunyan: »Vom Tor zum Glück ist es nur ein kurzer Weg zum Golf der Ratlosigkeit und des Chaos.«[33]

Ende 1865 wurde FitzRoy auserkoren, in den dritten Band einer Anthologie biografischer Kurzporträts bedeutender Persönlichkeiten aus Literatur, Wissenschaft und Kunst, *Portraits of Men of Eminence in Literature, Science and Art*, aufgenommen zu werden. Der Band bediente das Interesse des viktorianischen Publikums an biografischen Darstellungen, aber die eigentliche Attraktion waren die beigegebenen Illustrationen, Albumin-Fotografien der vorgestellten Persönlichkeiten. Der Gesellschaftsfotograf Ernest Edwards steuerte die eigens zu diesem Zweck aufgenommenen Porträtfotografien bei. Nach Faraday, Huxley und Thackeray waren für den dritten Band neben FitzRoy der renommierte Arktisfahrer Sir George Back und der noch berühmtere Schriftsteller und Linguist Richard Burton vorgesehen, dessen draufgängerische Reise nach Mekka, die er, als Moslem verkleidet, unternommen hatte, unvergessen war.

In eine Reihe mit derart hervorragenden Persönlichkeiten gestellt zu werden, muss für FitzRoy eine Genugtuung bedeutet haben. Doch das Porträt, das Edwards um die Jahreswende 1864/65 von ihm aufgenommen hat, spricht eine andere Sprache. FitzRoy sitzt kerzengerade auf einem Stuhl, die Arme vor der Brust verschränkt, und wirkt beinahe trotzig. Wenige Jahre zuvor noch war er auf einer Fotografie der London Stereoscopic & Photographic Company ganz anders erschienen: In seinem weiten Mantel und angetan mit einer Weste im Schachbrettmuster und einer Halsbinde, den Arm keck auf den Tisch gestützt, sah er aus wie der flotte Kapitän aus alten Tagen. Sein Gesicht war rund gewesen, und den Blick hielt er verträumt auf einen Punkt in weiter Ferne gerichtet, als wollte er seinen Backenbart zu bester Geltung bringen. Auf dem neuen Porträt hingegen wirkte sein Gesicht schmal und eingefallen, der Blick war glasig, das Haupthaar war einer Halbglatze gewichen, und wie er da in einem spartanisch eingerichteten Raum saß, ließ sich sein Unbehagen mit Händen greifen, so als wäre er hin und her gerissen zwischen Bedrücktheit und Sorge, Resignation und Panik.

Tatsächlich ging es ihm nicht gut. Mit neunundfünfzig Jahren spürte er die zunehmende Hinfälligkeit seines Körpers. Vorbei waren die Tage, als er auf Feuerland die Berge im Laufschritt erklomm. Erste Beschwerden hatten sich beim Schreiben des *Weather Book* bemerkbar gemacht. Nach Dienstschluss und oft bis tief in die Nacht daran arbeitend, war er an die Grenzen seiner gewohnten Ausdauer gestoßen. Wenn er las, nickte er mitunter bereits nach wenigen Minuten ein. »Vergeblich kämpfte er gegen diesen Drang an und versuchte alles, um ihm zu begegnen, aber es half nichts.«[34] Im August 1864 sah er sich gezwungen, eine längere Pause einzulegen. Einer seiner Freunde bemerkte, er sehe »ganz gebrochen und mager aus«. Sein Gehör ließ nach und, was noch schlimmer war, auch sein Sehvermögen. Gegenüber Herschel hatte er sich darüber beklagt, seine Tage mit »die Augen schädigendem Kleingedruckten«[35] zu verbringen. Inzwischen fiel es ihm schwer, überhaupt zu lesen. Die Veränderung seiner Handschrift legt beredtes Zeugnis davon ab. War sie einst die eines kühnen Schiffsoffiziers gewesen, mit eleganten Bögen, Schwüngen und Schnörkeln, war sie nun geradezu lächerlich groß, manchmal beinahe verkrampft, und man sieht förmlich, wie er die Feder aufs Papier presste.

Die *Portraits of Men of Eminence* hielten nicht ganz, was die Aufmachung der Bände versprach. Während die Fotos von Edwards alle mit großer Sorgfalt aufgenommen worden waren und auch angemessen reproduziert wurden, ließ sich das von den Texten nicht behaupten. In FitzRoys Fall war der Porträtierte selbst gebeten worden, eine Darstellung seines Lebens in der dritten Person zu schreiben. Überarbeitet und unter Zeitdruck stehend, griff er dazu auf seinen alten biografischen Abriss aus dem März 1852 zurück, strich viele Einzelheiten seiner Laufbahn zur See und ergänzte dafür Angaben zu seiner meteorologischen Arbeit. Die Einrichtung des Meteorologischen Amtes bezeichnete er »als ein Experiment« und beschrieb, wie sich die Institution vom »Sammeln, Ordnen und Ableiten von Ergebnissen meteorologischer Beobachtungen auf See« auf »das telegrafische System der Wetterwarnung oder Prognose« verlegt hatte. Dann schloss er seine kurze Autobiografie mit den folgenden Absätzen:

> Er hat sich bemüht, die wesentlichen Tatsachen und Schlussfolgerungen zu diesem einigermaßen schwierigen Gegenstand allen ernsthaft daran Interessierten verständlich zu machen. Wie sehr ihm das gelungen ist, lässt sich daran ablesen, in welchem Maß in allen Schichten, besonders aber den seefahrenden und meeresverbundenen, das Interesse an allen Dingen, die mit dem Wetter zu tun haben, gestiegen ist.
>
> Wie viele Leben und wie viel Eigentum bei Gelegenheit eines jeden der aufeinanderfolgenden Stürme an unseren Küsten, vor dem rechtzeitig mittels der Signaltonne, wenn nicht sogar durch die täglich in den meisten Tageszeitungen veröffentlichten Prognosen gewarnt wurde, gerettet worden sind, ist schwer abzuschätzen. Aber wir stellen fest, dass überall an den Küsten Englands und den angrenzenden Küstenstrichen ein allgemeines Vertrauen in die erfolgreichen Ergebnisse dieser Warnhinweise zum Ausdruck gebracht wird.[36]

Es waren die letzten öffentlichen Worte, die FitzRoy äußerte. Seine Freunde waren bereits in Sorge. Sie wussten, dass er kein Geld hatte, und fürchteten, dass er zu viel arbeitete und durch Kritik leicht aus der Fassung zu bringen war. Von *Punch* zu einer Witzfigur gemacht zu werden, war eine Sache, aber in der *Times* zum Abschuss freigegeben zu werden, etwas ganz anderes, zumal gerade dieses Blatt ihn ursprünglich unterstützt hatte.

Am 27. März 1865 nahm FitzRoy an einem Treffen der Royal Geographical Society teil, bei dem er um seine Meinung zu einer bevorstehenden Arktisexpedition gebeten wurde. Angeblich verließ er das Treffen in schlechter Stimmung, weil er sich vom Vorsitzenden Roderick Murchison zurückgesetzt fühlte. Überarbeitet und erschöpft nahm er Urlaub und überließ Babington derweil die Leitung des Amtes. Um dem Trubel der Großstadt und den ewigen gesellschaftlichen Verpflichtungen zu entgehen, zog er mit seiner Familie nach Upper Norwood im Süden Londons, »einem höchst gesunden Flecken, umgeben von wunderschön anzusehenden Hügeln und Tälern«, wo sie ein dreistöckiges Haus im georgianischen Stil bewohnten.

In den folgenden Wochen ging FitzRoy allem aus dem Weg, was mit Meteorologie zu tun hatte, und hütete das Bett. Erst Ende April besserte sich seine Stimmung allmählich. Am 23. April verließ er zum ersten Mal sein Haus in der Church Road, um in der zweihundert Schritt entfernten Kirche am Gottesdienst teilzunehmen. An diesem Wochenende fühlte er sich auch wohl genug, um mit einem Freund einen Ausflug zu unternehmen und seiner Tochter Laura im Garten beim Krocketspiel zuzusehen. Er schien Kräfte für seine Rückkehr zu sammeln. In der folgenden Woche fuhr er dreimal mit dem Zug nach London, einmal auch, um Babington in der Parliament Street aufzusuchen. Bei seiner Rückkehr war er jedes Mal am Boden zerstört.

Maria kannte dieses Verhaltensmuster längst. Inzwischen waren sie seit zehn Jahren verheiratet, und seit dem Beginn seines Zusammenbruchs hatte sie sich die ganze Zeit um ihn gekümmert und ein wachsames Auge auf ihn gehabt, während die Tage länger wurden.

Der Mai stand bevor, keine Jahreszeit für Stürme und die beste Gelegenheit, um zu entspannen. Aber FitzRoy war es nie leichtgefallen, sich zu entspannen. Irgendwann in der letzten Aprilwoche las er eine Meldung über die Ermordung von Präsident Lincoln im Ford's Theatre in Washington. Die Nachricht schien »von seinem ganzen Dasein Besitz zu ergreifen«.[37] Einige Tage später hörte er, dass Matthew Maury sich in London aufhielt. FitzRoy betrachtete Maury als Freund, allen ursprünglichen Bedenken zum Trotz. Aufmerksam hatte er die Berichte vom Bürgerkrieg verfolgt und sich gefragt, wie es Maury wohl ergehen mochte, der aufseiten der Konföderierten focht. Nun, da sie besiegt waren, schienen seine Zukunftsaussichten trüb, und FitzRoy machte sich große Sorgen um ihn. Wenn man Präsidenten erschoss, was konnte Maury dann zustoßen? Die Aussicht machte ihm Angst. »Denken Sie nur an den armen Maury, der kein Heim mehr hat; Frau und Kinder sind fort, und er weiß nicht, wohin.«[38]

Tagebuch von Maria FitzRoy

[Donnerstag, 27. April]
Als er gerade zu Bett gehen wollte, erhielt er einen Brief von Herrn Tremlett, der ihn und mich einlud, ihn von Sonntag auf Montag zu besuchen, um Hptm. Maury wiederzusehen. Das Billett schien ihn völlig aus der Fassung zu bringen; schwankend zwischen dem Verlangen, der Bitte nachzukommen, und seinem gerade erst geäußerten Wunsch, Ruhe zu halten. Natürlich hat er in dieser Nacht nicht gut geschlafen; der einzige Rat, den ich ihm gab, war, das zu tun, was ihm am meisten beruhigen würde.[39]

Am Freitagmorgen nahm FitzRoy den Zug nach Charing Cross, suchte das Meteorologische Amt auf, und bei seiner Rückkehr teilte er Maria mit, dass er Tremlett eine Absage geschickt habe.

Dann entschloss er sich, den Nachmittag am Schreibtisch zu verbringen. Kurz darauf rief er nach Maria und äußerte sich »bestürzt über die Menge an unbeantworteten Schreiben«. Sie tröstete ihn, und gemeinsam beantworteten sie die »zwei oder drei dringendsten«.

Maurys Besuch beschäftigte ihn auch noch am folgenden Tag. Er erklärte Maria, er verspüre ein »starkes Verlangen, Maury wiederzusehen«. Maria erwiderte, wenn dem so sei, wäre es »das Beste, ihm nachzugeben«, aber FitzRoy entgegnete, er fühle sich völlig »unfähig zu irgendeiner Art von Anstrengung, er könne nichts tun als sich hinlegen und ausruhen«.

Nach dem Mittagessen am Samstag erklärte FitzRoy Maria, er glaube, ein Spaziergang werde ihm guttun, und er brach mit ihren beiden Töchtern auf. Maria machte allein eine Ausfahrt mit der Kutsche. Als sie in die Church Road zurückkehrte, stellte sie fest, dass ihr Mann die Töchter dort zurückgelassen und den Zug nach London genommen hatte, um Maury zu treffen.

Er kam erst abends um acht Uhr nach Hause. Laut Maria war er »völlig erschöpft von der Aufregung und in einem schlimmeren Zustand nervöser Ruhelosigkeit als zu dem Zeitpunkt, als wir aus London weggezogen waren. Er schien überhaupt nicht imstande, seine Gedanken zu sammeln oder eine zusammenhängende Antwort zu geben oder überhaupt einen zusammenhängenden Satz zu äußern.«

Tagebuch von Maria FitzRoy

[Samstag, 29. April, abends]
Gewöhnlich schlief er nach dem Abendessen eine Weile, aber an diesem Abend schloss er seine Augen nicht einen Moment. Als die Mädchen zu Bett gegangen waren, sagte er mir, er wolle gern mit mir über seine Idee sprechen, am Sonntag nach London zu fahren und Maury erneut zu sehen. Ich fragte ihn, ob er

sich nicht von ihm verabschiedet habe; er sagte, das habe er. Darauf sagte ich, ich sei sehr müde, und das Beste, was wir beide tun könnten, wäre, zu Bett zu gehen und [die Sache] am nächsten Morgen zu besprechen.

Er stimmte mir zu und sagte, wie abgespannt und müde ich aussähe. Ich ging hinaus, ging dann aber wieder nach unten, weil er nicht in sein Ankleidezimmer gekommen war. Er dankte mir dafür, wie ich mich um ihn kümmere, und sagte, er käme gleich hinauf; dabei stand er an seinem Tisch, die Zeitung lag aufgeschlagen vor ihm, und nicht lange danach kam er herauf.

Ich war im Bett; er kam auf meine Seite herüber, fragte mich, ob es mir wohl gehe, gab mir einen Kuss und legte sich dann zu Bett. Es war gerade 12 Uhr. Ich war bald eingeschlafen, und als ich am Morgen aufwachte, sagte ich, ich hoffe, er habe besser geschlafen, er sei so still gewesen. Er sagte, er glaube, dass er geschlafen habe, aber nicht gut. Er klagte über das Licht, und ich meinte, wir müssten uns etwas überlegen, damit es nicht hereinschiene. Im selben Moment schlug es sechs. Von sechs bis sieben sprach keiner von uns, vermutlich, weil wir beide im Halbschlaf waren.

Kurz nachdem die Uhr sieben geschlagen hatte, fragte er, ob das Dienstmädchen uns nicht längst hätte wecken müssen. Ich sagte, es sei Sonntag, und da komme sie im Allgemeinen später, weil es keine Eile habe mit dem Frühstück wegen des Zehn-Uhr-Zuges wie an anderen Tagen. Das Mädchen weckte uns um halb acht. Er stand vor mir auf. Ich kann nicht genau sagen, wann, aber es muss gegen Viertel vor acht gewesen sein.

Er stand vor mir auf, ging in sein Ankleidezimmer und gab Laura einen Kuss, als er an ihr vorbeikam, und zunächst schloss er die Tür zu seinem Ankleidezimmer *nicht* ab.[40]

Die Nachricht machte am nächsten Tag die Runde. *The Times*, die *Morning Post*, der *Herald* und die *Pall Mall Gazette* brachten sie alle, und im ganzen Land wurde sie per Telegraf verbreitet.

Admiral Robert FitzRoy begeht Selbstmord

Ein Gefühl, wie es sich beinahe nicht beschreiben lässt, hat den ganzen Bezirk von Norwood ergriffen und wird, wenn diese Meldung publik wird, mit großem Schmerz von der ganzen Wissenschaftswelt geteilt werden. Admiral Robert FitzRoy, der große Prophet des Wetters, hat sein Leben beendet, indem er sich die Kehle mit einem Rasiermesser durchschnitten hat.[41]

Kapitel 12

Die Wahrheit sagen

*D*ie furchtbare Nachricht verbreitete sich wie ein Lauffeuer. Der Botaniker Joseph Dalton Hooker schrieb umgehend an seinen berühmten Freund: »Mein lieber Darwin, wir empfinden den Schock, den der Tod des armen FitzRoy Ihnen bereiten muss […]. Armer alter FitzRoy – es tut mir sehr leid –, denn obgleich ich ihn nicht besonders gut kannte, habe ich ihn doch immer in Verbindung mit Ihnen gesehen, & sein wissenschaftliches Geschick als Meteorologe habe ich stets bewundert und ebenso seine wunderbare Freundlichkeit & Güte.« Hooker setzte ein eiliges Postskriptum hinzu: »Ich hoffe bei Gott, dass sie nicht Glaisher auf den Posten berufen oder Maury oder irgendeins der Rindviecher, die allein zum Zweck der Selbstverherrlichung leben.«[1]

Darwin antwortete zwei Tage später:

4. Mai, Down

Mein lieber Hooker,

die Nachricht über FitzRoy hat mich bestürzt, aber das hätte sie eigentlich nicht müssen, denn ich erinnere mich, so etwas schon einmal für wahrscheinlich gehalten zu haben; armer Kerl, auf unserer Reise war sein Geist einmal völlig durcheinander. In meinem ganzen Leben habe ich nicht einen so zwiespältigen Charakter gekannt. Stets so liebenswert, & eine Weile habe ich ihn sehr gemocht; aber so jähzornig & so schnell beleidigt, dass ich ihn allmählich immer weniger mochte & nur wünschte, ihm aus dem Weg zu gehen. Zweimal hat er heftig mit mir gestritten, ohne jede Provokation meinerseits. Aber sicherlich hatte sein Charakter auch viel Edles & Begeistertes. Armer Kerl, seine Laufbahn hat ein trauriges Ende genommen. Wie Sie wissen, war er der Neffe von Lord Castlereagh & glich ihm in seinem Betragen & seiner Erscheinung sehr.

Haben Sie vielen Dank dafür, dass Sie mir von FitzRoy berichtet haben. – Armer Kerl, wie freundlich war er doch zu mir zu Beginn unserer Reise.[2]

Noch ehe Darwin diese erste postume Bewertung von FitzRoys Charakter geschrieben hatte, war die offizielle Untersuchung der Umstände seines Todes bereits abgeschlossen. Es war eine düstere Angelegenheit gewesen. Wer FitzRoy in dessen letzten Wochen und Tagen erlebt hatte, erschien in der White Hart Tavern in Upper Norwood. Die Befragten gaben alle ähnliche Darstellungen zu Protokoll, Berichte von einem erschöpften Mann, der unbedingt wieder an die Arbeit gehen wollte, aber nicht mehr die Kraft dazu hatte. Ein Schreiben von Le Verrier schien ihn geradezu in Panik versetzt zu haben. Seinem Arzt hatte er gesagt, früher hätte er darauf in einer Viertelstunde geantwortet, aber nun würde ihn das einen ganzen Tag kosten. Weil er unter Schlaflosigkeit litt, hatte er es mit Medikamenten versucht. Einige Wochen zuvor hatte er eine Opiumpille genommen, die ihn fast das Leben gekostet hätte. Als er seinen Arzt, Doktor Hatley, fragte, ob er seine Arbeit wiederaufnehmen könne, hatte der ihm abgeraten. »Ich erwiderte, dass sein Gehirn dadurch in einen Zustand geriete, der zu einer Paralyse führen würde. FitzRoy sah das völlig ein und sagte mir: ›Ich bin Ihnen wirklich sehr dankbar. Sie haben mir damit vielleicht das Leben gerettet.‹« Wenige Tage später war er tot.

Das Urteil lautete: »Der verstorbene Admiral FitzRoy kam

durch eigene Hand zu Tode, und zum Zeitpunkt besagter Tat war sein Verstand getrübt.«[3]

Für Maria FitzRoy war das alles zu viel. Der Untersuchung blieb sie fern, ihre Aussage wurde nie gehört. Ein Selbstmord war unfassbar. Für einen gläubigen Christen gab es nichts Schlimmeres: Sich vor der Zeit das Leben zu nehmen, war Betrug an Gott. Zudem schien sich mit FitzRoys Suizid ein furchtbares Schicksal zu erfüllen, denn offenbar war ihm seine Veranlagung ebenso zum Verhängnis geworden wie vor ihm Castlereagh. Am tragischsten aber war, dass FitzRoy, der frommste Christ, der sich denken ließ, nun nicht in geweihter Erde bestattet werden konnte. Hatte er nach Marys Tod 1852 noch so bewegend geschrieben: »Gebe Gott, dass ihre Kinder und ihr hinterbliebener Gatte aus ihrem Beispiel solchen Nutzen zu ziehen vermögen, dass sie alle ihr später einmal nachfolgen und nicht ein Haupt fehle von denen, die sie so zärtlich geliebt hat«[4], zerstörte sein Freitod nun jede Aussicht auf ihre Wiedervereinigung im Jenseits.

Untröstlich zog sich Maria ganz aus der Öffentlichkeit zurück. Anfragen der Handelsbehörde, was für die Beisetzung geplant sei, ließ sie unbeantwortet. FitzRoys alter Freund Bartholomew Sulivan, der in aller Eile aus Cornwall nach London zurückgekehrt war, als er die Nachricht erhalten hatte, erfuhr Näheres nur, weil er im Meteorologischen Amt zufällig auf einen von Marias Brüdern traf. Der war gerade damit beschäftigt, FitzRoys persönliche Unterlagen abzuholen, und teilte ihm mit, nur die Familie sei zur Beerdigung eingeladen. Sulivan ging dennoch hin. Am 7. Mai, einem Samstag, in der Frühe versammelte sich die Trauergemeinde in der All Saints Church in Upper Norwood. Neben Sulivan waren auch andere gekommen, darunter Babington und ein Admiral der französischen Marine. »Alle hatten sie eine so hohe Meinung von ihm«, schrieb Sulivan an Darwin.

Es war eine sehr stille und einfache Beerdigung, genau wie eine Beerdigung sein sollte. Die arme Mrs FitzRoy ging vorweg, & die beiden Töchter begleiteten sie. Wir warteten alle draußen und liefen dann hinter ihrer Kutsche her & und wieder zurück, nur die Brüder gingen ins Haus. Die Szene am Grab war schwer zu ertragen. Die arme Mrs F und die Mädchen sahen furchtbar mitgenommen aus, & Mrs F schluchzte sehr. Der Sarg war aus glattem schwarzem Holz mit der Inschrift »Robert FitzRoy, geboren am –– gestorben am ––« auf einer Messingtafel.[5]

Um Kirche und Familie gleichermaßen zufriedenzustellen, hatte man sich darauf geeinigt, den Leichnam unmittelbar neben dem Tor des Kirchhofs zu bestatten.

Eine der ersten Organisationen, die dem Toten die letzte Ehre erwies, war bezeichnenderweise die Königliche Seenotrettungsgesellschaft auf einer Versammlung am 4. Mai 1865. Ihr Präsident, Earl Percy, hielt eine bewegende Rede auf den Verstorbenen, pries dessen meteorologische Arbeit und erklärte, die National Life Boat Institution und die Wissenschaft hätten in dem ritterlichen Admiral einen treuen Freund verloren. Er ordnete an, der Witwe eine Kondolenzbotschaft zukommen zu lassen. Eine Woche später schrieb Maria FitzRoy eine kurze, herzliche Antwort: »Mein edler Gatte hat sein Leben weit mehr geopfert als ein Mann, der es im Kampf mit einem Feind auf dem Schlachtfeld verliert oder an Bord eines Schlachtschiffes, ja selbst mehr noch als jene tapferen Männer, auf die England zu Recht so stolz ist, weil sie die Rettungsboote bemannen, um ihren Mitgeschöpfen zur Rettung zu eilen – denn er riskierte sein Leben ununterbrochen.«

Als der Schriftwechsel von der Presse veröffentlicht wurde, ging er einer Dame aus Cheltenham, Hannah Harvey, so zu Herzen, dass sie der Seenotrettungsgesellschaft umgehend 600 Pfund für ein neues Rettungsboot im schottischen Anstruther, Fife, stiftete. Ihre einzige Bedingung war, dass es auf den Namen Admiral FitzRoy getauft würde. Dass Hannah Harvey von der Meldung so berührt wurde, war nicht überraschend. In der Presse wurde die Nachricht von seinem Selbstmord als Moralgeschichte aufgemacht. Ein Nachruf in *Gentleman's Magazine* hob hervor, FitzRoy habe ungern etwas delegiert und sich seinen strapaziösen Pflichten nie zu entziehen versucht. Im Leben eines Wettermannes sei es zwangsläufig nie ganz »windstill«: »Das Pfeifen der nächsten Brise, das Klappern der Fensterläden, das Prasseln des Regens, Blitz und Donner und plötzlicher Wetterumschwung … das alles führt zu einer beständigen Erregung der Sinne, die von keinem verstanden wird, der nicht in einem Observatorium arbeitet.«[6]

Ganz ähnlich äußerte sich Glaisher in einem Nachruf, den er für das *Athenaeum* schrieb, und auch das *United Service Magazine* griff das Thema in einem Tribut für »Admiral FitzRoy, den erfahrenen Seemann, den weit gereisten Naturkundler, den frommen Christen und den besten Freund der Bewohner an den Küsten unserer meerumflossenen Insel« auf. Weiter hieß es dort:

> Hätte er doch den Rat, sich zu schonen, befolgt. Während wir den vorzeitigen Verlust betrauern, wollen wir doch hoffen, dass er vielen unserer überstrapazierten Denker und Arbeiter, die in ihrer grenzenlosen Begeisterung die Grenzen ihrer Ausdauer verkennen und ihrer Zukunft nicht achten, ein beredtes Zeugnis gibt.

Auch der Vorsitzende der Royal Geographical Society, Sir Roderick Murchison, zeigte sich erschüttert. FitzRoys Tod bedeute einen schweren Verlust, erklärte er: als Gründungsmitglied der Gesellschaft, Träger ihrer Goldmedaille und einer der angesehensten Geografen in Großbritannien. »Von der Natur mit einem nervösen Temperament versehen und erfüllt vom vornehmsten Ehrgefühl und Pflichtbewusstsein, vermischt mit Überarbeitung, war die Belastung zu groß für das Gehirn, das so viele Hindernisse überwunden hatte, und der Geist dieses hochherzigen Mannes floh aus dieser Welt, zum Kummer seiner vielen Freunde und Bewunderer, zur Qual seiner Witwe und zum tiefen Bedauern all seiner Landsleute.«[7]

Voll Mitgefühl und Aufrichtigkeit gaben diese Elogen einem Leben, dessen katastrophales Ende alles zu überschatten drohte, nachträglich einen versöhnlichen Glanz. Als Wissenschaftler war es ihm nicht gelungen, die Theorie zu erklären, auf der seine Prognosen beruhten, sein Festhalten an der buchstäblichen Richtigkeit des Alten Testamentes ließ sich mit seiner Arbeit als Meteorologe nicht in Einklang bringen, und seine berufliche Laufbahn hatte ihn längst nicht in die Höhen getragen, die er sich erhofft haben mochte. Selbst nach seiner Berufung zum Leiter des Meteorologischen Amtes 1854 war er innerhalb der Handelsbehörde kein einziges Mal befördert worden.

Doch damit nicht genug, denn im Sommer 1865 wurde auch noch bekannt, dass FitzRoy hohe Schulden hinterlassen hatte. Für seine Familie war das ein peinlicher Makel. In ihrem Haus in South Kensington hatten die FitzRoys mit fünf Bediensteten das Leben der vornehmen, wohlhabenden Londoner Elite geführt. Dieses Bild häuslichen Friedens ging nun entzwei, denn der Wohlstand FitzRoys gründete auf tönernen Füßen, ein teurer Schein. Im Juni 1865 musste das Haus am Onslow Square verkauft werden, kurz darauf dann auch die große Bibliothek »von mehr als 2000 wertvollen Bänden«. Die Familie war dermaßen pleite, dass sogar FitzRoys Handexemplar von *Narrative of the Surveying Voyages of His Majesty's Ships Adventure and Beagle* unter den Hammer kam.[8] »Was für eine traurige Karriere hat er durchlaufen, bei all seinen hervorragenden Fähigkeiten«, schrieb Darwin an Hooker.[9]

Bankrott und Zwangsversteigerung passten gut ins Bild, Fitz-

Roy sei, privat wie im öffentlichen Leben, ein Hochstapler gewesen. Bald darauf meldete sich sein alter Feind Augustus Smith im Parlament zu Wort und forderte, ohne jedes Taktgefühl und möglicherweise aus altem Groll über ihre Auseinandersetzung im Vorjahr, umgehend eine generelle Überprüfung der Wetterprognosen und Sturmwarnungen vorzunehmen. Seine Rede rief eine scharfe Antwort von Maria hervor, die ihm vorwarf, »fast bis ans Grab Jagd zu machen auf einen guten, edlen Mann«. Wenn Sturmwarnungen so nutzlos seien, weshalb sei man dann in anderen Ländern so erpicht darauf gewesen, sie einzuführen?

> Weshalb erheben die Frauen der Fischer an der Nordküste Schottlands dann ihre Stimme und fragen: Wer kümmert sich *nun* um unsere Männer? Sie können ihn nicht mehr kränken – auch wenn ich gar nicht annehme, dass Sie aus persönlicher Bosheit gegen einen Mann vorgehen, der niemandem je ein Leid zugefügt hat. Vielleicht ist es Ihnen bloß um ein wenig Aufmerksamkeit zu tun, indem Sie den sparsamen Abgeordneten herauskehren – aber Sie gießen einen weiteren Tropfen Bitterkeit in den ohnehin randvollen Kelch des Kummers im Herzen dieser unglücklichen Gattin, die jede Verleumdung *seines* Werks jetzt doppelt empfindet, so wie sie doppelt dankbar ist für die hehren Worte, in denen Tausende von diesem Werk sprechen und noch davon sprechen werden, wenn ich längst dahingegangen sein werde und mich Lob oder Tadel so wenig treffen können wie ihn jetzt.[10]

Viele im Land teilten Marias Trauer. Wochenlang erschienen in den Zeitungen Briefe von Lesern, die ihr Bedauern über FitzRoys Tod zum Ausdruck brachten und von Fällen berichteten, in denen durch rechtzeitige Sturmwarnungen und nützliche Prognosen Leben gerettet worden waren. Die Anhänger des Pferderennsports, die seine Prognosen stets besonders geschätzt hatten, entschlossen sich, ihn auf ihre ganz besondere Weise zu ehren. Am 8. Juli meldete die *Sporting Gazette*, dass einer der führenden Pferdetrainer, Mr H. Morris, einem jungen Hengstfohlen den Namen Admiral Fitzroy gegeben hatte. Amüsantes Detail am Rande: Die Eltern des Hengstes waren Predictor (Vorhersager) und Duchess (Herzogin).[11]

In Westminster hingegen war man weniger sentimental, hier teilte man den von Smith geäußerten Verdacht, FitzRoy sei ein Abtrünniger gewesen, weithin. In der Handelsbehörde hatte man seine Methoden seit einiger Zeit bereits mit Argwohn betrachtet. Nach seinem Abtreten schien die Zeit reif, die Dinge ins Lot zu bringen.

Spekulationen über die Zukunft des Meteorologischen Amtes setzten praktisch mit Bekanntgabe der Nachricht vom Tode Fitz-Roys ein. Hooker hatte in seinem Schreiben an Darwin die Möglichkeit erwähnt, Glaisher könnte den Posten bekommen, und tatsächlich machte dieses Gerücht bereits in Whitehall die Runde. Am 12. Mai druckte die *Times* einen Beitrag aus der *Medical Times* nach, dessen Verfasser sich für Glaisher als rechtmäßigen Nachfolger starkmachte. Nach fünfundzwanzig Jahren an der Sternwarte von Greenwich schien Glaisher aufgrund seiner Berufserfahrung, seiner fortgesetzten Tätigkeit für die Meteorological Society und seiner jüngsten Erfolge als Ballonfahrer der ideale Kandidat. Mit dem Nachdruck des Artikels signalisierte die *Times* ihre Unterstützung. Doch in Whitehall verfolgte man bereits andere Pläne.

Am 26. Mai schrieb Thomas Farrer, stellvertretender Sekretär der Handelsbehörde, an Beauforts alten Freund, Edward Sabine, der inzwischen Präsident der Royal Society war. Major Sabine, der große alte Mann der britischen Wissenschaft, stammte aus der gleichen Generation wie Beaufort und John Frederic Daniell, und mit seiner langjährigen Erfahrung in Verwaltungsfragen war er zu einem wichtigen Verbündeten FitzRoys in der feindseligen Welt der Politik geworden, indem er ihm freie Hand ließ, Neuerungen einzuführen. Nun würde er sich alle Mühe geben, dessen Ruf postum zu schützen. Farrer hingegen war ein anderes Kaliber. Er hatte die Eliteschule Eton und die Universität Oxford besucht, war zum Juristen ausgebildet worden, ehe er sich für die Beamtenlaufbahn entschied; 1865 galt er als Mann mit großen Perspektiven. FitzRoys Aktivitäten, vor allem aber seine jährlich steigenden Ausgaben waren ihm seit Langem ein Dorn im Auge. An Sabine schrieb er: »Die Vakanz im Meteorologischen Amt, die durch den Tod von Admiral FitzRoy entstanden ist, erscheint Meinen Lords als passende Gelegenheit, um die Vorgehensweisen in der Vergangenheit und den gegenwärtigen Zustand des Amtes einer Revision zu unterziehen.« Es folgten neun konkrete Fragen zu FitzRoys Aktivitäten.

Drei Wochen brauchte Sabine für seine Antwort. »Das System der Prognose, das Admiral FitzRoy eingeführt und praktiziert hat, ist von ihm selbst ausdrücklich als ›ein experimenteller Prozess‹ bezeichnet worden«, hob Sabine darin hervor. Das Experiment, so Sabine weiter, war gebilligt worden, weil es allgemein auf Anerkennung stieß. Er wies darauf hin, dass FitzRoy in einem Bericht an die Handelsbehörde im Jahr 1862 mitgeteilt habe, dass von sechsundfünfzig befragten Hafenmeistern sechsundvierzig die Sturmwarnungen begrüßt hatten, drei hatten sie abgelehnt, und sieben waren in ihrer Meinung unentschieden gewesen. Auf dieser Grundlage, so Sabine, habe er den Eindruck gehabt, dass es ein Mandat für eine Fortsetzung gebe.[12]

Zur Untermauerung seines Standpunkts führte Sabine weitere Statistiken an. Zwischen dem 1. April 1863 und dem 31. März 1864 hatte FitzRoy insgesamt 2288 Meldungen an Küstenstationen gesandt. Nach FitzRoys eigenen Berechnungen waren 1188 davon, also über die Hälfte, durch das tatsächlich eingetretene Wetter bestätigt worden. Danach sei die Zuverlässigkeit der Meldungen stetig gestiegen, und Sabine äußerte sich zuversichtlich, dass eine weitere Verbesserung eintreten werde. Er schloss mit einer Empfehlung des Rates der Royal Society und seiner selbst: Es wäre das Beste, wenn Babington FitzRoys Sturmwarnungen fortsetzen würde, »mit Bezug auf die täglichen Wetterprognosen jedoch enthalten sie sich einer Meinung«.[13]

Diese Unterscheidung zwischen Prognosen und Sturmwarnungen hätte FitzRoy nicht nachvollziehen können. Wie er immer wieder festgestellt hatte, ergaben sich die Warnungen aus den Prognosen. Verzichtete man auf die einen, entzog man den anderen ihre Grundlage. Ob Sabine darum wusste oder nicht, ist nicht klar, jedenfalls schuf sein Brief Verunsicherung. Um die Frage abschließend zu entscheiden, gab die Behörde eine Studie zur Arbeitspraxis des Meteorologischen Amtes in Auftrag. Die Untersuchungen sollten im Herbst und Winter 1865 durchgeführt werden, der Bericht war für den Frühling 1866 bestellt. Drei Männer waren dazu ausersehen: Farrer als Vertreter der Handelsbehörde, Fregattenkapitän Evans vom Hydrografischen Amt und, auf Vorschlag der Royal Society, Francis Galton, ein umstrittener Kandidat. Rückblickend mutet die Studie an, als hätte man Anne Boleyn aufgefordert, über Katharina von Aragon zu Gericht zu sitzen.

In vieler Hinsicht war Galton jedoch eine hervorragende Wahl. Er schien für Schmeicheleien unempfänglich, war für seine methodische Gründlichkeit bekannt, hatte in den vergangenen fünf Jahren zahlreiche Aufsätze zu meteorologischen Themen publiziert, nicht zuletzt seine Theorie der Antizyklone, und war auch über die neuesten Entwicklungen auf dem Kontinent im Bilde, hatte er doch gerade in *The Reader* einen langen, tiefschürfenden Beitrag über Le Verriers Leistungen veröffentlicht. Aber gerade diese Nähe zur Materie machte seine Wahl so umstritten. Fitz-Roys Weigerung, ihm Datenmaterial für seine eigenen Forschungen zur Verfügung zu stellen, hatte ihn verärgert, und seitdem hatte er FitzRoy und dessen Arbeit mehrfach öffentlich kritisiert. Zudem war er, was den Gebrauch von Statistiken betraf, zutiefst voreingenommen. Clements Markham von der Royal Geographical Society, der selbst manchen Strauß mit FitzRoy ausgefochten hatte, bemerkte dazu: »Sein Verstand war mathematisch und statistisch, aber er hatte keinerlei oder so gut wie keine Fantasie […]. Er war im Grunde ein Doktrinär, der wenig Empathie aufbrachte … Für die Mängel anderer hatte er kein Verständnis, und er hatte kein Taktgefühl.«[14] Das waren kaum die Eigenschaften, die Galton zum unparteiischen Richter und Verfasser eines objektiven Berichts machten. Doch im Herbst 1865 erhielten seine beiden Kollegen und er Zugang zu den Akten des Amtes.

Acht Monate lang ging in der Parliament Street 2 alles seinen gewohnten Gang, während der Ausschuss seine Untersuchung durchführte, die Ergebnisse auswertete und seinen Bericht verfasste. Im April 1866, knapp ein Jahr nach FitzRoys Freitod, wurde er veröffentlicht. Er war ausführlich, unverblümt und vernichtend. Hatte es bis dahin Zweifel an FitzRoy gegeben, wurden sie nun zu Gewissheiten. Der Bericht kam zu dem Ergebnis, das Amt habe sich von seiner ursprünglichen Aufgabe gefährlich weit entfernt. Längst in Vergessenheit geraten sei die statistische Ausrichtung, die ihm bei seiner Gründung nach Maurys Brüsseler Konferenz gegeben worden war. Die Ergebnisse der ersten Jahre seien beeindruckend. In der zweiten Hälfte der 1850er-Jahre sei die Zahl der gesammelten Daten »stetig gewachsen«. So hätte sich ohne Zweifel viel erreichen lassen, wenn »Admiral FitzRoy und sein Amt ihre Aufmerksamkeit nicht schrittweise von den ursprünglich seitens der Royal Society empfohlenen Zielen abgewandt hätten, um sich stattdessen auf einen ganz anderen Bereich der Meteorologie zu verlegen, nämlich die Prognostizierung des Wetters«. Das war der Dreh- und Angelpunkt des Berichts. Die Verwendung des Worts »Prognostizierung« statt »Vorhersage« war dabei bezeichnend. Der Ausschuss nahm dazu explizit Stellung. »Das Wort ›Vorhersage‹ scheint deshalb verwendet worden zu sein, weil es ein geringeres Maß an Sicherheit zum Ausdruck bringt als ›Voraussage‹ und sicherlich deutlich mehr als das Wort ›Weissagung‹. Ob dieser Grund stichhaltig ist, mag bezweifelt werden. Der Gebrauch einer ungenauen Ausdrucksweise hat die Tendenz, diejenigen, die sich ihrer bedienen, mit zweifelhaften Schlussfolgerungen zufrieden sein zu lassen.«[15]

Kein damaliger Wissenschaftler konnte über zweifelhafte Schlussfolgerungen glücklich sein, am wenigsten Galton. Naturwissenschaft sollte exakt und eindeutig sein. In dem Moment jedoch, als FitzRoy sich von den ursprünglichen Zielen seines Projekts – das er mit »akribischer Sorgfalt und Beflissenheit« begonnen hatte – abwandte, hatte er den heiligen Boden der Mathematik und Statistik verlassen und sich auf den Wahnsinn der Voraussage eingelassen. Das hatte, wie der Ausschuss festellte, zur Folge, dass die ursprüngliche Arbeit des Amtes – deren Zielsetzung nach wie vor vernünftig war – zum großen Teil noch zu leisten war. So ließen sich zunächst etwa FitzRoys »Windsterne« deutlich verbessern, indem man ihren Geltungsbereich von zehn Grad je Quadrant auf fünf Grad reduzierte. Auch sei ein besserer, detaillierterer Erhebungsbogen erforderlich, um eine größere Zahl von Rohdaten zu liefern. Nach Ansicht der Autoren warteten 1,65 Millionen Einzelbeobachtungen auf ihre dringliche Auswertung.

Statt sich auf dieses Ziel zu konzentrieren, so der Bericht weiter, habe sich FitzRoy von der Aussicht der Prognostizierung blenden lassen. »Bereits 1856 ist die Aufmerksamkeit des verstorbenen Admiral FitzRoy auf die tägliche Beobachtung der Veränderungen des Wetters über den Britischen Inseln konzentriert gewesen, wobei es ihm um die Veränderungen selbst ging.« In den Augen der Berichterstatter waren die Vorhersagen keineswegs ein ehrenwertes Unterfangen, sondern eine regellose Anwendung der Wissenschaft, wie es sie nie zuvor gegeben hatte. Dass ihn die Aufgabenstellung von 1854 dazu nicht ermächtigte, sei offenkundig, und selbst der Entschluss der British Association aus dem Jahr 1859, Sturmwarnungen herauszugeben, lasse nirgendwo erkennen, dass damit »mehr beabsichtigt worden war, als Stürme, um deren Existenz an einem Ort man bereits wusste, per Telegraf einem anderen Ort anzukündigen [...]. Und jedenfalls enthält er nichts, auf das sich ein derart aufwendiges System zur Voraussage wahrscheinlichen Wetters gründen ließe.«[16]

Ab 1859 sei das Meteorologische Amt ohne klaren Kurs vor sich hin gedümpelt. Seine Arbeitsweise sei chaotisch gewesen. Keine der von FitzRoy zur Erstellung der Vorhersagen verwendeten Regeln sei je zu einer Formel oder einem Lehrsatz vereinheitlicht worden. »Jedenfalls gibt es im Amt gegenwärtig keine derartigen Festsetzungen oder Regeln.« Nach Befragung Babingtons seien die Mitglieder des Ausschusses zu der Auffassung gelangt, dass »die Gründe, aus denen das Amt seine Voraussagen trifft, sich nicht in Form von gesetzmäßigen Regeln ausdrücken lassen«. Es sei ihnen bekannt, dass FitzRoy seine Vorstellungen dazu in seinen diversen Berichten für die Handelsbehörde sowie in seinem *Weather Book* dargelegt habe, aber in dieser Form erschienen sie dem Ausschuss nicht als angemessene Grundlage für ein derartiges öffentliches Experiment.

> Dass viele dieser Bedingungen und Wahrscheinlichkeiten sich in Form von Gesetzen ausdrücken lassen und dass einige dieser Gesetze allgemein von Meteorologen akzeptiert würden, bezweifeln wir nicht. Ebenso wenig bezweifeln wir, dass die Wahrscheinlichkeiten in vielen Fällen beträchtlich sind, ins-

besondere in den wichtigen Fällen plötzlicher und heftiger Wetteränderungen. Wir können aber nicht erkennen, dass diese Bedingungen oder Wahrscheinlichkeiten in irgendeine klare oder verständliche Ausdrucksform gebracht worden wären oder so, wie sie gegenwärtig im Amt in Gebrauch sind, sich in Gestalt von Anweisungen mitteilen ließen. Würden die zurzeit im Amt beschäftigten Herren ihren Abschied nehmen, fänden sich dort keine Regeln, um die Erfüllung seiner Aufgaben auf der gegebenen Grundlage fortzuführen.[17]

Der Vorwurf deckte sich mit dem, den W. H. White FitzRoy zwei Jahre zuvor gemacht hatte. Das ganze System der Wettervorhersage habe nur in FitzRoys Kopf existiert. Vier Jahre lang habe er Prognosen erstellt, und vier Jahre lang sei es ihm nicht gelungen, sein Verfahren in verständlicher Form darzustellen. Das sei keine fähige Amtsführung, das sei Größenwahn. Das einzige Dokument seiner Arbeit, das sich laut Bericht erhalten hatte, war bezeichnenderweise ein Einklebealbum, in dem sich ein buntes Durcheinander von Berichten über die Auswirkungen von Stürmen und Ausschnitte aus der Tagespresse fanden.

Bei aller Gehässigkeit kam der Bericht an einer grundsätzlichen Wahrheit aber nicht vorbei. Sturmwarnungen wurden – wie Maria bereits in ihrer Erwiderung auf Augustus Smith hervorgehoben hatte – allgemein geschätzt. Auch Sabine hatte es in seinem ersten Schreiben festgestellt: Die Reaktionen der Hafenmeister und Fischer, also der Leute, auf die es ankam, waren in ihrer überwältigenden Mehrheit positiv. So räumte der Bericht ein: »Auf Nachfrage durch vertrauenswürdige Personen in den meisten der wichtigen Häfen kommen wir zu dem Ergebnis, dass seefahrende Männer sie inzwischen günstiger beurteilen als zunächst der Fall.« Doch auch dafür fanden die Autoren eine relativierende Erklärung:

Um das allerdings seinem wahren Wert nach zu beurteilen, darf man nicht vergessen, dass die Welt generell geneigt ist, ihr unüberlegtes Vertrauen auf den gelegentlichen Erfolg solcher Wetterprophezeiungen zu gründen, während ihr Nichteintreffen leicht vergessen wird. Wir brauchen nicht zu betonen, dass wir keineswegs die Absicht haben, die Bemühungen des Amtes mit den Prophezeiungen gewöhnlicher Wetterpropheten zu vergleichen, die Änderungen des Wetters mit den Sternen oder den Mondphasen in Verbindung zu bringen suchen. Es ist aber nicht verfehlt, auf diese Prophezeiungen und den Glauben, der ihnen oft geschenkt wird, zu verweisen, wenn wir den Wert der öffentlichen Meinung als Beleg für den Wert der Sturmwarnungen einzuschätzen versuchen.

Anschließend zog der Bericht alle Statistiken in Zweifel, welche die Vorhersagen und Warnungen stützten, ganz besonders die von FitzRoy aufgestellten, die Sabine zitiert hatte. Der Ausschuss hatte eine neue mathematische Berwertungsgrundlage erstellt und war auf dieser Basis zu dem Ergebnis gekommen, dass die Voraussagen wesentlich seltener zutreffend gewesen waren, als FitzRoy das in seinen Berichten für die Handelsbehörde behauptet hatte. Die Empfehlungen des Ausschusses waren klar: FitzRoys Vorhersagen mussten augenblicklich eingestellt werden.

Wir können nicht sagen, dass es einen Beweis dafür gibt, dass die täglichen Vorhersagen tatsächlich richtig gewesen sind oder dass sie »uns in die Lage versetzen« [...], zu wissen, *was für ein Wetter in den nächsten zwei bis drei Tagen herrschen wird*, und folglich auch, wann ein Sturm auftreten wird. Was die Nützlichkeit der täglichen Vorhersagen betrifft, müssen wir zunächst feststellen, dass es ihnen, wenn sie keinerlei verünftige Grundlage haben und es keinen Beweis dafür gibt, dass sie tatsächlich richtig gewesen sind, an allem mangelt, wodurch sie von praktischem Nutzen sein könnten. Aber selbst unabhängig davon bezweifeln wir, dass Anzeichen für das gewöhnliche kommende Wetter, so unbestimmt sie in diesen Vorhersagen zwangsläufig ausfallen müssen, von irgendeinem wirklichen Wert sein können.[18]

Zu den Sturmwarnungen äußerte sich der Bericht nicht ganz so eindeutig. Der Ausschuss war der Ansicht, ungefähr die Hälfte von ihnen hätte sich in Bezug auf die Windstärke als zutreffend erwiesen, wobei die Quote hinsichtlich der Windrichtung allerdings deutlich niedriger ausfiel. So kam der Bericht zu der Empfehlung, die Warnungen an sich beizubehalten, sie allerdings in der Praxis künftig darauf zu beschränken, einen kommenden Sturm anzukündigen. Insgesamt wurde empfohlen, das Meteorologische Amt in zwei Teile aufzuspalten. Die eine Hälfte solle sich auf die statistische Arbeit konzentrieren, die zwischenzeitlich so sehr vernachlässigt worden sei. Die andere sollte, unter Aufsicht der Royal Society, sich mit den Sturmwarnungen und wissenschaftlichen Fragen beschäftigen. Es war der Todesstoß für Fitz-Roys Meteorologisches Amt. Als Babington den Bericht las, war er empört und reichte umgehend seine Demission ein.

In den folgenden Monaten wurde das Amt systematisch zerschlagen. Als Erstes mussten die Vorhersagen daran glauben, kurz darauf folgten ihnen die Sturmwarnungen. Diese Entscheidung ging über die Empfehlungen von Galton und seinen Kollegen noch hinaus. Aber nachdem die ganze Idee der Wetterprognose insgesamt infrage gestellt worden war, hatte die Handelsbehörde beschlossen, auf Distanz zu der Kontroverse zu gehen. Zwar hatte Farrer den Vorschlag gemacht, sich einfach auf die Warnung der Häfen vor bereits tobenden Stürmen zu beschränken, aber der Vorsitzende der Handelsbehörde, Milner Gibson, hatte ihn vom Tisch gewischt:

Sehr interessant – aber alles in allem hat es kaum einen praktischen Nutzen, einen Sturm vorherzusagen, wenn die Warnung
dem Sturm um nicht mehr als zwölf Stunden vorausgeht – die
Leute vor Ort, die mit einem Barometer umgehen können, sind
im Allgemeinen ganz gut in der Lage, sich ein paar Stunden vor
Eintreffen des Sturms eine Vorstellung vom Wetter zu machen.[19]

Am 29. November 1866 wurde in einem Rundschreiben mitgeteilt,
dass die Sturmwarnungen ab dem 7. Dezember eingestellt würden. Die Wächter wurden von den Türmen abberufen. Das Experiment war beendet.

Damit ging im Dezember 1866 eine bemerkenswerte Phase in der
Geschichte des Meteorologischen Amtes zu Ende. In nur zwölf
Jahren hatte FitzRoy ein Netzwerk von Küstenbeobachtungssta-
tionen aufgebaut, seine »Windstern«-Karten und seinen *Barometer and Weather Guide* herausgebracht, mithilfe des Telegrafen sein
Sturmwarnsystem etabliert, die ersten amtlichen Wettervorhersagen veröffentlicht, sein *Weather Book* geschrieben und erste Beziehungen zu meteorologischen Einrichtungen in anderen europäischen Staaten geknüpft, vor allem mit Le Verrier in Frankreich.
Zielstrebig und tatkräftig hatte er das Amt geleitet. Wäre 1854
nicht er, sondern etwa Glaisher an dessen Spitze berufen worden,
hätte es mit Sicherheit ein anderes Gesicht getragen: eher auf statistische Aufgaben ausgerichtet, besser strukturiert, aber auch erheblich vorsichtiger.

Schon zu Lebzeiten hatte FitzRoy stets als Vorreiter gegolten.
Was ihn vom Durchschnittsbürokraten in Whitehall unterschied,
war seine persönliche Affinität zum Gegenstand seiner Arbeit.
Was ihn am Wetter interessierte, war nicht der Schauer in Surrey
oder die steife Brise in Epsom. Der Blitzschlag vor Rio, der Pampero am Río de la Plata, der Orkan in der Magellanstraße oder

die unaufhörliche Folge von Stürmen vor Kap Hoorn – diese Ereignisse hatten seine Anschauung vom Wetter geprägt. Für ihn, der als Schiffskapitän gesehen hatte, wie der Wind Matrosen in den Tod riss, konnte das Wetter niemals bloß eine Ansammlung statistischer Daten sein, sondern es war eine Urgewalt, gegen die man mit aller Leidenschaft kämpfen musste. Sollte FitzRoys Lebensgeschichte eine Tragödie gewesen sein, dann auf jeden Fall eine erhabene Tragödie. Seine ganze Kraft hatte er darauf verwendet, die Lebensbedingungen nicht nur für Seeleute und Fischer, sondern für jeden, der vom Wetter betroffen war, zu verbessern. Zweieinhalb Jahrhunderte zuvor hatte Francis Bacon seine Gedanken darüber zu Papier gebracht, was einen Menschen zur Naturwissenschaft hinzieht:

> Denn der Wunsch nach Gelehrsamkeit und Wissen entsteht in den Menschen manchmal aus einer natürlichen Neugier und einem Wissensdurst, manchmal, um ihren Geist mit Abwechslung und Wohlgefallen zu unterhalten, manchmal, weil ihnen um Ruhm und Zier zu tun ist, und manchmal auch, um Witz und Widerspruch zum Sieg zu führen. Meist geht es ihnen um Gewinn und Profession, seltener darum, zum Frommen und Nutzen der Menschen aufrichtig wahre Rechenschaft von ihrem Denken abzulegen: [... Wissenschaft ist] ein reichhaltiges Lagerhaus, dem Schöpfer zur Ehre und dem Stande des Menschen zur Hilfe.[20]

FitzRoy verkörperte die letzte, seltenste Gruppe, die Bacon nennt, den altruistischen, von religiösem Glauben beseelten Typus. Damit vermochte er auch seine Gefährten mitzureißen, auf der *Beagle* ebenso wie in der Parliament Street; noch Jahre nach seinem Tod waren Babington und die anderen fest von der Wichtigkeit des Meteorologischen Amtes überzeugt. Doch wo er in anderen Glauben zu wecken vermochte, wurde er selbst im Innersten von Zweifeln geplagt. Seine meteorologische Arbeit war so revolutionär, dass eine ganze Dienststelle der Regierung ihrer Zeit dadurch weit vorausgeeilt war und es zu einer wissenschaftlichen Krise kam. Sie hatte grundsätzliche Fragen aufgeworfen: Wie schnell durfte angewandte Wissenschaft fortschreiten? Wie ließ sich wissenschaftliche Theorie der breiten Öffentlichkeit vermitteln? Wie leidenschaftlich sollte ein Naturwissenschaftler seine Arbeit betreiben? Hatte Charles Darwin recht, wenn er schrieb: »Ein Mann der Wissenschaft sollte keine Wünsche und keine Neigungen haben, sondern bloß ein Herz aus Stein«?[21]

Viele dieser Fragen treiben uns noch heute um. Wie schnell sollte ein neues Medikament von bahnbrechender Bedeutung – etwa ein Mittel gegen Krebs – der Öffentlichkeit verfügbar gemacht werden? Wie wichtig ist es, dass Menschen die komplizierten Vorgänge der Teilchenphysik verstehen, die sich im Teilchenbeschleuniger in Genf abspielen? In den 1860er-Jahren waren solche Fragen noch dringlicher, denn die Wissenschaft hatte ihren Aufstieg erst begonnen. Statistik, Philologie, Soziologie, Ethnologie, Genetik – sie alle versprachen, die Welt zu einem besseren, glücklicheren, leistungsfähigeren Ort zu machen. FitzRoys Wettervorhersagen allerdings schienen einen Schritt zu weit zu gehen. Sie waren in aller Munde, und dabei wurde manchem verständlicherweise unbehaglich. Denn gerade im Augenblick ihres Triumphs drohten sie, die Wissenschaft ihres Prestiges und ihrer Ehre zu berauben. Männer wie Airy und Galton hatten opponiert, doch FitzRoy, Rebell aus Überzeugung, hatte sich nicht darum geschert.

Fortschritt schreitet nicht linear voran. Manchmal tut er einen Sprung nach vorn, wie nach Franklins Experiment mit dem Drachen Mitte des 18. Jahrhunderts oder nach Howards Klassifikation der Wolken von 1802. Manchmal braucht es Generationen, bis eine Idee Fuß fasst, wie es bei Redfields Theorie der Wirbelwinde der Fall war.

Im vierten Kapitel seines Romans *The Pickwick Papers* (dt. *Die Pickwickier*) lässt Charles Dickens Mr Pickwick seinem Hut hinterherhasten:

> Es gibt wenige Augenblicke im menschlichen Leben, in denen man mit seinem Missgeschick so wenig auf Verständnis oder Mitleid stößt, als wenn man seinem Hut nachläuft. Es gehört keine geringe Kaltblütigkeit und ein hoher Grad von Beurteilungskraft dazu, einen fortrollenden Hut wieder einzufangen. Eile ist unangebracht: man überrennt ihn; verfällt man in das entgegengesetzte Extrem, verliert man ihn. Da heißt es, den Flüchtling genau im Auge behalten, behutsam und vorsichtig sein, die Gelegenheit scharf abpassen, ihm allmählich vorkommen, dann plötzlich die Hand ausstrecken, ihn bei der Krempe packen und fest auf das Haupt stülpen. Und dabei nur ja freundlich lächeln, als mache einem der Vorfall genauso viel Spaß wie dem lieben Zuschauer![22]

Statt eines Hutes mag man sich hier eine Idee denken. Wer sie wie Espy seine Regenmacherei oder seine Luftschlote zu rasch verfolgt, riskiert Hohn und Spott von allen Seiten. Wer sie aber nicht rasch genug verfolgt, der kann sie aus den Augen verlieren wie Edgeworth seinen Telegrafen. FitzRoy befand sich mit seinen Wettervorhersagen in einem ähnlichen Dilemma. Sie waren eine ebensolche Neuheit wie Morses Telegraf, und Morse hatte ein volles Jahrzehnt darauf verwendet, seine Erfindung erfolgreich in die Tat umzusetzen und die Öffentlichkeit davon zu überzeugen. Das ist die Kernfrage aller Philosophie und Wissenschaft: Wie überzeugt man jemanden? Um das Jahr 1867 oder 1868 schrieb Emily Dickinson ein Gedicht mit dem Titel »Tell All the Truth

But Tell It Slant« (Sag die ganze Wahrheit, aber sag sie nicht geradeheraus):

> Tell all the Truth but tell it slant –
> Success in Circuit lies
> Too bright for our infirm Delight
> The Truth's superb surprise
> As Lightning to the Children eased
> With explanation kind
> The Truth must dazzle gradually
> Or every man be blind –

> Sag die ganze Wahrheit, doch sag sie nicht geradeheraus –
> Erfolg liegt im Umkreisen
> Zu strahlend tagt der Wahrheit Schock
> Unserem Begreifen
> Wie Blitz durch freundliche Erklärung
> Gelindert wird dem Kind
> Muss Wahrheit sachte blenden
> Sonst würde jeder blind – [23]

Das Gedicht ist eine genaue Analyse der Schwierigkeiten, die Wahrheit zu sagen. In jedem Vers gibt Dickinson eine Abwandlung ihrer eingangs gemachten Aufforderung: »*Sag die ganze Wahrheit, aber sag sie nicht geradeheraus*«. Das Bild der verängstigten Kinder in ihrem Zimmer, die mit einer Erklärung des Blitzes getröstet werden, ist eindrucksvoll und bleibt haften. Der Trick besteht darin, den Blitz nicht als physikalische Erscheinung zu erklären, sondern ihm stattdessen aus einem schiefen Winkel beizukommen. Man kann Menschen eine Idee nicht aufzwingen, sondern sie müssen sie durch eine Geschichte verstehen lernen: »*... Muss Wahrheit sachte blenden* / Sonst würde jeder blind«.

FitzRoy tat, was er konnte, um seine Botschaft verständlich zu machen. Für die Seeleute und Fischer gab er seinen *Barometer and Weather Guide* heraus, für das breite Publikum schrieb er das *Weather Book*. Er hielt Vorträge an der British Institution und vor der British Association, während er sich mit Widersachern in den Leserbriefspalten der *Times* auseinandersetzte. Viel mehr Möglichkeiten standen ihm nicht zur Verfügung.

Im Jahr 1902 machte Joseph Conrad das moralische Dilemma der Wettervorhersage zum Thema seiner Erzählung *Typhoon* (dt. *Taifun*), einer wissenschaftlichen Parabel der Art, wie FitzRoy sie geliebt hätte. Die Geschichte spielt auf einem Dampfer, der *Nanshan*, auf dem Chinesischen Meer. Das Schiff steht unter dem Kommando von Kapitän MacWhirr – einem Mann, der »gerade genug Fantasie hatte, um damit von Tag zu Tag leben zu können, und kein bisschen mehr«, und der nicht viel Vertrauen in die Wissenschaft hat. An einem drückend heißen Tag bemerkt er, wie das Barometer plötzlich fällt, unternimmt aber nichts. Zur Vorausschau unfähig und nicht geneigt, sein Schiff vom Kurs abweichen zu lassen, segelt MacWhirr im Schein eines blutroten Sonnenuntergangs geradewegs auf sein Ziel zu. »Langsam verblasste das kupferne Zwielicht, und am Firmament ließ die Dunkelheit ein paar unstete, große Sterne aufgehen, die heftig flimmerten, als würden sie angepustet, und ganz dicht über der Erde zu stehen schienen.«

MacWhirr lässt einen sogleich an Kapitän Taylor denken, wie er 1859 die Spitze Angleseys mit der *Royal Charter* umrundete. Seit sechs Stunden ist das Barometer immer weiter gefallen. MacWhirr auf der Brücke beunruhigt das immerhin genug, um ein Buch über Stürme hervorzukramen – vielleicht das von Reid oder Piddington? Es dauert nicht lange, und der unvermeidliche Taifun zieht herauf.

Conrads Taifun ist ein Monster. »Der Sturm heulte und tobte

gewaltig in der Finsternis.« Brecher krachen auf Deck und spülen Brackwasser in den Mund des Ersten Offiziers. Die *Nan-shan* stampft Wellenberge hinauf und stürzt im nächsten Moment auf der anderen Seite in die Tiefe. Von der Brücke stiert MacWhirr wie ein Boxer nach vorn. »Er versuchte, etwas zu erkennen, auf die wachsame Weise eines Seemanns, der ins Auge des Sturms blickt wie in das Auge eines Gegners, um dessen verborgene Absichten zu durchschauen und Ziel und Wucht des Schlages zu erraten.« Der Taifun jedoch lässt sich nicht verstehen, er lässt sich nur durchstehen oder vermeiden – durch gesundes Urteilsvermögen oder wissenschaftliche Kenntnis, wovon MacWhirr weder das eine noch das andere besitzt. Stunden zuvor hat er seinem Ersten Offizier mit Hinweis auf sein Sturmbuch gesagt: »Die Wahrheit ist, dass man sowieso nicht sagen kann, ob der Kerl recht hat oder nicht. Wie willst du wissen, was in einem Sturm steckt, bevor er dich erwischt?«[24]

MacWhirr kommt mit knapper Not davon, um seine Geschichte erzählen zu können. Mit seinem schwer mitgenommenen, salzverkrusteten Schiff, das aussieht, als wäre es »irgendwo vom Grunde des Meeres aufgefischt worden, um hier geborgen zu werden«, schleppt er sich in einen Hafen. Die Moral von Conrads Erzählung war unmissverständlich: Für seine Missachtung der Wissenschaft hat MacWhirr bekommen, was er verdient. Er ist einer »der größten Narren, die jemals zur See gefahren waren«. Die Erzählung erschien 1902 in Fortsetzungen im *Pall Mall Magazine* und im folgenden Jahr auch als Buch. FitzRoy hätte zu jeder Seite zustimmend genickt. Die Erzählung war eine Rechtfertigung von allem, wofür er stand.

Nach der Einstellung der Sturmwarnungen dauerte es nur eine Woche, ehe die ersten Beschwerdebriefe bei der Handelsbehörde eingingen. »Ich hoffe, die Einstellung wird nicht von langer Dauer sein«, schrieb ein Geistlicher aus Silloth in Cumberland, »denn die ›Warnungen‹ sind an dieser Küste von *unschätzbarem Wert*, und ich denke, wenn der Präsident und der Rat der Royal Society sich von der wachsenden Beachtung überzeugt hätten, welche den Warnhinweisen von den Seeleuten geschenkt wird, sowie von deren allgemeiner Treffgenauigkeit, so würden sie nicht einmal deren vorübergehende Einstellung empfohlen haben.«[25]

Der Abgeordnete für den Wahlkreis Aberdeen, Oberst Sykes, brachte die Sache im Unterhaus zur Sprache. Am 26. Februar 1867 wollte er vom neuen Präsidenten der Handelsbehörde, Sir Stafford Northcote, wissen, ob er eine der Denkschriften gelesen habe, die von der Meteorological Society von Schottland sowie von diversen Handelskammern in Leith, Glasgow, Dundee, Aberdeen und Edinburgh verfasst worden waren, alle mit dem Tenor, die Sturmwarnungen wiederaufzunehmen. Northcote verwies Sykes auf den Bericht der Royal Society, aber davon ließ sich Sykes nicht beeindrucken. Mit sechsundsiebzig Jahren war er einer der Ältesten des Unterhauses. Hinter ihm lag eine glanzvolle Laufbahn als Armeeoffizier und Direktor der East India Company in Indien. Auch wissenschaftlich hatte er sich mit der Veröffentlichung diverser auf eigenen Studien basierender Kataloge über die Fauna Indiens einen Namen gemacht. Mit Glaisher, Airy und FitzRoy hatte er einem der Ballonkomitees der British Association angehört, und nach Lektüre des Berichts für die Royal Society war er zu dem Schluss gekommen, dass FitzRoy darin übel mitgespielt wurde. Im Lauf der folgenden drei Monate nutzte er jede Gelegenheit, um die Regierung im Unterhaus wegen der Sturmwarnungen zur Rede zu stellen, und begann gleichzeitig, eigene Berechnungen zu deren Zuverlässigkeit anzustellen.

Als er sie veröffentlichte, war er zu dem Ergebnis gekommen, dass über einen Zeitraum von drei Jahren rund 75 Prozent der von FitzRoy herausgegebenen Warnungen durch das anschließende

Wetter gerechtfertigt worden waren. Diese Quote stand in deutlichem Widerspruch zu der von Galton und dem Untersuchungsausschuss ermittelten Rate von weniger als der Hälfte zutreffender Warnungen. Andere nahmen sich William Henry Sykes zum Vorbild, darunter Christopher Cooke von der Astro-Meteorological Society, der eine Broschüre mit dem Titel *Admiral FitzRoy: His Facts and Failures* (Admiral FitzRoy: Fakten und Fehler) herausbrachte. Obwohl Cooke in theoretischen Fragen mit FitzRoy keineswegs einer Meinung war, kam auch er zu der Auffassung, dass der Ausschuss zu weit gegangen war. Nach Auswertung der Parlamentsakten errechnete er, dass FitzRoys Arbeit den britischen Staat insgesamt 45 000 Pfund gekostet hatte.

> Gewiss doch sollte Britannia, die mächtiger über die Meere herrscht als einstmals Knut der Große, wenn sie ihre Herrschaft zu erhalten wünscht, nicht zögern, diesen staatlichen Obolus zugunsten jener zu entrichten, die ihre Arbeit tun, ihre Schlachten schlagen und die aus ihrem Einkommen Steuern zu ihrem Unterhalt bezahlen![26]

Cooke schloss sein Pamphlet mit einer Zusammenfassung aller Belege, die zu diesem Zeitpunkt zugunsten der Sturmwarnungen sprachen. Keiner von ihnen hatte Eingang gefunden in die vielen Anhänge zum Bericht des Untersuchungsausschusses. An den Anfang stellte er eine Reihe von Stellungnahmen: Die Schifffahrtsbehörden von Aberdeen und Dundee, die Gesellschaft der Schiffseigner von South Shields, die Lotsen sowie das Amt der Handelsmarine von Sunderland, die Zollbehörden von West Hartlepool, die Abwrackwerft von Great Yarmouth, die Zollbehörden von Deal – alle brachten sie gleichlautend zum Ausdruck, dass es ihnen lieber gewesen wäre, wenn man die Sturmwarnungen fortgesetzt hätte. Die einzige abweichende Stimme kam von der

Schifffahrtsbehörde in Plymouth – und das sei, wie Cooke erklärte, auch keineswegs verwunderlich, denn ohne Beobachtungsposten auf dem Atlantik profitierte das im südwestlichen Winkel des Landes gelegene Plymouth am wenigsten von den Warnungen. Insgesamt erschien es ihm unglaublich, dass ein derart leistungsfähiges, nützliches Instrument einfach deshalb außer Gebrauch gesetzt wurde, weil es nicht den Anforderungen an die angewandte Wissenschaft entsprach.

Vielfach waren die Jahrestreffen der British Association in der Vergangenheit schon Forum für meteorologische Debatten gewesen. So bot das für 1867 in Dundee anberaumte Treffen der britischen Wissenschaftswelt eine ideale Gelegenheit, die Kontroverse über FitzRoys Wetterprognosen öffentlich auszutragen. »Mehr [Meteorologen] als im Durchschnitt« meldeten sich zu der Tagung im September an, und eine Fülle von Vorträgen wurde im Programm angekündigt: über das Verhalten von Aneroidbarometern, über magnetische Störungen, über die Leuchtkraft von Phosphor, über Regen – und ein Vortrag von Oberst Sykes über Sturmwarnungen, ihre Wichtigkeit und praktische Durchführbarkeit.

Sykes begann mit einem Rückblick auf die Fortschritte, welche die Meteorologie in den letzten dreißig Jahren gemacht hatte. Dann sprach er über FitzRoys Ernennung sowie »die langen, überaus schätzenswerten und eifrigen Anstrengungen dieses Gentleman zur Förderung der Meteorologie und zu ihrer Anwendung für eminent praktische und nützliche Zwecke«. Ohne Umschweife kam Sykes dann zu seinem Thema: »Im Lauf von drei Jahren gab er 405 Sturmwarnungen heraus, und davon erwiesen sich 305 als zutreffend«, rechnete er vor. Das Auditorium applaudierte. Sykes fuhr fort, indem er seine Missbilligung der Empfehlung durch die Royal Society zum Ausdruck brachte, FitzRoys Warnungen einzustellen. Stattdessen habe man beschlossen, zunächst fünfzehn Jahre zu warten, Daten zu sammeln »und nach deren Auswertung diese Warnungen wieder herauszugeben, falls die gemachten Beobachtungen ein solches Vorgehen nahelegten«.

> Um das zu tun, müssten aber eine große Zahl neuer Observatorien mit automatisch aufzeichnenden Instrumenten eingerichtet werden, und das zu ungleich höheren Kosten für dieses Land, als sie das Meteorologische Amt der Handelsbehörde je verursacht hat. Ich scheue mich nicht zu erklären, dass das Argument, dessen sich der Ausschuss der Royal Society in seiner Ablehnung bedient hat, nichts als pedantische wissenschaftliche Affektiertheit ist – das reinste wissenschaftliche Pfauentum [Gelächter].[27]

Dann stellte Sykes die Frage, was man in anderen Ländern wohl von diesem eigentümlichen »britischen« Debakel halte. In Frankreich setzte man die »hochgeschätzten« Sturmwarnungen fort, und in Sankt Petersburg habe man sich gerade entschieden, Fitz-Roys Verfahren einzuführen:

> Und da gehen wir nun hin – die am meisten seeverbundene Nation auf der Welt, die anderen Ländern in Sachen Sturmwarnungen ein Vorbild gegeben hat – und stellen sie trotzdem ein [Beifall]. Wir waren zu wissenschaftlich für diese Aufgabe [Gelächter].[28]

Sykes hatte einen Nerv getroffen. Er beendete seinen gewitzten Vortrag mit einer einfachen Bitte: dass die Menschen in Großbritannien nicht »aus reiner Besessenheit einzelner Personen« um diese Warnungen gebracht werden dürften. Dann nahm er unter noch mehr Beifall Platz.

Der Erste, der daraufhin das Wort ergriff, war John Don, Präsident der Handelskammer von Dundee. Don erklärte den Zuhörern, er stimme völlig mit Sykes überein, dass das Land zur Geisel einer »pedantischen wissenschaftlichen Affektiertheit« geworden sei. Er rief dazu auf, eine Resolution zu verabschieden, in der die sofortige Wiederaufnahme der Warnungen verlangt werde. Als Nächster bekundete D. Milne-Home, der Vorsitzende der Meteorological Society von Schottland, seine Unterstützung und wies darauf hin, dass Großbritannien aufgrund seiner besonderen geografischen Lage als Europas Vorposten, unmittelbar an der instabilen Kreuzung atlantischer Stürme, arktischer Fröste und warmer kontinentaler Luftströmungen gelegen, das Land sei, das die nützlichsten Informationen sammle – gewissermaßen der Ausguck Europas. Ebenfalls zustimmend äußerte sich danach William Montagu Douglas Scott, besser bekannt als Herzog von Buccleuch, der erklärte, er habe sich bereits hinter verschlossenen Türen für die Wiedereinführung der Warnungen eingesetzt.

Eine weitere prominente Persönlichkeit unter den Zuhörern war Admiral Edward Belcher, ein Bekannter FitzRoys und einer von Beauforts Küstenvermessern der ersten Stunde. Belcher war inzwischen achtundsechzig, ein Veteran der alten britischen Kriegsmarine und vor allem bekannt für die Rolle, die er bei den Arktisexpeditionen auf der Suche nach John Franklin gespielt hatte. Er setzte zu einer feurigen Rede an, indem er erklärte, Admiral FitzRoy sei »vor ein ziviles Standgericht gestellt und gerichtet worden von einer Gruppe Männern, die nicht dafür qualifiziert waren, über ihn zu urteilen«.

Sie sollten die Seeleute anhören, denn letztlich geht es bei dieser Frage um die Seefahrt. Es ist behauptet worden, wir könnten Wetterereignisse nicht voraussagen, aber ich kenne Fakten, die das Gegenteil besagen [Beifall]. Ich kann mich erinnern, dass bereits 1812 der kommandierende Admiral in Bordeaux die Gewohnheit hatte, alle Stunde zu signalisieren, wenn das Barometer einen anderen Stand anzeigte, und dementsprechend ließen die Schiffe dann die Rahen herab und bargen die Segel. Als wir einmal den Feind jagten und eben mit ihm gleichziehen wollten, sah der Kapitän nach dem Barometer und gab ganz unvermittelt den Befehl, die Toppsegel zu reffen, aber noch ehe das geschehen war, hatten wir schon viele Spieren eingebüßt. Bei einer anderen Gelegenheit habe ich selbst einen Sturm aus einer bestimmten Richtung prophezeit, und die Prophezeiung traf genau zur angegebenen Stunde ein. Ich weiß, dass es möglich ist, die Sturmwarnungen fortzusetzen, wenn man bloß den Amtsleuten Dampf macht, damit sie ihre Pflicht tun. Es ist Unsinn zu behaupten, dem wäre nicht so [Beifall]. Das Vieh, die Vögel, die Fische und die Reptilien, ja, überhaupt ein jegliches Ding gibt Hinweise auf einen kommenden Sturm, da sollten doch Männer der Wissenschaft mithilfe meteorologischer Beobachtungen ebenfalls imstande sein, Veränderungen in der Atmosphäre präzise anzukündigen.[29]

FitzRoy selbst hätte es nicht besser formulieren können. Sein Unternehmen mochte in den Korridoren von Whitehall von Bürokraten und Bedenkenträgern verhöhnt worden sein, in Dundee jedoch trat die gesamte Wissenschaftswelt ihm wie ein Mann zur Seite.

Der Letzte, der sprach, war der frischgebackene Präsident der Meteorological Society – James Glaisher. Bis dahin hatte er schweigend zugehört, was andere über einen Gegenstand zu sagen hatten, den er weit besser kannte als jeder von ihnen. Sein Ruf als einer der Gründerväter der britischen Meteorologie verlieh seiner Stimme Gewicht. Nun erklärte er den Zuhörern, er sei »sehr erstaunt gewesen über die Entscheidung des Ausschusses der Royal Society«. Er könne »keine guten Gründe«[30] entdecken, weshalb die Warnungen nicht wiederaufgenommen werden sollten – eine Feststellung, die mit viel Beifall quittiert wurde. Seiner Ansicht

nach sollten die Warnungen so schnell wie möglich wieder eingesetzt werden. Die höchste Autorität in meteorologischen Fragen
gab FitzRoys Sturmwarnungen damit ausdrücklich ihr Plazet.

Die Resolution wurde verabschiedet, sodass der Handelsbehörde und der Royal Society nichts anderes übrig blieb, als zu
handeln. Man fand einen Kompromiss. Zu FitzRoys Prognosen
und Sturmwarnungen zurückzukehren, war ausgeschlossen, denn
sie bargen zu viel politischen Zündstoff. So einigte man sich auf
»Sturmmeldungen«. Im Klartext bedeutete das, einen verifizier-
ten, das heißt bereits eingetretenen Sturm per Telegraf an Küsten-
striche zu melden, die noch nicht betroffen waren. Das erlaubte
es der Regierung, ihre Ressourcen und ihre Fachkenntnis einzusetzen, ohne sich auf das Gebiet der Vorhersage zu wagen. Damit
schien allen Seiten halbwegs gedient. Aber wie FitzRoy bereits in
seinem *Weather Book* dargelegt hatte, gab es mit Sturmmeldungen
ein Problem. Denn für die Häfen im Südwesten waren sie völlig nutzlos, weil ein Sturm dort oft noch vor der Meldung eintraf.
Und für die Nordsee waren die Meldungen ebenso wenig hilfreich,
denn für die Langstreckenflotten der Fischer und Kauffahrer, die
oft für viel längere Perioden ausliefen als die zehn Stunden Frist,
die ihnen eine Meldung ließ, kamen sie meist zu spät. Die Aufgabe von FitzRoys System hinterließ eine entsetzlich klaffende
Lücke, vor allem, wenn man sich die Chronologie der Schiffbrüche in den Jahren nach 1865 ansieht.

Der Nordseesturm vom 25. Oktober 1869 zum Beispiel überraschte die gesamte Heringsflotte aus Scarborough und Filey, die
spät in der Saison noch einmal zu einem Trawl aufgebrochen war,
ahnungslos. Der Morgen war frisch und heiter gewesen, die Jol-
len durchpflügten die Wellen dreißig Meilen vor der Küste. Doch
der Sturm kam schnell, mit Sturzbrechern, Finsternis und hoffnungslos überforderten Schiffen – die altbekannte Geschichte.
George Jenkinson, Skipper der *Good Intent* und methodistischer

Laienpriester, betete für die Errettung seiner Crew. »Am Abend nahm ich Zeichen wahr, die mir untrüglich auf einen dräuenden Sturm hinzudeuten schienen, und ich bat den Herrn, seine mächtige Hand auszustrecken und in dieser Nacht schützend über uns zu halten.« Jenkinson wandte sich an seine Mannschaft und forderte sie auf, ihre Seelen Gott zu empfehlen. Mit Müh und Not schleppte sich die *Good Intent* tatsächlich am nächsten Morgen nach Scarborough, eines von wenigen Schiffen, die entkamen. »Wir können Gott nicht Dank genug sagen für diese wunderbare Errettung. Mögen wir alle fortfahren, an Gottes Sohn zu glauben, bis wir dieses Meer der Sorgen durchschifft haben und sicher eingelaufen sind in den Hafen des Trostes«, schrieb Jenkinson später.[31] Die Wissenschaft hatte sich zurückgezogen, und die Fischer konnten erneut nichts tun, als auf die Vorsehung zu vertrauen.

Falls James Glaisher von dem Sturm gelesen hatte, wird ihn geschaudert haben. Sein eigenes Leben hatte einen ungewöhnlichen Verlauf genommen, denn anstatt mit fortschreitendem Alter – er war beinahe sechzig – immer vorsichtiger zu werden, hatte er stattdessen immer mehr Mut bewiesen. Bilder von ihm aus jener Zeit zeigen eine imposante Erscheinung: Seine Augen blicken durchdringend, der buschige Kotelettenbart flößt Respekt ein, die hochgewölbte Stirn zeigt den Denker. Sein Ruf hatte sich bis nach Russland verbreitet, von wo Zar Alexander II. ihm als Zeichen seiner Anerkennung einen Diamantring geschickt hatte. Das war weit mehr, als man zu Beginn seiner Karriere in Irland drei Jahrzehnte zuvor hätte erwarten können.

Zwischen 1862 und 1866 war Glaisher insgesamt 28-mal mit dem Heißluftballon aufgestiegen, darunter sieben Aufstiege in große Höhe. Seine Berichte von diesen Luftfahrten waren bei Zeitungsredakteuren heiß begehrt. In ihnen verband sich die Vertrautheit der Reisebeschreibung mit etwas, das sich von den gewöhnlichen

Geschichten von Löwenjagden, Elefantensafaris und der Niederschlagung aufrührerischer Eingeborener unterschied, mit denen das viktorianische Publikum sonst gern unterhalten wurde. Seine Erzählungen von diesen Luftreisen hatten etwas Reizvolles. Das war kein Ort, der je gezähmt werden konnte. Der Himmel ließ sich weder besitzen noch kolonisieren. Und seine Ungreifbarkeit fesselte die Fantasie.

Niemand war davon mehr fasziniert als Glaisher selbst. Während er im Ballon durch die Wolkenbänke segelte, fühlte er sich als »Bürger des Himmels«: Sein Körper war gespannter, sein Gehirn aktiver, »jeder Sinn geschärft, um den Erfordernissen der Lage zu begegnen«. In seinen *Luftreisen* hatte er eine verträumte Projektion dieses Lebens in einer anderen Welt niedergeschrieben:

Über unsern Häuptern wölbte sich ein ungeheurer Dom; einzelne Wolken schweben in ihm dahin; aber sie scheinen nur den Zweck zu haben, die unermessliche Größe dieses Olymps zu zeigen. Nach Osten zu strahlen die Farben eines Regenbogens, der eben verlöschend noch ein letztes Glanzlicht auf den dunklen Azur des Himmels wirft, während von Westen her die Sonne die Ränder all der flockigen Wölkchen umher versilbert und sie in ein leuchtendes Vlies verwandelt. Unter diesen leichten Floren aber erhebt sich in riesenhafter Kette ein anderes Wolkengebilde. Es sind die wahren Alpen des Himmels, Gipfel auf Gipfel übereinandergetürmt, bis die letzten Spitzen sich im Widerschein der Sonnenglorie verlieren. Einige dieser stolzen Massen scheinen von Lawinen und Gletschern durchfurcht; andere ragen in kühner Kegelgestalt in den unendlichen Raum empor; kristallne Wände, blitzende Hörner, schroffe Pyramiden – eines drängt sich an das andere. [...] Es ergreift uns gleichsam der Schwindel des Unendlichen; wir möchten fliehen und möchten doch ohne Aufhören über diese grenzenlosen Ebenen umherirren.[32]

Obgleich ihn die Schönheit seiner Umgebung bezauberte, vergaß Glaisher doch nie seine Pflichten gegenüber der Wissenschaft. Im Juli 1863 stieg er an einem windigen Sommertag auf, entschlossen, sich die Bildung von Regen im Innern einer Nimbuswolke genau anzusehen. Mit dem Ballon schwebte er in verschiedenen Höhen durch feuchte Nebel- und Dunstbänke und studierte dabei die Größe und Wucht der Regentropfen. In 2000 Fuß (rund 600 Meter) Höhe waren sie »groß wie ein Vierpennystück«. Bei diesem und anderen Aufstiegen konnte er zudem zeigen, dass Gay-Lussacs Theorie über den mit zunehmender Höhe kontinuierlichen Rückgang der Lufttemperatur eindeutig nicht richtig war. »Es ist notwendig, sich von diesem Ideal der Regelmäßigkeit zu verabschieden«, lautete sein Urteil. Selbst an heiteren, windstillen Tagen gelang es Glaisher nicht, eine Formel zu finden, die eine Relation von Temperatur zu Höhe angab. Ebenso kompliziert, stellte er fest, verhielt es sich mit der Windrichtung.

Im Januar 1864 stieg er in einer südöstlichen Brise über London auf. Bei 1300 Fuß traf er auf eine starke südwestliche Luftströmung, die bei 8000 Fuß nach Südsüdwest drehte. Diese Abfolge wechselnder Winde war viel verwickelter als alles, was man sich bis dahin gedacht hatte. Die Entdeckung ließ Glaisher über die mögliche Bedeutung der Winde für das britische Klima nachdenken. Später während desselben Winteraufstiegs lokalisierte Glaisher in 3000 Fuß Höhe einen warmen Luftstrom aus südwestlicher Richtung: »Im Innern dieser Strömung war die Luft feucht, an der oberen und unteren Grenze dagegen sehr trocken«, schrieb er. Eine Besonderheit dieser Strömung, die Glaisher ausdrücklich vermerkte, war die Richtung, aus der sie kam:

Die Auffindung dieses südwestlichen Luftstroms erscheint mir
äußerst wichtig, weil durch sie die Tatsache erklärt werden
dürfte, dass England eine weit höhere Temperatur besitzt, als
den schon ziemlich nördlichen Breitengraden des britischen
Archipels zu entsprechen scheint. Bis jetzt hat man die milden
Tage unserer Winter ausschließlich dem Golfstrom zu verdanken geglaubt. Ohne irgend die große Bedeutung dieses Faktors
in Abrede zu stellen, wird man meines Erachtens doch zugleich
die unterstützende Einwirkung eines dem ozeanischen Strome
gleichlaufenden atmosphärischen Zwillingsstromes, eines aus
denselben Regionen kommenden Luftstromes annehmen müssen. Es gibt [...] auch in dem über unseren Häuptern treibenden
Meere einen wirklichen Golfstrom.[33]

Jahrzehnte bevor er entdeckt und verstanden wurde, lassen sich
Glaishers Worte als Vorahnung des Jetstream lesen, von dem wir
heute annehmen, dass er der Hauptfaktor für das britische Wetter
ist. Obgleich Glaisher seine südwestliche Strömung auf viel nied-
rigerer Höhe antraf, als der Jetstream üblicherweise einnimmt
(in der Regel in zehn Kilometern Höhe), lässt Glaisher doch bereits ein aufkeimendes Verständnis dafür erkennen, welche Auswirkungen Luftströmungen und Winde auf das Klima haben
können.

Hoch droben in seinem Ballon war Glaisher ein Sinnbild für
den Fortschritt der meteorologischen Wissenschaft. In den zurückliegenden sieben Jahrzehnten war die Atmosphäre in einem
Maß erforscht worden wie nie zuvor. Längst war sie nicht mehr
das Reich des Chaos noch die Himmelsburg Gottes. Sie war vielmehr ein grundlegender Bestandteil der belebten Welt: ein Teil
von uns. In seiner meisterhaften Synthese der Naturwissenschaften, *Kosmos* (1845), hatte Alexander von Humboldt sich für eine
größere Wertschätzung der Atmosphäre ausgesprochen: »Wäre

der Erdball der Atmosphäre beraubt, wie unser Mond, so stellte er sich uns in der Phantasie als eine klanglose Einöde dar.«[34]

Jahre vorher hatte sich Luke Howard in seinen Vorträgen zum selben Thema geäußert.

> Angenommen, die Menschheit und die anderen Tiere, und
> selbst das Gemüse, seien derart gebildet, dass sie zur Atmung,
> für ihre Nahrung und Wärme nicht [der Atmosphäre] bedürften,
> ja, selbst dann – was für ein öder Anblick wäre das *ohne die Luft*,
> was für eine Leere in der Natur statt unserer vielen Freuden
> in der Fremde! Keine erfrischende Brise! Kein blauer Himmel,
> der sich mit warmen Schauern abwechselt, keine wippenden
> Äste und raschelnden Blätter: nichts von der ganzen Schönheit
> der Sommerwolken, kein Regenbogen, kein Regen![35]

Im Jahr 1870 richtete die US-Armee ein Wetterbüro ein, das sich zunächst auch auf die Überbleibsel des alten Beobachtungsnetzes stützte, welches die Smithsonian Institution vor dem Bürgerkrieg betrieben hatte. Im folgenden Jahr begann man mit der Veröffentlichung von »Wahrscheinlichkeiten« der Wetterentwicklung, die auf den telegrafisch übermittelten Berichten basierten.

Die erste Tageswetterkarte erschien 1875 in *The Times*, gezeichnet hatte sie Francis Galton. Vier Jahre später wurden auch die Wettervorhersagen wiederaufgenommen, nach einer Pause von dreizehn Jahren. Noch ein Jahrzehnt verging, bis der Jetstream – die Hauptschlagader der Atmosphäre – entdeckt wurde. Gegen Ende des Jahrhunderts schließlich stellten der norwegische Professor Vilhelm Bjerknes und seine Mitarbeiter die Wetterprognose auf eine solide statistische Grundlage.

Glaisher blieb bis September 1874 am Observatorium, als es zu einer Auseinandersetzung mit Airy kam: »Es wäre zweckdienlich und vorteilhaft«, schrieb Airy in einer Notiz, »wenn Herr Glaisher das Observatorium jeden Tag nicht vor 14 Uhr verließe. Kein anderer Beamter des Observatoriums geht vor 14 Uhr.« In seiner Antwort machte Glaisher nicht viele Worte:

> Ihr krittelndes Schreiben von heute Morgen ist so schmerzhaft, dass ich als Folge davon um meinen Abschied bitte.[36]

Es war das lakonische Ende einer vierzig Jahre währenden wissenschaftlichen Partnerschaft. In der Folge wandte sich Glaisher seinen vielen anderen Interessen zu. Er ließ sich 1875 zum zweiten Mal zum Präsidenten der Photographic Society wählen und hatte dieses Amt siebzehn Jahre inne. Auch seine meteorologische Arbeit für den Registrar General und dessen Jahrbücher setzte er bis 1901 fort – für eine Zeitspanne von fünfundfünfzig Jahren.

Bis zu seinem Lebensende nahm Glaisher in seiner eigenen, mit den besten Instrumenten ausgestatteten Wetterstation in seinem Haus in Croydon täglich Aufzeichnungen zu Temperatur und Luftdruck, Geschwindigkeit und Richtung des Windes vor. Hineingeboren in eine Welt der Segelschiffe, Kanonen und Musketen, starb Glaisher 1903 im selben Jahr, als Orville und Wilbur Wright an der Küste North Carolinas den ersten Flug mit einer motorisierten Flugmaschine unternahmen. Acht Jahre später starb auch Francis Galton. Mit ihrem Tod waren die letzten Verbindungen zu der Generation, welche die Atmosphäre klassifiziert, vermessen, gemalt, kartiert, beschrieben und sogar vorhergesagt hatte, endgültig dahin.[37]

Abenddämmerung

Je länger der Nachmittag dauert, desto mehr verliert die Sonne an Kraft, und die Aufwinde lassen nach. Heute wird es keine Cumuli mehr geben. Die Wolkenbildung nimmt ab, je schwächer ihre Energiequelle wird. Bei Sonnenuntergang ist der Himmel wieder ganz klar.

Die Sonne neigt sich dem Horizont zu. Aus flachem Winkel glühen ihre Strahlen durch die Atmosphäre und nehmen einen weichen, goldenen Ton an, wie ihn Landschaftsfotografen besonders schätzen, weil er die Erde in ein goldgelbes Licht taucht und die Beschaffenheit der Dinge vorscheinen lässt. Die Sonne steht nun fünf Grad über dem Horizont, und neue Farben beginnen sich zu zeigen. Anstelle des milchig weißen Streifens über dem Horizont sehen wir einen gelblich roten. Darüber erscheinen beinahe horizontal verschiedene Bänder in Rot, Gelb und Violett. Wenn die Sonne im Westen untergeht, taucht im Osten der Erdschatten auf, ein graublaues Band, das bis sechs Grad über den Horizont aufsteigt.

An einem klaren Tag wie diesem wird es nach Sonnenuntergang noch spektakulärer. Obwohl die Sonne verschwunden ist, wird der Himmel noch stundenlang von Zwielicht erfüllt. Nach ihrem Untergang verwandeln sich die deutlich voneinander abgehobenen Farbbänder in ein Violett, dessen eindrucksvolles Schillern »eher rosa- und lachsfarben als wirklich violett«[1] erscheint. Dieses Licht beherrscht ungefähr eine Stunde nach Sonnenuntergang den Himmel, ehe es von einem kühlen blauen Schimmer ungefähr zwanzig Grad über dem Horizont abgelöst wird. Das ist der Schein des Zwielichts.

Je weiter man vom Äquator entfernt ist, desto länger hält das Zwielicht an. Auf den Orkney-Inseln im Norden Schottlands vergeht das Zwielicht zwischen Mitte April und Mitte August überhaupt nicht, und man kann auch um Mitternacht in einem Buch lesen oder im Garten arbeiten. Damit das Zwielicht erlischt und die Nacht wirklich beginnt, muss die Sonne neunzehn Grad unter den Horizont sinken. Bis sie diesen Punkt erreicht, wird weiterhin Licht durch die Atmosphäre gestreut und scheint über der Landschaft. Bald jedoch werden Sterne verschiedener Helligkeit sichtbar. Hoch oben in der Mesosphäre, achtzig Kilometer über dem Erdboden, tauchen leuchtende Nachtwolken auf, die aus Eiskristallen bestehen, weshalb sie wie Kandelaber glitzern und funkeln. Sie sind die am höchsten stehenden Wolken, die es gibt.

Inzwischen ist die Wärme des Tages ganz abgeklungen. Die Atmosphäre ist kalt und klar. Am Boden auf einer Wiese kühlen die Grashalme rasch ab. Am Stängel eines Löwenzahns bildet sich auf einem Fleckchen, das winziger ist, als es ein James Glaisher oder Francis Beaufort je hätten beobachten können, ein erstes Tautröpfchen. Ein neuer Tag hat begonnen.

Westliche Winde

Die Nachrichten meldeten es schon den ganzen Tag: Ein Sturm war im Anzug. Als ich die Tür meines Hauses im Westen von London schloss, befand er sich irgendwo über dem Kanal und warf vermutlich riesige Wellen auf, wie sie FitzRoy und Sulivan vor zweihundert Jahren auf der *Thetis* erlebt hatten. Es war Viertel vor neun am Abend des 27. Oktobers 2013, einem Sonntag. Nach christlicher Tradition war der folgende Tag der Tag des heiligen Judas Thaddäus, des Schutzheiligen in schwerer Not und verzweifelter Lage. Irgendjemandem war das aufgefallen, und über die sozialen Medien wurde daraus ganz schnell eine Riesensache: Noch ehe er überhaupt die britische Küste erreicht hatte, war es bereits der Sankt-Judas-Sturm.

Auf der Straße blies der Wind schon recht kräftig. Von der Platane wurden welke Blätter abgerissen und landeten haufenweise auf dem Pflaster, wo sich in den vergangenen Tagen schon viele Hundert angesammelt hatten. Die etwas beklommene Ruhe vor dem Sturm würde noch ein paar Stunden anhalten. Ich zog mir die Kapuze meines abgewetzten Parkas über den Kopf und schlug den Weg zum Fluss ein.

Drei Tage zuvor hatte das Wetteramt zunächst eine Prognose für den Süden Englands herausgegeben, in der von starken, möglicherweise Schäden verursachenden Winden die Rede war. Am Freitag hatte es die Prognose zu einer Unwetterwarnung heraufgestuft. Das ganze Wochenende hindurch hatten wir auf den Satellitenbildern gesehen, wie die Wolken in ihrer typischen, gegen den Uhrzeigersinn gerichteten Bewegung über den Atlantik heranwirbelten. Die Mienen der Wetteransager veränderten sich, die übliche lockere Munterkeit war verschwunden. Ernst blickten sie in die Kamera, während sie wie ein Mantra wiederholten, dies werde ein Sturm, wie man ihn nicht alle Tage sieht. Am Sonntag war die Stimmung angespannt. Die Eisenbahngesellschaften rechneten für die Hauptverkehrszeit am Montagmorgen mit Verspätungen, Feuerwehrleute und Rettungskräfte waren in Alarmbereitschaft. Und um es auch den Letzten, die es noch nicht gehört hatten, ganz klarzumachen, holte die BBC ihren früheren Wetterfrosch Michael Fish aus dem Ruhestand. Fish war berühmt, weil er es 1987 versäumt hatte, einen besonders heftigen nicht tropischen Wirbelsturm vorherzusagen. Nun ließ man ihn seine ganz persönliche Warnung an die Zuschauer richten. »Das ist unglaublich«, erklärte Fish im Interview auf BBC News. »Moderne Computer sind buchstäblich in der Lage, solche Dinge aus dem blauen Dunst herauszulesen. Kein Mensch wäre dazu in der Lage gewesen.«[1]

In Fulham Reach unten an der Themse war die Luft schwer, feucht und kalt. Im diesigen Licht konnte ich nicht weit sehen, gerade eben bis zur grünen Silhouette der Hammersmith Bridge hundert Meter stromaufwärts. Ich stellte mich unter eine Silberweide und lauschte auf die Brise. Das orangefarbene Licht beleuchtete einzelne, schräg fallende Regentropfen. Es roch nach Moschus, und der Fluss schien mehr Wasser zu führen als sonst. Irgendwo über dem bleigrauen Himmel ertönte das metallische Dröhnen eines Flugzeugs, das nach Heathrow einschwebte. Ein Jogger mit Ohrenstöpseln wippte vorbei. Dann erschien ein Spaziergänger mit einem Hund, einem Labrador, der ungeduldig an seiner Leine zog.

Bevor Sankt Judas kam, wollte ich diesen Moment für mich

allein haben. Die beunruhigende Mischung aus Erwartung und Anspannung. Das ist die Urgewalt des Wetters. Das ist es, was der hellwache fünfzehnjährige Constable in seiner Mühle in East Bergholt erlebt hatte, wenn er die Wolkenfetzen am Horizont dahinjagen sah. Gespannte, beklommene Erwartung, wie sie Fitz-Roy damals in der Magellanstraße empfunden haben musste, als Kapitän Cable sich unter Deck verzog und das Barometer beängstigend schnell fiel.

Ich stand eine halbe Stunde unter der Weide. Dann frischte der Wind immer stärker auf, und ich ging heim.

Vier Stunden später fegte Sankt Judas über den Süden Englands, und nach dem Aufstehen am nächsten Morgen hörten wir, was er angerichtet hatte. Auf der Isle of Wight waren Windgeschwindigkeiten von 160 Kilometern pro Stunde gemessen worden. Sechs Menschen hatten ihr Leben verloren, die meisten erschlagen von einem der vielen umgestürzten Bäume. In Heathrow waren 130 Flüge gestrichen worden, 850 000 Haushalte waren ohne Strom, und den Hafen von Dover hatte man drei Stunden lang geschlossen. Auch das Kernkraftwerk Dungeness war für drei Stunden vom Netz genommen worden.

Doch damit war die Sache nicht ausgestanden, denn es stellte sich heraus, dass der Sankt-Judas-Sturm nur der Auftakt zu einem ungewöhnlich stürmischen Winter war. Während ich drinnen im Warmen saß und Bücher über Reid, Redfield, Espy und FitzRoy las, jagte der Jetstream einen Sturm nach dem anderen über die Südküste Englands. Sechs schwere Orkane wurden im Januar und Februar 2014 verzeichnet, die dabei gemessenen Niederschlagsmengen brachen alle Rekorde. Seit 1766 waren solche Regenmengen nicht verzeichnet worden. Wie schon beim *Royal Charter*-Sturm brach bei Dawlish der Bahndamm. Und in Milford on Sea in der Graftschaft Hampshire mussten die Gäste eines Restaurants in Sicherheit gebracht werden, als Riesenwellen die Kiesel vom Strand durch die Scheiben schleuderten. Die Flut erstreckte sich von Somerset Levels im Osten bis ins Themsetal. Mitte Februar standen die Spielfelder von Eton unter Wasser.

Das Wetter verschaffte dem Wetteramt (dem Met Office, wie es heute heißt) ungewohnte Aufmerksamkeit. Mit seinem IBM-Power7-Computer, einem der leistungsstärksten auf der Welt – er führt bis zu einer Billiarde Berechnungen in der Sekunde durch –, kann es den Verlauf jedes Sturms nachverfolgen und vorhersagen.[2] Rund eineinhalb Jahrhunderte nach FitzRoys Tod war sein Traum damit in Erfüllung gegangen. Statt als kostspieliger Luxus missachtet zu werden, stand das Wetteramt im Zentrum des Geschehens und informierte Politiker, Geschäftsleute, die Medien und die Öffentlichkeit gleichermaßen.

Heute verfügt das Wetteramt über einen Etat von 80 Millionen Pfund Sterling; 1500 Mitarbeiter werden dort beschäftigt, darunter 500 Wissenschaftler. Obwohl das Wetter, vor allem das britische Wetter, natürlich stets für eine Überraschung gut ist, leben wir inzwischen in einer Welt, in der Wetterprognosen überwiegend vertraut wird. Nach den jüngsten Angaben des Wetteramtes treffen 94,2 Prozent ihrer Vorhersagen der Höchsttemperatur mit einer Abweichung von 2 °C ein, 85 Prozent der vorhergesagten Tiefsttemperatur mit einer Abweichung von 2 °C und 73,3 Prozent der Regenvorhersagen; Stürme – mit Ausnahme seltener Fälle wie dem von Michael Fish – werden eigentlich immer richtig vorhergesagt.[3]

Die Bedeutung des Wetteramtes geht auch aus dem Bericht einer Beratungsagentur von 2007 hervor. Darin heißt es, das Amt liefere »eine außergewöhnliche Anlagerendite«, rette darüber hinaus Leben, schütze Eigentum und sei von weitreichendem Nutzen für Gesellschaft und Umwelt. Insgesamt spare das Met Office der britischen Volkswirtschaft 353,2 Millionen Pfund. Und obgleich sich seit den stürmischen Auseinandersetzungen der 1860er-Jahre viel geändert hat, ist das ursprüngliche Leitbild das gleiche geblieben. FitzRoys Ideal eines öffentlichen Wetterdienstes, den der Staat dem Gemeinwohl zur Verfügung stellt, besteht nicht nur weiterhin, sondern ist zu einem integralen Bestandteil unseres Alltags geworden.[4]

Von den heutigen Mitarbeitern des Wetteramtes wird FitzRoy wegen seiner Weitsicht als Gründervater verehrt. Das Amt hat seinen Sitz an der FitzRoy Road in Exeter, und im Jahr 2002 wurde zudem einer der notorischen Sturmsektoren im Seewetterbericht der BBC von Finisterre in FitzRoy umbenannt. Drei ausgezeichnete Biografien sind über ihn geschrieben worden, und 2005 machte der Schriftsteller Harry Thompson FitzRoys Leben zum Gegenstand eines Romans, *This Thing of Darkness* wurde sogar für den Booker-Preis nominiert – ein weiterer Beweis dafür, dass die Geschichte für Rebellen eine besondere Schwäche hat. Und weit enfernt von den Küsten Großbritanniens erhebt sich im Süden Patagoniens der Monte FitzRoy – 1877 von dem argentinischen Entdeckungsreisenden Francisco Moreno zu Ehren FitzRoys benannt – über die umliegende spektakuläre Landschaft wie ein steiler Zacken. Das Wetter am FitzRoy ist häufig ungemütlich und stürmisch, ihn zu besteigen gilt unter Bergsteigern als die größte Herausforderung, und nur wenige haben auf seinem Gipfel gestanden.

Den meisten ist FitzRoy heute wegen seiner Rolle als schweigsamer Kapitän der *Beagle* auf Charles Darwins großer Reise ein Begriff. Diese Episode hat schon zu FitzRoys Lebzeiten seine spätere Laufbahn und vor allem seine meteorologische Arbeit überschattet. FitzRoy wäre nicht begeistert gewesen, als »Darwins Kapitän auf der *Beagle*« in die Geschichtsbücher einzugehen. Ein viel besseres Epitaph steht auf seinem Grabstein in der All Saints Church, eine Passage aus dem Buch Prediger des Alten Testaments:

Er weht nach Süden, dreht nach Norden, dreht, dreht, weht der Wind. Weil er sich immerzu dreht, kehrt er zurück, der Wind.[5]

Wer die Geschichte FitzRoys und des Meteorologischen Amtes kennt, kann nicht umhin, eine gewisse Ungerechtigkeit darin zu sehen. »FitzRoy wurde von der Wissenschaftsgemeinde sehr schlecht behandelt«, sagte Julia Slingo, die leitende Wissenschaftlerin des Wetteramtes, mir bei einem Gespräch. Ich fragte sie, ob das, was er getan habe, rückblickend betrachtet unwissenschaftlich gewesen sei. »Nein«, erwiderte sie. »Er stand bloß am Beginn einer sehr langen Entwicklung.«[6]

Und wenn FitzRoy am Beginn einer langen Entwicklung stand, dann gilt das für Julia Slingo heute ebenso.

Am 7. Februar 1861, einen Tag nachdem FitzRoy seine allererste Sturmwarnung an die Häfen der Nordostküste gekabelt hatte, erhob sich John Tyndall, seines Zeichens Professor für Naturkunde an der Royal Institution, um die renommierte Baker-Vorlesung der Royal Society zu halten. Tyndall, ein vierzig Jahre alter Ire, galt als einer der wissenschaftlichen Hoffnungsträger der Londoner Szene. Er war ein geschickter Experimentator und Autor, dessen Beschreibungen seiner Reisen als Bergsteiger in den Alpen, wo er viele der schwierigsten Gipfel erklommen hatte, überaus beliebt waren. An der Royal Institution arbeitete er bereits seit zehn Jahren, und sein Ruf als Redner war glänzend. Ein Jahr später würde er, wie vor ihm FitzRoy, Glaisher, Herschel und Airy, in das Ballonkomitee der British Association berufen werden, aber an diesem Abend gingen ihm andere Dinge durch den Kopf.

Tyndall hatte seinem Vortrag den Titel »On the Absorption and Radiation of Heat by Gasses and Vapours« (Über die Absorption und Abstrahlung von Wärme durch Gase und Dämpfe) gegeben. Mit diesem Gegenstand beschäftigte er sich bereits seit zwei Jahren, und der Vortrag machte seine Hörer mit dem neuesten Stand seiner Forschungen vertraut. Wie Glaisher hatte Tyndall begonnen, sich für den Wärmeaustausch auf globaler Ebene zu interessieren. Und wenn es Glaisher gelungen war zu beweisen, dass Wärmestrahlung durch Festkörper drang, hatte Tyndall sich etwas ganz Ähnliches vorgenommen, diesmal allerdings für Gase. Sein Interesse war aus der Überlegung entstanden, dass die Erde nur dann warm genug sein konnte, um organisches Leben zu ermöglichen, wenn einige der Gase in ihrer Lufthülle die Wärme der Sonne auffingen und zurückhielten. Das lag an sich auf der Hand, aber Tyndall stellte fest, dass diese Frage von der Forschung bis dahin praktisch ignoriert worden war. Es war, wie er verkündete, »ein völlig unbeackertes Feld«.[7]

Seit 1859 hatte Tyndall nach einer Antwort auf diese Frage gesucht und im Experiment erprobt, welche Gase die Wärmestrahlung – die wir heute Infrarotstrahlung nennen – am besten absorbieren. In der British Institution hatte er dazu einen Versuch aufgebaut, der es ihm erlaubte, Wärme durch Glaskolben mit Gas zu leiten und die Menge der dabei absorbierten Wärme zu messen. Das war nicht einfach gewesen, aber davon ließ sich Tyndall nicht entmutigen, und zwischen dem 9. September und dem 29. Oktober 1860 hatte er »jeden Tag acht bis zehn Stunden experimentiert«. Nun wollte er den Kollegen vorstellen, was er dabei herausgefunden hatte. Zunächst erklärte er, dass nur eine vernachlässigenswerte Menge an Wärme durch die gewöhnlich in der Atmosphäre vorkommenden Gase – Sauerstoff, Wasserstoff, Stickstoff – aufgenommen werde. Andere Gase jedoch verfügten über ein unglaubliches Absorptionspotenzial, und Gleiches galt für Wasserdampf. Eine seiner Entdeckungen betraf Kohlensäure (Kohlendioxid). Dann beeilte er sich, einen Irrtum zu korrigieren:

In den Experimenten von Dr. Franz scheint Kohlensäure schwächer zu absorbieren als Sauerstoff. Nach meinen eigenen Experimenten jedoch ist das Absorptionsvermögen von Ersterer (Kohlensäure) in kleinen Mengen ungefähr 150-mal so groß wie das von Letzterem (Sauerstoff), und für atmosphärische Verhältnisse gilt, dass Kohlensäure vermutlich 100-mal so viel absorbiert wie Sauerstoff.[8]

Damit legte Tyndall, ohne es zu ahnen, die theoretischen Grundlagen für eine der hitzigsten Wissenschaftskontroversen aller Zeiten. Die Schlüsse, die sich aus Tyndalls Entdeckungen ziehen ließen, waren klar. Je mehr Wasserdampf, Kohlendioxid und andere »Treibhausgase« in der Atmosphäre vorkommen, desto mehr wird sie sich aufheizen. Einige Wochen nach seinem Vortrag gab Tyndall eine Pressemitteilung für die Londoner Gazetten heraus, die besagte, damit lasse sich das gesamte Klima der Vergangenheit erklären und das künftige Klima einfach durch Kenntnis der Konzentrationen dieser »Treibhausgase« vorhersagen.[9]

Jahrelang blieben Tyndalls Forschungen nichts weiter als ein eleganter, wenn auch etwas esoterischer Ausflug in die physikalischen Eigenschaften von Gasen, den die meisten bald vergessen hatten. Ende des 19. Jahrhunderts beschäftigte sich der schwedische Meteorologe Svante Arrhenius mit dem Problem und lieferte eine Reihe von Berechnungen zur Korrelation zwischen der Kohlendioxidmenge in der Atmosphäre und der Oberflächentemperatur auf der Erde. Anschließend dauerte es bis 1938, ehe sich diesmal der britische Ingenieur G. S. Callendar mit dem Thema befasste, nachdem er sich die Frage gestellt hatte, was denn die Folgen einer sehr kohlenstoffreichen Atmosphäre wären. Zu diesem Zeitpunkt produzierte Großbritannien rund 250 Millionen Tonnen Kohle im Jahr, durch deren Verbrennung zusammen mit Kohlenwasserstoffen aus anderen Quellen immer größere Mengen von Kohlendioxid in die Luft freigesetzt wurden. Callendar kam bei seinen Berechnungen zu dem Ergebnis, dass bei einer Steigerung der Kohlendioxidmenge um zwanzig Prozent die Temperatur signifikant zunehmen müsse, und hielt das für einen Vorteil, denn damit lasse sich eine neue Eiszeit abwenden.

In den folgenden Jahrzehnten spekulierten Wissenschaftler immer wieder einmal über dieses launenhafte Verhalten der Atmosphäre – das sie halb scherzhaft als »Callendar-Effekt« bezeichneten –, während die ganze Zeit hindurch die Kohlendioxidmengen in der Atmosphäre zunahmen. Von der Wende zum 19. Jahrhundert bis zum Ende des 20. Jahrhunderts war der Anteil des Kohlendioxidgehalts von 280 Teilen pro Million auf 380 Teile pro Million gestiegen. Tyndalls Entdeckung war nicht länger ein mathematisches Rätsel oder eine wissenschaftliche Kuriosität. Politikern wurde klar, dass Tyndalls Laborexperiment inzwischen in ganz anderem Maßstab in der Erdatmosphäre stattfand. Das Problem erhielt einen Namen – Erderwärmung – und wurde zur wissenschaftlichen Leitfrage unseres Zeitalters.

Die Politik nahm 1988 Notiz davon. In jenem Jahr hielt Margaret Thatcher eine besorgte Ansprache vor der Royal Society zum Thema Erderwärmung und warnte darin, dass die Menschheit »unabsichtlich ein gigantisches Experiment mit dem System des Planeten selbst begonnen« habe.[10] Die gleiche Auffassung äußerte auch der NASA-Wissenschaftler James Hanson vor einem Untersuchungsausschuss des Kongresses in Washington. Als Reaktion darauf wurde das regierungsübergreifende Intergovernmental Panel on Climate Change (IPCC) gegründet. Seitdem hat das IPCC insgesamt fünf »Sachstandsberichte zur Atmosphäre« und zu den wahrscheinlichen Auswirkungen steigender Konzentrationen von Kohlendioxid und anderen Treibhausgasen herausgegeben. Der vorerst letzte wurde auf einer Pressekonferenz im September 2013 vorgestellt. Darin hieß es, dass 95 Prozent aller Wissenschaftler inzwischen übereinstimmend annehmen, dass gegenwärtig eine Erderwärmung stattfindet. In ihren Empfehlungen für politische Entscheidungsträger stellte das IPCC fest, dass »die Erwärmung des Klimasystems zweifelsfrei erwiesen« sei.[11]

Der fünfte Bericht des IPCC wimmelt von Statistiken, viele davon sind höchst beunruhigend. So war die Temperatur der Erdoberfläche zwischen 1880 und 2012 weltweit um 0,85 °C gestiegen; »die Konzentration von Kohlendioxid, Methan und Stickoxiden in der Atmosphäre hat ein Niveau erreicht, wie es mindestens für die letzten 800 000 Jahre beispiellos ist«. Zum Beweis für die vor sich gehenden Veränderungen auf dem Planeten wird das Abschmelzen der Eiskappen über Grönland und der Antarktis angeführt, außerdem das Verschwinden großer Gletscher, das Zurückweichen des arktischen Packeises sowie das Ausbleiben von Schnee im Frühling auf der nördlichen Halbkugel. Thomas Stocker, einer der Vorsitzenden des IPCC, nahm bei der Vorstellung des Berichts kein Blatt vor den Mund: Der Klimawandel »bedroht unseren Planeten, unsere einzige Heimat«.[12]

Die Debatte über den Klimawandel hat sich wie eine Wetterprognose in Zeitlupe entwickelt, ziemlich ähnlich wie FitzRoys erste Prognosen. Aber die Schwierigkeiten, mit denen sich FitzRoy und andere konfrontiert sahen, stehen in keinem Verhältnis zu den leidenschaftlichen Auseinandersetzungen der vergangenen zwei Jahrzehnte. Wie gemäßigt waren die Debatten auf der Brüsseler Konferenz 1853, wenn man sich das Hickhack auf den Klimakonferenzen von Rio, Kyoto, Bali oder Kopenhagen anschaut. Und Augustus Smiths Auftritte im Unterhaus fallen kaum ins Gewicht, wenn wir an die Lobbyarbeit mächtiger Freihandelskapitalisten heutzutage denken. Und doch wirkt die Debatte seltsam vertraut. Wie zuvor dreht sie sich um das Vertrauen der Menschen in eine Voraussage. Können wir Wissenschaftlern, die uns vor einer kommenden Gefahr warnen, vertrauen? Welchen wirtschaftlichen und gesellschaftlichen Preis sollten wir bereit sein zu zahlen? Woher wissen Forscher, dass sie recht haben?

All diese Fragen werden mit der gleichen Vehemenz erörtert wie seinerzeit in der Debatte über FitzRoys Prognosen. Damals wie heute ist der Diskurs polarisiert. Beide Lager nutzen abwertende und rühmende Etiketten, man kann ein Klimahysteriker und ein Erwärmungsleugner sein, ein Gläubiger oder ein Skeptiker. In den Vereinigten Staaten wird die Debatte, ganz in der Redfield/Espy-Tradition, am hitzigsten geführt. Während Nachrichtensendungen, die eher mit den Demokraten sympathisieren, von einem »Klimawandel« sprechen, bevorzugen die republikanischen Widersacher den Begriff »Erderwärmung«. Jeder dieser Begriffe ruft im Publikum seine je eigenen Pawlow'schen Reflexe hervor. »Klimawandel« bedeutet »mutig«, »wissenschaftlich« und stellt das Überleben der Menschheit in den Mittelpunkt. »Erderwärmung« bedeutet »kostspielig«, »pseudowissenschaftlich« und eine Propagandafalle erster Ordnung.

Skeptiker halten den Klimawandel für das jüngste Beispiel in einer langen Tradition wissenschaftlicher Panikmache, von Malthus und seinen Bevölkerungshypothesen über das Versiegen der fossilen Brennstoffe bis hin zum »Millennium Bug«. Der Klimawandel ist ihrer Ansicht nach das letzte Gefecht einer mächtigen Umweltlobby, die über keinerlei Beweise für ihre Theorie verfügt. Sie weisen darauf hin, dass in den letzten fünfzehn Jahren keine weitere Erwärmung beobachtet worden ist, und machen sich über das Argument des IPCC in dieser Sache – die überschüssige Wärme sei von den Meeren aufgesogen worden – als »kreative Wissenschaft« lustig. Skeptikern erscheint der Klimawandel als hysterischer Kult, der inzwischen solche Ausmaße angenommen hat, dass er vernünftiger Kritik nicht mehr zugänglich ist. Seine politische und wirtschaftliche Macht über Regierungen und eine Geschäftswelt, die sich in dieser Hinsicht zu gefährlichen Investitionen verstiegen hat, erzeuge eine sich pausenlos selbst bestätigende Paranoia.

Die vielleicht konstanteste und einflussreichste Kritik am Klimawandel kommt von neoliberalen Ökonomen, die über die Millionen Pfund den Kopf schütteln, die jährlich für die Kohlenstoffsteuer verschwendet werden. Sie wollen lieber bei probaten Wirtschaftstheorien bleiben: dem Prinzip der niedrigsten Kosten. Kohlenwasserstoffe wie etwa fossile Brennstoffe sind die ergiebigste Energiequelle und liefern uns damit auch das Mittel für das schnellste Wirtschaftswachstum. Die einleuchtendste Darlegung der ökonomischen Position wird von Rupert Darwall, einem ehemaligen Investmentbanker, in seiner eingehenden Studie *The Age of Global Warming* (Das Zeitalter der Erderwärmung) gegeben. Er vertritt die These:

In jeder Hinsicht ist Erderwärmung zu einem teuren Fiasko geworden. Nicht nachhaltige Entscheidungen für Solar- und Windenergie in Deutschland und Spanien, die moralisch zutiefst widerwärtige Umleitung von Ressourcen zur Nahrungsmittelerzeugung in die Herstellung von Biotreibstoffen, der Zusammenbruch des EU-Marktes für Emissionshandel, die Umwandlung des privatisierten britischen Energiemarktes, der den günstigsten Strom erzeugte, zu einem der teuersten Stromproduzenten Europas, die Skandale im Zusammenhang mit dem Mechanismus für umweltverträgliche Entwicklung, die Zerstörung der tropischen Regenwälder zugunsten von Palmölplantagen – sie alle liefern Belege für das Scheitern dieser Politik.[13]

Nigel Lawson, ehemals britischer Schatzkanzler im Kabinett Thatcher, fügte 2014 seine eigenen Schlussfolgerungen hinzu: »Die Orthodoxie der Erderwärmung ist nicht einfach nur widersinnig, sie ist niederträchtig.«[14]

Julia Slingo, die prominenteste Klimaforscherin in Großbritannien, arbeitet an diesem Gegenstand bereits seit vier Jahrzehnten. In den Neunzigerjahren wurde sie die erste britische Professorin für Meteorologie an der Universität Reading, ehe sie 2008 ans Wetteramt zurückkehrte, wo sie ihre Laufbahn auch begonnen hatte. Sie ist eine führende Stimme in der Debatte über den Klimawandel und versucht, der britischen Öffentlichkeit die wissenschaftlichen Zusammenhänge und die Gefahren einer sich erwärmenden Welt zu vermitteln.

Slingo erzählte mir, dass ihr Interesse am Wetter sich bereits in ihrer Jugend entwickelt habe. »Damals verbrachte ich eine ganze Menge Zeit am Schreibtisch in meinem Zimmer, während ich mich auf meine Abschlussprüfung in Physik vorbereitete. Das Fenster ging nach Süden, und während ich die Wolken beobachtete, fragte ich mich, weshalb der Wind eigentlich immer von Westen wehte.«[15]

Ein paar Jahre später begann Slingo als eine der jungen Wissenschaftlerinnen am Wetteramt mit der Arbeit an den ersten Modellen der Klimaentwicklung überhaupt – damals ein ganz neues Forschungsfeld: »Als ich zum Wetteramt kam, hatten wir gerade die ersten Satellitenbilder gesehen«, erklärt sie, »wir wussten kaum, wie Wolken von oben aussahen, wir hatten keinerlei Modelle.« Von Anfang an beschäftigte sich Slingo mit der Kohlendioxid-Problematik. In einer ihrer ersten Veröffentlichungen, »Carbon Dioxide, Climate and Society« (Kohlendioxid, Klima und Gesellschaft), untersuchte sie die Empfindlichkeit des Klimas für steigende Mengen von Treibhausgasen. »Ich dachte damals nicht, dass das für die Menschheit im 21. Jahrhundert zum größten Problem werden würde, aber als das zeigt es sich nun mehr und mehr«, sagt sie.[16]

Vierzig Jahre später hielt Slingo im November 2013 den Burntwood-Vortrag an der Institution of Environmental Sciences in

London, ihr Thema: »Why Climate Models are the Greatest Feat of Modern Science« (Weshalb Klimamodelle die größte Errungenschaft moderner Wissenschaft sind). Darin zeigte sie, wie grundlegend sich das Erstellen von Klimamodellen seit den 1970er-Jahren verändert hat, dass Meteorologen inzwischen verstehen, wie Wärme in einem globalen System umgewälzt wird, was bereits Glaisher und Tyndall vermutet hatten. Dem Laien erscheinen solche Modelle erschreckend komplex. Höhere Mathematik, die Physik Newtons, die Thermodynamik, Strahlentheorie, Teilchenphysik, Chemie und Biologie bilden die Grundlage für Prognosen, die, auf immer kleinere Sektoren der Erdoberfläche projiziert, die mögliche Klimaentwicklung in den kommenden Jahren vorhersagen. Alle Daten dafür werden von dem IBM-Supercomputer in Exeter verarbeitet und fließen in die IPCC-Berichte ein. Das ganze System hätte in seiner Komplexität Wissenschaftler im 19. Jahrhundert verblüfft, erstaunt und fasziniert, die schließlich selbst wenig mehr zur Verfügung hatten als ihre Barometer, Thermometer und Wetterkarten. »Die Leute denken, Meteorologie ist bloß eine ›weiche‹ Umweltwissenschaft, obwohl sie tatsächlich sehr schwierig ist«, meint Slingo. »Es ist eine Wissenschaft für Doktoranden. Man muss wirklich Ahnung von Mathematik, Physik und Chemie haben, das ist das Mindeste.«[17]

Doch bei aller Verankerung in der Theorie bleibt die Meteorologie als Wissenschaft kontrovers. Im Lauf der Jahrzehnte haben Kritiker die Verfechter des Klimawandels bei wissenschaftlich problematischen Praktiken ertappt. So werfen sie Wissenschaftlern die Manipulation von Zahlen vor, indem die Geräte, entsprechend eingestellt, automatisch die erwünschten Daten ausspucken. Als der *Daily Telegraph* 2014 eine Rezension über ein Buch zum Klimawandel veröffentlichte, erhielt die Zeitung 9093 Leserzuschriften, in denen »Skeptiker« »Hysteriker« angriffen und »Gläubige« gegen »Leugner« zurückschlugen.[18]

»Es gibt so viele Parallelen zwischen dem, was jetzt geschieht, und dem, was mit FitzRoy geschah«, erklärt Slingo. »Wir sind die einzige Wissenschaft, die wirklich die Aufgabe hat, Vorhersagen zu machen, und das schafft Ärger. Ich bin von [Mitgliedern der Royal Society] kritisiert worden, die der Ansicht sind, dass man kein guter Wissenschaftler sein könne, wenn man in diesem Bereich arbeitet, aber das ist falsch. Andere Wissenschaftler werden so nicht kritisiert. Den Direktor der Gesundheitsbehörde würde man nicht auf diese Weise kritisieren. Niemand würde es wagen, medizinische Forschungsergebnisse auf die gleiche Weise zu zerpflücken, wie sie es mit dem Klimawandel tun.«[19]

In einem Interview für die BBC wurde Slingo 2014 gefragt, weshalb sie nach wie vor auf diesem umstrittenen Feld arbeite. In ihrer Antwort zitierte sie Francis Bacon: »Für mich ist das immer wichtiger geworden. Das ist der Grund, weshalb ich mich nach Jahren an der Universität auf die Stelle des Leitenden Wissenschaftlers im Met Office beworben habe. Ich wollte erleben, wie meine Wissenschaft zum Wohl der Gesellschaft wirkt – ›dem Stande des Menschen zur Hilfe‹. Um Leben und Existenzen zu retten und um Menschen ihr Leben zu erleichtern, die unter Unwettern oder extremem Klima leiden […]. Die Leute mögen nicht, was ich über die Wissenschaft sage, weil es ihnen nicht passt, aber das wird mich nie daran hindern, es zu sagen.«[20]

Ich sagte Slingo, dass mich ihre Worte an FitzRoy erinnert hätten und ich darüber nachdächte, wie er wohl vor 150 Jahren darauf geantwortet hätte. Dann fragte ich sie, ob sie fand, dass es Ähnlichkeiten zwischen ihnen beiden gebe. »Ich habe jedenfalls nicht die Absicht, Selbstmord zu begehen«, erwiderte sie.[21]

Wie keine andere Wissenschaft erfordert Meteorologie Vertrauen. Manche finden das unwissenschaftlich. In *The Age of Global Warming* lässt sich Rupert Darwall über die »Unerforschlichkeit der

Zukunft« aus. Was lässt sich wirklich wissen? Als Maßstab greift er auf Karl Poppers Theorie der Falsifikation zurück: Demnach kann eine Theorie nur dann als wissenschaftlich bezeichnet werden, wenn sie sich verifizieren beziehungsweise falsifizieren lässt. Auch die besten Theorien, so Popper, lassen sich falsifizieren. »Das Äußerste«, so Darwall, »was sich sagen lässt, ist, dass es zwischen zwei Zeitpunkten in der Vergangenheit eine Erderwärmung gegeben *hat*.«

Er untermauert seinen Angriff auf die Theorie der Erderwärmung mit einem Zitat des Physikers Percy W. Bridgman, Harvard-Professor und Nobelpreisträger. Bridgman schrieb:

> Ich persönlich bin nicht der Auffassung, dass man davon reden sollte, Aussagen über die Zukunft zu machen. Für mich impliziert eine Aussage die Möglichkeit, ihre Wahrheit zu verifizieren, und die Wahrheit einer Aussage über die Zukunft lässt sich nicht verifizieren.[22]

Aber das ist natürlich gerade die Crux. Zum Wohl und zur Sicherheit der Menschheit sind Meteorologen gezwungen, Prognosen zu machen. Und obgleich diese sich weder nach Poppers Methode falsifizieren lassen noch den Ansprüchen genügen, die Bridgman an eine wasserdichte Aussage stellt, ist die Wettervorhersage heutzutage etwas, dem wir generell vertrauen. Kaum jemand ignorierte sie im Oktober 2013, als der Sankt-Judas-Sturm nahte, und genauso blieben die meisten zu Hause, als der Hurrikan Sandy 2012 die Ostküste der Vereinigten Staaten heimsuchte. Weder Sandy noch Sankt Judas hätten sich falsifizieren lassen, und doch war ihre Vorhersage nicht unwissenschaftlich.

Heutzutage tragen Prognosen allgemein zum Schutz bei, ein Paradigmenwechsel gegenüber den Tagen, als sie eher zur Erheiterung im Unterhaus beitrugen. Wer weiß, wie gut Klimamodelle in Zukunft sein werden? Bis dahin gilt, was der Meteorologe Brian Hoskins in der BBC erklärte:

Durch eine Steigerung der Treibhausgaskonzentration in der Atmosphäre, vor allem von Kohlendioxid, auf Werte, die man auf diesem Planeten seit Millionen Jahren nicht erlebt hat, lassen wir uns auf ein sehr riskantes Experiment ein, und wir sind uns ziemlich sicher: Falls wir so weitermachen, werden die Temperaturen bis zum Ende des Jahrhunderts um 3 °C bis 5 °C steigen und die Meeresspiegel um einen halben bis ganzen Meter.[23]

Das ist das Experiment, um das es hier geht, und einen funktionierenden Pakt zwischen Wissenschaft, Politik und Wirtschaft zu schließen, wird eine der großen Aufgaben für unser Zeitalter sein. Wir können Vertrauen in die Wissenschaft setzen oder der Natur ihren Lauf lassen, wie es Kapitän MacWhirr in Conrads *Taifun* tat.

Zu Beginn der Erzählung gibt es einen Moment prophetischer Hellsichtigkeit, als MacWhirr die Atmosphäre vom Kartenraum der *Nan-shan* aus beobachtet.

Er stand vor dem fallenden Barometer, dem zu misstrauen er keinen Grund hatte. Wenn man die Zuverlässigkeit des Instruments, die Jahreszeit und die Position des Schiffes bedachte, war das Fallen des Barometers Unheil verkündend, und doch verriet das rote Gesicht des Mannes keinerlei innere Unruhe. Ein Omen bedeutete ihm nichts, und die Botschaft einer Prophezeiung verstand er erst, wenn sie bereits eingetreten war [...]. Der grelle Sonnenschein warf schwache, blässliche Schatten. Mit jedem Augenblick ging die Dünung höher, und das Schiff schlingerte heftig durch die glatten, tiefen Täler der See.[24]

ANHANG

Die Stars in FitzRoys
meteorologischer Galaxie

In seinem *Weather Book* schreibt FitzRoy, ihm falle »eine Galaxie ausgezeichneter Männer ein, die wesentlich zum gegenwärtigen meteorologischen Wissen beigetragen haben«. Dann listet er die Namen derjenigen auf, die in seinen Augen in dieser Hinsicht von größter Bedeutung waren. Hier eine Auswahl seiner meteorologischen Stars mit ein paar Ergänzungen.

George Airy (1801–1892)

Britischer Mathematiker und von 1835 bis 1881 Königlicher Astronom. Einer der prominentesten Naturwissenschaftler im viktorianischen Großbritannien, der in den 1840er-Jahren gemeinsam mit James Glaisher am Observatorium Greenwich erstmals systematisch meteorologische Daten sammeln ließ. Unterstützte die Veröffentlichung der ersten Wetterberichte in der *Daily News*.

François Arago (1786–1853)

Einflussreicher französischer Mathematiker und Astronom, von 1843 bis 1853 Leiter des Pariser Observatoriums. In seinen *Essais météorologiques* behandelte er vor allem den Blitzschlag. Mahnte zur Vorsicht bei Wettervorhersagen.

Francis Beaufort (1774–1857)

Hydrograf, Wissenschaftler, Seemann und *éminence grise*. Urheber der ersten allgemein verwendeten Skala der Windstärken und des Wetters. Mentor von Robert FitzRoy.

James Capper (1743–1825)

Britischer Armeeoffizier und Angestellter der East India Company. Wurde von William Reid als der Erste bezeichnet, der die kreisförmige Bewegung von Stürmen erkannte, obwohl er seine Überlegungen zu Lebzeiten nicht bekannt machte.

John Dalton (1766–1844)

Quäker und Schulmeister, führte ab 1787 jahrzehntelang ein Wettertagebuch, erhob die Daten dazu mit selbst gebauten Instrumenten. Veröffentlichte 1793 seine *Meteorological Observations and Essays*; die darin erstmals ausgeführten Überlegungen zur Beschaffenheit von Materie und Atomen gelten als Beginn der modernen Atomtheorie.

John Frederic Daniell (1790–1845)

Professor für Chemie am King's College in London; seine *Meteorological Essays* (1823) wurden breit rezipiert. Erfand das Daniell-Hygrometer und die Daniell-Zellenbatterie, ein wesentlicher Bestandteil des Morse-Telegrafen. Starb bei einer Versammlung der Royal Society im März 1845 während einer Vorstellung seines neuen Wasserbarometers.

Heinrich Dove (1803 1879)

Preußischer Meteorologe, 1853 von der Royal Society für seine Forschungen zum Wärmeaustausch in der Atmosphäre mit der Copley-Medaille ausgezeichnet. FitzRoy übersetzte Doves *Gesetz der Stürme* ins Englische; die darin geäußerten Hypothesen zum Verhalten von Luftmassen mit verschiedenem Druck bildeten die Grundlage für das erste Verfahren der Wetterprognose.

James P. Espy (1785–1860)

Umstrittener amerikanischer Meteorologe, Altphilologe und Mathematiker. Sein Schlotmodell der Luftzirkulation in der Atmosphäre löste eine jahrelange erbitterte Kontroverse mit William C. Redfield aus. Wurde später wegen seiner Behauptung, Regen erzeugen zu können, stark angefeindet.

William Ferrel (1817–1891)

Amerikanischer Pädagoge und Meteorologe, dem es in den 1850er-Jahren erstmals gelang, die Gesetze der Erdumdrehung mit den geltenden Theorien zur Luftzirkulation in der Atmosphäre zu verbinden. Nach ihm ist die Ferrel-Zelle benannt, eine der drei wichtigsten Zellen der atmosphärischen Luftzirkulation.

Thomas Forster (1789–1860)

Englischer Naturforscher, Astronom, Meteorologe und Arzt. Sein Buch *Researches About Atmospheric Phenomena* (1813) wurde zum vielleicht populärsten Werk der Meteorologie im frühen 19. Jahrhundert, John Constable und François Arago zählten zu seinen Lesern. Forster interessierte sich vor allem für Wetterzeichen in der Natur und veröffentlichte im Lauf seines Lebens viele Listen dazu. Unternahm 1831 einen denkwürdigen Ballonaufstieg.

Benjamin Franklin (1706–1790)

Amerikanischer Philosoph, Naturforscher und Staatsmann. Wurde bekannt, als er während eines Gewitters über Philadelphia einen Drachen aufsteigen ließ, der einen Funkenflug hervorrief, womit Franklin bewies, dass Blitze ein elektrisches Phänomen waren. Vorreiter der Sturmforschung, indem er den Verlauf von Stürmen über der Ostküste Nordamerikas nachzeichnete.

Francis Galton (1822–1911)

Viktorianischer Universalgelehrter. Wichtigster Beitrag zur Meteorologie war seine Entdeckung und Beschreibung der »Antizyklone«. Pionier der kartografischen Darstellung des Wetters seit 1860, was 1875 schließlich zur Veröffentlichung der ersten Wetterkarte in *The Times* führte. Beruflicher Rivale von Robert FitzRoy.

James Glaisher (1809–1903)

Englischer Astronom, Meteorologe, Fotograf und Ballonfahrer. Seine lange Karriere in der Meteorologie begann 1840 mit seiner Ernennung zum Leiter der Abteilung für Magnetismus und Meteorologie am Observatorium Greenwich. Schrieb viele Aufsätze, darunter am bemerkenswertesten jene über Tau und Schneeflocken. Stellte 1861 gemeinsam mit Henry Coxwell einen neuen Höhenrekord für Aufstiege mit dem Ballon auf. In den Jahren 1867/68 Präsident der Meteorological Society.

Joseph Henry (1797–1878)

Führender amerikanischer Naturwissenschaftler, erster Sekretär der Smithsonian Institution. Wurde berühmt für seine Erfindung der Türglocke. Viele Beiträge zur Wissenschaft, vor allem auf dem Gebiet des Elektromagnetismus. Leitete ab 1847 das Meteorologie-Projekt der Smithsonian Institution.

John Herschel (1792–1871)

Berühmter britischer Naturwissenschaftler und Verwaltungsbeamter. Viele Beiträge zur Astronomie und Mathematik. Interessierte sich sein Leben lang für die Meteorologie. Unterstützte Redfields Theorie der zirkulierenden Winde und stand im Briefwechsel mit FitzRoy über meteorologische Fragen.

Luke Howard (1772–1864)

Britischer Pharmazeut und Quäker, gilt vielen als Vater der modernen Meteorologie. Wurde Anfang des 19. Jahrhunderts durch sein Klassifizierungssystem für Wolken berühmt und veröffentlichte viele weitere Werke zur Meteorologie. Gilt als der Erste, der den Effekt von Wärmeinseln in Städten beschrieb. Sein Buch *Climate of London* war Vorläufer heutiger Klimastudien.

Alexander von Humboldt (1769–1859)

Preußischer Entdeckungsreisender und Naturphilosoph, Wegbereiter der Idee der Feldforschung. Ein großes Vorbild für Robert FitzRoy und Charles Darwin während ihrer Reise auf der *HMS Beagle*. Fasste sein naturkundliches Wissen in seinem Buch *Kosmos* zusammen, »das Werk meines Lebens«, das 1845 in Berlin erschien.

Urbain Le Verrier (1811–1877)

Französischer Geometer, Mathematiker und Wissenschaftsbeamter. Wurde durch seine Entdeckung des Planeten Neptun aufgrund rein mathematischer Berechnungen berühmt. Folgte Arago in der Leitung der Pariser Sternwarte nach. Ab Mitte des 19. Jahrhunderts führender Kopf der französischen Anstrengungen auf dem Gebiet der Meteorologie.

Elias Loomis (1811–1889)

Amerikanischer Mathematiker, Meteorologe und Astronom, langjähriger Professor am Yale College. Im Jahr 1834 einer der ersten Nordamerikaner, die den Halley'schen Kometen beobachteten. Führte eine gründliche Studie eines einzelnen Sturms durch und fertigte als Erster Wetterkarten in mehrfarbiger Darstellung an.

Matthew Maury (1806–1873)

Leutnant der US-Marine, Meeresforscher und Verwaltungsbeamter. Wertete seit den 1840er-Jahren systematisch Wetterdaten zur Erstellung von Segelkarten aus, Spitzname »Pfadfinder der Meere«. Organisierte die Brüsseler Konferenz von 1853, aufgrund derer sich europäische Nationen an dem amerikanischen Unternehmen beteiligten.

Henry Piddington (1797–1858)

Kapitän im Dienst der East India Company und Meteorologe, der sich seit den 1840er-Jahren mit den physikalischen Eigenschaften von Stürmen beschäftigte. Schloss sich den Theorien von Redfield und Reid an; sein Buch *The Sailor's Horn-Book for the Law of Storms*

(1848) stellte die Theorie der zirkulierenden Winde der breiten Öffentlichkeit vor. Von ihm stammt auch das bis heute gebräuchliche Wort »Zyklon«.

William Redfield (1789–1857)

Amerikanischer Unternehmer und Meteorologe. Sein Aufsatz »Remarks on the Prevailing Storms of the Atlantic Coast, of the North American States« machte 1831 die amerikanische Wissenschaftswelt mit dem Phänomen der zentrifugalen Winde bekannt; betrieb anschließend mehr als ein Jahrzehnt Sturmforschung. Freund und Verbündeter von William Reid. Erster Präsident der American Association for the Advancement of Science.

William Reid (1791–1858)

Britischer Armeeoffizier und kolonialer Verwaltungsbeamter. Begann sich nach dem Karibik-Hurrikan von 1831 für Meteorologie zu interessieren. Sammelte jahrelang Daten zu karibischen Wirbelstürmen. Veröffentlichte 1838 sein von Redfield beeinflusstes Buch *Law of Storms*. In der Folge Gouverneur verschiedener britischer Besitzungen in Übersee; von Dickens als »der gute Gouverneur« verewigt.

John Tyndall (1820–1893)

Berühmter Physiker der viktorianischen Epoche, spielte eine bedeutende Rolle in der Royal Association of Great Britain. Bewies in den 1860er-Jahren, dass manche Gase mehr Wärme aufnehmen können als andere, ein Phänomen, das wir heute als »Treibhauseffekt« kennen.

Anmerkungen

Das Wetter-Experiment

1 John Frederic Daniell, *Meteorological Essays and Observations.* London: Underwood 1823, S. 2

2 *Die Bibel. Altes und Neues Testament.* Einheitsübersetzung im Auftrag der Bischöfe von Deutschland des Rates der Evangelischen Kirche in Deutschland. Stuttgart: Herder 1980, Psalm 19

3 François Arago, *Meteorological Essays.* London: Longman et al. 1855, S. 219

4 Jan Golinski, *British Weather and the Climate of Enlightenment.* Chicago: The University of Chicago Press 2007, S. 18

5 Luke Howard, *Seven Lectures on Meteorology* (1837). Cambridge: Cambridge University Press 2011, S. 2

6 John Ruskin, *Transactions of the Meteorological Society Instituted in the Year 1823,* Bd. 1. London: Smith, Elder & Cornhill 1839, S. 57

7 A. a. O., S. 59

Teil 1 – SEHEN

1. In der Luft schreiben

1 NLI. FB an Fanny Edgeworth, MS 13176 (11)

2 Ebd.

3 *The Annual Register, or a View to the History, Politics, and Literature for the Year 1794.* London: Auld, 1799, S. 51. Das *Universal Magazine* von Oktober 1794 enthält einen ausführlichen Bericht über Chappes Telegraf.

4 Charles Dibdin, *The Professional Life of Mr Dibdin, written by himself, together with the words of Six Hundred Songs,* Bd. III. London: Dibdin 1803, S. 315

5 *Daniel Beaufort Journal Entry,* 7. März 1789. Trinity College Dublin, MS 4031

6 Alfred Friendly, *Beaufort of the Admiralty: The Life of Sir Francis Beaufort.* London: Hutchinson 1977, S. 50

7   Howard, *Seven Lectures on Meteo-rology*, S. 16 f.

8   NMA. Private Weather Diary of Admiral Beaufort, Box 1 HMS Latona, Aquilon und Phaeton, MET/2/1/2/3/539

9   NLA. FB an Charlotte Edgeworth, 24. Januar 1803

10 Daniel Augustus Beaufort, *Memoir of a Map of Ireland*. London: Faden 1792, S. ix

11 Richard Lovell Edgeworth, *Memoirs of Richard Lovell Edgeworth, begun by himself and concluded by his daughter Maria Edgeworth*, Bd. 2. London: Bentley 1844, S. 260

12 Jenny Uglow, *Lunar Men: The Friends that Made the Future*. London: Faber & Faber 2003, S. 292

13 Edgeworth, *Memoirs*, Bd. I, S. 140

14 A. a. O., S. 141

15 A. a. O., S. 147

16 A. a. O., S. 142

17 Desmond King-Hele, *The Collected Letters of Erasmus Darwin*. Cambridge: Cambridge University Press 2006, S. 74

18 Samuel Johnson, *A Dictionary of the English Language*, Bd. 3 (1755). London: Longman, Hurst, Rees, Orme & Brown 1818

19 A. a. O., S. 305

20 James Lequeux, *Le Verrier – Magnificent and Detestable Astronomer*, hg. v. William Sheehan, übers. v. Bernard Sheehan. New York: Springer 2013, S. 271

21 Edgeworth, *Memoirs*, Bd. II, S. 159

22 NLI. Maria Edgeworth an Mrs Ruxton, 4. November 1803

23 H. F. B. Wheeler und A. M. Broadley, *Napoleon and the Invasion of England: The Story of the Great Terror*. Cirencester: Nonsuch 2007, S. 272 f.

24 NLI. Charlotte Edgeworth an Emmeline King, 11. Juli 1804

25 NLI. Maria Edgeworth an Sophy Ruxton, 18. Dezember 1803

26 NLI. FB an Charlotte Edgeworth, MS 13 176 (11)

27 HL. FB an RLE, 24. Dezember 1803 (Dublin)

28 Ebd.

29 HL. FB an Daniel Beaufort, 26. März 1804 (Athlone)

30 NLI. Charlotte Edgeworth an Emmeline King, 11. Juli 1804

31 Friendly, *Beaufort of the Admiralty*, S. 120

32 *Freeman's Journal*, 7. Juli 1804

33 HL, 27. Mai 1804 (Galway). FB an William Beaufort

34 Friendly, *Beaufort of the Admiralty*, S. 129

35 Daniel Defoe, *The Storm* (1704). London: Penguin 2005, S. 24

36 Ebd.

37 NMA. Private Weather Diary of Admiral Beaufort, HMS Woolwich 1805–7, MET/2/1/2/3/540

2. Studien nach der Natur

1 HL. RLE an FB, 1.Juni 1810

2 HL. FB an RLE, 9. Dezember 1809

3 Ebd.

4 HL. Joseph Banks an RLE, 26. Dezember 1813, sowie FB an RLE, 1. Dezember 1813

5 *The Scots Magazine and Edinburgh Literary Miscellany*, Bd. 76. Edinburgh: Constable & Company, S. 152

6 Howard, *Seven Lectures on Meteorology*, S. 115 f.

7 *Nicholson's Journal*, Januar 1814

8 Ronald Brymer Beckett, *John Constable's Correspondence*, Bd. 2. Ipswich: Suffolk Records Society 1970, S. 118

9 C. R. Leslie, *Memoirs of the Life of John Constable, Esq., RA: composed chiefly of his letters*. 2. Aufl., London: Longman, Brown, Green, & Longmans 1845, S. 132

10 C. R. Leslie, *John Constable. Eine Selbstbiographie aus Briefen, Tagebuchblättern, Aphorismen und Vorträgen*, übers. u. hg. v. Arthur Roessler u. E. Müller-Röder. Berlin: Paul Cassirer 1911, S. 13

11 Andrew Shirley, *The Rainbow: A Portrait of John Constable*. London: Joseph 1949, S. 128

12 A. a. O., S. 141

13 Beckett, *John Constable's Correspondence,* Bd. 4. Ipswich: Suffolk Records Society 1970, S. 101

14 George Harvey, *A Treatise on Meteorology*. London 1834, S. 155

15 Leslie, *Memoirs of the Life of John Constable*, S. 49

16 Beckett, *John Constable's Correspondence*, Bd. 10, S. 83

17 Thomas Forster, *Researches About Atmospheric Phenomena*. 2. Aufl., London: Baldwin 1813, S. 126

18 A. a. O., S. viii

19 Sir John Barrow, *Autobiographical Memoir of Sir John Barrow, Bart, Late of the Admiralty*. London: John Murray 1847, S. 10

20 Golinski, *British Weather and the Climate of Enlightenment*, S. 19

21 Luke Howard, *Essay on the Modifications of Clouds*. 3. Aufl., London: Churchill, 1865, S. 1

22 Forster, *Researches About Atmospheric Phenomena*, S. 56

23 A. a. O., S. 7

24 William Gilpin, *Three Essays on Picturesque Beauty; on Picturesque Travel and on Sketching Landscape: to which is added a poem, on landscape painting*. 2. Aufl., London: Blamire 1794, S. 36

25 A. a. O., S. 72

26 A. a. O., S. 89

27 A. a. O., S. 34

28 A. a. O., S. 42

29 Leslie, *John Constable. Eine Selbstbiographie*, S. 4

30 Ebd.

31 A. a. O., S. 220 u. 217

32 A. a. O., S. 212

33 Alle Zitate aus: John Thornes, *John Constable's Skies*. Birmingham: University of Birmingham Press 1999

34 *Examiner*, 27. Mai 1821

35 Leslie, *John Constable. Eine Selbstbiographie*, S. 68

36 A. a. O., S. 191
37 Leslie, *Memoirs of the Life of John Constable*, S. 350
38 Edmund Burke, *A Philosophical Inquiry into the Origin of our Ideas of the Sublime and Beautiful.* Neuausgabe. Basil: Tournisen 1792, S. 60
39 Leslie, *Memoirs of the Life of John Constable*, S. 281
40 Mark Evans, *John Constable: Oil Sketches from the Victoria and Albert Museum.* London: Victoria & Albert Museum, 2011, S. 93
41 Thornes, *John Constable's Skies*, S. 73

3. Regen, Wind und die wundersame Kälte

1 Robert FitzRoy, Charles Darwin und Phillip King, *Narrative of the Surveying Voyages of His Majesty's Ships Adventure and Beagle, between the Years 1826 and 1836*, Bd. I. London: Colburn 1839, S. 189 f.
2 Ebd.
3 NA. ADM 51/3053 – Kapitänslogbuch: Beagle / 16. September 1825 – 31. Dezember 1829
4 Robert FitzRoy, *The Weather Book: A manual of practical meteorology.* London: Longman, Green et al. 1863, S. 333
5 FitzRoy et al., *Narrative of the Surveying Voyages*, Bd. II, S. 71
6 A. a. O., S. 333
7 *Good Words*, 1. Juni 1866
8 FitzRoy, *Memorandum*, zit. in: John Gribbin und Mary Gribbin, *FitzRoy: The Remarkable Story of Darwin's Captain and the Invention of the Weather Forecast.* London: Review 2004, S. 301–305
9 James Weddell, *A Voyage Towards the South Pole, performed in the Years 1822–24.* London: Longman, Rees, Orme, Brown & Green 1825, S. 202 f.
10 Ebd.
11 A. a. O., S. 2
12 A. a. O., S. 141
13 Herman Melville, *Moby-Dick, or, the Whale.* Boston: St Botolph Society 1922, S. 434
14 Weddell, *A Voyage Towards the South Pole*, S. 44
15 A. a. O., S. 55
16 FitzRoy et al., *Narrative of the Surveying Voyages*, S. 217
17 Ebd.
18 A. a. O., S. 218
19 A. a. O., S. 222
20 A. a. O., S. 225
21 A. a. O., S. 223
22 A. a. O., S. 232
23 A. a. O., S. 50
24 Ebd.
25 A. a. O., S. 230
26 A. a. O., S. 234
27 Henry Norton Sulivan, *Life and Letters of the Late Admiral Sir Bartholomew James Sulivan KCB 1810–1890.* London: John Murray 1896, S. 15
28 NA. ADM 51/3053 – Kapitänslogbuch: Beagle / 16. September 1825 – 31. Dezember 1829
29 FitzRoy et al., *Narrative of the Surveying Voyages*, S. 582 ff.

30 Jeffery Dennis, *Ample Instructions for the Barometer and Thermometer*. 3. Aufl., London: Dennis 1825, S. 2

31 Ebd.

32 Weddell, *Voyage Towards the South Pole*, S. 37

33 Thomas Forster, *The Pocket Encyclopedia of Natural Phenomena*. London: Nicholls 1827, S. 7 f.

34 *Quarterly Journal of Science, Literature and Art*, Januar – Juni 1829, S. 425

35 Harvey, *Treatise on Meteorology*, S. 4

36 John Claridge, *The Shepherd of Banbury's Rules to Judge the Changes of the Weather*. London: Chance and Hurst 1827, S. iv

37 FitzRoy et al., *Narrative of the Surveying Voyages*, S. 178

38 A. a. O., S. 179

39 A. a. O., S. 153

40 A. a. O., S. 361

41 A. a. O., S. 421

42 A. a. O., S. 427

43 A. a. O., S. 432

44 Weddell, *Voyage Towards the South Pole*, S. 251

45 HL, Francis Beaufort Collection. 20. Mai 1817. RLE an FB

46 HL. FB 748. FB an Fanny Edgeworth, 22. Juni 1817

47 Barrow, *Autobiographical Memoir*, S. 395

48 HL. FB 17. Tagebucheintrag für den 12. Mai 1829

49 Harriet Martineau, *Biographical Sketches*. London: Macmillan 1869, S. 227

50 A. a. O., S. 214

51 Francis Darwin (Hg.), *The Life and Letters of Charles Darwin*, Bd. I. London: John Murray 1887, S. 168

52 Frederick Burkhardt und Sydney Smith, *The Correspondence of Charles Darwin*, Bd. I. Cambridge: Cambridge University Press 1985, S. 135 f.

53 Francis Darwin (Hg.), *The Life and Letters of Charles Darwin*, Bd. I, S. 60 f.

54 FitzRoy et al., *Narrative of the Surveying Voyages*, S. 37

55 R. D. Keynes (Hg.), *Charles Darwin's Beagle Diary*. Cambridge: Cambridge University Press 1988, S. 11

56

Teil 2 – ANZWEIFELN

4. Detektive

1 *New York Evening Post*, 3. September 1831

2 Aus dem *Barbados Globe*, nachgedruckt in: *Ithaca Journal*, 14. September 1831

3 *Account of the Fatal Hurricane by Which Barbados Suffered in August 1831*. Bridgetown: Hyde 1831, S. 56

4 HC Deb. 29. Februar 1832, Bd. 10, Kopien 971–5, 971

5 *The Seaman's Practical Guide for Barbados and the Leeward Islands.* London: Smith, Elder 1832, S. 17

6 John Poyer, *The History of Barbados from the First Discovery of the Island.* London: Mawman 1808, S. 102

7 A. a. O., S. 446

8 Aus dem *Barbados Globe*, nachgedruckt in: *Ithaca Journal*, 14. September 1831

9 *United Service Magazine*, Bd. 30, S. 8

10 *Die Bibel. Altes und Neues Testament.* Einheitsübersetzung im Auftrag der Bischöfe von Deutschland des Rates der Evangelischen Kirche in Deutschland. Stuttgart: Herder 1980, Psalm 29

11 Elspeth Whitney, *Medieval Science and Technology.* Westport, Conn.: Greenwood 2004, S. 152

12 William Fulke, *A Goodly Gallerye* (1563). Philadelphia: American Philosophical Society 1979, S. 28 f.

13 James Shapiro, *1599: A Year in the Life of William Shakespeare.* London: Faber & Faber 2005, S. 117 f.

14 Phil Mundt, *A Scientific Search for Religious Truth.* Brisbane: Bridgeway 2006, S. 49

15 »Part of a letter from John Fuller of Sussex, Esq, concerning a Strange Effect of the Late Great Storm in that County«, in: *Philosophical Transactions of the Royal Society 1704–5*, 1. Januar 1704

16 Vladimir Janković, *Reading the Skies: A Cultural History of English Weather 1650–1820.* London: University of Chicago Press 2000, S. 62

17 Defoe, *The Storm*, S. 7

18 A. a. O., S. 15

19 A. a. O., S. 17

20 Matthew Tindal, *Christianity As Old As the Creation*, Bd. I. London 1730, S. 6

21 John Goad, *Astro-Meteorologica, or Aphorisms and Large Significant Discourses on the Natures and Influences of the Celestial Bodies* (1686). London: Sprint 1699, Schutzumschlag

22 A. a. O., S. 16 f.

23 A. a. O., S. 25

24 A. a. O., S. 27

25 A. a. O., S. 39

26 Golinski, *British Weather and the Climate of Enlightenment*, S. 101

27 Weddell, *A Voyage Towards the South Pole*, S. 238

28 FitzRoy et al., *Narrative of the Surveying Voyages*, S. 465 f.

29 Harvey, *Treatise on Meteorology*, S. 3

30 *Edinburgh New Philosophical Journal*, Oktober 1838 – April 1839, S. 120

31 *Sketches of Sermons, Preached to Congregations in Various Parts of the United Kingdom and on the European Continent*, Bd. 5. New York: Bangs and Emasy 1827, S. 47

32 Zit. nach: I. C. Garbett, *Morning Dew; or, Daily Readings for the People of God* (1773). Bath: Binns & Goodwin 1864, S. 222

33 Poyer, *History of Barbados*, S. 67

34 A. a. O., S. 33

35 A. a. O., S. 33 f.

36 A. a. O., S. 54 u. 61

37 William Reid, An Attempt to Develop the Law of Storms by

Means of Facts, Arranged Accor-
ding to Place and Time. London:
Weale 1838, S. 1 f.

38 A. a. O., S. 27

39 A. a. O., S. 26

40 Denison Olmsted, *Address on the
Scientific Life and Labors of
William C. Redfield, A. M.* New
Haven: E. Hayes 1857, S. 13

41 A. a. O., S. 8

42 William C. Redfield, »Remarks

on the Prevailing Storms of the
Atlantic Coast«, in: *American
Journal of Science*, Bd. 20, S. 19

43 A. a. O., S. 21

44 A. a. O., S. 45

45 A. a. O., S. 47 f.

46 Reid, *An Attempt to Develop the
Law of Storms*, S. 3

47 *Edinburgh Review*, Januar 1839

48 *Manchester Times and Gazette*,
9. Juli 1836

5. Zitternde Luft, wirbelnde Winde

1 Albert Barnes, »An Address
before the Association of the
Alumni of Hamilton College«,
gehalten am 27. Juli 1836.
Utica: Bennett & Bright 1836,
S. 11

2 Ralph Waldo Emerson, *Miscella-
nies: Embracing Nature, Addresses
and Lectures.* Boston: Phillips,
Sampson and Company 1856,
S. 106

3 »Sketch of J. P. Espy«, in: *Popular
Science Monthly*, Volume 34 /
April 1889

4 James P. Espy, »Circular in Rela-
tion to Meteorological Observa-
tions«, in: *Journal of the Franklin
Institute*, Bd. XIII. Philadelphia:
Franklin Institute 1834,
S. 383

5 James P. Espy, *The Philosophy of
Storms.* Boston: Charles Little &
James Brown 1841, S. iii

6 A. a. O., S. iv

7 Harvey, *Treatise on Meteorology*,
S. 149

8 A. a. O., S. 109

9 W. E. Knowles Middleton, *A History of the Theories of Rain*. London: Oldborne 1965, S. 151

10 John Blackwell, »Observations
and Experiments, made with a
view to ascertain the Means by
which the Spiders that produce
Gossamer effect their aerial
excursions«, in: *Transactions of the
Linnean Society of London*,
Bd. XV / 1832, S. 449

11 Espy, *Philosophy of Storms*, S. 167

12 Knowles Middleton, *History of the
Theories of Rain*, S. 58–62

13 L. M. Morehead, *A Few Incidents
in the Life of Professor James P.
Espy.* Cincinnati: R. Clarke 1888

14 *Journal of the Franklin Institute*,
Bd. XVII / 1836, S. 240

15 *Journal of the Franklin Institute*,
Bd. XV / 1835, S. 373

16 Ebd.

17 *Journal of the Franklin Institute*,
Bd. XVIII / 1836, S. 106

18 A. a. O., S. 107

19 Espy, *The Philosophy of Storms*,
S. 489

20 *New Bedford Mercury*, 11. November 1836

21 James Rodger Fleming, *Meteorology in America, 1800–1870*. Baltimore: Johns Hopkins University Press 1990, S. 45

22 BL. Portsmouth, 1. Februar 1838, W. C. Redfield Korrespondenz, 1822–57, 3 Rollen Mikrofilm, GEN MSS

23 BL. New York, 9. April 1838, A. a. O., GEN MSS 1078

24 Ebd.

25 *Athenaeum*, 25. August 1838

26 *Storms*. The Museum of Foreign Literature, Science, and Art, Bde. 35/36. Philadelphia: Littell 1839, S. 242

27 *Edinburgh Review*, Januar 1839, S. 431

28 RS. Brief von Lt-Col. William Reid, Royal Engineers, an J. F. W. Herschel, 3. Januar 1839, DM/3/117

29 Zit. nach: *Transactions of the Meteorological Society Instituted in the Year 1823*, Bd. I, S. 59

30 RS. Archive, EC/1839/12

31 *Journal of the Franklin Institute*, Bd. XXIII, S. 371

32 BL. New York, 17. April 1839, Redfield to Reid, W. C. Redfield Korrespondenz, 1822–57, 3 Rollen Mikrofilm, GEN MSS 1078

33 Fleming, *Meteorology in America*, S. 40

34 *Journal of the Franklin Institute*, Bd. XXIII, S. 325

35 *The Knickerbocker*. New York: Clark & Edson 1839, S. 379

36 Espy, *The Philosophy of Storms*, S. 495

37 *Rhode Island Republican*, 9. Januar 1839

38 *New Hampshire Sentinel*, 13. Februar 1839

39 *Times-Picayune*, 12. Mai 1839

40 *Times-Picayune*, 22. August 1840

41 Fleming, *Meteorology in America*, S. 40

42 *New Bedford Mercury*, 22. März 1839

43 BL. New York, 25. Juni 1839, Redfield an Reid, W. C. Redfield Korrespondenz, 1822–57, 3 Rollen Mikrofilm, GEN MSS 1078

44 »British Association Tenth Meeting«, in: *Literary Gazette and Journal of the Belles Lettres, Arts, Sciences*, London, 10. Oktober 1840

45 Fleming, *Meteorology in America*, S. 50

46 Ebd.

47 Espy, *The Philosophy of Storms*, S. v

48 Fleming, *Meteorology in America*, S. 53

49 A. a. O., S. 67

6. Fließende Blitze

1 *American Quarterly Register*, Bd. 12

2 *Journal of the Franklin Institute*, Bd. XXII, S. 165

3 *Transactions of the American Philosophical Society*, Bd. 7 (1841), S. 125

4 A. a. O., S. 145

5 A. a. O., S. 148

6 Elias Loomis, *On Certain Storms in Europe and America: December, 1836*. Washington: Smithsonian 1859, S. 1

7 *Proceedings of the American Philosophical Society*, Bd. 3 (1843), S. 55

8 A. a. O., S. 56

9 *Samuel F. B. Morse: His Letters and Journals*. Hg. u. erg. v. Edward Lind Morse, Bd. II. New York: Kraus 1972, S. 211

10 A. a. O., S. 216

11 A. a. O., S. 107

12 A. a. O., S. 5

13 A. a. O., S. 6

14 A. a. O., S. 41

15 Amos Kendall, *Morse's Patent. Full Exposure of Dr Chas T. Jackson's Pretensions to the Invention of the Electro-Magnetic Telegraph*. Washington: Towers 1852, S. 57

16 James D. Reid, *The Telegraph in America and Morse Memorial*. New York: Polhemus 1886, S. 48 f.

17 A. a. O., S. 44

18 *Morse: His Letters and Journals*, Bd. II, S. 17

19 A. a. O., S. 18

20 A. a. O., S. 38

21 Kenneth Silverman, *Lightning Man: The Accursed Life of Samuel F. B. Morse*. Boston: Da Capo 2004

22 Ebd.

23 Kendall, *Morse's Patent*, S. 11

24 A. a. O., S. 46

25 Alfred Vail, *The American Electro Magnetic Telegraph*. Philadelphia: Lea & Blanchard 1845, S. 74 f.

26 Kendall, *Morse's Patent*, S. 48

27 A. a. O., S. 49 ff.

28 A. a. O., S. 19

29 A. a. O., S. 54

30 A. a. O., S. 58

31 *Morse: His Letters and Journals*, Bd. II, S. 70

32 A. a. O., S. 73

33 A. a. O., S. 75

34 A. a. O., S. 81

35 A. a. O., S. 172

36 A. a. O., S. 222

37 A. a. O., S. 225

38 *Pittsfield Sun*, 6. Juni 1844

39 *Berkshire County Whig*, 20. Juni 1844

40 *Barre Gazette*, 28. Juni 1844

41 Henry David Thoreau, *Walden oder Leben in den Wäldern*. Übers. v. Wilhelm Nobbe. Jena: Eugen Diederichs 1922, Kapitel 5; http://gutenberg.spiegel.de/buch/-5865/5

42 Vail, *American Electro Magnetic Telegraph*, S. viii

43 A. a. O., S. 52

44 George Brown Goode, *The Smithsonian Institution 1846–1896: The History of its First Half Century*. Washington: Smithsonian 1897, S. 656

7. Ruhiges Auge, bewegter Himmel

1 HL. FB Minute Book 1846
2 Ebd.
3 *Good Words*, 1. Juni 1866
4 Darwin Correspondence Database, http://www.darwinproject.ac.uk/entry-1002; abgerufen am 13. September 2014
5 *The Life Boat*, 2. Oktober 1865
6 Captain Robert FitzRoy, *Captain Fitz Roy's Statement (of Circumstances which led to a Personal Collision between Mr Sheppard and Captain Fitz Roy). August 1841.* London 1841
7 *Good Words*, 1. Juni 1866
8 FitzRoy, *The Weather Book*, S. 155
9 A. a. O., S. 334
10 A. a. O., S. 335
11 *Good Words*, 1. Juni 1866
12 http://www.darwinproject.ac.uk/entry-1002; abgerufen am 13. September 2014
13 Howard, *Seven Lectures on Meteorology*, S. 40
14 A. a. O., S. 54
15 HL. Notizbuch von FB, August 1846
16 *Illustrated London News*, 8. August 1846
17 Jonathan D. C. Webb, »The Hailstones of 1 August 1846 in Central and Eastern England«, in: *Weather*, Bd. 51, Nr. 12 (Dezember 1996), S. 413–419
18 »On the Amount of Radiation of Heat, at Night, from the Earth, and from Various Bodies Placed on or Near the Surface of the Earth«, in: *Philosophical Transactions of the Royal Society*, Januar 1847
19 George Biddell Airy, *Autobiography*. Cambridge: Cambridge University Press 1896, S. 2
20 James Glaisher, Camille Flammarion, W. De Fonvielle und Gaston Tissandier, *Travels in the Air*. London: Bentley & Son 1871, S. 29
21 Ebd.
22 *Illustrated London News*, 16. März 1844
23 Ebd.
24 *Edinburgh Review*, Juli 1838
25 James A. Secord, *Visions of Science: Books and Readers at the Dawn of the Victorian Age*. Oxford: Oxford University Press 2014, S. 112
26 John Frederic Daniell, *Meteorological Essays and Observations*. London: Underwood 1823, S. xi
27 *Illustrated London News*, 11. Januar 1845
28 »The Game of Chess Played between London and Portsmouth«, *Illustrated London News*, 12. April 1845
29 William Marriott, »The Earliest Telegraphic Daily Meteorological Reports and Weather Maps«, in: *Quarterly Journal of the Royal Meteorological Society*, Bd. 29 (1903), S. 123
30 A. a. O., S. 130
31 RS. EC/1849/07
32 RS. James Glaisher, Brief an den

Council, 15. Januar 1850,
MM/21/70

33 *Jackson's Oxford Journal*, 20. April
1850

34 Marriott, »Earliest Telegraphic
Daily Meteorological Reports

and Weather Maps«, a. a. O.

35 *Illustrated London News*, 3. Mai
1851

36 *Monthly Notices of the Royal Astronomical Society*, Bd. 64, 1904,
S. 280

8. Anfänge

1 RS. EC/1851/07

2 Denkschrift von FitzRoy, zit.
nach: Gribbin und Gribbin, *Fitz-
Roy*, S. 301–305

3 Frederick Burkhardt (Hg.), *Ori-
gins: Selected Letters of Charles
Darwin, 1822–1859*. Anniversary
Edition. Cambridge: Cambridge
University Press 2008, S. 45

4 Darwin Correspondence Database, http://www.darwinproject.
ac.uk/entry-1014, abgerufen am
13. September 2014

5 Frederick Burkhardt und Sydney
Smith, *The Correspondence of
Charles Darwin: 1821–1836*, Bd. 1.
Cambridge: Cambridge Univer-
sity Press 1985, S. 226

6 Darwin Correspondence Database, http://www.darwinproject.
ac.uk/entry-424, abgerufen am
13. September 2014

7 GL. Robert FitzRoy an Sir Thomas Gladstone, 14. April 1852

8 Darwin Correspondence Database, http://www.darwinproject.
ac.uk/entry-1554A, abgerufen am
13. September 2014

9 NA. BJ 7/2 – Maurys Plan für
synoptische Karten: Denkschrift

10 NA. BJ 7/109 – Brief von
G. B. Airy an Henry James

bezüglich der Entscheidung, welcher Regierungsbehörde die Auswertung meteorologischer Beobachtungen übertragen werden
sollte

11 NA. BJ 7/113 – Denkschrift von
Robert FitzRoy »mit Bezug auf
den Vorschlag von Leutnant
Maury«

12 NA. BJ 7/123 – Denkschrift von
Robert FitzRoy bezüglich der
Einrichtung eines Meteorologischen Amtes, seiner Funktion
und seiner Personalausstattung

13 Robert FitzRoy, »On British
Storms«, in: *Report of the Meeting
of the British Association*. London:
John Murray 1860, S. 42

14 HC Deb. 30. Juni 1854, Bd. 134,
Spalten 959–1008

15 Lequeux, *Le Verrier*, S. 278

16 Ebd.

17 *Nautical Magazine*, Bd. 31 (1862),
S. 364

18 M. Dickens und Georgina
Hogarth, *The Letters of Charles
Dickens*. 2 Bde., London 1880,
S. 345

19 *Illustrated London News*, 5. Januar
1850

20 NA. BJ 7/108 – Brief von George
Biddell Airy, Astronomer Royal,

Royal Observatory, Greenwich, an Henry James betreffend den Abdruck meteorologischer Beobachtung und die Unterstützung der Veranstaltung einer weiteren meteorologischen Konferenz

21 *Manchester Guardian*, 1. Januar 1855

22 James Glaisher, »Snow Crystals in 1855«, in: *Transactions of the Microscopical Society of London*, Bd. III, S. 179

23 A. a. O., S. 180

24 A. a. O., S. 181

25 Ebd.

26 A. a. O., S. 183

27 A. a. O., S. 184

28 NA. BJ 7/133 – Entwurf für ein Rundschreiben von Robert Fitz-Roy über den Wert der Meteorologie für die Schifffahrt

29 NA. BJ 7/8 – Büroordnung

30 NA. BJ 7/77 – Brief von Robert FitzRoy an Matthew Maury

31 NA. BJ 7/544 – Kopie der Denkschrift von Robert FitzRoy: »The Routine of the Meteorological Office« mit Auflistung seiner eigenen Aufgaben sowie der seiner Mitarbeiter, Leutnant Simpkinson, Assistent, William Pattrickson, Hauptschreiber und Zeichner, J. H. Babington, Mr Townsend und Mr Harding

32 NA. BJ 7/153 – Korrespondenz zwischen Henry James und Robert FitzRoy über FitzRoys Vorschlag für einen neuen meteorologischen Meldebogen und unterschiedliche Meinungen über die Anlage des Formulars

33 *The London, Edinburgh and Dublin Philosophical Magazine and Journal of Science*, Bd. X, Juli–Dezember 1855, S. 377

34 RS. 25 Lowndes Street, 20. Februar 1841

35 RS. Robert FitzRoy an Sir John Herschel, 4. Mai 1858

36 Ebd.

37 Robert FitzRoy, *Barometer and Weather Guide*, 2. Aufl. London: Eyre and Spottiswoode 1859, S. 5

38 A. a. O., S. 14

39 A. a. O., S. 19

40 NA. BJ 7/95 – Matthew Maury an Robert FitzRoy

41 Nicolas Courtney, *Gale Force 10: The Life and Legacy of Admiral Beaufort*. London: Review 2002, S. 302

42 NA. BJ 7/707 – Zum Tod von Sir Francis Beaufort und dem Beaufort Testimonial Fund: Korrespondenz und Schriften

43 BL. W. C. Redfield Korrespondenz, 1822–1857, 3 Rollen Mikrofilm, GEN MSS 1078

44 Ebd.

45 Howard, *Seven Lectures on Meteorology*, S. 23

46 *New York Times*, 19. August 1858

47 *Colburn's United Service Magazine*, 1859, Teil III, S. 572

9. Gefährliche Wege

1 FitzRoy, *The Weather Book*, S. 311

2 A. a. O., S. 312

3 Alexander McKee, *The Golden Wreck: the tragedy of the Royal Charter.* Bebbington: Avid Publications 2000, S. 31

4 A. a. O., S. 37

5 FitzRoy, *The Weather Book*, S. 316

6 A. a. O., S. 306

7 McKee, *The Golden Wreck*, S. 67

8 A. a. O., S. 104

9 W. F. Peacock, *A Ramble to the Wreck of the Royal Charter.* Manchester: Coles 1860, S. 4

10 »The Shipwreck«, in: M. Slater und J. Drew (Hg.), *Dickens' Journalism, »The Uncommercial Traveller« and Other Papers.* London: Dent 2000, S. 30 f.

11 *Illustrated London News*, 6. November 1859

12 FitzRoy, *The Weather Book*, S. 420

13 *Philosophical Magazine*, Bd. XX / 4. Folge, S. 66

14 FitzRoy, *The Weather Book*, S. 103

15 A. a. O., S. 311

16 FitzRoy, »On British Storms«, S. 42

17 FitzRoy, *The Weather Book*, S. 320

18 *Liverpool Mercury*, 28. September 1861

19 FitzRoy, »On British Storms«, S. 43

20 *The Times*, 26. Juni 1860

21 Darwin Correspondence Database, http://www.darwinproject.ac.uk/entry-2567, abgerufen am 11. September 2014

22 Peter Nicolls, *Evolution's Captain.* London: Profile Books 2004, S. 318

23 Darwin Correspondence Database, http://www.darwinproject.ac.uk/letter/entry-2869, abgerufen am 11. September 2014

24 Howard, *Seven Lectures on Meteorology*, S. 11

25 Thomas Forster, *Annals of Some Remarkable Aerial and Alpine Voyages.* London: Keating & Brown 1832, S. 76

26 A. a. O., S. 78

27 Glaisher u. a., *Travels in the Air*, S. 30

28 A. a. O., S. 43

29 Ebd.

30 *Transactions of the Meteorological Society Instituted in the Year 1823*, Bd. 1, S. 57

31 Glaisher u. a., *Travels in the Air*, S. 44

10. Blendend hell

1 Glaisher u. a., *Travels in the Air*, S. 49 (zit. nach der dt. Ausgabe: *Luftreisen von J. Glaisher, C. Flammarion, W. v. Fonvielle und G. Tissandier*, 2. verm. Aufl., Leipzig: Friedrich Brandstetter 1884, S. 35 u. 37)

2 A. a. O., S. 51 (zit. nach: *Luftreisen*, S. 39 f.)

3 NA. BJ 7/723

4 Glaisher u. a., *Travels in the Air*, S. 53 (zit. nach: *Luftreisen*, S. 41)

5 A. a. O., S. 54 (zit. nach: *Luftreisen*, S. 41 f.)

6 Ebd. (zit. nach: *Luftreisen*, S. 42)

7 Ebd.

8 Glaisher u. a., *Travels in the Air*, S. 21 (zit. nach: *Luftreisen*, S. 12)

9 *The Times*, 11. September 1862

10 NA. BJ 7/723

11 NA. BJ 7/725

12 »On the System of Forecasting the Weather pursued in Holland«. Report of the 33rd Meeting of the British Association for the Advancement of Science, August/September 1863

13 »A Visit to Admiral FitzRoy's Weather Office«, in: *Colburn's United Service Magazine*, Juli 1866

14 *The Times*, 12. Februar 1861

15 FitzRoy, *The Weather Book*, S. 178

16 *Colburn's United Service Magazine*, 1865, Teil II, S. 551

17 FitzRoy, *The Weather Book*, S. 190

18 *Once a Week*, 23. Februar 1863

19 Ebd.

20 *Morning Post*, 31. März 1862

21 FitzRoy, *The Weather Book*, S. 169

22 A. a. O., S. 218

23 *The Times*, 11. April 1862

24 FitzRoy, *The Weather Book*, S. 190

25 Darwin Correspondence Database, http://www.darwinproject.ac.uk/entry-3836, abgerufen am 14. September 2014

26 RS. 16. März 1863

27 FitzRoy, *The Weather Book*, S. 7

28 A. a. O., S. 331

29 RS. MS/743/1/57

30 »Admiral FitzRoy on the Weather«, in: *Eclectic Magazine*, Dezember 1863

31 »The Weather Book: A Manual of Practical Meteorology by Rear Admiral FitzRoy«, in: *Athenaeum*, 17. Januar 1863

11. Schlüsse

1 *Westminster Review*, Bd. 79/80, 1863, S. 261

2 Martin Brookes, *Extreme Measures: The Dark Visions and Bright Ideas of Francis Galton*. London: Bloomsbury 2004, S. 18

3 RS. EC/1860/10

4 Brookes, *Extreme Measures*, S. 128

5   A. a. O., S. 129

6   Francis Galton, »A Development
    of the Theory of Cyclones«; http://
    galton.org/essays/1860–1869/gal-
    ton-1863-proc-royal-soc-cyclones.
    pdf, abgerufen im September
    2014

7   Francis Galton, *Meteorographica,
    or Methods of Mapping the Weather.*
    London: Macmillan 1863; http://
    galton. org/books/meteorogra-
    phica, abgerufen im September
    2014

8   *The Reader*, 19. Dezember 1863

9   *The Times*, 27. Januar 1863

10 *The Science of the Weather in a
    Series of Letters and Essays.* Glas-
    gow: Laidlow 1866, S. 26

11 A. a. O., S. 192

12 FitzRoy, *The Weather Book*, S. 244

13 A. a. O., S. 247

14 RS. 24. Dezember 1862

15 RS. 16. März 1863

16 RS. 20. März 1863

17 *The Times*, 14. Mai 1864

18 *The Times*, 16. Mai 1864

19 *Liverpool Mercury*, 21. Oktober
    1863

20 FitzRoy, *The Weather Book*, S. 231

21 Darwin Correspondence Data-
    base, http://www.darwinproject.
    ac.uk/entry-2575, abgerufen am
    14. September 2014

22 James R. Moore, *The Post-Darwi-
    nian Controversies: A study of the
    Protestant struggle to come to terms
    with Darwin in Great Britain and
    America 1870–1900.* Cambridge:

Cambridge University Press 1981,
S. 91

23 Brookes, *Extreme Measures*, S. 142

24 Katharine Anderson, *Predicting
    the Weather: Victorians and the
    Science of Meteorology.* Chicago:
    University of Chicago Press 2005,
    S. 163

25 Francis Galton, »Statistical
    Inquiries into the Efficacy of
    Prayer«, in: *Fortnightly Review*;
    http://galton.org/
    essays/1870–1879/galton-1872-fort-
    nightly-review-efficacy-prayer.
    html, abgerufen im September
    2014

26 Ebd.

27 *Punch*, 17. Oktober 1863

28 Glaisher u. a., *Travels in the Air*,
    S. 92 (zit. nach: *Luftreisen*, S. 80)

29 *Punch*, 20. Januar 1864

30 *Punch*, Juni 1863

31 *The Times*, 18. Juni 1864

32 Ebd.

33 *Colburn's United Service Magazine*,
    1866, Teil II, S. 354

34 *Good Words*, 1. Juni 1866

35 RS. 5. Oktober 1861

36 Lovell Reeve, *Portraits of Men of
    Eminence,* Bd. III. London:
    Lovell Reeve 1863, S. 56

37 *Good Words*, 1. Juni 1866

38 Ebd.

39 H. E. L. Mellersh, *FitzRoy of the
    Beagle.* London: Maison & Lips-
    comb 1968, S. 281–284

40 Ebd.

41 *Leeds Mercury*, 2. Mai 1865

12. Die Wahrheit sagen

1 J. D. Hooker, 2. Mai 1865, in: Darwin Correspondence Database, http://www.darwinproject.ac.uk/entry-4826, abgerufen am 14. September 2014

2 Darwin Correspondence Database, http://www.darwinproject.ac.uk/entry-4827, abgerufen am 14. September 2014

3 »The Suicide of Admiral Robert FitzRoy«, in: *Nottinghamshire Guardian*, 5. Mai 1865

4 GL. GG/519, 14. April 1852

5 Darwin Correspondence Database, http://www.darwinproject.ac.uk/entry-4831, abgerufen am 14. September 2014

6 *Gentleman's Magazine and Historical Review*, Juni 1865

7 *Journal of the Royal Geographical Society*, Bd. 35. London: Murray 1865, S. cxxxi

8 *The Times*, 26. Juni 1865

9 Darwin Correspondence Database, http://www.darwinproject.ac.uk/entry-4921, abgerufen am 14. September 2014

10 Mellersh, *FitzRoy of the Beagle*, S. 286

11 *Sporting Gazette*, 8. Juli 1865

12 RS. »Memorandum on the Meteorological Office by Edward Sabine«, 1865, MM/14/74

13 Ebd.

14 Brookes, *Extreme Measures*, S. 137

15 Dr. Leone Levi, *Annals of British Legislation: Being a Digest of the Parliamentary Blue Books*, Bd. III. London: Smith, Elder 1866, S. 453

16 A. a. O., S. 454

17 A. a. O., S. 456

18 A. a. O., S. 460

19 NA. BJ 7/960 – Milner Gibson an Thomas Farrer, 17. Mai 1866

20 *The Works of Lord Bacon*, Bd. I. London: Bohn 1850, S. liii

21 Darwin Correspondence Database, http://www.darwinproject.ac.uk/entry-2122, abgerufen am 14. September 2014

22 Charles Dickens, *The Pickwick Papers* (1836). London: Wordsworth Classics 1992 (zit. nach: Charles Dickens, Die Pickwickier. Berlin: Aufbau 1953)

23 Helen Vendler, *Emily Dickinson: Selected Poems and Commentaries*. Cambridge, Mass.: Belknap 2010, S. 431 (zit. nach: Emily Dickinson, Sämtliche Gedichte. Zweisprachig. Übers. u. kommentiert v. Gunhild Kübler. München: Hanser 2015)

24 Joseph Conrad, *Typhoon* (1902/1903). Ware: Wordsworth Classics 1998, S. 31

25 Reverend Francis Redford an das Board of Trade, Parliamentary Papers (1867) LXVI, S. 185–203

26 Christopher Cooke, *Admiral FitzRoy: His Facts and Failures: a letter to the Marquis of Tweeddale*. London: Hall 1867, S. 12

27 *Symons's Monthly Meteorological Magazine*. London: Stanford 1867, S. 101

28 Ebd.

29 A. a. O., S. 104

30 Ebd.

31 *Filey and the gales of 1860, 1867,*

1869 and 1880, http://www.scarbo-
roughs-maritimeheritage.org.uk/
afileygales.php, abgerufen im
März 2014

32 Glaisher u. a., *Travels in the Air*,
S. 95 (zit. nach: *Luftreisen*, S. 83 f.)

33 A. a. O., S. 85 f. (zit. nach: *Luftreisen*, S. 75)

34 Alexander von Humboldt, *Kosmos.
Entwurf einer physischen Weltbe-
schreibung*, Bd. 1. Stuttgart/
Tübingen: Cotta 1845, S. 332

35 Howard, *Seven Lectures on Meteorology*, S. 17

36 J. L. Hunt, *James Glaisher FRS
(1809–1903). Astronomer, Meteorologist and Pioneer of Weather Forecasting: »A Venturesome Victorian«.*
Royal Astronomical Society 1996,
S. 340

37 H. S. Hollis und Reverend Tucker,
Glaisher, James J., in: *Oxford Dictionary of National Biography*

Abenddämmerung

1 M. Minnaert, *The Nature of
Light & Colour in the Open Air*.
New York: Dover 1954, S. 271

Westliche Winde

1 »Warnings over storm due to hit
England and Wales«, BBC News,
http://www.bbc.co.uk/news/
uk-24674537, abgerufen im Juli
2014

2 Im Oktober 2014 gab das Wetteramt bekannt, es habe die Mittel
für einen neuen, 97 Millionen
Pfund teuren Supercomputer
erhalten. Er wird in der Lage sein,
16 Billiarden Berechnungen pro
Sekunde durchzuführen.

3 »How accurate are our public
forecasts?«, http://www.metoffice.
gov.uk/about-us/who/accuracy/
forecasts, abgerufen im Juli 2014

4 »The Public Weather Service's
Contribution to the UK Eco-
nomy«, http://www.metoffice.gov.
uk/media/pdf/h/o/PWSCG_
benefits_report.pdf, abgerufen im
Juli 2014

5 Einheitsübersetzung, Buch
Kohelet, 1,6

6 Julia Slingo im Gespräch mit dem
Verfasser, 23. Juni 2014

7 John Tyndall, »On the Absorption and Radiation of Heat by
Gasses and Vapours«, in: *Philosophical Transactions of the Royal
Society of London*, Bd. 151, 1861, S. 2

8 A. a. O., S. 27

9 Heute werden diese absorptions-
fähigen Gase unter dem Begriff
»Treibhausgase« zusammengefasst. Die Entdeckung des »Treib-
hauseffekts« wird üblicherweise
dem französischen Mathematiker

Joseph Fourier (1768–1830) zugeschrieben, der den Begriff selbst jedoch nicht benutzt zu haben scheint. Zur Debatte über die Einführung dieses Begriffs siehe Steve Easterbrook, »Who first coined the term ›Greenhouse Effect‹?«, http://www.easterbrook.ca/steve/2015/08/who-first-coined-the-term-greenhouse-effect/, abgerufen im September 2014

10 Rupert Darwall, *The Age of Global Warming, A History*. London: Quartet 2013

11 *Summary for Policy Makers*: IPCC Report 2013, https://www.ipcc.ch/pdf/assessment-report/ar4/wg1/ar4-wg1-spm.pdf, abgerufen im Juli 2014

12 »Climate change ›threatens our only home‹, warns IPCC«, BBC News, http://www.bbc.co.uk/news/science-environment-24299664, abgerufen im Juli 2014

13 Darwall, *The Age of Global Warming*

14 Nigel Lawson, *The Trouble with Climate Change*. London: Global Warming Policy Foundation 2014, S. 18

15 Julia Slingo im Gespräch mit dem Verfasser, 23. Juni 2014

16 Ebd.

17 Ebd.

18 Charles Moore, »*The game is up for climate change believers*«, in: *Daily Telegraph*, http://www.telegraph.co.uk/culture/books/non_fiction-reviews/10748667/The-game-is-up-for-climate-change-believers.html, abgerufen im Juli 2014

19 Julia Slingo im Gespräch mit dem Verfasser, 23. Juni 2014

20 Julia Slingo, »The Life Scientific«, BBC Radio 4, 8. April 2014

21 Julia Slingo im Gespräch mit dem Verfasser, 23. Juni 2014

22 Darwall, *The Age of Global Warming*

23 Brian Hoskins, Radio 4 *Today* Programme, 13. Februar 2014

24 Conrad, *Typhoon*, S. 23

Auswahlbibliografie

Zeitungen, Magazine und parlamentarische Berichte

Albany Journal
American Journal of Science
American Quarterly Register
Annual Register
Athenaeum
Barre Gazette
Berkshire County Whig
Boston Evening Mercantile Journal
Boston Paper
Bulletin météorologique
Colburn's United Service Magazine
Cowe's Meteorological Register
Daily News
Eclectic Magazine
Edinburgh Journal of Science
Edinburgh New Philosophical
    Journal
Edinburgh Review
Era
Examiner
Fortnightly Review
Freeman's Journal
Good Words
Guardian
Harper's New Monthly Magazine
Illustrated London Almanac
Illustrated London News
Ithaca Journal

Jackson's Oxford Journal
Journal of Commerce
Journal of Natural Philosophy,
    Chemistry and the Arts
Journal of the Franklin Institute
Journal of the Royal Geographical
    Society
Journal of the Statistical Society
Knickerbocker
Leeds Mercury
Life Boat
Literary Gazette
Liverpool Mercury
London, Edinburgh and Dublin
    Philosophical Magazine and
    Journal of Science
London Intellectual Observer
Manchester Times and Gazette
Medical Times
Monthly Review, or, Literary Journal
Morning Chronicle
Morning Post
Nautical Magazine
New Bedford Mercury
New Hampshire Sentinel
New Monthly Magazine
New York Journal of Commerce
New York Observer

New York Register
New York Times
Nicholson's Journal
Nottinghamshire Guardian
Once a Week
Pamphleteer
Park Lane Express
La Patrie
Philosophical Magazine
Philosophical Transactions
   of the Royal Society
Pittsfield Sun
Proceedings of the American
   Philosophical Society
Punch
Putnam's Monthly Magazine
   of American Literature,
   Science and Art
Quarterly Journal of Science,
   Literature and Art

Reader
Rhode Island Republican
Scots Magazine and Edinburgh
   Literary Miscellany
Sporting Gazette
Symons's Monthly Meteorological
   Magazine
Telegraph
The Thunderer
The Times
Times-Picayune
Transactions of the Geological Society
   of Pennsylvania
Transactions of the Linnean Society
Transactions of the Meteorological
   Society
Universal Magazine
Westminster Review

Archivdokumente

Beineke Rare Book & Manuscript
   Library, Yale University
W. C. Redfield Korrespondenz,
   1822–1857, 3 Rollen Mikrofilm,
   GEN MSS 1078

Gladstone's Library
The Gladstone / Glynne Papers

Huntington Library, San Marino,
   California

The Francis Beaufort Collection:
   private und andere Korrespondenz, Tagebücher, Notizbücher
   und Memorabilia

National Archives, Kew
BJ 7 – FitzRoy Meteorological
   Department Papers
Admiralty papers, Logbücher,
   Briefe von Kapitänen,
   Testamente

National Library of Ireland, Dublin
Edgeworth und Beaufort Papers

National Meteorological Library
and Archive, Exeter
Beauforts Wettertagebücher
Privates Wettertagebuch: Diary of
Admiral Beaufort, Karton 1,
HMS Latona, Aquilon und
Phaeton MET/2/1/2/3/539

Royal Society Archives, London
Herschel, Reid, FitzRoy, Glaisher,
Beaufort und Edgeworth Papers

Sonstige Primärquellen

*Account of the Fatal Hurricane by
Which Barbados Suffered in August
1831.* Bridgetown: Hyde 1831
Airy, George Biddell, *Magnetic and
Meteorological Observations made
at the Royal Observatory, Green-
wich in the Year 1842.* London:
Palmer & Clayton 1844
Airy, George Biddell, *Autobiography,*
hg. v. Wilfrid Airy. Cambridge:
Cambridge University Press
1896
*Annual of Scientific Discovery of Year-
Book of Facts in Science and Art for
1855.* Boston: Gould & Lincoln
1855
*The Annual Register, or a View to the
History, Politics, and Literature for
the Year 1794.* London: Auld 1799
Arago, François, *Meteorological
Essays,* hg. v. Edward Sabine.
London: Longman, Brown,
Green and Longmans 1855
Aristoteles, *Meteorographica,* übers.
v. H. D. P. Lee. Cambridge,
Mass.: Loeb Classical Library,
1952

Barnes, Albert, *An Address Before
the Association of the Alumni of
Hamilton College, Delivered 27 July
1836.* Utica: Bennett & Bright
1836
Barrow, John, *Autobiographical
Memoir of Sir John Barrow, Bart,
Late of the Admiralty.* London:
John Murray 1847
Beaufort, Daniel Augustus, *Memoir
of a Map of Ireland.* London:
Faden 1792
Beaufort, Francis, *Karamania, or a
Brief Description of the South Coast
of Asia Minor.* London: Hunter
1817
Beckett, Ronald Brymer (Hg.), *John
Constable's Correspondence.* Ips-
wich: Suffolk Records Society
1962–1970
The Book of Common Prayer. London:
Rivingtons 1864
Burke, Edmund, *A Philosophical
Inquiry into the Origin of our Ideas
of the Sublime and Beautiful.*
Überarbeitete Ausg., Basil: Tour-
nisen 1792

Chambers' Information for the People, *A Popular Encyclopaedia*, Bd. II. Philadelphia: Smith 1855

Claridge, John, *The Shepherd of Banbury's Rules to Judge the Changes of the Weather*. London: Hurst and Chance 1827

Conrad, Joseph, *Typhoon* (1903). Ware: Wordsworth Classics 1998

Cooke, Christopher, *Admiral FitzRoy, His Facts and Failures: a Letter to the Marquis of Tweeddale*. London: Hall & Co. 1867

Daniell, John Frederic, *Meteorological Essays and Observations*. London: Underwood 1823

Daniell, John Frederic, *Elements of Meteorology*. London: Parker 1845

Darwin, Charles, *On the Origin of Species*. London: John Murray 1859

Darwin, Erasmus, *The Botanic Garden. A Poem in Two Parts*. New York: Swords 1798

Darwin, Francis (Hg.), *The Life and Letters of Charles Darwin*, Bd. 1. London: John Murray 1887

Davis, G., *Frostiana; or A History of the River Thames in a Frozen State, with an Account of the Late Severe Frost*. London: G. Davis 1814

Defoe, Daniel, *The Storm* (1704). London: Penguin 2005

Dennis, Jeffery, *Ample Instructions for the Barometer and Thermometer*, 3. Aufl. London: Dennis 1825

Dibdin, Charles, *The Professional Life of Mr Dibdin, Written by Himself, Together with the Words of Six Hundred Songs*, Bd. III. London: Dibdin 1803

Dickens, Charles, *The Pickwick Papers* (1836). London: Wordsworth Classics 1992

Dove, Heinrich, *The Law of Storms*. London: Board of Trade 1858

Edgeworth, Richard Lovell, *Memoirs of Richard Lovell Edgeworth, Begun by Himself and Concluded by his Daughter Maria Edgeworth*. London: Bentley 1844

Espy, James P., *The Philosophy of Storms*. Boston: Charles Little & James Brown 1841

FitzRoy, Robert, Charles Darwin und Phillip King, *Narrative of the Surveying Voyages of His Majesty's Ships Adventure and Beagle, Between the Years 1826 and 1836*. 4 Bde. London: Colburn 1839

FitzRoy, Captain Robert, »Captain Fitz Roy's statement (of circumstances which led to a personal collision between Mr. Sheppard and Captain Fitz Roy), August 1841«. London 1841

FitzRoy, Robert, *Barometer and Weather Guide*. 2. Aufl. London: 1859

FitzRoy, Robert, *The Weather Book: A Manual of Practical Meteorology*. London: Longman, Green, Longman, Roberts, & Green 1863

Forster, Thomas, *Researches About Atmospheric Phaenomena.* 2. Aufl. London: Baldwin 1815

Forster, Thomas, *The Pocket Encyclopaedia of Natural Phenomena.* London: Nicholls 1827

Forster, Thomas, *Annals of Some Remarkable Aerial and Alpine Voyages.* London: Keating & Brown 1832

Fulke, William, *A Goodly Gallerye* (1563). Philadelphia: American Philosophical Society 1979

Galton, Francis, *Meteorographica, or Methods of Mapping the Weather.* London: Macmillan 1863

Galton, Francis, »A Development of the Theory of Cyclones«, Refer. v. d. Royal Society am 8. Januar 1863; unter: galton.org

Galton, Francis, »Statistical Inquiries into the Efficacy of Prayer«, in: *Fortnightly Review*, Bd. XII, 1872; unter: galton.org

Garbett, I. C., *Morning Dew; or, Daily Readings for the People of God.* Bath: Binns & Goodwin 1864

Gilpin, William, *Three Essays on Picturesque Beauty; on Picturesque Travel and on Sketching Landscape: to which is added a poem, on landscape painting.* 2. Aufl. London: Blamire 1794

Glaisher, James, »Philosophical instruments and processes as represented in the Great Exhibition in Royal Society for the Encourage-
ment of Arts, Manufactures and Commerce. Lectures on the results of the Great Exhibition, etc.«, Serie 1, 1852

Glaisher, James, Camille Flammarion, W. De Fonvielle und Gaston Tissandier, *Travels in the Air.* London: Bentley & Son 1871

Goad, John, *Astro-Meteorologica or Aphorisms and Large Significant Discourses on the Natures and Influences of the Celestial Bodies* (1686). London: Sprint 1699

Goode, George Brown, *The Smithsonian Institution 1846–1896: The History of its First Half Century.* Washington: Smithsonian 1897

Harvey, George, *A Treatise on Meteorology.* London 1834

Howard, Luke, *The Climate of London.* London: Phillips 1818

Howard, Luke, *A Cycle of Eighteen Years in the Seasons of Britain.* London: Ridgeway 1842

Howard, Luke, *Essay on the Modifications of Clouds.* 3. Aufl. London: Churchill 1865

Howard, Luke, *Seven Lectures on Meteorology* (1837). Cambridge: Cambridge University Press 2011

Humboldt, Alexander von, *Kosmos. Entwurf einer physischen Weltbeschreibung* (1845). Frankfurt a. M.: Eichborn 2004

Johnson, Samuel, *A Dictionary of the English Language*, Bd. 3. London: Longman, Hurst, Rees, Orme & Brown 1818

Kaemtz, L. F., *A Complete Course of Meteorology*. London: Baillière 1845

Kendall, Amos, *Morse's Patent. Full Exposure of Dr Chas T. Jackson's Pretensions to the Invention of the Electro-Magnetic Telegraph.* Washington: Towers 1852

Leslie, C. R., *Memoirs of the Life of John Constable, Esq., RA: composed chiefly of his letters.* 2. Aufl. London: Longman, Brown, Green & Longmans 1845

Levi, Dr Leone, *Annals of British Legislation: Being a Digest of the Parliamentary Blue Books*, Bd. 3. London: Smith, Elder 1866

Loomis, Elias, *On Certain Storms in Europe and America, December, 1836.* Washington: Smithsonian 1860

Martineau, Harriet, *Biographical Sketches.* London: Macmillan 1869

Melville, Herman, *Moby-Dick, or, the Whale* (1851). Boston: St Botolph Society 1922

Methven, Captain Robert, *Narratives Written by Sea Commanders Illustrative of the Law of Storms.* London: Weale 1851

Morehead, L. M., *A Few Incidents in the Life of Professor James P. Espy.* Cincinnati: R. Clarke 1888

Morse, Samuel Finley Breese, *Samuel F. B. Morse: His Letters and Journals*, hg. u. erg. v. Edward Lind Morse (1915). New York: Kraus 1972

Murphy, Patrick, *Meteorology Considered in its Connexion with Astronomy, Climate and the Geographical Distribution of Animals and Plants.* London: Ballière 1836

The New Encyclopaedia or, Universal Dictionary of Arts and Sciences, Bd. XIV. London: Vernor, Hood & Sharpe 1807

Newton, H. A., *Memoir of Elias Loomis 1811–1889.* Washington: Government Printing Office 1891

Olmstead, Denison, *Address on the Scientific Life and Labors of William C. Redfield AM.* New Haven: E. Hayes 1857

Oxford Dictionary of National Biography. Oxford: Oxford University Press 2004

Park, John James, *The Topography and Natural History of Hampstead.* London: White, Cochrane 1814

Pasley, C. W., *Description of the Universal Telegraph for Day and Night Signals.* London: Egerton 1823

Peacock, W. F., *A Ramble to the Wreck of the Royal Charter.* Manchester: Coles 1860

Piddington, Henry, *The Sailor's Horn-Book for the Law of Storms.* New York: John Wiley 1848

A Portable Cyclopaedia or, Compendious Dictionary of Arts and Sciences including the Latest Discoveries. London: Phillips 1810

Poyer, John, *The History of Barbados from the First Discovery of the Island*. London: Mawman 1808

Reeve, Lovell, *Portraits of Men of Eminence*. London: Lovell Reeve 1863

Reid, James D., *The Telegraph in America, and Morse Memorial*. New York: Polhemus 1886

Reid, William, *An Attempt to Develop the Law of Storms*. London: Weale 1838

Report of a Committee appointed to consider certain questions relating to the Meteorological Department of the Board of Trade (presented to both Houses of Parliament). London: Eyre and Spottiswoode, for H. M. Stationery Office 1866

The Science of the Weather in a Series of Letters and Essays. Glasgow: Laidlow 1866

The Seaman's Practical Guide for Barbados and the Leeward Islands. London: Smith, Elder 1832

Shaffner, Tal. P., *The Telegraph Manual*. New York: Pudney & Russell 1859

Steinmetz, Andrew, *A Manual of Weathercasts: Comprising Storm Prognostics on Land and Sea*. London: Routledge & Son 1866

Sulivan, Henry Norton, *Life and Letters of the Late Admiral Sir Bartholomew James Sulivan KCB 1810–1890*. London: John Murray 1896

Taylor, Joseph, *The Complete Weather Guide: A Collection of Practical Observations for Prognosticating the Weather*. London: Harding 1812

Taylor, Richard (Hg.), *Scientific Memoirs*, Bd. III. London: Taylor 1843

Thomson, Thomas, *History of the Royal Society, from its Institution to the End of the Eighteenth Century*. London: Thomson 1812

Thoreau, Henry David, *Walden; or, Life in the Woods* (1854). Wilder Publications 2008

Tindal, Matthew, *Christianity as Old as the Creation*, Bd. I. London 1730

Turnbull, Lawrence, *The Electro-Magnetic Telegraph with a Historical Account of its Rise, Progress and Present Condition*. Philadelphia: Hart 1853

Vail, Alfred, *The American Electro Magnetic Telegraph*. Philadelphia: Lea & Blanchard 1845

Vendler, Helen, *Emily Dickinson: Selected Poems and Commentaries*. Cambridge, Mass.: Belknap 2010

Weddell, James, *A Voyage Towards the South Pole, Performed in the Years 1822–24*. London: Longman, Rees, Orme, Brown & Green 1825

Wells, William Charles, *An Essay on Dew and Several Appearances Connected with it*. London: Longman, Green, Reader & Dyer 1866

Wilkins, John, *Mercury: or The Secret and Swift Messenger*. London: Baldwin 1694

Young, Thomas, *A Course of Lectures on Natural Philosophy and the Mechanical Arts*. London: Johnson 1807

Sekundärliteratur

Anderson, Katharine, *Predicting the Weather: Victorians and the Science of Meteorology*. Chicago: University of Chicago Press 2005

Badt, Kurt, *John Constable's Clouds*. London: Routledge & Kegan Paul 1950

Barlow, Derek, *Origins of Meteorology: An Analytical Catalogue of the Correspondence and Papers of the First Government Meteorological Office, under Rear Admiral Robert FitzRoy, 1854–1865, and Thomas Henry Babington, 1965–1866; of the Successor Meteorological Office*. London: Public Record Office 1996

Bone, Stephen, *British Weather*. London: Collins 1946

Brookes, Martin, *Extreme Measures: The Dark Visions and Bright Ideas of Francis Galton*. London: Bloomsbury 2004

Burton, Jim, »Robert FitzRoy and the Early History of the Meteorological Office«, in: *British Journal for the History of Science*, Bd. 19, Nr. 2 (Juli 1986)

Clarke, Desmond, *The Ingenious Mr Edgeworth*. London: Oldborne 1965

Courtney, Nicolas, *Gale Force 10: The Life and Legacy of Admiral Beaufort*. London: Review 2002

Cox, John D., *Storm Watchers: The Turbulent History of Weather Prediction from Franklin's Kite to El Niño*. Hoboken: John Wiley & Sons 2002

Darwall, Rupert, *The Age of Global Warming: A History*. London: Quartet 2013

Davis, John, »Weather Forecasting and the Development of Meteorological Theory at the Paris Observatory 1853–1878«, in: *Annals of Science*, Jg. 41 (1984)

Desmond, Adrian, und James Moore, *Darwin*. London: Penguin 1992

DeYoung, Donald, *Weather and Bible: 100 Questions and Answers*. Grand Rapids: Baker Books 1992

Evans, Mark, *John Constable: Oil Sketches from the Victoria and Albert Museum*. London: Victoria & Albert Museum 2011

Fleming, James Rodger, *Meteorology in America, 1800–1870*. Baltimore: Johns Hopkins University Press 1990

Fleming, James Rodger, *Historical Perceptions on Climate Change.* Oxford, New York: Oxford University Press 1998

Friendly, Alfred, *Beaufort of the Admiralty: The Life of Sir Francis Beaufort.* London: Hutchinson 1977

Golinski, Jan, *British Weather and the Climate of Enlightenment.* Chicago: University of Chicago Press 2007

Gribbin, John, und Mary Gribbin, *FitzRoy: The Remarkable Story of Darwin's Captain and the Invention of the Weather Forecast.* London: Review 2004

Halford, Pauline, *Storm Warning.* Stroud: Sutton 2004

Hamblyn, Richard, *The Invention of Clouds: How an Amateur Meteorologist Forged the Language of the Skies.* London: Picador 2001

Holmes, Richard, *The Age of Wonder: How the Romantic Generation Discovered the Beauty and Terror of Science.* London: Harper Press 2008

Holmes, Richard, *Falling Upwards.* London: Collins 2013

Hunt, J. L., *James Glaisher FRS (1809–1903), Astronomer, Meteorologist and Pioneer of Weather Forecasting: »A Venturesome Victorian«.* London: Royal Astronomical Society 1996

Janković, Vladimir, *Reading the Skies: A Cultural History of English Weather 1650–1820.* Chicago, London: University of Chicago Press 2000

Kemp, Peter, *The Oxford Companion to Ships and the Sea.* St. Albans: Granada Publishing 1979

Keynes, R. D. (Hg.), *Charles Darwin's Beagle Diary.* Cambridge: Cambridge University Press 1988

Knowles Middleton, W. E., *A History of the Theories of Rain.* London: Oldborne 1965

Lawson, Nigel, *The Trouble with Climate Change.* London: Global Warming Policy Foundation 2014

Leary, Patrick, *A Brief History of the Illustrated London News*, unter: www.gale.co.uk/lin

Lequeux, James, *Le Verrier – Magnificent and Detestable Astronomer*, hg. v. William Sheehan. New York: Springer 2013

Longshore, David, *Encyclopaedia of Hurricanes, Typhoons and Cyclones.* London: FitzRoy Dearborne 1999

Ludlum, David McWilliams, *Early American Hurricanes, 1492–1870.* Boston: American Meteorological Society 1963

Marriott, William, »The Earliest Telegraphic Daily Meteorological Reports and Weather Maps«, in: *Quarterly Journal of the Royal Meteorological Society*, Jg. 29 (1903)

McKee, Alexander, *The Golden Wreck: The Tragedy of the Royal*

Charter. Bebbington: Avid Publications 2000

Mellersh, H. E. L., *FitzRoy of the Beagle.* London: Maison & Lipscomb 1968

Minnaert, M., *The Nature of Light & Colour in the Open Air.* New York: Dover 1954

Monmontier, Mark, *Air Apparent: How Meteorologists Learned to Map, Predict and Dramatize Weather.* Chicago: University of Chicago Press 1999

Moore, James R., *The Post-Darwinian Controversies: A Study of the Protestant struggle to come to terms with Darwin in Great Britain and America 1870–1900.* Cambridge: Cambridge University Press 1981

Nicolls, Peter, *Evolution's Captain: The Tragic Fate of Robert FitzRoy, the Man Who Sailed Charles Darwin Around the World.* London: Profile Books 2004

Pesic, Peter, *Sky in a Bottle.* Cambridge, Mass.: MIT Press 2005

Secord, James A., *Visions of Science: Books and Readers at the Dawn of the Victorian Age.* Oxford: Oxford University Press 2014

Shirley, Andrew, *The Rainbow: A Portrait of John Constable.* London: Joseph 1949

Silverman, Kenneth, *Lightning Man: The Accursed Life of Samuel F. B. Morse.* Boston: Da Capo 2004

Slater, M., und J. Drew (Hg.), *Dickens' Journalism, »The Uncommercial Traveller« and Other Papers.* London: Dent 2000

Thompson, Robert Luther, *Wiring a Continent: The History of the Telegraph Industry in the United States 1832–1866.* New York: Arno Press 1972

Thornes, John, *John Constable's Skies.* Birmingham: University of Birmingham Press 1999

Uglow, Jenny, *Lunar Men: The Friends that Made the Future.* London: Faber & Faber 2003

Walker, Malcolm, *History of the Meteorological Office.* Cambridge: Cambridge University Press 2011

Wheeler, H. F. B., und A. M. Broadley, *Napoleon and the Invasion of England: The Story of the Great Terror.* Cirencester: Nonsuch 2007

Whitney, Elspeth, *Medieval Science and Technology.* Westport, Conn.: Greenwood Press 2004

Wood, Gillen D'Arcy, »Constable, Clouds, Climate Change«, in: *Wordsworth Circle*, Bd. 38, Nr. 1–2 (2007)

Bildnachweis

Wenn nicht anders ausgewiesen, stammen die Bilder aus der Privatsammlung des Verfassers.

S. 272: London, von Blackheath aus gesehen, in: *Illustrated London News*, 1846 (mit Dank an die Gladstone's Library für die Abdruckerlaubnis)

S. 324: Schneekristallzeichnungen von Cecilia Glaisher, 1855 (© The Fitzwilliam Museum, Cambridge)

S. 362/363: Synoptische Karte des *Royal Charter*-Sturms von 1859, aus: Robert FitzRoy, *The Weather Book*, 1863

S. 396: Flugkurve eines Ballonaufstiegs im Jahr 1862, aus: *Travels in the Air*, 1871

Dank

Während der Arbeit an diesem Buch wurde mir ein Stipendium an der Gladstone's Library in Hawarden/Flintshire gewährt. Im Frühjahr 2014 wohnte ich einen Monat in der Bibliothek, einem wunderschönen Gebäude im Stil des Gothic Revival, das am Dee, dem Grenzfluss zwischen England und Wales, auf walisischer Seite steht. Jeden Tag arbeitete ich dort auf einer knarrenden Galerie im ersten Stock, umgeben von den 32 000 Büchern mit Gladstones eigenhändigen Anmerkungen. Ich hätte mir kaum einen besseren Ort vorstellen können, um von der viktorianischen Gesellschaft zu träumen oder über sie zu lesen und zu schreiben. Ich bin Peter Francis enorm dankbar für dieses Stipendium, aber auch für Gespräche über das Wetter und die Religion. Louisa Yates und Gary Butler haben mir geholfen, mich in den Sammlungen der Bibliothek zurechtzufinden, in denen ich auf mehrere unentdeckte Briefe FitzRoys stieß. Dafür sowie für die freundliche Erlaubnis, Bilder in diesem Buch nachzudrucken, bin ich ihnen zu Dank verpflichtet. Mein Dank auch an das unermüdliche Trio Siân Morgan, Phillip Clement und Ceri Williams sowie all die anderen stets fröhlichen und stets hilfsbereiten Mitarbeiter der Bibliothek.

Für die Erlaubnis, Quellen zu konsultieren und zu zitieren, möchte ich danken: der British Library, der National Library of Ireland, der Royal Society (Keith Moore), der Huntington Library (Vanessa Wilkie), der Beinecke Rare Books Library, Yale (Sandra Markham und Anne Marie Menta), der Wellcome Library sowie der National Meteorological Library und ihren Archiven in Exeter. Meinem unerschrockenen Freund David Goldsmith, dessen eigenes Buch über das Wetter mit Spannung erwartet wird, möchte ich für die Benutzung von Elias Loomis' Wetterkarten des 1836er-Sturms und manche Ermutigung danken.

Des Weiteren möchte ich Dank sagen: Sheila Newman, Jo und Ben in Wexford, Dame Julia Slingo, David Whiting, Julie Wheelwright sowie für ihre Weisheit und ihre gute Laune Sarah, meiner *fellow Dolphinite*. Dr. Christopher Prior von der Universität Southampton hat sich erneut eine frühe Fassung zugemutet und mit wertvollen Ratschlägen zurückgesandt. Auch Professor John Thornes von der Universität Birmingham war mir eine große Hilfe. In einer Zeit, da sich die Wolkenguckerei wieder einer Beliebtheit erfreut wie zuletzt vor zwei Jahrhunderten und sich die Menschen folglich erneut vor das Problem gestellt sehen, einen Altocumulus von einem Stratocumulus zu unterscheiden, ist sein Buch über John Constables Himmelsstudien eine hervorragende Einführung in die Wissenschaft der Meteorologie. Seit einem zufälligen Treffen im Jahr 2012 ist John Thornes ein geschätzter Begleiter dieses Vorhabens gewesen, sowohl als Informationsquelle wie auch durch seine moralische Unterstützung. Er hat mich vor vielen meteorologischen Irrtümern bewahrt, für die übrigen bin ich allein verantwortlich.

Ich schätze mich glücklich, mich auf die Unterstützung und die fabelhafte Fachkenntnis aller bei Peters Fraser + Dunlop verlassen zu können. Das gilt vor allem für meine Agentin Annabel Merullo, aber auch für Rachel Mills, Laura Williams, Marilia Savvides, Kim Méridja, Silvia Molteni und James Carroll. Bei Faber & Faber möchte ich Mitzi Angel, Jeff Seros, Stephen Weil, Daniel del Valle und Will Wolfslau danken, außerdem Katja Scholtz vom mareverlag.

Den größten Dank schulde ich Juliet Brooke, meiner wunderbaren Lektorin bei Chatto & Windus, die dieses Buch von Anfang an begleitet und mir stets zur passenden Zeit die richtigen Fragen gestellt hat. Dank auch an Clara Farmer, Susannah Otter, Kate Bland und Mikaela Pedlow sowie an Kris Potter für die fabelhafte Umschlaggestaltung.

Ein besonderer Dank geht an Claire, die es ertragen hat, dass ich ständig mehr Zeitschriften und andere Wetter-Utensilien aus dem 19. Jahrhundert in unser Zuhause geschleppt habe. Neben allem Übrigen weiß ich vor allem ihren unerschütterlichen Optimismus und ihre Intuition in Fragen der Textarbeit zu schätzen. Wenn mir London zu viel wird, habe ich zum Glück in Staffordshire ein Refugium, wohin ich mich flüchten kann, um ungestört zu schreiben und zu leben, nicht zu vergessen einen Vater, dessen Wissen mir oft ebenso enzyklopädisch vorkommt wie das Francis Beauforts.

Meine Mutter, die an der herben Ostküste Yorkshires aufgewachsen ist, beobachtet den Himmel nach wie vor mit kundigem Auge. In meiner Jugend hat sie mich oft vom gemütlichen Sofa gerufen, um einen besonders strahlenden Sonnenuntergang zu bewundern oder eine seltsame Wolke zu sehen. Dieses Buch, ihr gewidmet, ist meine Replik.

Register

Personen, Orte, Instrumente